この一冊があなたのビジネス力を育てる！

マス目がいっぱいあるけど、Excelのワークシートってどうやって使うの？
表やグラフを作るのって難しそう！ 効率よく表やグラフを作って、仕事の効率を上げたい！
FOM出版のテキストはそんなあなたのビジネス力を育てます。
しっかり学んでステップアップしましょう。

JN232004

第1章
Excelの基礎知識

Excel習得の第一歩
基本操作をマスターしよう

Excelって計算したりグラフを作ったりするアプリだよね。
マス目がたくさんあったり、
画面が複雑だったり、よくわからないなあ…

Excelの画面構成は、基本的にOffice共通。ひとつ覚えたらほかのアプリにも応用できる！

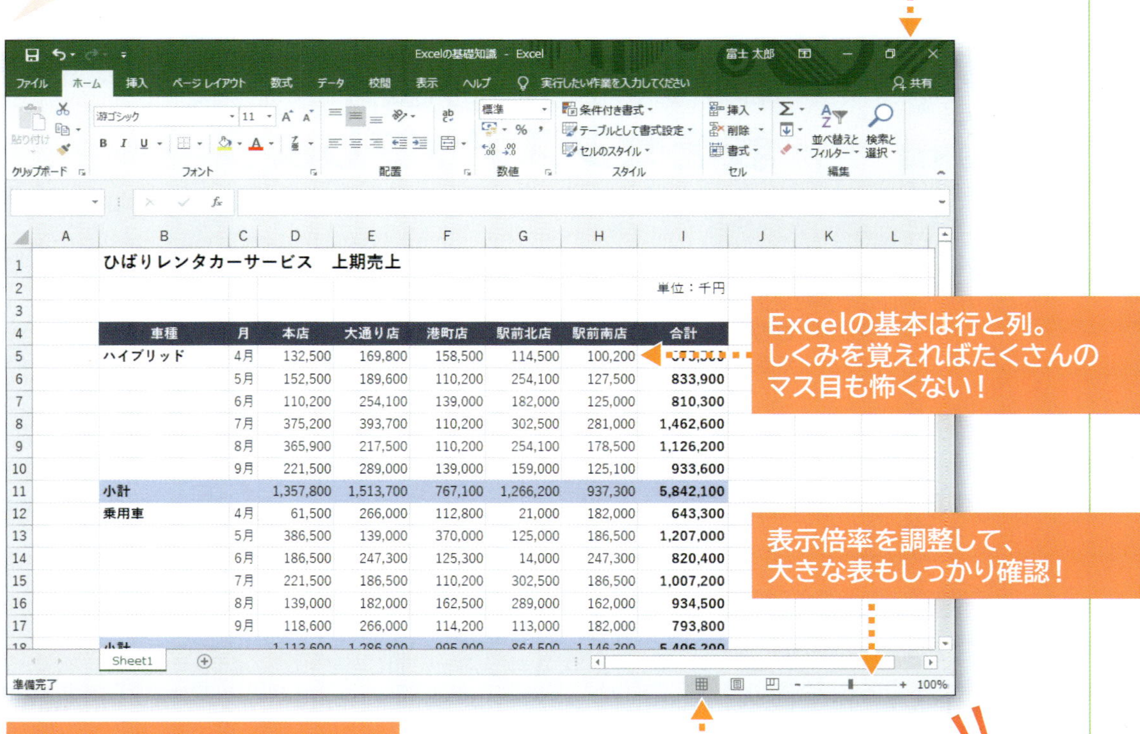
Excelの基本は行と列。しくみを覚えればたくさんのマス目も怖くない！
表示倍率を調整して、大きな表もしっかり確認！

	A	B	C	D	E	F	G	H	I
1		ひばりレンタカーサービス　上期売上							
2									単位：千円
3									
4		車種	月	本店	大通り店	港町店	駅前北店	駅前南店	合計
5		ハイブリッド	4月	132,500	169,800	158,500	114,500	100,200	[illegible]
6			5月	152,500	189,600	110,200	254,100	127,500	833,900
7			6月	110,200	254,100	139,000	182,000	125,000	810,300
8			7月	375,200	393,700	110,200	302,500	281,000	1,462,600
9			8月	365,900	217,500	110,200	254,100	178,500	1,126,200
10			9月	221,500	289,000	139,000	159,000	125,100	933,600
11		小計		1,357,800	1,513,700	767,100	1,266,200	937,300	5,842,100
12		乗用車	4月	61,500	266,000	112,800	21,000	182,000	643,300
13			5月	386,500	139,000	370,000	125,000	186,500	1,207,000
14			6月	186,500	247,300	125,300	14,000	247,300	820,400
15			7月	221,500	186,500	110,200	302,500	186,500	1,007,200
16			8月	139,000	182,000	162,500	289,000	162,000	934,500
17			9月	118,600	266,000	114,200	113,000	182,000	793,800

データを入力するとき、
印刷するとき、作業に合わせて
画面表示を切り替える！

Excelの画面構成や基本操作から
マスターした方がよさそうだね。

Excelの基礎知識については 8ページ を check！

第**2**章
データの入力

どんな表も入力が必須
データ入力からはじめよう

Excelのシートはセルだらけで見てると気が遠くなっちゃうよ。
データを入力するにはどうすればいいんだろう。

文字列と数値を入力して、
2つの違いをマスター！

Excelなら連続データも
ダブルクリック操作で簡単入力！

1	アル[illegible]イト勤務時間数							
2								
3	管理[illegible]号	名前	3月7日	3月8日	3月9日	3月10日	3月11日	合計
4	1001	梅田由紀	5	6	5.5	0	5.5	22
5	1002	佐々木歩	5.5	4	4	5	0	
6	1003	戸祭律子	0	7	7	7	7	
7	1004	中山香里	6	0	6	6	6	
8	1005	久米信行	9	9	9	0	9	
9	1006	大川麻子	4.5	4.5	4.5	4.5	0	
10	1007	亀山聡	0	3.5	6	4	5	
11	1008	只木卓也	8	6	7	5	7	
12	1009	新井美紀	8	6	7	7	7	
13	1010	前山孝信	0	8	8	8	8	
14	1011	緑川博史	6	5.5	5.5	5.5	0	
15	1012	南かおり	6.5	6	6	6	6	
16	1013	小田智明	5.5	5.5	5.5	0	5.5	
17	1014	[illegible]十嵐渉	5	5.5	6	5	5.5	
18								

	A	B	C	D	E
1	人口統計			5月1日	
2				（千人）	
3		男性人口	女性人口	合計	
4	東京都	6785	6998	13783	
5	大阪府	4237	4582	8819	
6	福岡県	2431	2685	5116	
7	合計	13453	14265	27718	
8					

セルを参照した数式を入力！
セルを参照すると、
数値の変更にも自動で対応！

データの入力については **32ページ** を **check!**

第**3**章
表の作成

わかりやすい表に大変身
表をセンスアップしよう

文字列や数値ばかり並んで
どうにもわかりにくいなあ！
わかりやすい表にできないのかな？

	A	B	C	D	E	F	G	H	I
1		店舗別売上管理表						4月8日	
2		2018年度最終報告							
3								単位：千円	
4		地区	店舗	年間予算	上期合計	下期合計	年間合計	達成率	
5		関東	渋谷	550000	234561	283450	518011		
6			新宿	600000	312144	293011	605155		
7			六本木	650000	289705	397500	687205		
8			横浜	500000	221091	334012	555103		
9		関西	梅田	650000	243055	378066	621121		
10			なんば	550000	275371	288040	563411		
11			京都	450000	186498	298620	485118		
12		合計							
13		平均							
14									

タイトルの大きさや
書体を変えて目立たせる！

	A	B	C	D	E	F	G	H	I
1		店舗別売上管理表						2019/4/8	
2		2018年度最終報告							
3								単位：千円	
4		地区	店舗	年間予算	上期合計	下期合計	年間合計	達成率	
5		関東	渋谷	550,000	234,561	283,450	518,011	94.2%	
6			新宿	600,000	312,144	293,011	605,155	100.9%	
7			六本木	650,000	289,705	397,500	687,205	105.7%	
8			横浜	500,000	221,091	334,012	555,103	111.0%	
9		関西	梅田	650,000	243,055	378,066	621,121	95.6%	
10			なんば	550,000	275,371	288,040	563,411	102.4%	
11			神戸	400,000	260,842	140,441	401,283	100.3%	
12			京都	450,000	186,498	298,620	485,118	107.8%	
13		合計		4,350,000	2,023,267	2,413,140	4,436,407	102.0%	
14									

3桁区切りカンマを付けたり、
パーセント表示にしたりして、
数字を読みやすく！

表に罫線や塗りつぶしを
設定して、わかりやすく！

表の作成については **68ページ** を **check!**

第**4**章
数式の入力

計算速度を大幅アップ
数式を使ってみよう

計算はいつも手計算。
面倒なことは苦手だし、
よく計算を間違えちゃうんだけど…

関数を使うと、人数のカウントも簡単！

入社試験成績

氏名	必須科目		選択科目		総合ポイント
	一般常識	小論文	外国語A	外国語B	
大橋　弥生	68	79		61	208
栗林　良子	81	83	70		234
近藤　信太郎	73	65		54	192
里山　仁	35	69	65		169
田之上　慶介	98	78	67		243
築山　和明	77	75		72	224
時岡　かおり	85	39	56		180
東野　徹	79	57	38		174
保科　真治		97	70		167
町田　優	56	46	56		158
村岡　夏美	94	85		77	256
平均点	74.6	70.3	60.3	66.0	200.5
最高点	98	97	70	77	256
最低点	35	39	38	54	158

外国語A受験者数	7
外国語B受験者数	4
申込者総数	11

表の中のデータを自動でカウント！
データ数の変更にも対応！

関数を使うと、
表の中の平均点も
最高点も最低点も
簡単に求められる！

アルバイト週給計算

時給 ¥1,300

名前	9月9日	9月10日	9月11日	9月12日	9月13日	週勤務時間	週給
	月	火	水	木	金		
佐々木　健太	7.0	7.0	7.5	7.0	7.0	35.5	¥46,150
大野　英子	5.0		5.0		5.0	15.0	¥0
花田　真理	5.5	5.5	7.0	5.5	6.5	30.0	¥1,311,510
野村　剛史		6.0		6.0		12.0	#VALUE!
吉沢　あかね	7.5	7.5	7.5	7.5		30.0	¥210
宗川　純一	7.0	7.0	6.5		6.5	27.0	¥135
竹内　彬				8.0	8.0	16.0	¥88

アルバイト週給計算

時給 ¥1,300

名前	9月9日	9月10日	9月11日	9月12日	9月13日	週勤務時間	週給
	月	火	水	木	金		
佐々木　健太	7.0	7.0	7.5	7.0	7.0	35.5	¥46,150
大野　英子	5.0		5.0		5.0	15.0	¥19,500
花田　真理	5.5	5.5	7.0	5.5	6.5	30.0	¥39,000
野村　剛史		6.0		6.0		12.0	¥15,600
吉沢　あかね	7.5	7.5	7.5	7.5		30.0	¥39,000
宗川　純一	7.0	7.0	6.5		6.5	27.0	¥35,100
竹内　彬				8.0	8.0	16.0	¥20,800

数式に必要なセルを
正しく参照して、
数式のエラーを防ぐ！

Excelがあれば計算もらくらくだね。
これで仕事の効率もアップできそう！

数式の入力については **104ページ** を check!

第5章
複数シートの操作

たくさんのシートをまとめて操作
集計表を作ってみよう

調査対象ごとにシートに分けたデータ。
たくさんのシートをまとめて集計表を作りたいんだけど…

グループを使って、
複数のシートに書式を一括設定！

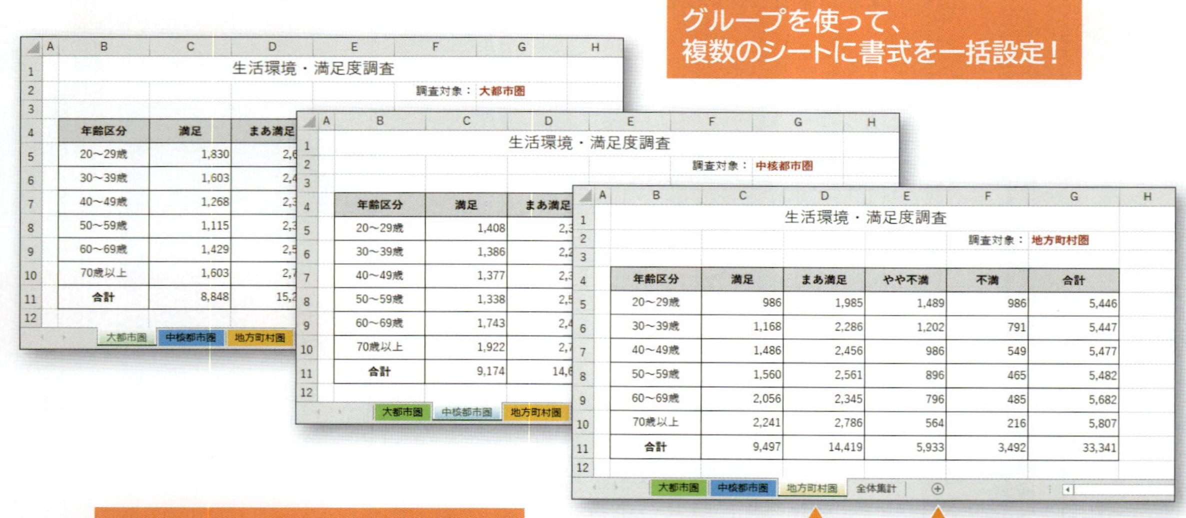

生活環境・満足度調査

調査対象：大都市圏

年齢区分	満足
20～29歳	1,830
30～39歳	1,603
40～49歳	1,268
50～59歳	1,115
60～69歳	1,429
70歳以上	1,603
合計	8,848

生活環境・満足度調査

調査対象：中核都市圏

年齢区分	満足
20～29歳	1,408
30～39歳	1,386
40～49歳	1,377
50～59歳	1,338
60～69歳	1,743
70歳以上	1,922
合計	9,174

生活環境・満足度調査

調査対象：地方町村圏

年齢区分	満足	まあ満足	やや不満	不満	合計
20～29歳	986	1,985	1,489	986	5,446
30～39歳	1,168	2,286	1,202	791	5,447
40～49歳	1,486	2,456	986	549	5,477
50～59歳	1,560	2,561	896	465	5,482
60～69歳	2,056	2,345	796	485	5,682
70歳以上	2,241	2,786	564	216	5,807
合計	9,497	14,419	5,933	3,492	33,341

大都市圏　中核都市圏　地方町村圏　全体集計

内容に合ったシート名を付けたり、
シート見出しに色を付けて、
シートをひと目で区別！

必要になったらシートを追加、
不要なシートは削除して、
ブックを管理！

生活環境・満足度調査

調査対象：全体集計

年齢区分	満足	まあ満足	やや不満	不満	合計
20～29歳	4,224	7,004	3,345	2,160	16,733
30～39歳	4,157	7,057	3,606	2,523	17,343
40～49歳	4,131	7,129	3,531	2,405	17,196
50～59歳	4,013	7,405	3,573	2,384	17,375
60～69歳	5,228	7,340	2,736	1,590	16,894
70歳以上	5,766	8,375	2,219	926	17,286
合計	27,519	44,310	19,010	11,988	102,827

大都市圏　中核都市圏　地方町村圏　全体集計

複数のシートの同じセルを
使って、簡単集計！

別のシートの数値を参照
した集計表も作れる！

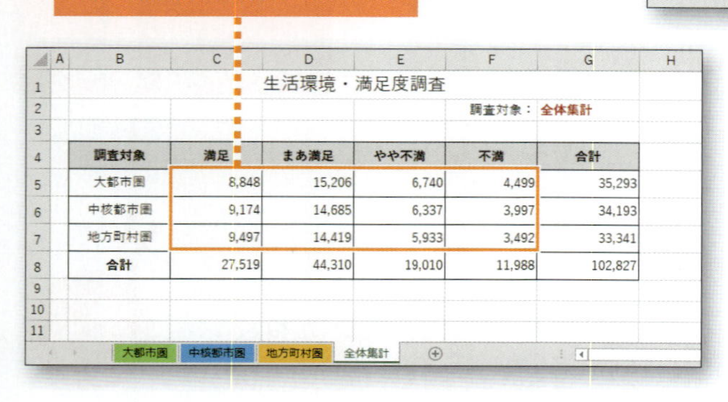

生活環境・満足度調査

調査対象：全体集計

調査対象	満足	まあ満足	やや不満	不満	合計
大都市圏	8,848	15,206	6,740	4,499	35,293
中核都市圏	9,174	14,685	6,337	3,997	34,193
地方町村圏	9,497	14,419	5,933	3,492	33,341
合計	27,519	44,310	19,010	11,988	102,827

大都市圏　中核都市圏　地方町村圏　全体集計

たくさんのシートを
まとめた集計表も簡単に
作れるんだね！

複数シートの操作については **126ページ** を check!

第**6**章
表の印刷

大きな表も怖くない **印刷テクニックをマスターしよう**

大きな表を印刷するのが苦手。
なかなか1枚に収まらないし…
上手くいかなくてイライラする！

複数のページに分かれてしまう大きな表は、各ページの先頭にタイトルや見出しを付けると、見やすくなる！

2019/2/1

売上明細一覧（1月分）

伝票No.	売上日	顧客コード	顧客名	商品コード	商品名	単価	数量	売上金額
1901-001	2019/1/2	170	油木家具センター	2010	大和飛鳥シリーズ・3人掛けソファ	280,000	2	560,000
1901-002	2019/1/2	180	名古屋特選館	2040				
1901-003	2019/1/2	190	ファニチャーNY	2010				
1901-004	2019/1/3	200	広島家具販売	3020				
1901-005	2019/1/3	200	広島家具販売	2010				
1901-006	2019/1/4	180	名古屋特選館	1110				
1901-007	2019/1/4	130	東京家具販売	1080				
1901-008	2019/1/4	150	みどり家具	2060				
1901-009	2019/1/5	160	富士商会	1030				
1901-010	2019/1/5	110	山の手デパート	1110				
1901-011	2019/1/6	200	広島家具販売	3020				
1901-012	2019/1/6	190	ファニチャーNY	2060				
1901-013	2019/1/6	190	ファニチャーNY	2030				
1901-014	2019/1/9	190	ファニチャーNY	1010				
1901-015	2019/1/9	160	富士商会	1050				
1901-016	2019/1/9	180	名古屋特選館	2050				
1901-017	2019/1/10	140	サクラファニチャー	1110				
1901-018	2019/1/10	200	広島家具販売	2030				
1901-019	2019/1/11	150	みどり家具	2030				
1901-020	2019/1/11	130	東京家具販売	3010				
1901-021	2019/1/12	160	富士商会	1030				
1901-022	2019/1/12	180	名古屋特選館	1090				

2019/2/1

売上明細一覧（1月分）

伝票No.	売上日	顧客コード	顧客名	商品コード	商品名	単価	数量	売上金額
1901-023	2019/1/12	180	名古屋特選館	2040	大和飛鳥シリーズ・テーブル	140,000	3	420,000
1901-024	2019/1/16	170	油木家具センター	3020	天使シリーズ・チャイルドデスク	38,000	5	190,000
1901-025	2019/1/16	130	東京家具販売	1110	オリエンタルシリーズ・シングルベッド	160,000	4	640,000
1901-026	2019/1/16	140	サクラファニチャー	2060	大和飛鳥シリーズ・チェスト	180,000	4	720,000
1901-027	2019/1/16	160	富士商会	2060	大和飛鳥シリーズ・チェスト	180,000	5	900,000
1901-028	2019/1/17	190	ファニチャーNY	1030	オリエンタルシリーズ・リクライニングチェア	88,000	5	440,000
1901-029	2019/1/17	170	油木家具センター	1040	オリエンタルシリーズ・ロッキングチェア	65,000	3	195,000
1901-030	2019/1/17	180	名古屋特選館	1040	オリエンタルシリーズ・ロッキングチェア	65,000	2	130,000
1901-031	2019/1/18	130	東京家具販売	2070	大和飛鳥シリーズ・スクリーン	80,000	4	320,000
1901-032	2019/1/18	110	山の手デパート	2030	大和飛鳥シリーズ・1人掛けソファ	260,000	1	260,000
1901-033	2019/1/18	160	富士商会	1020	オリエンタルシリーズ・リビングテーブル	58,000	5	290,000
1901-034	2019/1/19	190	ファニチャーNY	1040	オリエンタルシリーズ・ロッキングチェア	65,000	2	130,000
1901-035	2019/1/19	160	富士商会	3010	天使シリーズ・チャイルドベッド	54,000	3	162,000
1901-036	2019/1/20	200	広島家具販売	2060	大和飛鳥シリーズ・チェスト	180,000	4	720,000
1901-037	2019/1/20	200	広島家具販売	2010	大和飛鳥シリーズ・3人掛けソファ	280,000	3	840,000
1901-038	2019/1/20	150	みどり家具	2070	大和飛鳥シリーズ・スクリーン	80,000	1	80,000
1901-039	2019/1/23	170	油木家具センター	1040	オリエンタルシリーズ・ロッキングチェア	65,000	2	130,000
1901-040	2019/1/23	190	ファニチャーNY	1010	オリエンタルシリーズ・リビングソファ	128,000	1	128,000
1901-041	2019/1/23	110	山の手デパート	1040	オリエンタルシリーズ・ロッキングチェア	65,000	4	260,000
1901-042	2019/1/23	110	山の手デパート	2030	大和飛鳥シリーズ・1人掛けソファ	260,000	3	780,000
1901-043	2019/1/24	130	東京家具販売	1050	オリエンタルシリーズ・ラブソファー	98,000	1	98,000
1901-044	2019/1/24	140	サクラファニチャー	2050	大和飛鳥シリーズ・チェア	50,000	2	100,000

2

印刷する内容に合わせて用紙サイズや用紙の向きを変える！

全部のページに、日付やページ番号を入れて、資料をわかりやすく！

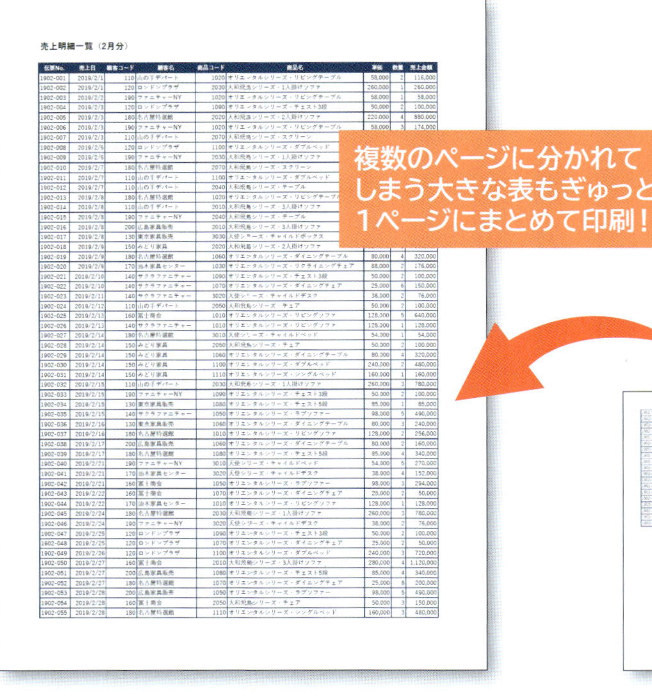

売上明細一覧（2月分）

伝票No.	売上日	顧客コード	顧客名	商品コード	商品名	単価	数量	売上金額
1902-001	2019/2/1	110	山の手デパート	1020	オリエンタルシリーズ・リビングテーブル	58,000	2	116,000
1902-002	2019/2/1	120	ロンドンプラザ	2030	大和飛鳥シリーズ・1人掛けソファ	260,000	1	260,000
1902-003	2019/2/2	190	ファニチャーNY	1020	オリエンタルシリーズ・リビングテーブル	58,000	1	58,000
1902-004	2019/2/3	120	ロンドンプラザ	1090	オリエンタルシリーズ・チェスト3段	50,000	2	100,000
1902-005	2019/2/3	180	名古屋特選館	2020	大和飛鳥シリーズ・2人掛けソファ	220,000	4	880,000
1902-006	2019/2/3	190	ファニチャーNY	1020	オリエンタルシリーズ・リビングテーブル	58,000	3	174,000
1902-007	2019/2/3	110	山の手デパート	2070	大和飛鳥シリーズ・スクリーン	[illegible]	[illegible]	[illegible]
1902-008	2019/2/5	120	ロンドンプラザ	1100	オリエンタルシリーズ・ダブルベッド	[illegible]	[illegible]	[illegible]
1902-009	2019/2/6	190	ファニチャーNY	2030	大和飛鳥シリーズ・1人掛けソファ	[illegible]	[illegible]	[illegible]
1902-010	2019/2/7	180	名古屋特選館	2070	大和飛鳥シリーズ・スクリーン	[illegible]	[illegible]	[illegible]
1902-011	2019/2/7	110	山の手デパート	1100	オリエンタルシリーズ・ダブルベッド	[illegible]	[illegible]	[illegible]
1902-012	2019/2/7	110	山の手デパート	2040	大和飛鳥シリーズ・テーブル	[illegible]	[illegible]	[illegible]
1902-013	2019/2/8	180	名古屋特選館	1020	オリエンタルシリーズ・リビングテーブル	[illegible]	[illegible]	[illegible]
1902-014	2019/2/8	110	山の手デパート	2010	大和飛鳥シリーズ・3人掛けソファ	[illegible]	[illegible]	[illegible]
1902-015	2019/2/8	190	ファニチャーNY	2040	大和飛鳥シリーズ・テーブル	[illegible]	[illegible]	[illegible]
1902-016	2019/2/8	200	広島家具販売	2010	大和飛鳥シリーズ・3人掛けソファ	[illegible]	[illegible]	[illegible]
1902-017	2019/2/8	130	東京家具販売	3030	天使シリーズ・チャイルドボックス	[illegible]	[illegible]	[illegible]
1902-018	2019/2/9	150	みどり家具	2020	大和飛鳥シリーズ・2人掛けソファ	[illegible]	[illegible]	[illegible]
1902-019	2019/2/9	180	名古屋特選館	1060	オリエンタルシリーズ・ダイニングテーブル	80,000	4	320,000
1902-020	2019/2/9	170	油木家具センター	1030	オリエンタルシリーズ・リクライニングチェア	88,000	2	176,000
1902-021	2019/2/10	140	サクラファニチャー	1090	オリエンタルシリーズ・チェスト3段	50,000	2	100,000
1902-022	2019/2/10	140	サクラファニチャー	1070	オリエンタルシリーズ・ダイニングチェア	25,000	6	150,000
1902-023	2019/2/11	140	サクラファニチャー	3020	天使シリーズ・チャイルドデスク	38,000	2	76,000
1902-024	2019/2/12	110	山の手デパート	2050	大和飛鳥シリーズ・チェア	50,000	2	100,000
1902-025	2019/2/13	160	富士商会	1010	オリエンタルシリーズ・リビングソファ	128,000	5	640,000
1902-026	2019/2/13	140	サクラファニチャー	1010	オリエンタルシリーズ・リビングソファ	128,000	1	128,000
1902-027	2019/2/14	180	名古屋特選館	3010	天使シリーズ・チャイルドベッド	54,000	1	54,000
1902-028	2019/2/14	150	みどり家具	2050	大和飛鳥シリーズ・チェア	50,000	2	100,000
1902-029	2019/2/14	150	みどり家具	1060	オリエンタルシリーズ・ダイニングテーブル	80,000	4	320,000
1902-030	2019/2/14	150	みどり家具	1100	オリエンタルシリーズ・ダブルベッド	240,000	2	480,000
1902-031	2019/2/14	150	みどり家具	1110	オリエンタルシリーズ・シングルベッド	160,000	1	160,000
1902-032	2019/2/15	110	山の手デパート	2030	大和飛鳥シリーズ・1人掛けソファ	260,000	3	780,000
1902-033	2019/2/15	190	ファニチャーNY	1090	オリエンタルシリーズ・チェスト3段	50,000	2	100,000
1902-034	2019/2/15	130	東京家具販売	1080	オリエンタルシリーズ・チェスト5段	85,000	1	85,000
1902-035	2019/2/15	140	サクラファニチャー	1050	オリエンタルシリーズ・ラブソファー	98,000	5	490,000
1902-036	2019/2/16	130	東京家具販売	1060	オリエンタルシリーズ・ダイニングテーブル	80,000	3	240,000
1902-037	2019/2/16	180	名古屋特選館	1010	オリエンタルシリーズ・リビングソファ	128,000	2	256,000
1902-038	2019/2/17	200	広島家具販売	1060	オリエンタルシリーズ・ダイニングテーブル	80,000	2	160,000
1902-039	2019/2/17	180	名古屋特選館	1080	オリエンタルシリーズ・チェスト5段	85,000	4	340,000
1902-040	2019/2/21	190	ファニチャーNY	3010	天使シリーズ・チャイルドベッド	54,000	5	270,000
1902-041	2019/2/21	170	油木家具センター	3020	天使シリーズ・チャイルドデスク	38,000	4	152,000
1902-042	2019/2/21	160	富士商会	1050	オリエンタルシリーズ・ラブソファー	98,000	3	294,000
1902-043	2019/2/22	160	富士商会	1070	オリエンタルシリーズ・ダイニングチェア	25,000	2	50,000
1902-044	2019/2/22	170	油木家具センター	1010	オリエンタルシリーズ・リビングソファ	128,000	1	128,000
1902-045	2019/2/24	180	名古屋特選館	2030	大和飛鳥シリーズ・1人掛けソファ	260,000	3	780,000
1902-046	2019/2/24	190	ファニチャーNY	3020	天使シリーズ・チャイルドデスク	38,000	2	76,000
1902-047	2019/2/25	120	ロンドンプラザ	1090	オリエンタルシリーズ・チェスト3段	50,000	2	100,000
1902-048	2019/2/25	120	ロンドンプラザ	1070	オリエンタルシリーズ・ダイニングチェア	25,000	2	50,000
1902-049	2019/2/26	120	ロンドンプラザ	1100	オリエンタルシリーズ・ダブルベッド	240,000	3	720,000
1902-050	2019/2/27	160	富士商会	2010	大和飛鳥シリーズ・3人掛けソファ	280,000	4	1,120,000
1902-051	2019/2/27	200	広島家具販売	1080	オリエンタルシリーズ・チェスト5段	85,000	4	340,000
1902-052	2019/2/27	180	名古屋特選館	1070	オリエンタルシリーズ・ダイニングチェア	25,000	8	200,000
1902-053	2019/2/28	200	広島家具販売	1050	オリエンタルシリーズ・ラブソファー	98,000	5	490,000
1902-054	2019/2/28	160	富士商会	2050	大和飛鳥シリーズ・チェア	50,000	3	150,000
1902-055	2019/2/28	180	名古屋特選館	1110	オリエンタルシリーズ・シングルベッド	160,000	3	480,000

複数のページに分かれてしまう大きな表もぎゅっと1ページにまとめて印刷！

表の印刷については **146ページ** を **check!**

第7章
グラフの作成

データを視覚化
グラフを作ってみよう

報告書や企画書は、数字ばかりじゃわかりづらい。
グラフを使ってひと目でわかるものにしたいんだけど…

年齢区分別の人口推移と将来人口　単位：万人

年齢区分	1960年	1970年	1980年	1990年	2000年	2010年	2020年	2030年	2040年
0〜14歳	2,807	2,482	2,751	2,249	1,847	1,831	1,699	1,488	1,301
15〜64歳	6,000	7,157	7,884	8,590	8,622	8,119	7,381	6,950	6,430
65歳以上	535	733	1,065	1,490	2,201	2,813	3,334	3,277	3,485
総人口	9,342	10,372	11,700	12,329	12,670	12,763	12,414	11,715	11,216

円グラフを使って、
データの内訳を表現！

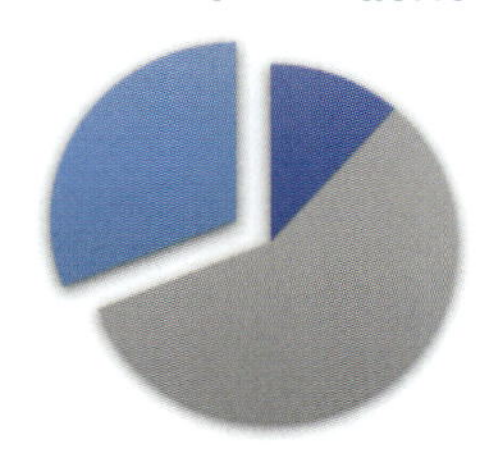

グラフの見栄えをアップ
するスタイルも多彩！

作成する資料に合わせて、
グラフのサイズや位置も自由自在！

縦棒グラフを使って、
データの推移を表現！

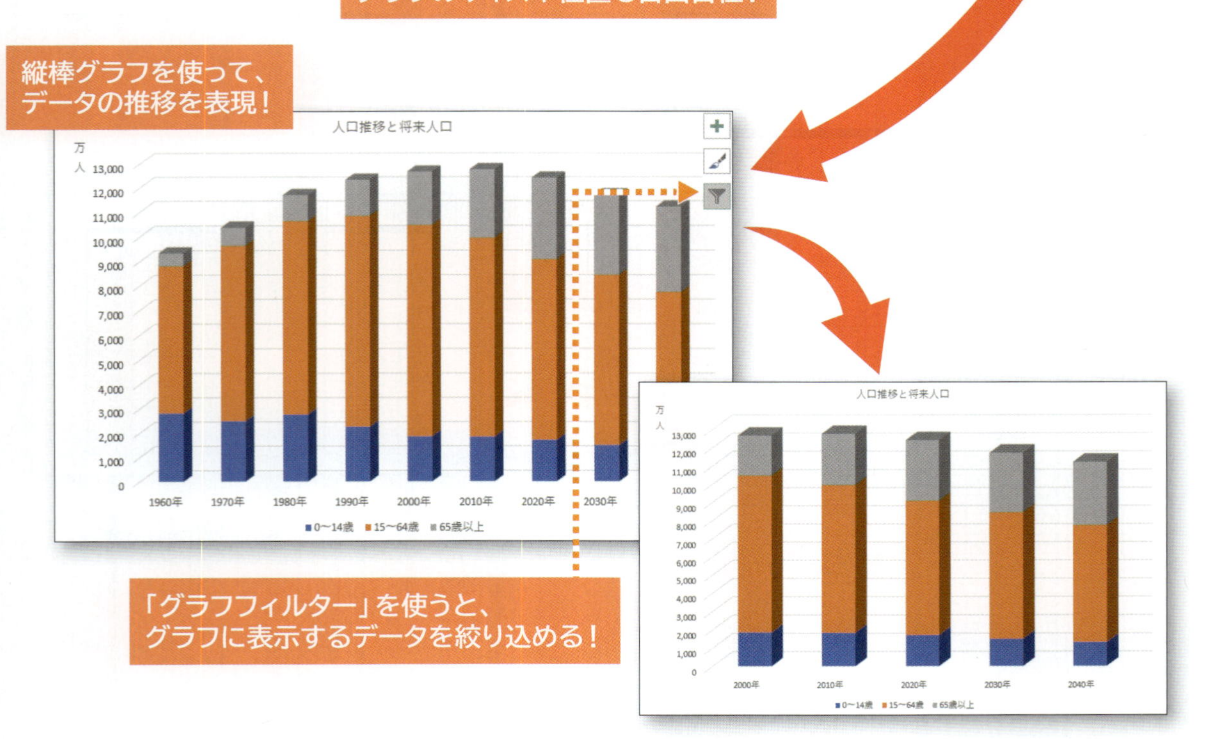

「グラフフィルター」を使うと、
グラフに表示するデータを絞り込める！

グラフの作成については 164ページ を check!

第8章
データベースの利用

データをしっかり管理
データベースを使ってみよう

表を並べ替えたり表の中からデータを探し出したりしたいんだけど、
Excelは計算するアプリだから、データベースの操作には向かないんでしょ？

金額の大きいデータの順に
表を一気に並べ替え！

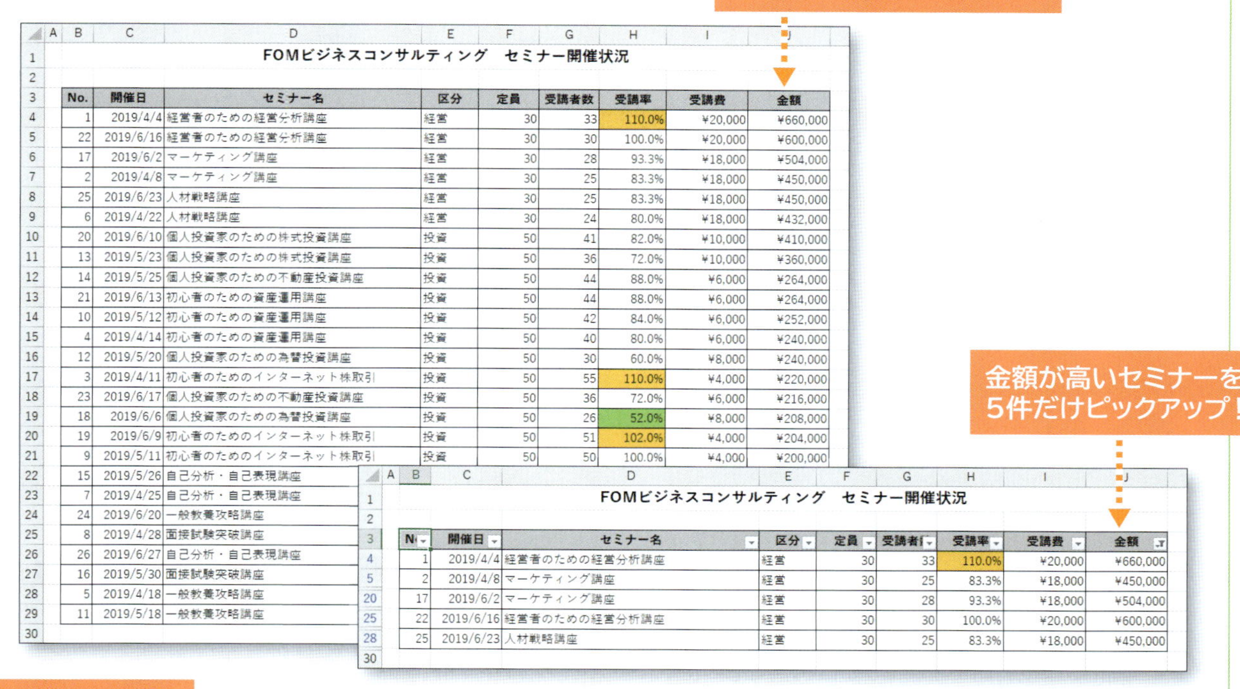

FOMビジネスコンサルティング　セミナー開催状況

No.	開催日	セミナー名	区分	定員	受講者数	受講率	受講費	金額
1	2019/4/4	経営者のための経営分析講座	経営	30	33	110.0%	¥20,000	¥660,000
22	2019/6/16	経営者のための経営分析講座	経営	30	30	100.0%	¥20,000	¥600,000
17	2019/6/2	マーケティング講座	経営	30	28	93.3%	¥18,000	¥504,000
2	2019/4/8	マーケティング講座	経営	30	25	83.3%	¥18,000	¥450,000
25	2019/6/23	人材戦略講座	経営	30	25	83.3%	¥18,000	¥450,000
6	2019/4/22	人材戦略講座	経営	30	24	80.0%	¥18,000	¥432,000
20	2019/6/10	個人投資家のための株式投資講座	投資	50	41	82.0%	¥10,000	¥410,000
13	2019/5/23	個人投資家のための株式投資講座	投資	50	36	72.0%	¥10,000	¥360,000
14	2019/5/25	個人投資家のための不動産投資講座	投資	50	44	88.0%	¥6,000	¥264,000
21	2019/6/13	初心者のための資産運用講座	投資	50	44	88.0%	¥6,000	¥264,000
10	2019/5/12	初心者のための資産運用講座	投資	50	42	84.0%	¥6,000	¥252,000
4	2019/4/14	初心者のための資産運用講座	投資	50	40	80.0%	¥6,000	¥240,000
12	2019/5/20	個人投資家のための為替投資講座	投資	50	30	60.0%	¥8,000	¥240,000
3	2019/4/11	初心者のためのインターネット株取引	投資	50	55	110.0%	¥4,000	¥220,000
23	2019/6/17	個人投資家のための不動産投資講座	投資	50	36	72.0%	¥6,000	¥216,000
18	2019/6/6	個人投資家のための為替投資講座	投資	50	26	52.0%	¥8,000	¥208,000
19	2019/6/9	初心者のためのインターネット株取引	投資	50	51	102.0%	¥4,000	¥204,000
9	2019/5/11	初心者のためのインターネット株取引	投資	50	50	100.0%	¥4,000	¥200,000
15	2019/5/26	自己分析・自己表現講座						
7	2019/4/25	自己分析・自己表現講座						
24	2019/6/20	一般教養攻略講座						
8	2019/4/28	面接試験突破講座						
26	2019/6/27	自己分析・自己表現講座						
16	2019/5/30	面接試験突破講座						
5	2019/4/18	一般教養攻略講座						
11	2019/5/18	一般教養攻略講座						

金額が高いセミナーを
5件だけピックアップ！

FOMビジネスコンサルティング　セミナー開催状況

No	開催日	セミナー名	区分	定員	受講者	受講率	受講費	金額
1	2019/4/4	経営者のための経営分析講座	経営	30	33	110.0%	¥20,000	¥660,000
2	2019/4/8	マーケティング講座	経営	30	25	83.3%	¥18,000	¥450,000
17	2019/6/2	マーケティング講座	経営	30	28	93.3%	¥18,000	¥504,000
22	2019/6/16	経営者のための経営分析講座	経営	30	30	100.0%	¥20,000	¥600,000
25	2019/6/23	人材戦略講座	経営	30	25	83.3%	¥18,000	¥450,000

気になるセルに
色を付けておくと、
色の付いたセルだけ
ピックアップ！

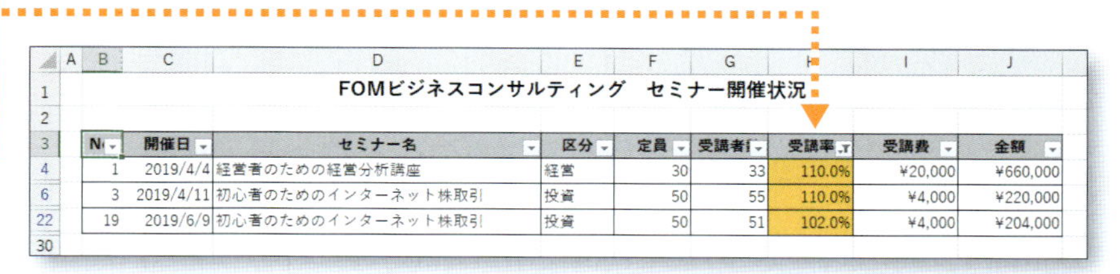

FOMビジネスコンサルティング　セミナー開催状況

No	開催日	セミナー名	区分	定員	受講者	受講率	受講費	金額
1	2019/4/4	経営者のための経営分析講座	経営	30	33	110.0%	¥20,000	¥660,000
3	2019/4/11	初心者のためのインターネット株取引	投資	50	55	110.0%	¥4,000	¥220,000
19	2019/6/9	初心者のためのインターネット株取引	投資	50	51	102.0%	¥4,000	¥204,000

取扱中古車一覧表

No.	国	メーカー	車種	年式	管理名	車検有効期限	駆動方式
55	イギリス	カーディフ	シャムロック	1997	カーディフ　シャムロック　1997（イギリス）	2016年5月	2WD
56	アメリカ	シクスティワン	キーン	1999	シクスティワン　キーン　1999（アメリカ）	2016年3月	2WD
57	アメリカ	シクスティワン	キーン	2006	シクスティワン　キーン　2006（アメリカ）	2017年1月	2WD
58	アメリカ	シクスティワン	トリンプル	1995	シクスティワン　トリンプル　1995（アメリカ）	2016年4月	4WD
59	アメリカ	シクスティワン	ハート	2002	シクスティワン　ハート　2002（アメリカ）	2015年10月	4WD
60	アメリカ	シクスティワン	ハート	2007	シクスティワン　ハート　2007（アメリカ）	2016年10月	4WD
61	アメリカ	シクスティワン	マイヤー	2000	シクスティワン　マイヤー　2000（アメリカ）	2017年3月	4WD
62	アメリカ	シクスティワン	マイヤー	2000	シクスティワン　マイヤー　2000（アメリカ）	2015年9月	4WD
63	アメリカ	シクスティワン	マイヤー	2006	シクスティワン　マイヤー　2006（アメリカ）	2015年11月	4WD
64	アメリカ	シクスティワン	マイヤー	2007	シクスティワン　マイヤー　2007（アメリカ）	2019年5月	4WD

表の見出しを
固定して大きな表も
らくらく閲覧！

「フラッシュフィル」を使うと、同じ入力パターンの
データをボタンひとつで入力できる！

Excelでもデータベースの操作が
ばっちりできるんだね！

データベースの利用については **196ページ** を check!

第9章
便利な機能

頼もしい機能が充実
Excelの便利な機能を使いこなそう

だいぶExcelの基本的な使い方がわかってきたよ。
ほかに、知っておくと便利な機能ってないのかな？

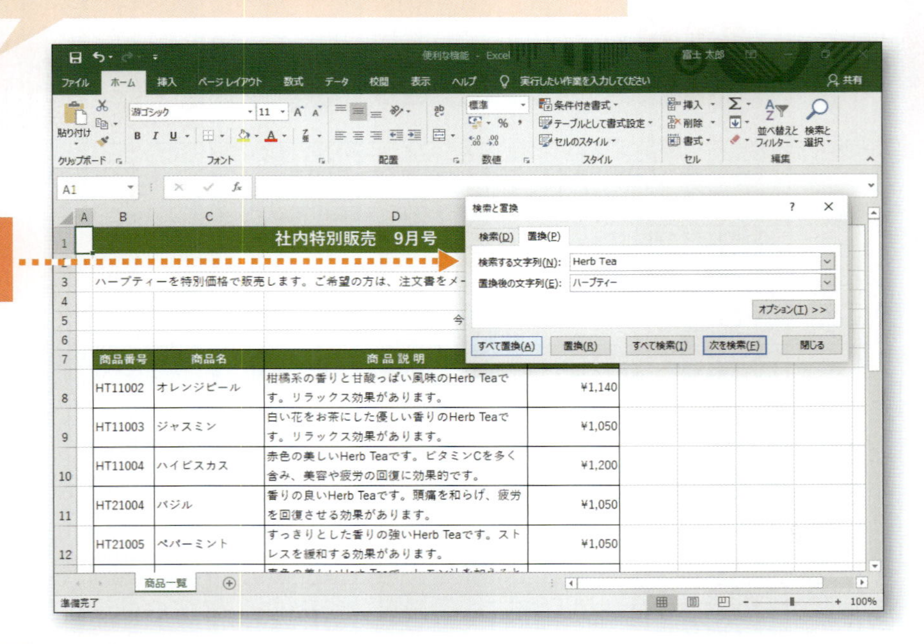

セル内のデータを
らくらく検索・置換！

ブックをPDFファイルとして
保存すれば、閲覧用に配布する
など、活用方法もいろいろ！

Documents/Excel2019基礎/第9章/社内販売（配布用）.pdf

社内特別販売　9月号

ハーブティーを特別価格で販売します。ご希望の方は、注文書をメールで送信してください。

今月の新商品

商品番号	商品名	商品説明	価格（100g）
HT11002	オレンジピール	柑橘系の香りと甘酸っぱい風味のハーブティーです。リラックス効果があります。	¥1,140
HT11003	ジャスミン	白い花をお茶にした優しい香りのハーブティーです。リラックス効果があります。	¥1,050
HT11004	ハイビスカス	赤色の美しいハーブティーです。ビタミンCを多く含み、美容や疲労の回復に効果的です。	¥1,200
HT21004	バジル	香りの良いハーブティーです。頭痛を和らげ、疲労を回復させる効果があります。	¥1,050
HT21005	ペパーミント	すっきりとした香りの強いハーブティーです。ストレスを緩和する効果があります。	¥1,050
HT21006	ラベンダー	青色の美しいハーブティーで、レモン汁を加えると色が変化します。香りがとても良く、ストレスを和らげ、リラックス効果があります。	¥1,200
HT21007	リンデン	白い木の部分をお茶にしたハーブティーです。リラックス効果、安眠効果があります。	¥1,140
HT26008	レモン	ビタミンCが多く含まれたハーブティーです。美肌効果があるため、うっかり日焼けをしてしまった方などにもおすすめです。	¥1,050
HT26009	レモングラス	レモンの酸味がするハーブティーです。気分をリフレッシュさせる効果があるので、朝早起きが苦手な方におすすめです。	¥1,050

ExcelでPDFファイルが作れるなんて便利だな！
検索・置換機能もデータの修正に活躍しそうだね！

便利な機能については 228ページ を check!

はじめに

Microsoft Excel 2019は、やさしい操作性と優れた機能を兼ね備えた表計算ソフトです。
本書は、初めてExcelをお使いになる方を対象に、表の作成や編集、関数による計算処理、グラフの作成、並べ替えや抽出によるデータベース処理など基本的な機能と操作方法をわかりやすく解説しています。また、練習問題を豊富に用意しており、問題を解くことによって理解度を確認でき、着実に実力を身に付けられます。
表紙の裏にはExcelで使える便利な**「ショートカットキー一覧」**、巻末にはExcel 2019の新機能を効率的に習得できる**「Excel 2019の新機能」**を収録しています。
本書は、経験豊富なインストラクターが、日頃のノウハウをもとに作成しており、講習会や授業の教材としてご利用いただくほか、自己学習の教材としても最適なテキストとなっております。
本書を通して、Excelの知識を深め、実務にいかしていただければ幸いです。

本書を購入される前に必ずご一読ください
本書は、2018年12月現在のExcel 2019(16.0.10338.20019)に基づいて解説しています。本書発行後のWindowsやOfficeのアップデートによって機能が更新された場合には、本書の記載のとおりに操作できなくなる可能性があります。あらかじめご了承のうえ、ご購入・ご利用ください。

2019年2月5日
FOM出版

目次

■第7章　グラフの作成 164

■第8章　データベースの利用 196

購入特典

本書を購入された方には、次の特典（PDFファイル）をご用意しています。FOM出版のホームページからダウンロードして、ご利用ください。

特典1　関数一覧

特典2　Office 2019の基礎知識

【ダウンロード方法】

①次のホームページにアクセスします。

ホームページ・アドレス

http://www.fom.fujitsu.com/goods/eb/

②「Excel 2019基礎（FPT1813）」の《特典を入手する》を選択します。

③本書の内容に関する質問に回答し、《入力完了》を選択します。

④ファイル名を選択して、ダウンロードします。

本書をご利用いただく前に

本書で学習を進める前に、ご一読ください。

1 本書の記述について

操作の説明のために使用している記号には、次のような意味があります。

記述	意味	例
[ ]	キーボード上のキーを示します。	[Ctrl] [F4]
[ ]+[ ]	複数のキーを押す操作を示します。	[Ctrl]+[C] ([Ctrl]を押しながら[C]を押す)
《 》	ダイアログボックス名やタブ名、項目名など画面の表示を示します。	《セルの書式設定》ダイアログボックスが表示されます。 《挿入》タブを選択します。
「 」	重要な語句や機能名、画面の表示、入力する文字などを示します。	「ブック」といいます。 「東京都」と入力します。

学習の前に開くファイル

知っておくべき重要な内容

知っていると便利な内容

※ 補足的な内容や注意すべき内容

Let's Try 学習した内容の確認問題

確認問題の答え

問題を解くためのヒント

2 製品名の記載について

本書では、次の名称を使用しています。

正式名称	本書で使用している名称
Windows 10	Windows 10 または Windows
Microsoft Office 2019	Office 2019 または Office
Microsoft Excel 2019	Excel 2019 または Excel
Microsoft Word 2019	Word 2019 または Word
Microsoft PowerPoint 2019	PowerPoint 2019 または PowerPoint

3 効果的な学習の進め方について

本書の各章は、次のような流れで学習を進めると、効果的な構成になっています。

1 学習目標を確認

学習を始める前に、「この章で学ぶこと」で学習目標を確認しましょう。
学習目標を明確にすることによって、習得すべきポイントが整理できます。

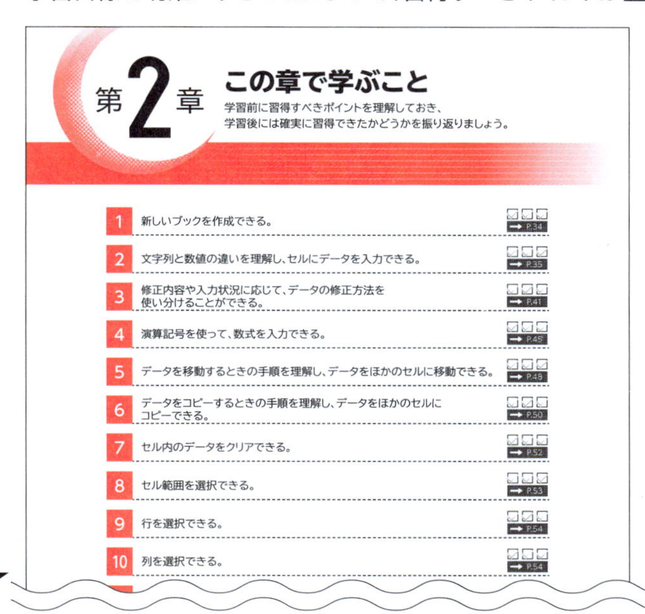
第2章 この章で学ぶこと
学習前に習得すべきポイントを理解しておき、
学習後には確実に習得できたかどうかを振り返りましょう。

1	新しいブックを作成できる。	→ P.34
2	文字列と数値の違いを理解し、セルにデータを入力できる。	→ P.35
3	修正内容や入力状況に応じて、データの修正方法を使い分けることができる。	→ P.41
4	演算記号を使って、数式を入力できる。	→ P.45
5	データを移動するときの手順を理解し、データをほかのセルに移動できる。	→ P.48
6	データをコピーするときの手順を理解し、データをほかのセルにコピーできる。	→ P.50
7	セル内のデータをクリアできる。	→ P.52
8	セル範囲を選択できる。	→ P.53
9	行を選択できる。	→ P.54
10	列を選択できる。	→ P.54

2 章の学習

学習目標を意識しながら、Excelの機能や操作を学習しましょう。

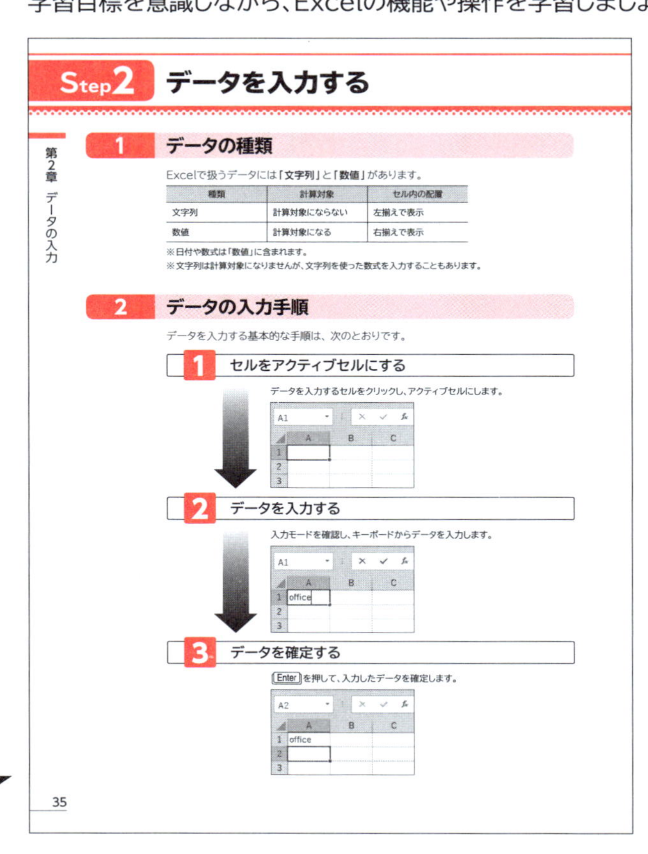
Step2 データを入力する

第2章 データの入力

1 データの種類

Excelで扱うデータには「文字列」と「数値」があります。

種類	計算対象	セル内の配置
文字列	計算対象にならない	左揃えで表示
数値	計算対象になる	右揃えで表示

※日付や数式は「数値」に含まれます。
※文字列は計算対象になりませんが、文字列を使った数式を入力することもあります。

2 データの入力手順

データを入力する基本的な手順は、次のとおりです。

1 セルをアクティブセルにする

データを入力するセルをクリックし、アクティブセルにします。

2 データを入力する

入力モードを確認し、キーボードからデータを入力します。

3 データを確定する

Enter を押して、入力したデータを確定します。

35

3 練習問題にチャレンジ

章の学習が終わったあと、「練習問題」にチャレンジしましょう。
章の内容がどれくらい理解できているかを把握できます。

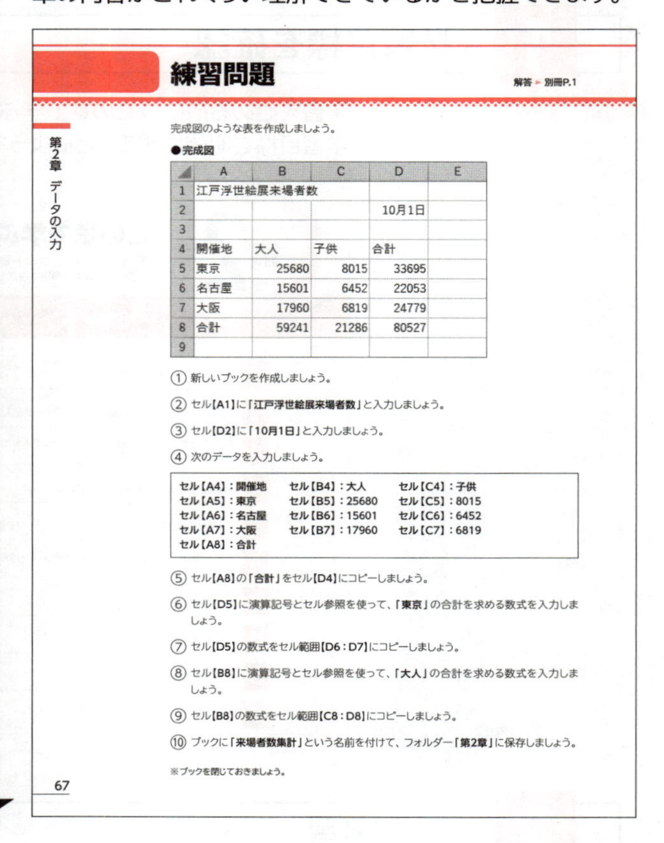

練習問題

解答 ► 別冊P.1

第2章 データの入力

完成図のような表を作成しましょう。

●完成図

	A	B	C	D	E
1	江戸浮世絵展来場者数				
2				10月1日	
3					
4	開催地	大人	子供	合計	
5	東京	25680	8015	33695	
6	名古屋	15601	6452	22053	
7	大阪	17960	6819	24779	
8	合計	59241	21286	80527	
9					

① 新しいブックを作成しましょう。
② セル【A1】に「**江戸浮世絵展来場者数**」と入力しましょう。
③ セル【D2】に「**10月1日**」と入力しましょう。
④ 次のデータを入力しましょう。

セル【A4】：開催地	セル【B4】：大人	セル【C4】：子供
セル【A5】：東京	セル【B5】：25680	セル【C5】：8015
セル【A6】：名古屋	セル【B6】：15601	セル【C6】：6452
セル【A7】：大阪	セル【B7】：17960	セル【C7】：6819
セル【A8】：合計		

⑤ セル【A8】の「**合計**」をセル【D4】にコピーしましょう。
⑥ セル【D5】に演算記号とセル参照を使って、「**東京**」の合計を求める数式を入力しましょう。
⑦ セル【D5】の数式をセル範囲【D6：D7】にコピーしましょう。
⑧ セル【B8】に演算記号とセル参照を使って、「**大人**」の合計を求める数式を入力しましょう。
⑨ セル【B8】の数式をセル範囲【C8：D8】にコピーしましょう。
⑩ ブックに「**来場者数集計**」という名前を付けて、フォルダー「**第2章**」に保存しましょう。

※ブックを閉じておきましょう。

67

4 学習成果をチェック

章の始めの「この章で学ぶこと」に戻って、学習目標を達成できたかどうかをチェックしましょう。
十分に習得できなかった内容については、該当ページを参照して復習するとよいでしょう。

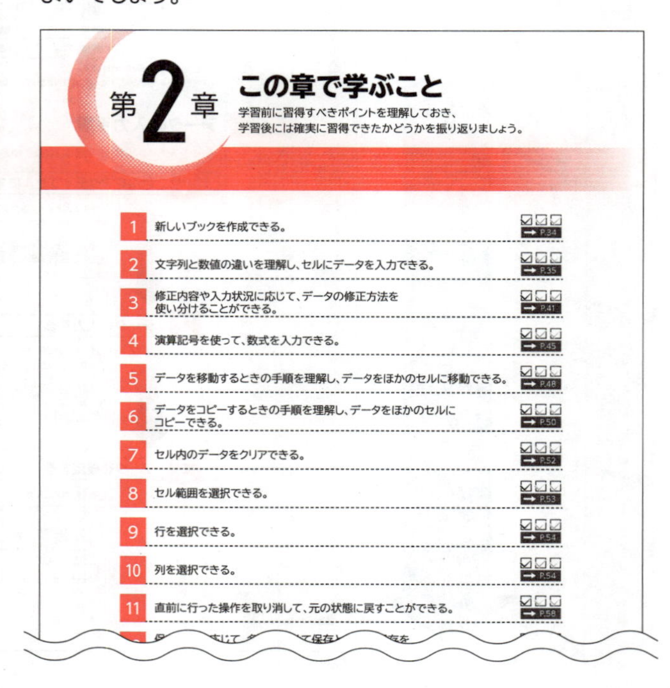

第2章 この章で学ぶこと

学習前に習得すべきポイントを理解しておき、
学習後には確実に習得できたかどうかを振り返りましょう。

1 新しいブックを作成できる。 → P.34
2 文字列と数値の違いを理解し、セルにデータを入力できる。 → P.35
3 修正内容や入力状況に応じて、データの修正方法を使い分けることができる。 → P.41
4 演算記号を使って、数式を入力できる。 → P.45
5 データを移動するときの手順を理解し、データをほかのセルに移動できる。 → P.48
6 データをコピーするときの手順を理解し、データをほかのセルにコピーできる。 → P.50
7 セル内のデータをクリアできる。 → P.52
8 セル範囲を選択できる。 → P.53
9 行を選択できる。 → P.54
10 列を選択できる。 → P.54
11 直前に行った操作を取り消して、元の状態に戻すことができる。 → P.58

4 学習環境について

本書を学習するには、次のソフトウェアが必要です。

●Excel 2019

本書を開発した環境は、次のとおりです。

・OS：Windows 10（ビルド17134.345）
・アプリケーションソフト：Microsoft Office Professional Plus
　Microsoft Excel 2019（16.0.10338.20019）
・ディスプレイ：画面解像度　1024×768ピクセル

※インターネットに接続できる環境で学習することを前提に記述しています。
※環境によっては、画面の表示が異なる場合や記載の機能が操作できない場合があります。

◆画面解像度の設定

画面解像度を本書と同様に設定する方法は、次のとおりです。

①デスクトップの空き領域を右クリックします。
②**《ディスプレイ設定》**をクリックします。
③**《解像度》**の［∨］をクリックし、一覧から**《1024×768》**を選択します。

※確認メッセージが表示される場合は、《変更の維持》をクリックします。

◆ボタンの形状

ディスプレイの画面解像度やウィンドウのサイズなど、お使いの環境によって、ボタンの形状やサイズが異なる場合があります。ボタンの操作は、ポップヒントに表示されるボタン名を確認してください。

※本書に掲載しているボタンは、ディスプレイの画面解像度を「1024×768ピクセル」、ウィンドウを最大化した環境を基準にしています。

◆スタイルや色の名前

本書発行後のWindowsやOfficeのアップデートによって、ポップヒントに表示されるスタイルや色などの項目の名前が変更される場合があります。本書に記載されている項目名が一覧にない場合は、掲載画面の色が付いている位置を参考に、任意の項目を選択してください。

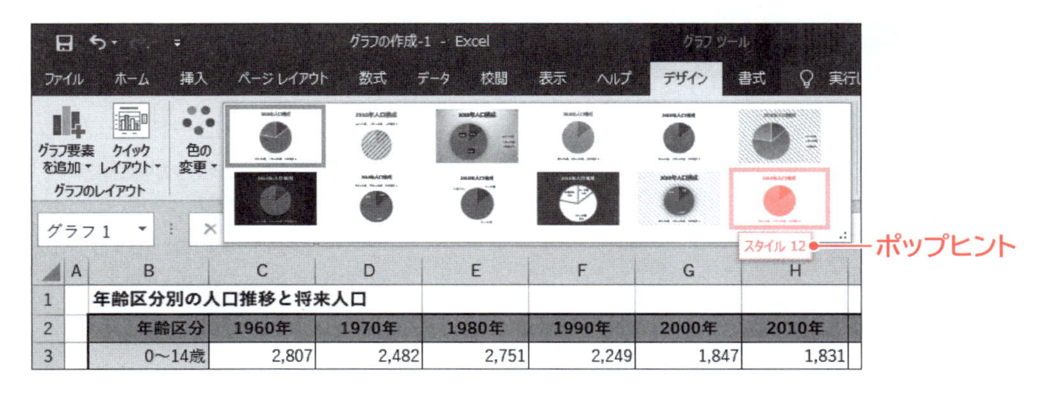

5 学習ファイルのダウンロードについて

本書で使用するファイルは、FOM出版のホームページで提供しています。
ダウンロードしてご利用ください。

ホームページ・アドレス

http://www.fom.fujitsu.com/goods/

ホームページ検索用キーワード

FOM出版

◆ダウンロード

学習ファイルをダウンロードする方法は、次のとおりです。

①ブラウザーを起動し、FOM出版のホームページを表示します。
※アドレスを直接入力するか、キーワードでホームページを検索します。
②**《ダウンロード》**をクリックします。
③**《アプリケーション》**の**《Excel》**をクリックします。
④**《Excel 2019 基礎　FPT1813》**をクリックします。
⑤**「fpt1813.zip」**をクリックします。
⑥ダウンロードが完了したら、ブラウザーを終了します。
※ダウンロードしたファイルは、パソコン内のフォルダー「ダウンロード」に保存されます。

◆ダウンロードしたファイルの解凍

ダウンロードしたファイルは圧縮されているので、解凍（展開）します。ダウンロードしたファイル**「fpt1813.zip」**を**《ドキュメント》**に解凍する方法は、次のとおりです。

①デスクトップ画面を表示します。
②タスクバーの（エクスプローラー）をクリックします。

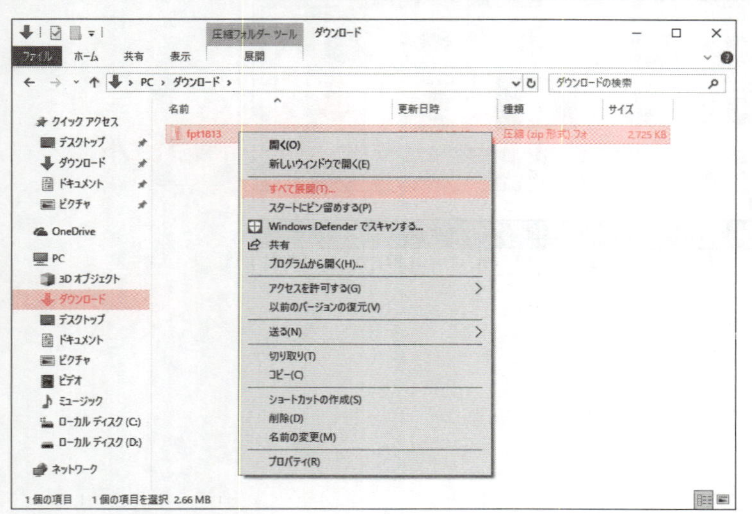

③**《ダウンロード》**をクリックします。
※《ダウンロード》が表示されていない場合は、《PC》をダブルクリックします。
④ファイル**「fpt1813」**を右クリックします。
⑤**《すべて展開》**をクリックします。

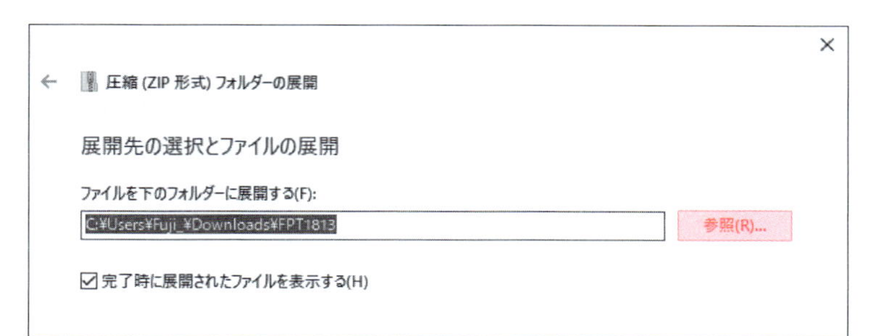

⑥《**参照**》をクリックします。

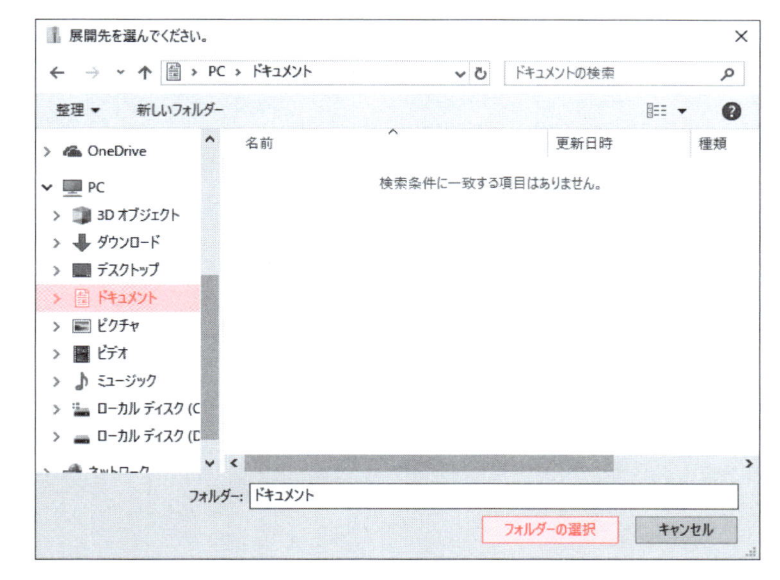

⑦《**ドキュメント**》をクリックします。

※《ドキュメント》が表示されていない場合は、《PC》をダブルクリックします。

⑧《**フォルダーの選択**》をクリックします。

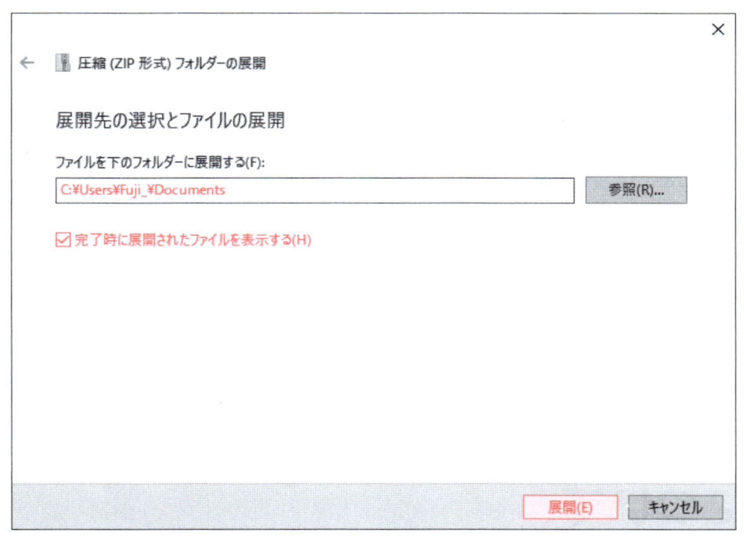

⑨《**ファイルを下のフォルダーに展開する**》が「C:¥Users¥(ユーザー名)¥Documents」に変更されます。

⑩《**完了時に展開されたファイルを表示する**》を☑にします。

⑪《**展開**》をクリックします。

⑫ファイルが解凍され、《**ドキュメント**》が開かれます。

⑬フォルダー「**Excel2019基礎**」が表示されていることを確認します。

※すべてのウィンドウを閉じておきましょう。

◆学習ファイルの一覧

フォルダー**「Excel2019基礎」**には、学習ファイルが入っています。タスクバーの（エクスプローラー）→**《PC》**→**《ドキュメント》**をクリックし、一覧からフォルダーを開いて確認してください。

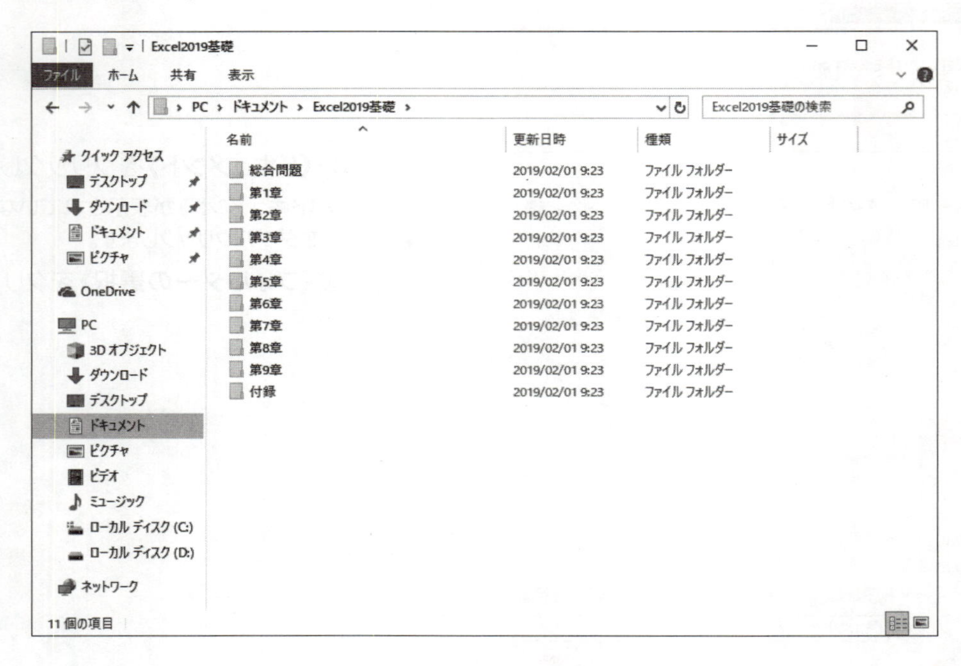

◆学習ファイルの場所

本書では、学習ファイルの場所を**《ドキュメント》**内のフォルダー**「Excel2019基礎」**としています。**《ドキュメント》**以外の場所に解凍した場合は、フォルダーを読み替えてください。

◆学習ファイル利用時の注意事項

ダウンロードした学習ファイルを開く際、そのファイルが安全かどうかを確認するメッセージが表示される場合があります。学習ファイルは安全なので、**《編集を有効にする》**をクリックして、編集可能な状態にしてください。

6 本書の最新情報について

本書に関する最新のQ＆A情報や訂正情報、重要なお知らせなどについては、FOM出版のホームページでご確認ください。

ホームページ・アドレス

http://www.fom.fujitsu.com/goods/

ホームページ検索用キーワード

FOM出版

第1章

Excelの基礎知識

第1章 この章で学ぶこと

学習前に習得すべきポイントを理解しておき、
学習後には確実に習得できたかどうかを振り返りましょう。

1	Excelで何ができるかを説明できる。	→ P.10
2	Excelを起動できる。	→ P.14
3	Excelのスタート画面の使い方を説明できる。	→ P.15
4	既存のブックを開くことができる。	→ P.16
5	ブックとシートとセルの違いを説明できる。	→ P.18
6	Excelの画面の各部の名称や役割を説明できる。	→ P.19
7	対象のセルをアクティブセルにできる。	→ P.21
8	シートをスクロールして、表の内容を確認できる。	→ P.22
9	表示モードの違いを理解し、使い分けることができる。	→ P.24
10	表示モードを切り替えることができる。	→ P.24
11	シートの表示倍率を変更できる。	→ P.26
12	シートを挿入できる。	→ P.27
13	シートを切り替えることができる。	→ P.28
14	ブックを閉じることができる。	→ P.29
15	Excelを終了できる。	→ P.31

Step 1 Excelの概要

1 Excelの概要

「Excel」は、表計算からグラフ作成、データ管理まで様々な機能を兼ね備えた表計算ソフトウェアです。
Excelには、主に次のような機能があります。

1 表の作成

様々な編集機能で、見やすく見栄えのする表にできます。

	A	B	C	D	E	F	G	H	I	J
1		店舗別売上管理表						2019/4/8		
2		2018年度最終報告								
3								単位：千円		
4		地区	店舗	年間予算	上期合計	下期合計	年間合計	達成率		
5		関東	渋谷	550,000	234,561	283,450	518,011	94.2%		
6			新宿	600,000	312,144	293,011	605,155	100.9%		
7			六本木	650,000	289,705	397,500	687,205	105.7%		
8			横浜	500,000	221,091	334,012	555,103	111.0%		
9		関西	梅田	650,000	243,055	378,066	621,121	95.6%		
10			なんば	550,000	275,371	288,040	563,411	102.4%		
11			神戸	400,000	260,842	140,441	401,283	100.3%		
12			京都	450,000	186,498	298,620	485,118	107.8%		
13		合計		4,350,000	2,023,267	2,413,140	4,436,407	102.0%		
14										

2 計算

セルに入力されている値をもとに数式を入力すると、計算結果が表示されます。もとの値が変化すると、再計算されて結果が表示されます。また、計算を行うための関数も豊富に用意されています。関数を使うと、簡単な計算から高度な計算までを瞬時に行うことができます。

	A	B	C	D	E	F	G	H	I	J	K
1		入社試験成績									
2		氏名	必須科目		選択科目		総合ポイント		外国語A受験者数	7	
3			一般常識	小論文	外国語A	外国語B			外国語B受験者数	4	
4		大橋　弥生	68	79		61	208		申込者総数	11	
5		栗林　良子	81	83	70		234				
6		近藤　信太郎	73	65		54	192				
7		里山　仁	35	69	65		169				
8		田之上　慶介	98	78	67		243				
9		築山　和明	77	75		72	224				
10		時岡　かおり	85	39	56		180				
11		東野　徹	79	57	38		174				
12		保科　真治		97	70		167				
13		町田　優	56	46	56		158				
14		村岡　夏美	94	85		77	256				
15		平均点	74.6	70.3	60.3	66.0	200.5				
16		最高点	98	97	70	77	256				
17		最低点	35	39	38	54	158				
18											

3 グラフの作成

わかりやすく見やすいグラフを簡単に作成できます。グラフを使うと、データを視覚的に表示できるので、データを比較したり傾向を把握したりするのに便利です。

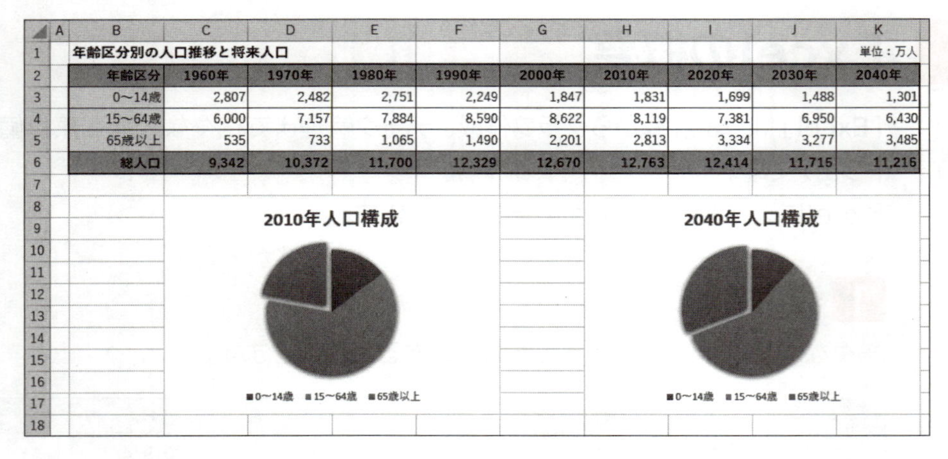

年齢区分別の人口推移と将来人口　　単位：万人

年齢区分	1960年	1970年	1980年	1990年	2000年	2010年	2020年	2030年	2040年
0〜14歳	2,807	2,482	2,751	2,249	1,847	1,831	1,699	1,488	1,301
15〜64歳	6,000	7,157	7,884	8,590	8,622	8,119	7,381	6,950	6,430
65歳以上	535	733	1,065	1,490	2,201	2,813	3,334	3,277	3,485
総人口	9,342	10,372	11,700	12,329	12,670	12,763	12,414	11,715	11,216

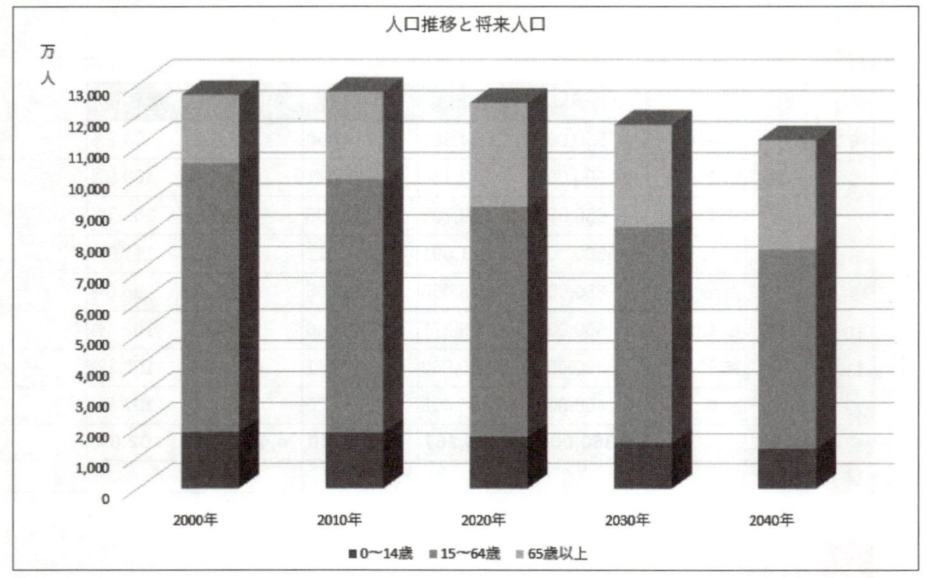

4 データの管理

目的に応じて表のデータを並べ替えたり、必要なデータだけを取り出したりできます。住所録や売上台帳などの大量のデータを管理するのに便利です。

FOMビジネスコンサルティング　セミナー開催状況

No	開催日	セミナー名	区分	定員	受講者数	受講率	受講費	金額
1	2019/4/4	経営者のための経営分析講座	経営	30	33	110.0%	¥20,000	¥660,000
2	2019/4/8	マーケティング講座	経営	30	25	83.3%	¥18,000	¥450,000
3	2019/4/11	初心者のためのインターネット株取引	投資	50	55	110.0%	¥4,000	¥220,000
4	2019/4/14	初心者のための資産運用講座	投資	50	40	80.0%	¥6,000	¥240,000
5	2019/4/18	一般教養攻略講座	就職	40	25	62.5%	¥2,000	¥50,000
6	2019/4/22	人材戦略講座	経営	30	24	80.0%	¥18,000	¥432,000
7	2019/4/25	自己分析・自己表現講座	就職	40	34	85.0%	¥2,000	¥68,000
8	2019/4/28	面接試験突破講座	就職	20	20	100.0%	¥3,000	¥60,000
9	2019/5/11	初心者のためのインターネット株取引	投資	50	50	100.0%	¥4,000	¥200,000
10	2019/5/12	初心者のための資産運用講座	投資	50	42	84.0%	¥6,000	¥252,000
11	2019/5/18	一般教養攻略講座	就職	40	23	57.5%	¥2,000	¥46,000
12	2019/5/20	個人投資家のための為替投資講座	投資	50	30	60.0%	¥8,000	¥240,000
13	2019/5/23	個人投資家のための株式投資講座	投資	50	36	72.0%	¥10,000	¥360,000
14	2019/5/25	個人投資家のための不動産投資講座	投資	50	44	88.0%	¥6,000	¥264,000
15	2019/5/26	自己分析・自己表現講座	就職	40	36	90.0%	¥2,000	¥72,000

開催状況

5 グラフィックの作成

豊富な図形や図表があらかじめ用意されており、表現力のある資料を作成できます。

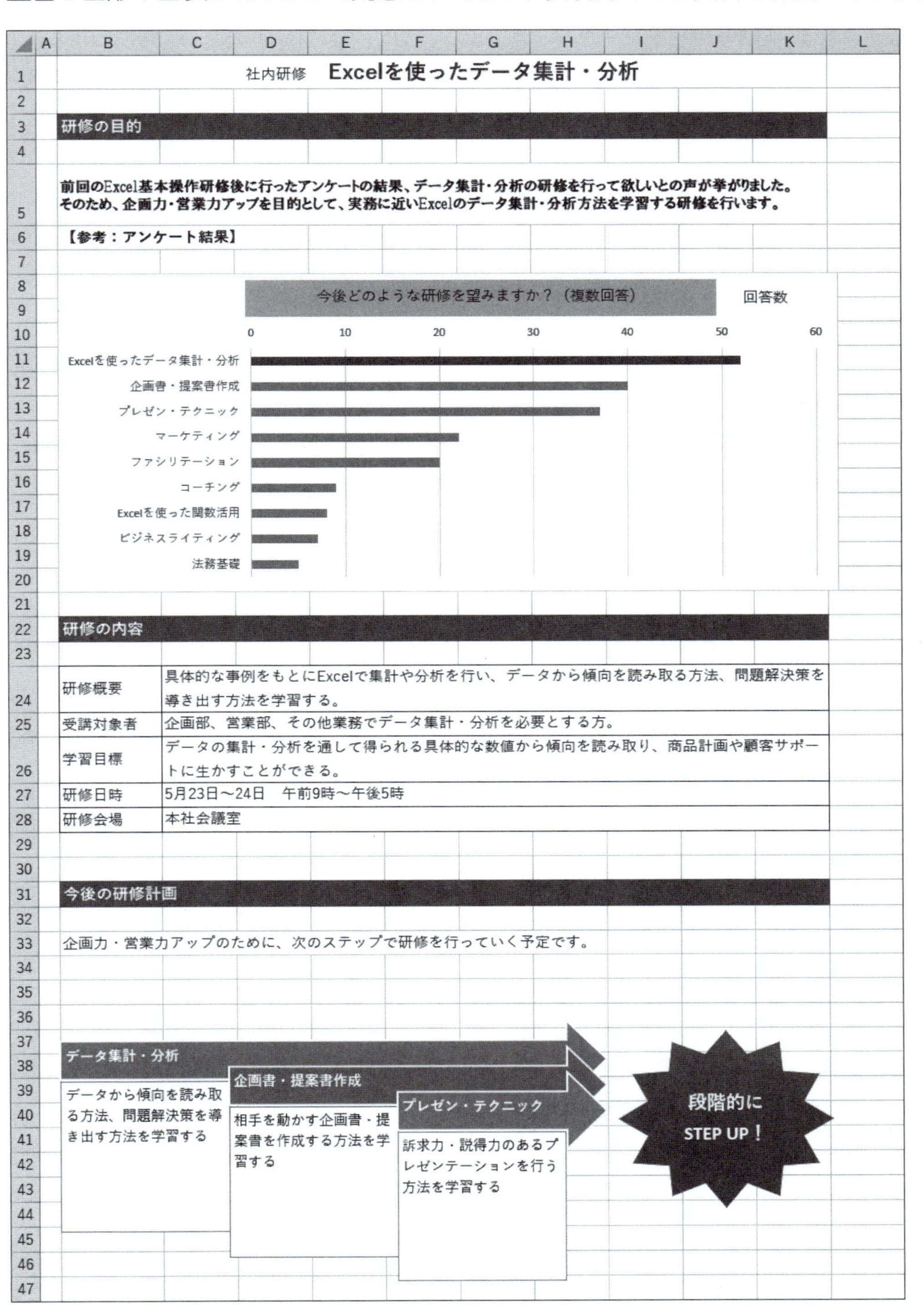

6 データの分析

データの項目名を自由に配置して、集計表や集計グラフを簡単に作成できます。データの分析に適しています。

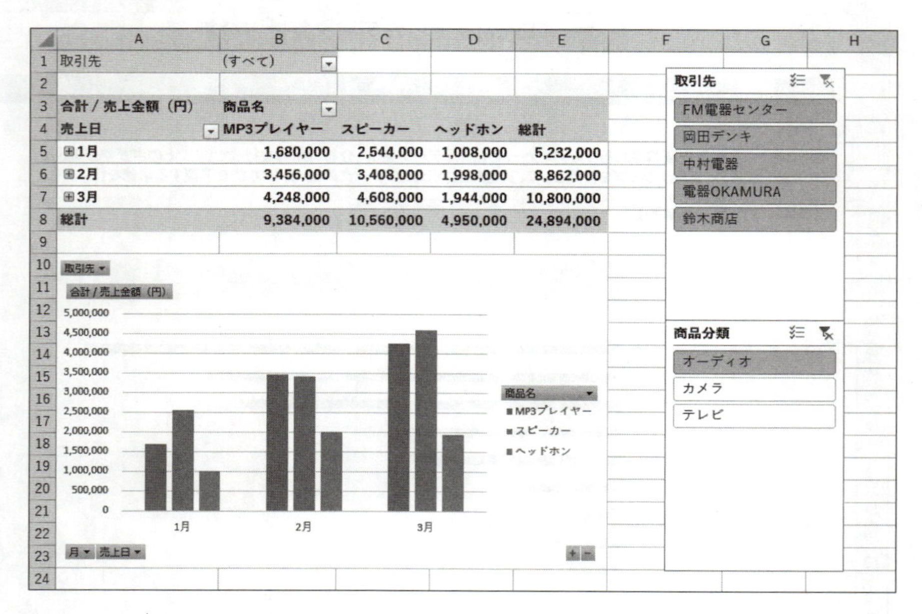

取引先	(すべて)			
合計 / 売上金額（円）	商品名			
売上日	MP3プレイヤー	スピーカー	ヘッドホン	総計
⊞1月	1,680,000	2,544,000	1,008,000	5,232,000
⊞2月	3,456,000	3,408,000	1,998,000	8,862,000
⊞3月	4,248,000	4,608,000	1,944,000	10,800,000
総計	9,384,000	10,560,000	4,950,000	24,894,000

7 作業の自動化（マクロ）

一連の操作をマクロとして記録しておくと、記録した一連の操作をまとめて実行できます。頻繁に発生する操作をマクロとして記録しておくと、同じ動作を繰り返す必要がなく効率的に作業できます。

取引先売上一覧表　［担当者別集計］　［集計リセット］

単位：円

日付	担当者	取引先	商品名	単価	数量	売上金額
4月1日	山田	新宮電気	携帯電話	55,000	20	1,100,000
4月1日	福井	青木家電	プリンター	120,000	5	600,000
4月4日	荒木	福丸物産	スキャナー	30,000	5	150,000
4月4日	荒木	FOM商事	スキャナー	30,000	8	240,000
4月4日	田村	竹芝商事	パソコン	200,000	10	2,000,000
4月4日	福井	尾林貿易	ファクシミリ	25,000	10	250,000
4月5日	田村	竹芝商事	スキャナー	30,000	5	150,000
4月5日	山田	新宮電気	パソコン	200,000	10	2,000,000
4月5日	山田	新宮電気	プリンター	120,000	5	600,000
4月8日	福井	尾林貿易	ファクシミリ	25,000	13	325,000
4月12日	福井	青木家電	ファクシミリ	25,000	6	150,000
4月12日	山田	新宮電気	プリンター	120,000	8	960,000
4月15日	福井	尾林貿易	携帯電話	55,000	30	1,650,000
4月15日	田村	竹芝商事	スキャナー	30,000	5	150,000
4月15日	荒木	FOM商事	パソコン	200,000	5	1,000,000
4月15日	福井	尾林貿易	プリンター	120,000	10	1,200,000
4月15日	福井	青木家電	プリンター	120,000	8	960,000
4月18日	田村	竹芝商事	携帯電話	55,000	20	1,100,000
4月18日	山田	新宮電気	スキャナー	30,000	2	60,000
4月18日	荒木	福丸物産	パソコン	200,000	15	3,000,000
4月19日	荒木	FOM商事	携帯電話	55,000	30	1,650,000
4月19日	福井	尾林貿易	スキャナー	30,000	20	600,000
4月19日	荒木	福丸物産	スキャナー	30,000	11	330,000
4月19日	田村	竹芝商事	パソコン	200,000	5	1,000,000
4月19日	田村	竹芝商事	プリンター	120,000	21	2,520,000
4月22日	山田	新宮電気	スキャナー	30,000	8	240,000

Step 2 Excelを起動する

1 Excelの起動

Excelを起動しましょう。

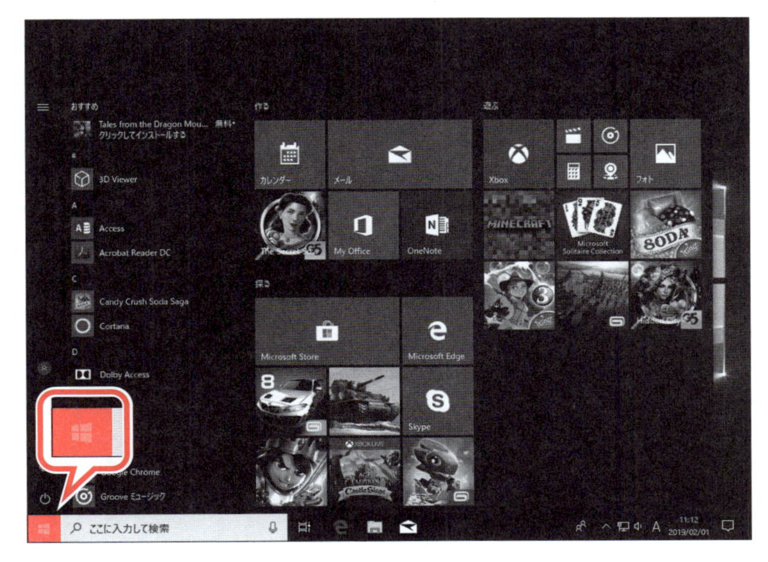

①(スタート)をクリックします。
スタートメニューが表示されます。

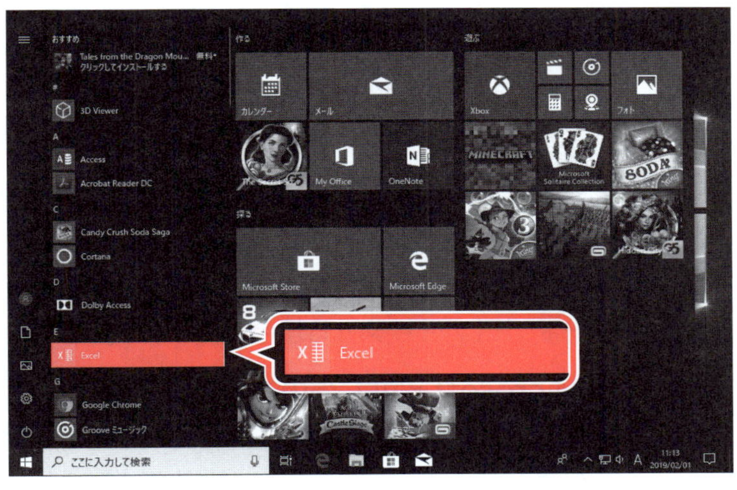

②《Excel》をクリックします。

Excelが起動し、Excelのスタート画面が表示されます。

③タスクバーにが表示されていることを確認します。

※ウィンドウが最大化されていない場合は、(最大化)をクリックしておきましょう。

2 Excelのスタート画面

Excelが起動すると、**「スタート画面」**が表示されます。
スタート画面でこれから行う作業を選択します。スタート画面を確認しましょう。

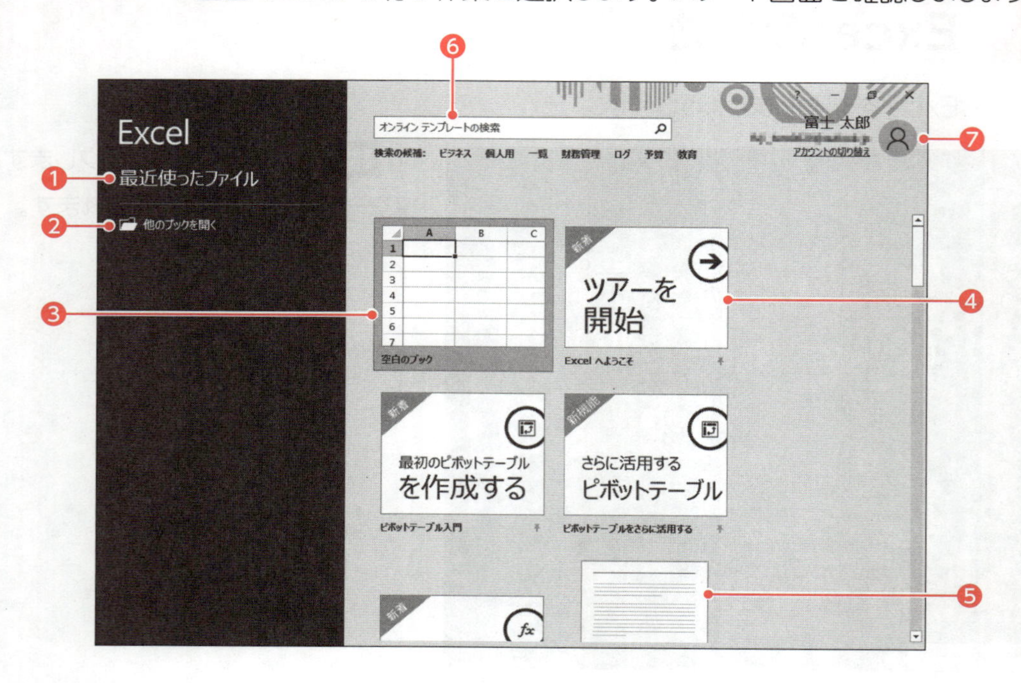

❶最近使ったファイル

最近開いたブックがある場合、その一覧が表示されます。**「今日」「昨日」「今週」**のように時系列で分類されています。
一覧から選択すると、ブックが開かれます。

❷他のブックを開く

すでに保存済みのブックを開く場合に使います。

❸空白のブック

新しいブックを作成します。
何も入力されていない白紙のブックが表示されます。

❹Excelへようこそ

Excel 2019の基本操作を紹介するブックが開かれます。

❺その他のブック

新しいブックを作成します。
あらかじめ数式や書式が設定されたブックが表示されます。

❻検索ボックス

あらかじめ数式や書式が設定されたブックをインターネット上から検索する場合に使います。

❼Microsoftアカウントのユーザー情報

Microsoftアカウントでサインインしている場合、その表示名やメールアドレスなどが表示されます。
※サインインしなくても、Excelを利用できます。

POINT サインイン・サインアウト

「サインイン」とは、正規のユーザーであることを証明し、サービスを利用できる状態にする操作です。
「サインアウト」とは、サービスの利用を終了する操作です。

Step3 ブックを開く

1 ブックを開く

すでに保存済みのブックをExcelのウィンドウに表示することを**「ブックを開く」**といいます。
スタート画面からブック**「Excelの基礎知識」**を開きましょう。

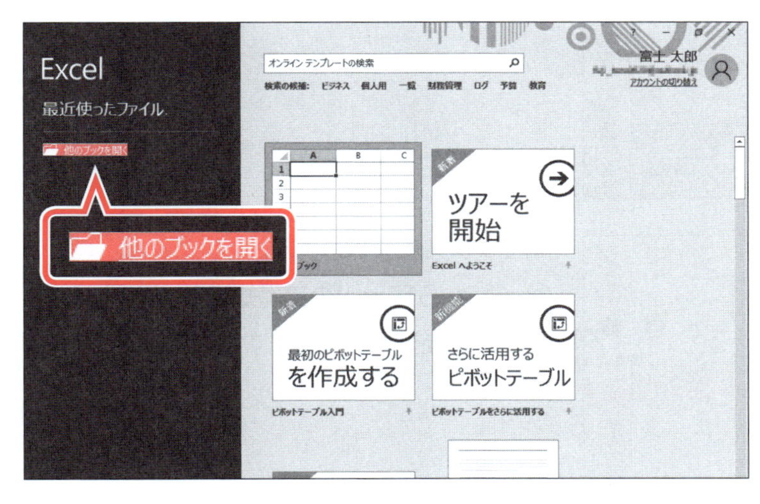

①スタート画面が表示されていることを確認します。

②**《他のブックを開く》**をクリックします。

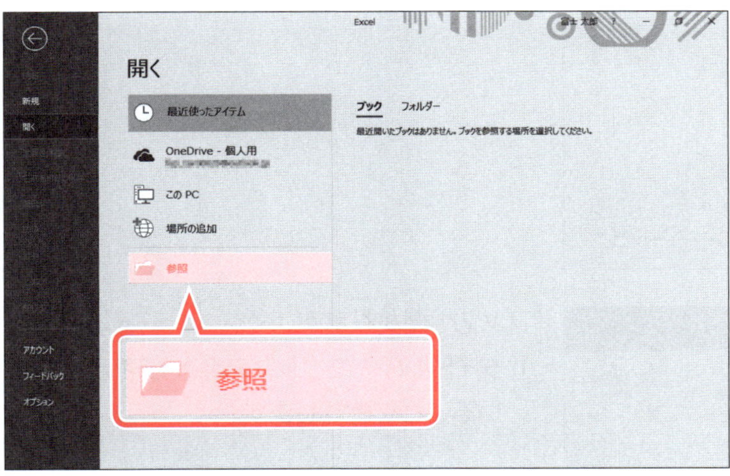

ブックが保存されている場所を選択します。

③**《参照》**をクリックします。

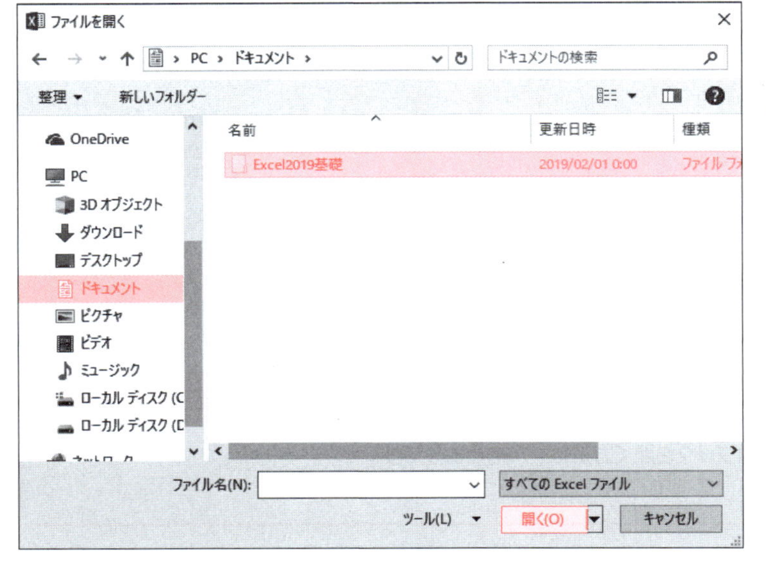

《ファイルを開く》ダイアログボックスが表示されます。

④**《ドキュメント》**が開かれていることを確認します。

※《ドキュメント》が開かれていない場合は、《PC》→《ドキュメント》をクリックします。

⑤一覧から**「Excel2019基礎」**を選択します。

⑥**《開く》**をクリックします。

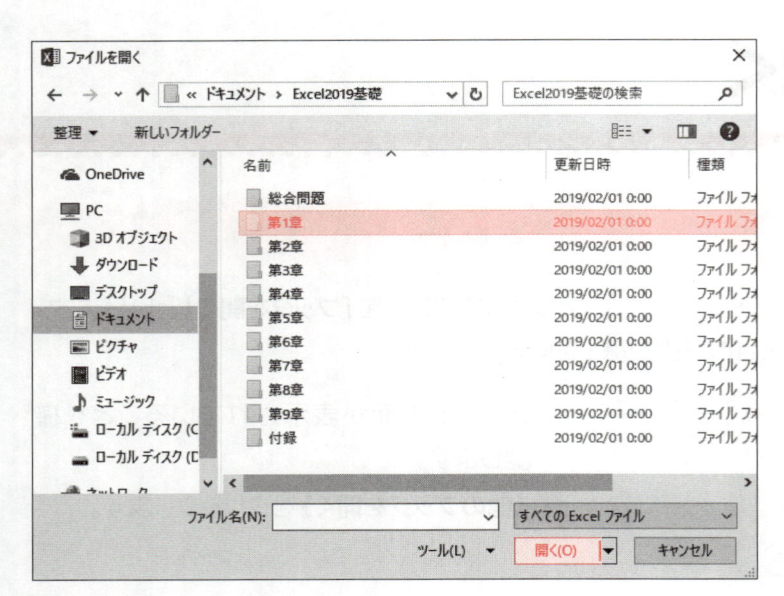

⑦一覧から**「第1章」**を選択します。

⑧**《開く》**をクリックします。

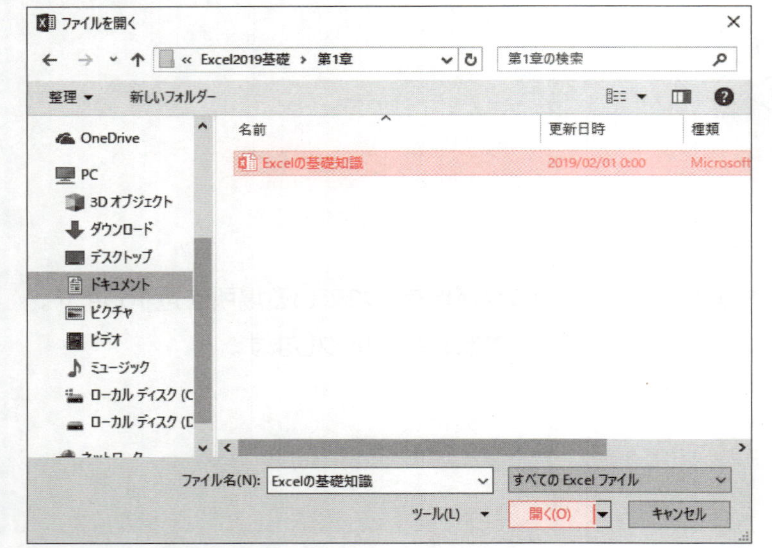

開くブックを選択します。

⑨一覧から**「Excelの基礎知識」**を選択します。

⑩**《開く》**をクリックします。

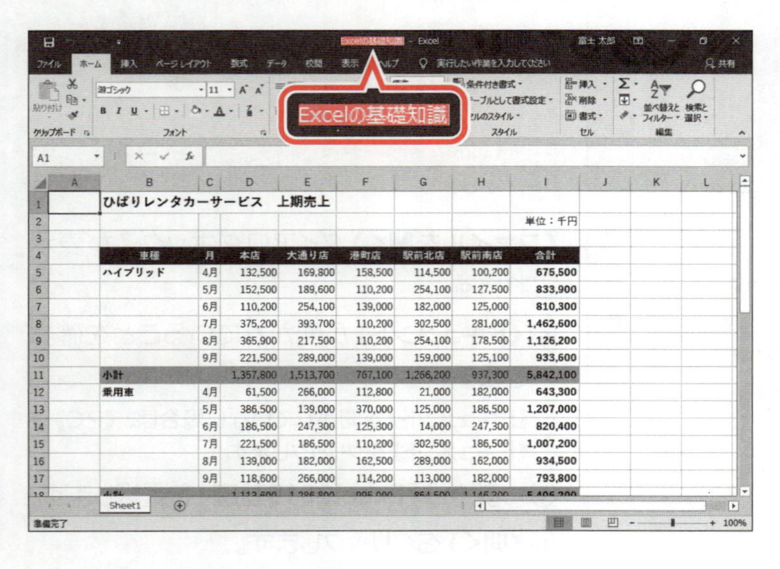

	A	B	C	D	E	F	G	H	I
1		ひばりレンタカーサービス　上期売上							
2									単位：千円
3									
4		車種	月	本店	大通り店	港町店	駅前北店	駅前南店	合計
5		ハイブリッド	4月	132,500	169,800	158,500	114,500	100,200	675,500
6			5月	152,500	189,600	110,200	254,100	127,500	833,900
7			6月	110,200	254,100	139,000	182,000	125,000	810,300
8			7月	375,200	393,700	110,200	302,500	281,000	1,462,600
9			8月	365,900	217,500	110,200	254,100	178,500	1,126,200
10			9月	221,500	289,000	139,000	159,000	125,100	933,600
11		小計		1,357,800	1,513,700	767,100	1,266,200	937,300	5,842,100
12		乗用車	4月	61,500	266,000	112,800	21,000	182,000	643,300
13			5月	386,500	139,000	370,000	125,000	186,500	1,207,000
14			6月	186,500	247,300	125,300	14,000	247,300	820,400
15			7月	221,500	186,500	110,200	302,500	186,500	1,007,200
16			8月	139,000	182,000	162,500	289,000	162,000	934,500
17			9月	118,600	266,000	114,200	113,000	182,000	793,800

ブックが開かれます。

⑪タイトルバーにブックの名前が表示されていることを確認します。

POINT　ブックを開く

Excelを起動した状態で、既存のブックを開く方法は、次のとおりです。

◆《ファイル》タブ→《開く》

2 Excelの基本要素

Excelの基本的な要素を確認しましょう。

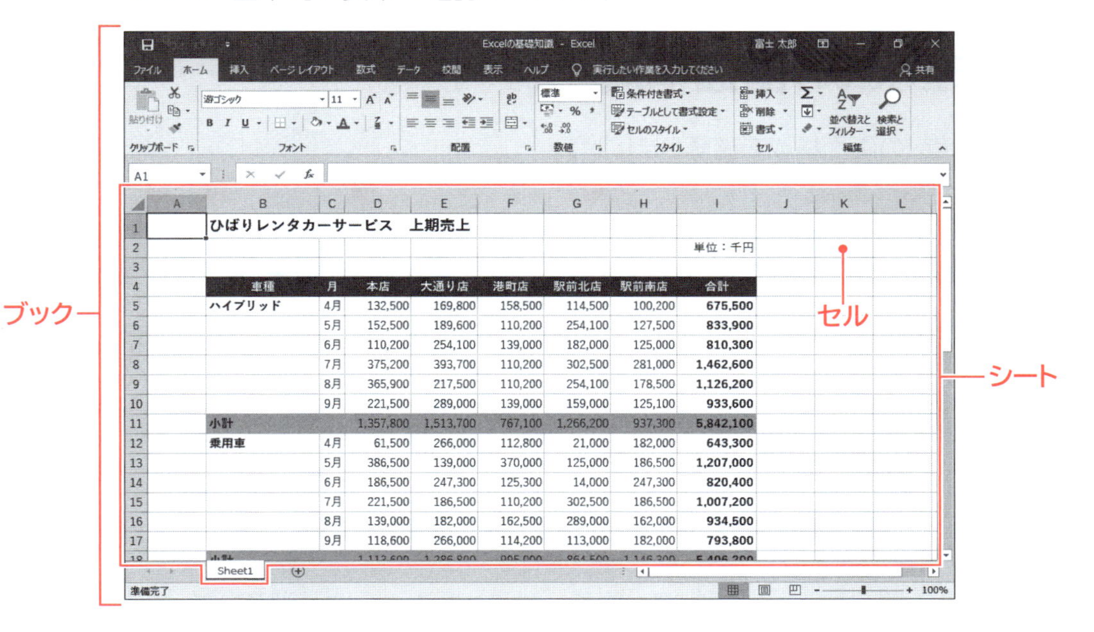

●ブック

Excelでは、ファイルのことを**「ブック」**といいます。
複数のブックを開いて、ウィンドウを切り替えながら作業できます。処理の対象になっているウィンドウを**「アクティブウィンドウ」**といいます。

●シート

表やグラフなどを作成する領域を**「ワークシート」**または**「シート」**といいます（以降、**「シート」**と記載）。
ブック内には、1枚のシートがあり、必要に応じて新しいシートを挿入してシートの枚数を増やしたり、削除したりできます。シート1枚の大きさは、1,048,576行×16,384列です。
処理の対象になっているシートを**「アクティブシート」**といい、一番手前に表示されます。

●セル

データを入力する最小単位を**「セル」**といいます。
処理の対象になっているセルを**「アクティブセル」**といい、緑色の太線で囲まれて表示されます。アクティブセルの列番号と行番号の文字の色は緑色になります。

POINT 行と列

Excelのシートは「行」と「列」で構成されています。

	A	B	C	D	E	F	G	H	I
1		ひばりレンタカーサービス			上期売上				
2									単位：千円
3									
4		車種	月	本店	大通り店	港町店	駅前北店	駅前南店	合計
5		ハイブリッド	4月	132,500	169,800	158,500	114,500	100,200	675,500
6			5月	152,500	189,600	110,200	254,100	127,500	833,900
7			6月	110,200	254,100	139,000	182,000	125,000	810,300
8			7月	375,200	393,700	110,200	302,500	281,000	1,462,600
9			8月	365,900	217,500	110,200	254,100	178,500	1,126,200
10			9月	221,500	289,000	139,000	159,000	125,100	933,600
11		小計		1,357,800	1,513,700	767,100	1,266,200	937,300	5,842,100

行
列

Step4 Excelの画面構成

1 Excelの画面構成

Excelの画面構成を確認しましょう。

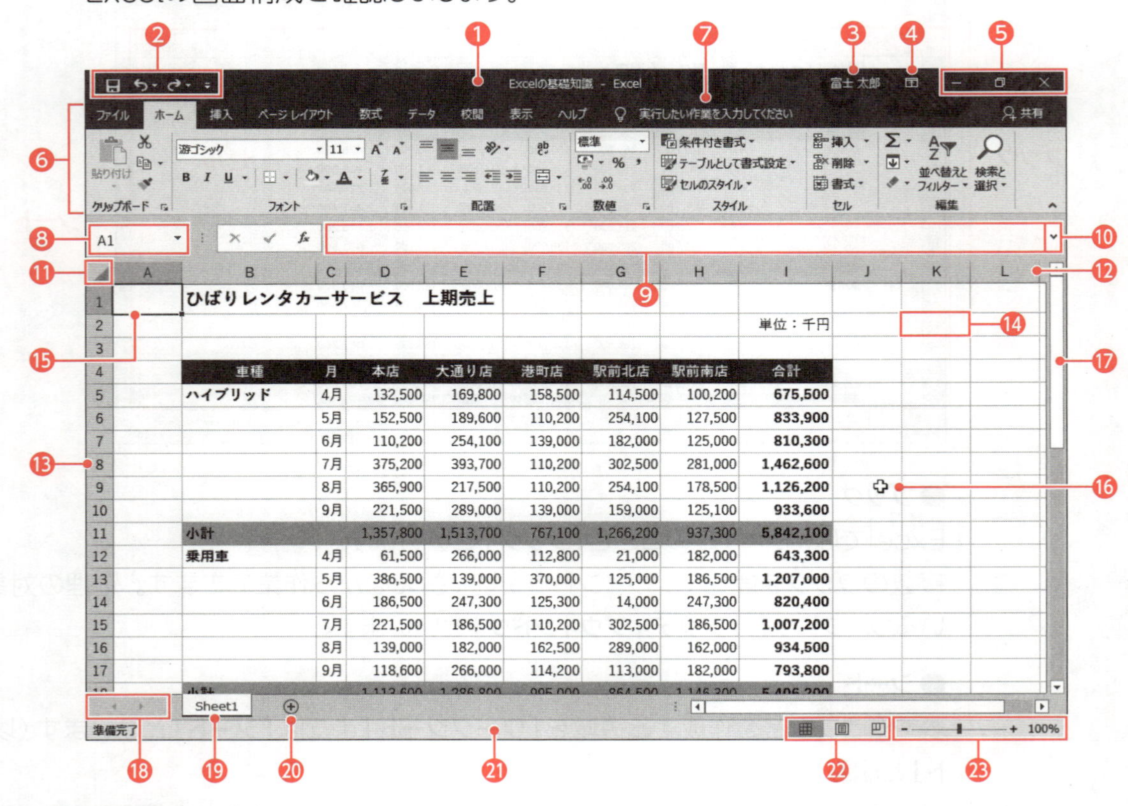

❶タイトルバー

ファイル名やアプリ名が表示されます。

❷クイックアクセスツールバー

よく使うコマンド（作業を進めるための指示）を登録できます。初期の設定では、（上書き保存）、（元に戻す）、（やり直し）の3つのコマンドが登録されています。

※タッチ対応のパソコンでは、（タッチ/マウスモードの切り替え）が登録されています。

❸Microsoftアカウントの表示名

サインインしている場合、表示されます。

❹リボンの表示オプション

リボンの表示方法を変更するときに使います。

❺ウィンドウの操作ボタン

（最小化）

ウィンドウが一時的に非表示になり、タスクバーにアイコンで表示されます。

（元に戻す（縮小））

ウィンドウが元のサイズに戻ります。

※（最大化）

ウィンドウを元のサイズに戻すと、（元に戻す（縮小））から（最大化）に切り替わります。クリックすると、ウィンドウが最大化されて、画面全体に表示されます。

（閉じる）

Excelを終了します。

❻リボン

コマンドを実行するときに使います。関連する機能ごとに、タブに分類されています。

※タッチ対応のパソコンでは、《挿入》タブと《ページレイアウト》タブの間に《描画》タブが表示される場合があります。

❼操作アシスト

機能や用語の意味を調べたり、リボンから探し出せないコマンドをダイレクトに実行したりするときに使います。

❽名前ボックス

アクティブセルの位置などが表示されます。

❾数式バー

アクティブセルの内容などが表示されます。

❿数式バーの展開

数式バーを展開し、表示領域を拡大します。

※数式バーを展開すると、⌄から⌃に切り替わります。⌃をクリックすると、数式バーが折りたたまれて、表示領域が元のサイズに戻ります。

⓫全セル選択ボタン

シート内のすべてのセルを選択するときに使います。

⓬列番号

シートの列番号を示します。列番号【A】から列番号【XFD】まで16,384列あります。

⓭行番号

シートの行番号を示します。行番号【1】から行番号【1048576】まで1,048,576行あります。

⓮セル

列と行が交わるひとつひとつのマス目のことです。列番号と行番号で位置を表します。

例えば、G列の10行目のセルは【G10】で表します。

⓯アクティブセル

処理の対象になっているセルのことです。

⓰マウスポインター

マウスの動きに合わせて移動します。画面の位置や選択するコマンドによって形が変わります。

⓱スクロールバー

シートの表示領域を移動するときに使います。

⓲見出しスクロールボタン

シート見出しの表示領域を移動するときに使います。

⓳シート見出し

シートを識別するための見出しです。

⓴新しいシート

新しいシートを挿入するときに使います。

㉑ステータスバー

現在の作業状況や処理手順が表示されます。

㉒表示選択ショートカット

表示モードを切り替えるときに使います。

㉓ズーム

シートの表示倍率を変更するときに使います。

2 アクティブセルの指定

セルにデータを入力したり編集したりするには、対象のセルをアクティブセルにします。
アクティブセルにするには、対象のセルをクリックして選択します。
セル【I11】をアクティブセルにしましょう。

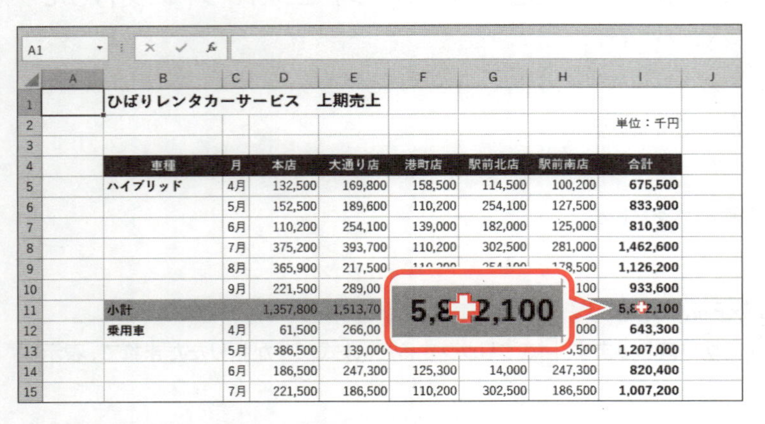

①セル【I11】をポイントします。
マウスポインターの形が✚に変わります。

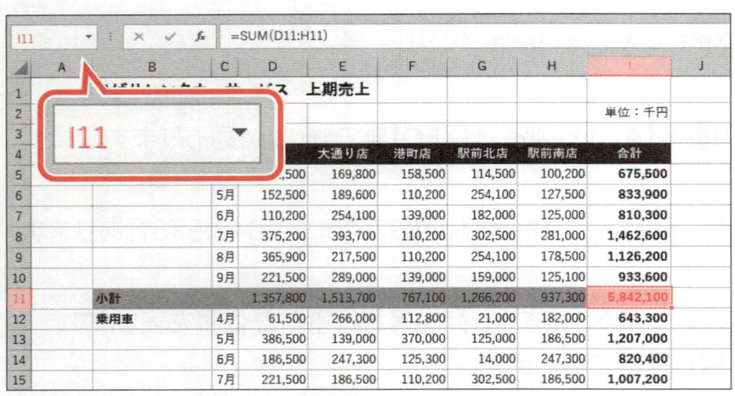

②クリックします。
セル【I11】がアクティブセルになります。
アクティブセルの行番号と列番号の文字の色が緑色になり、名前ボックスに「I11」と表示されます。

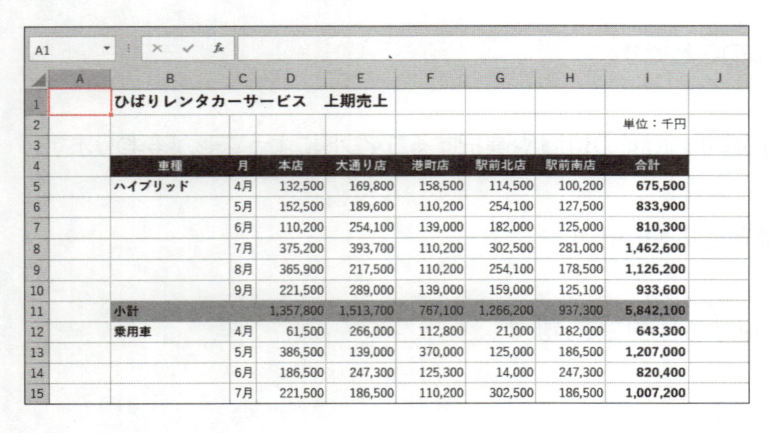

	A	B	C	D	E	F	G	H	I
1		ひばりレンタカーサービス　上期売上							
2									単位：千円
3									
4		車種	月	本店	大通り店	港町店	駅前北店	駅前南店	合計
5		ハイブリッド	4月	132,500	169,800	158,500	114,500	100,200	675,500
6			5月	152,500	189,600	110,200	254,100	127,500	833,900
7			6月	110,200	254,100	139,000	182,000	125,000	810,300
8			7月	375,200	393,700	110,200	302,500	281,000	1,462,600
9			8月	365,900	217,500	110,200	254,100	178,500	1,126,200
10			9月	221,500	289,000	139,000	159,000	125,100	933,600
11		小計		1,357,800	1,513,700	767,100	1,266,200	937,300	5,842,100
12		乗用車	4月	61,500	266,000	112,800	21,000	182,000	643,300
13			5月	386,500	139,000	370,000	125,000	186,500	1,207,000
14			6月	186,500	247,300	125,300	14,000	247,300	820,400
15			7月	221,500	186,500	110,200	302,500	186,500	1,007,200

アクティブセルをセル【A1】に戻します。
③セル【A1】をクリックします。

STEP UP ホームポジション

セル【A1】の位置を「ホームポジション」といいます。

STEP UP その他の方法（アクティブセルの指定）

キー操作で、アクティブセルを指定することもできます。

位置	キー操作
セル単位の移動（上下左右）	【↑】【↓】【←】【→】
1画面単位の移動（上下）	【Page Up】【Page Down】
1画面単位の移動（左右）	【Alt】+【Page Up】　【Alt】+【Page Down】
ホームポジション	【Ctrl】+【Home】
データ入力の最終セル	【Ctrl】+【End】

3 シートのスクロール

目的のセルが表示されていない場合は、スクロールバーを使ってシートの表示領域をスクロールします。

シートをスクロールして、セル【I40】をアクティブセルにしましょう。

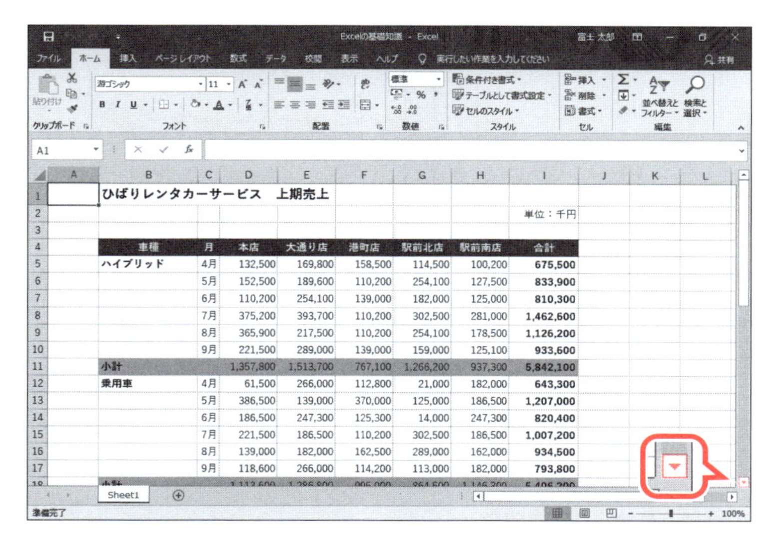

①スクロールバーの【▼】をクリックします。

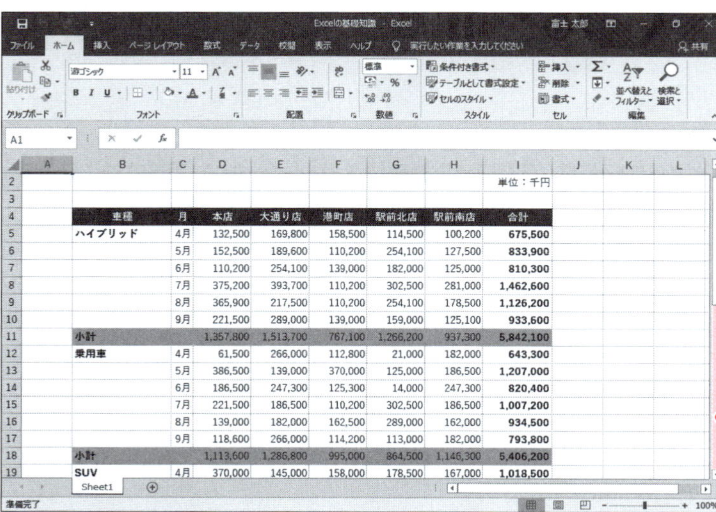

この位置をクリック

1行下にスクロールします。

※このときアクティブセルの位置は変わりません。

②スクロールバーの図の位置をクリックします。

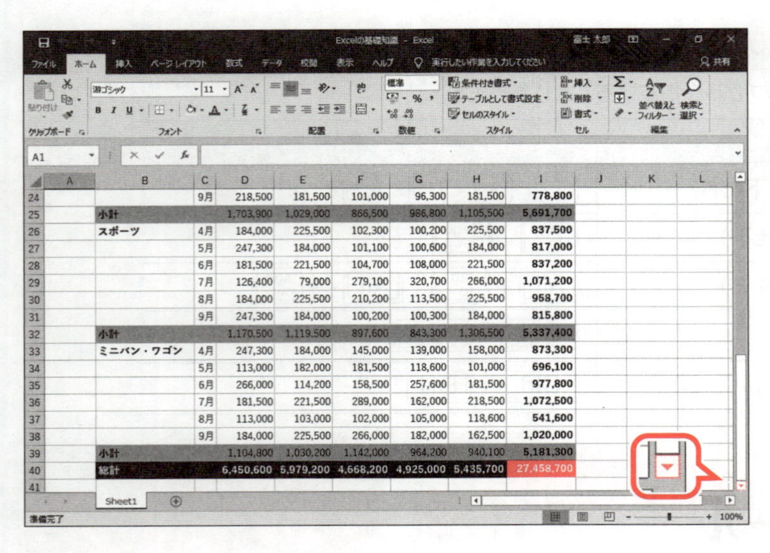

1画面下にスクロールします。

③セル【I40】が表示されるまでスクロールバーの▼を数回クリックします。

④セル【I40】をクリックします。

※セル【A1】をアクティブセルにしておきましょう。

STEP UP その他の方法（シートのスクロール）

シートのスクロール方法には、次のようなものがあります。

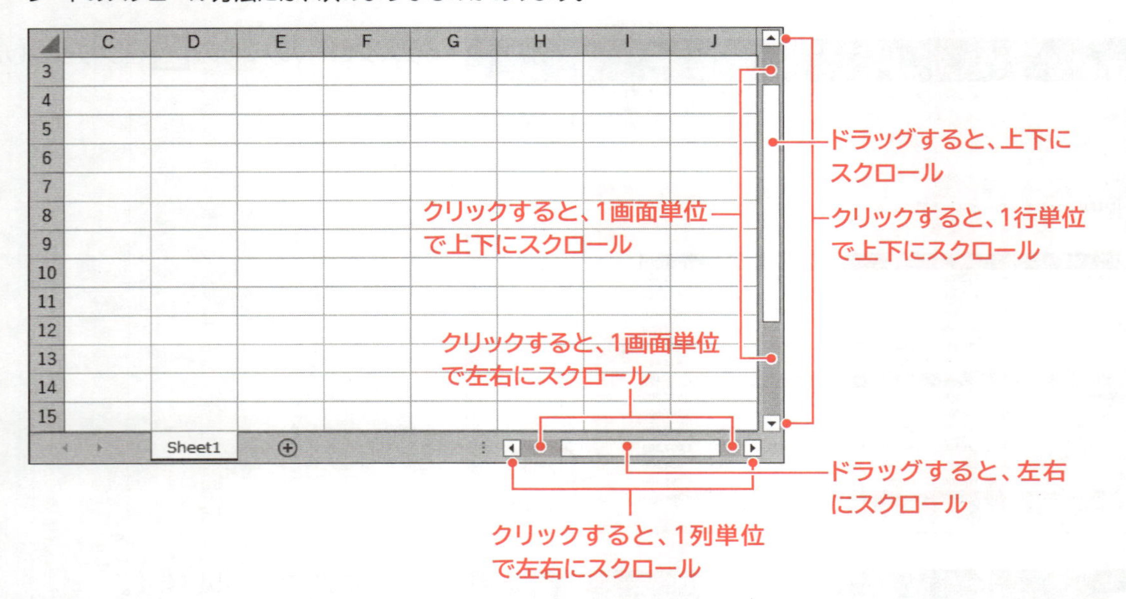

STEP UP スクロール機能付きマウス

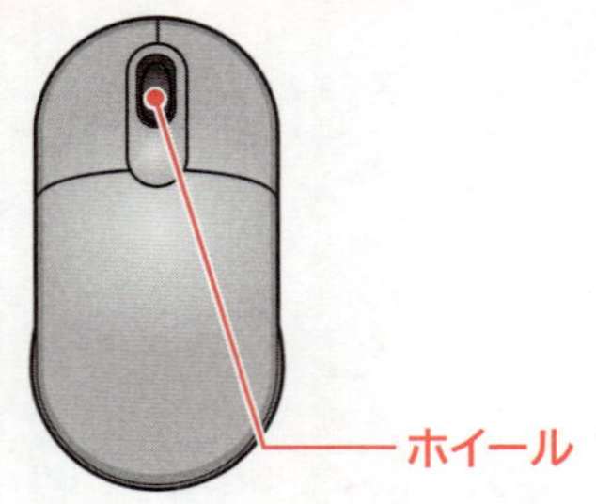

最近のほとんどのマウスには、スクロール機能付きの「ホイール」が装備されています。ホイールを使うと、スクロールバーを使わなくても上下にスクロールできます。

4 表示モードの切り替え

Excelには、次のような表示モードが用意されています。
表示モードを切り替えるには、表示選択ショートカットのボタンをそれぞれクリックします。

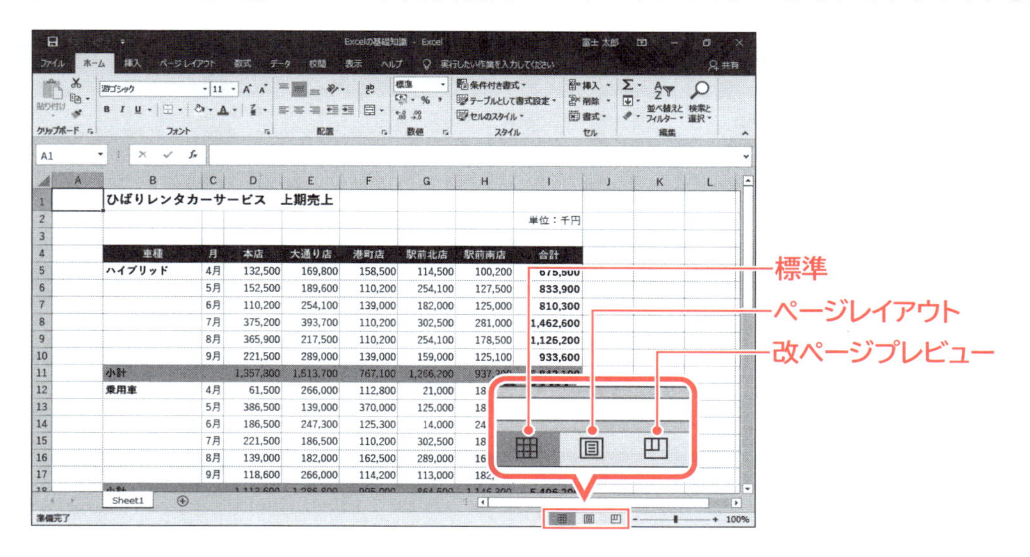

STEP UP その他の方法(表示モードの切り替え)

◆《表示》タブ→《ブックの表示》グループ

1 標準

標準の表示モードです。文字を入力したり、表やグラフを作成したりする場合に使います。
通常、この表示モードでブックを作成します。

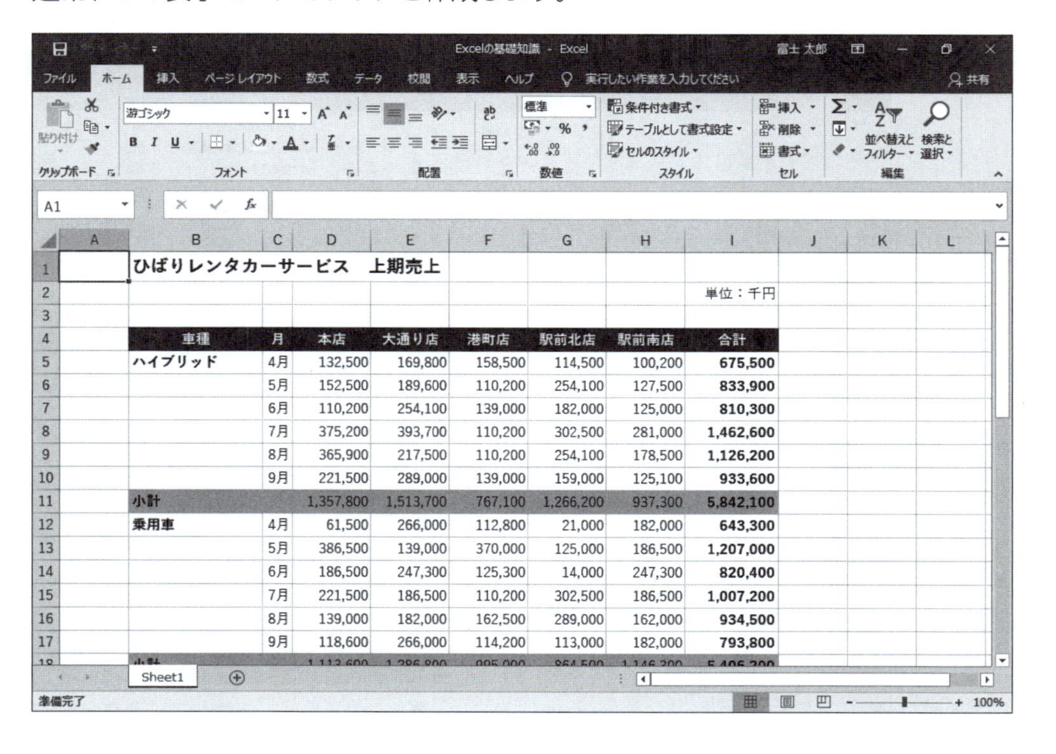

2 ページレイアウト

印刷結果に近いイメージで表示するモードです。用紙にどのように印刷されるかを確認したり、ページの上部または下部の余白領域に日付やページ番号などを入れたりする場合に使います。

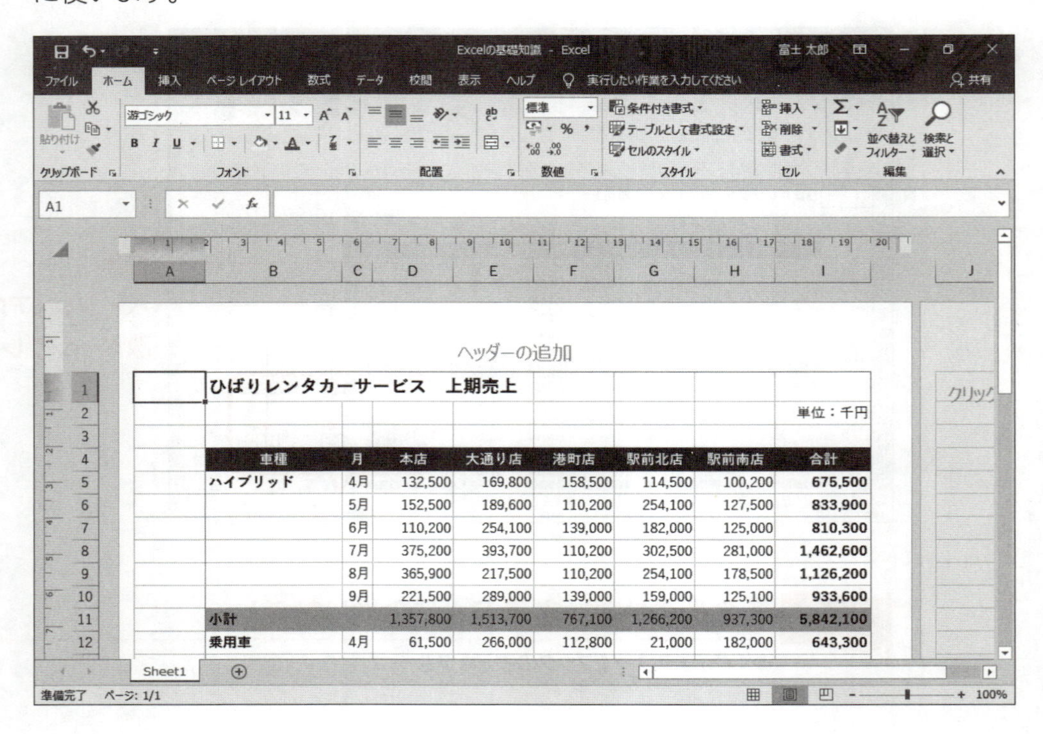

3 改ページプレビュー

印刷範囲や改ページ位置を表示するモードです。1ページに印刷する範囲を調整したり、区切りのよい位置で改ページされるように位置を調整したりする場合に使います。

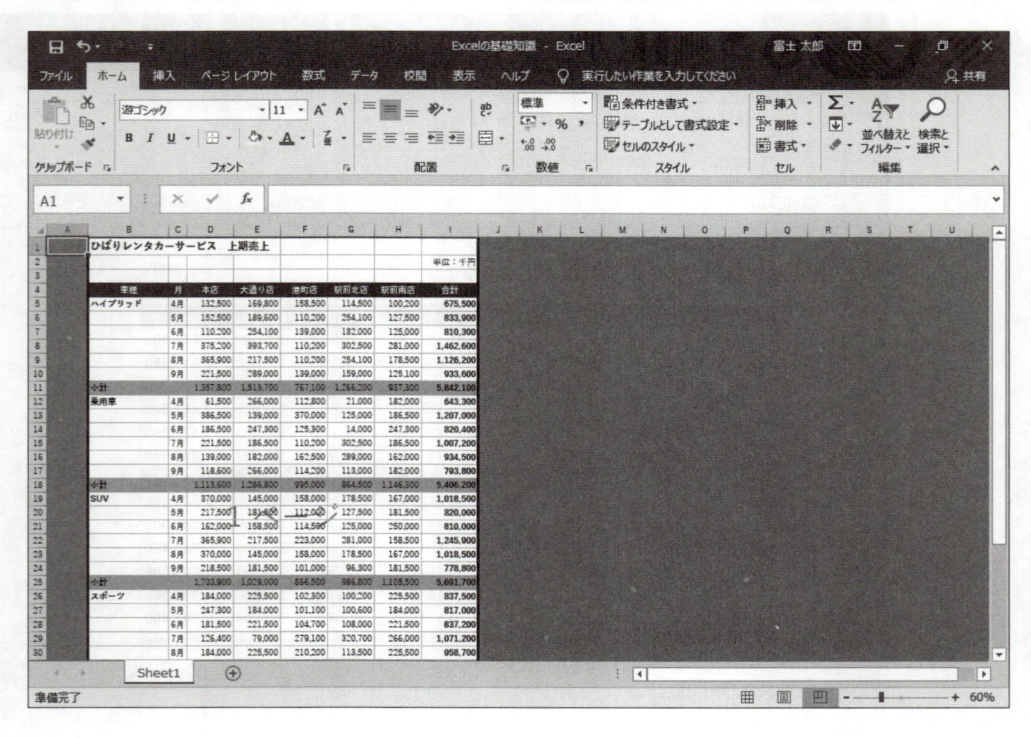

5　表示倍率の変更

シートの表示倍率は10～400%の範囲で自由に変更できます。
表示倍率を80%に縮小しましょう。

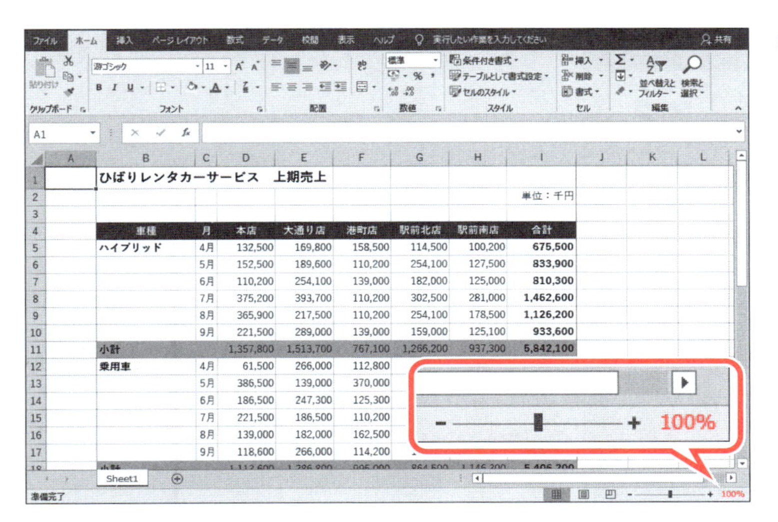

①表示倍率が100%になっていることを確認します。

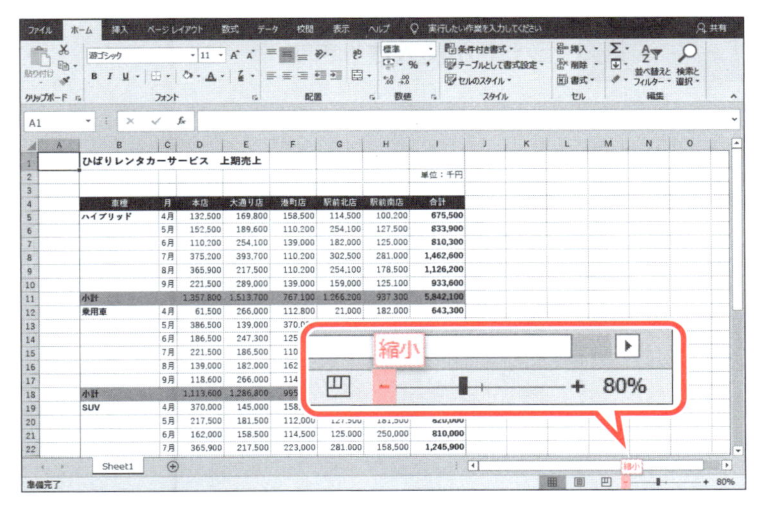

シートの表示倍率を縮小します。

②［－］（縮小）を2回クリックします。

※クリックするごとに、10%ずつ縮小されます。

表示倍率が80%になります。

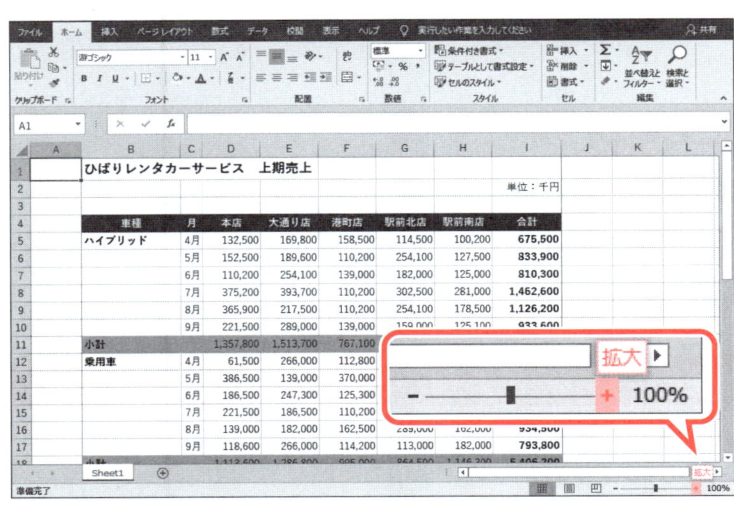

表示倍率を100%に戻します。

③［＋］（拡大）を2回クリックします。

※クリックするごとに、10%ずつ拡大されます。

表示倍率が100%になります。

STEP UP　その他の方法（表示倍率の変更）

- ◆《表示》タブ→《ズーム》グループの［ズーム］（ズーム）→表示倍率を指定
- ◆ステータスバーの［▮］（ズーム）をドラッグ
- ◆ステータスバーの［100%］→表示倍率を指定

6 シートの挿入

シートは必要に応じて挿入したり、削除したりできます。
新しいシートを挿入しましょう。

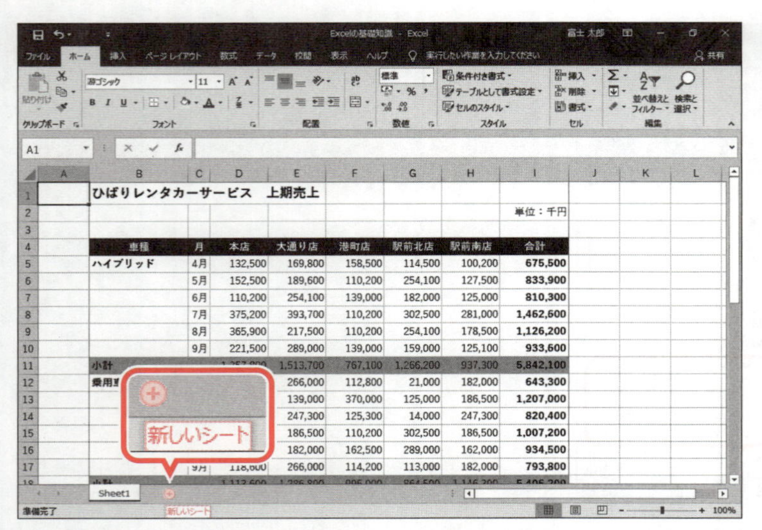

①（新しいシート）をクリックします。

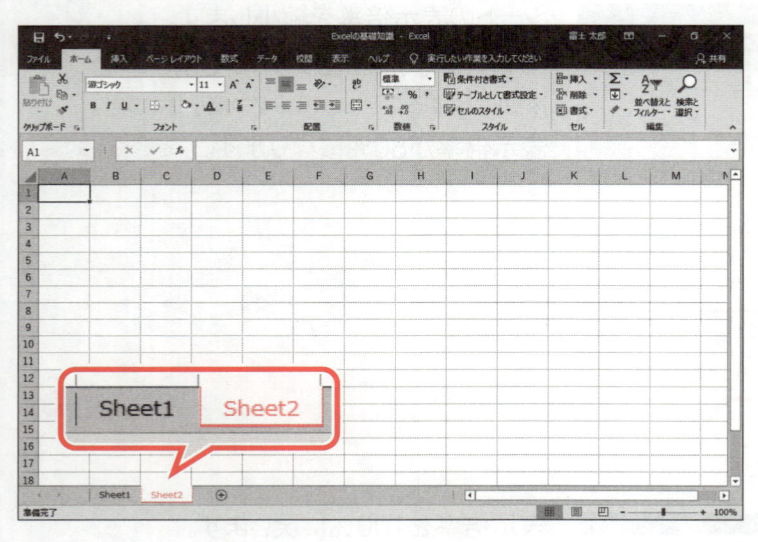

シートが挿入されます。

STEP UP その他の方法（シートの挿入）

◆《ホーム》タブ→《セル》グループの 挿入 （セルの挿入）の →《シートの挿入》
◆シート見出しを右クリック→《挿入》→《標準》タブ→《ワークシート》
◆ Shift ＋ F11

POINT シートの削除

シートを削除する方法は、次のとおりです。
◆削除するシートのシート見出しを右クリック→《削除》

7 シートの切り替え

シートを切り替えるには、シート見出しをクリックします。
シート「Sheet1」に切り替えましょう。

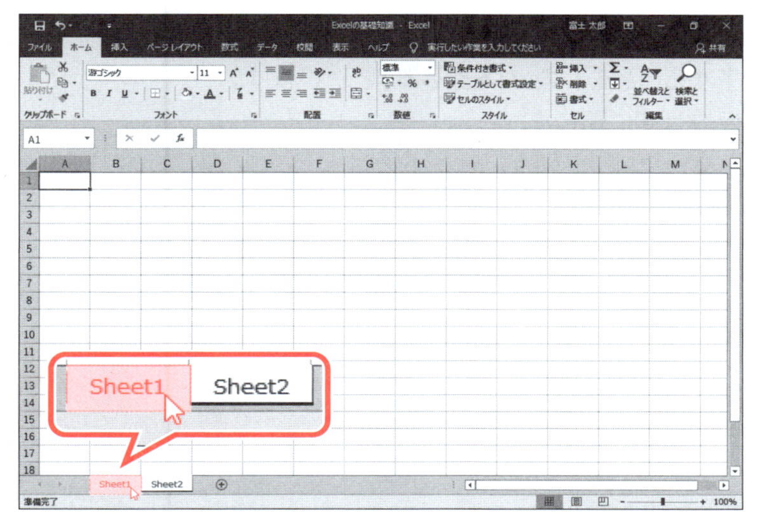

①シート「Sheet1」のシート見出しをポイントします。

マウスポインターの形が↖に変わります。

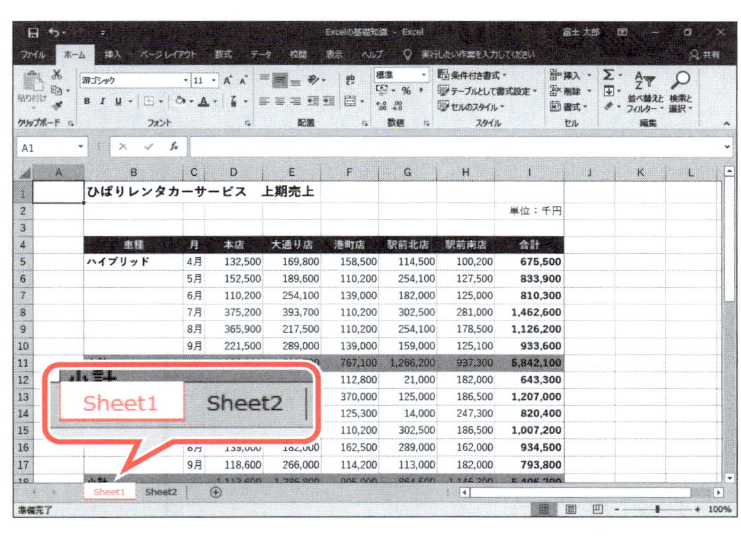

②クリックします。

シート「Sheet1」に切り替わります。

STEP UP その他の方法（シートの切り替え）

◆ Ctrl + Page Up
◆ Ctrl + Page Down

Step5 ブックを閉じる

1 ブックを閉じる

開いているブックの作業を終了することを**「ブックを閉じる」**といいます。
ブック**「Excelの基礎知識」**を保存せずに閉じましょう。

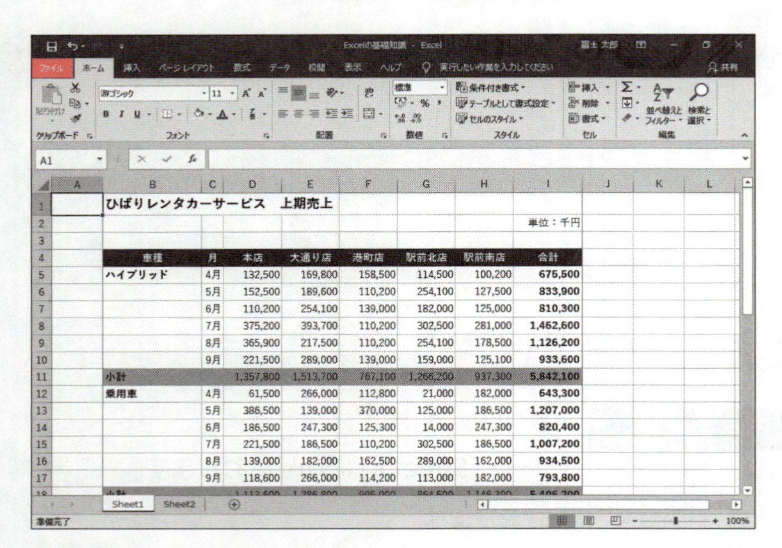

車種	月	本店	大通り店	港町店	駅前北店	駅前南店	合計
ハイブリッド	4月	132,500	169,800	158,500	114,500	100,200	675,500
	5月	152,500	189,600	110,200	254,100	127,500	833,900
	6月	110,200	254,100	139,000	182,000	125,000	810,300
	7月	375,200	393,700	110,200	302,500	281,000	1,462,600
	8月	365,900	217,500	110,200	254,100	178,500	1,126,200
	9月	221,500	289,000	139,000	159,000	125,100	933,600
小計		1,357,800	1,513,700	767,100	1,266,200	937,300	5,842,100
乗用車	4月	61,500	266,000	112,800	21,000	182,000	643,300
	5月	386,500	139,000	370,000	125,000	186,500	1,207,000
	6月	186,500	247,300	125,300	14,000	247,300	820,400
	7月	221,500	186,500	110,200	302,500	186,500	1,007,200
	8月	139,000	182,000	162,500	289,000	162,000	934,500
	9月	118,600	266,000	114,200	113,000	182,000	793,800

①**《ファイル》**タブを選択します。

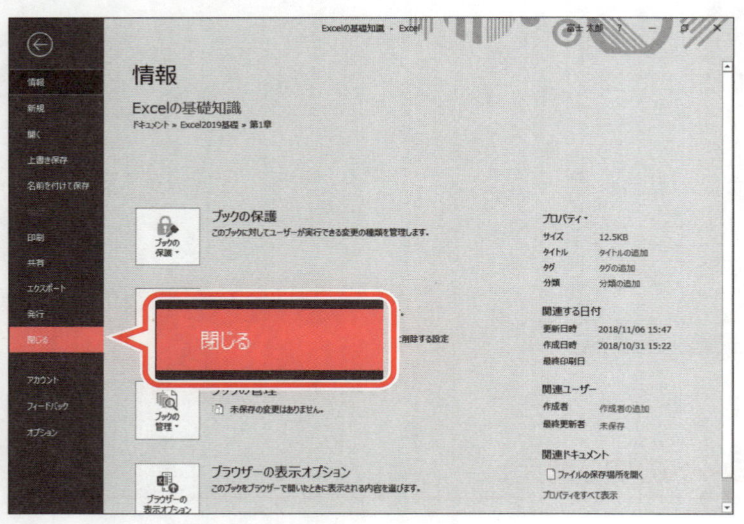

②**《閉じる》**をクリックします。

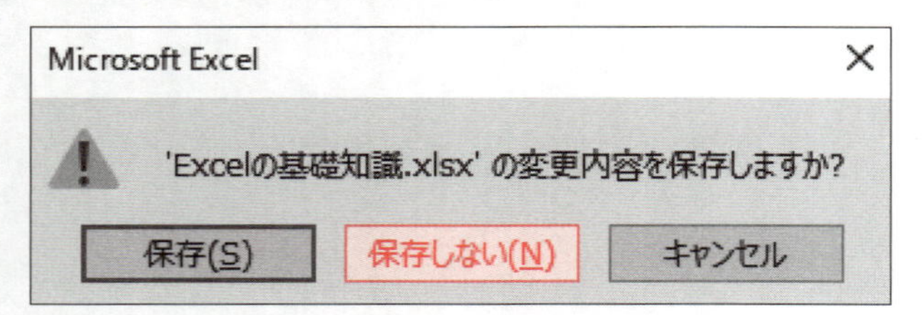

③**《保存しない》**をクリックします。

ブックが閉じられます。

STEP UP その他の方法（ブックを閉じる）

◆ Ctrl ＋ W

STEP UP ブックを変更して保存せずに閉じた場合

ブックの内容を変更して保存せずに閉じると、次のようなメッセージが表示されます。保存するかどうかを選択します。

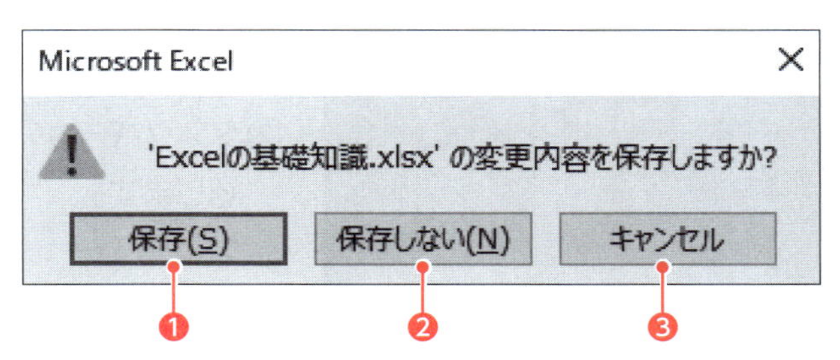

❶保存

ブックを保存し、閉じます。

❷保存しない

ブックを保存せずに、閉じます。

❸キャンセル

ブックを閉じる操作を取り消します。

Step6 Excelを終了する

1 Excelの終了

Excelを終了しましょう。

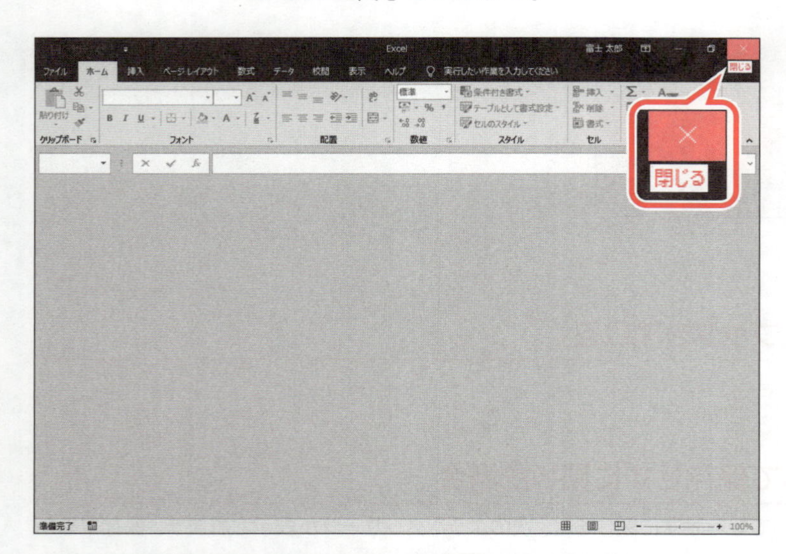

①［×］（閉じる）をクリックします。

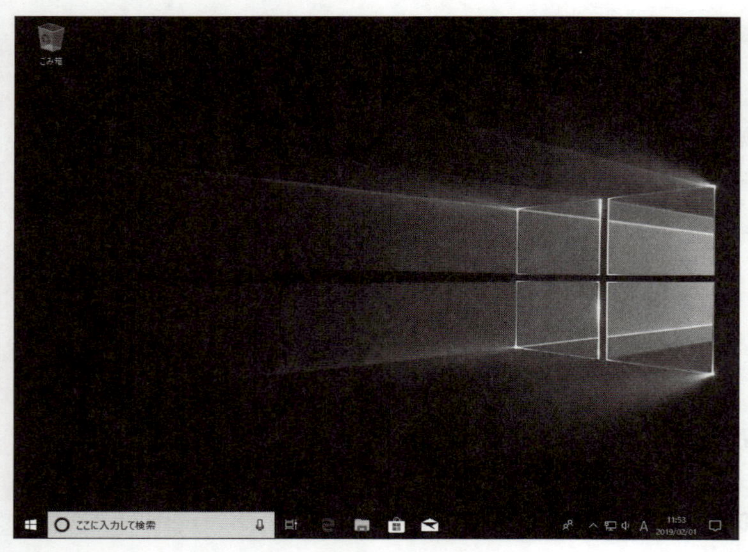

Excelのウィンドウが閉じられ、デスクトップが表示されます。

②タスクバーから［Excel］が消えていることを確認します。

STEP UP その他の方法（Excelの終了）

◆［Alt］+［F4］

第2章

データの入力

第2章 この章で学ぶこと

学習前に習得すべきポイントを理解しておき、
学習後には確実に習得できたかどうかを振り返りましょう。

1	新しいブックを作成できる。	→ P.34
2	文字列と数値の違いを理解し、セルにデータを入力できる。	→ P.35
3	修正内容や入力状況に応じて、データの修正方法を使い分けることができる。	→ P.41
4	演算記号を使って、数式を入力できる。	→ P.45
5	データを移動するときの手順を理解し、データをほかのセルに移動できる。	→ P.48
6	データをコピーするときの手順を理解し、データをほかのセルにコピーできる。	→ P.50
7	セル内のデータをクリアできる。	→ P.52
8	セル範囲を選択できる。	→ P.53
9	行を選択できる。	→ P.54
10	列を選択できる。	→ P.54
11	直前に行った操作を取り消して、元の状態に戻すことができる。	→ P.58
12	保存状況に応じて、名前を付けて保存と上書き保存を使い分けることができる。	→ P.59
13	オートフィルを利用して、日付や数値、数式を入力できる。	→ P.62

Step 1 新しいブックを作成する

1 新しいブックの作成

Excelを起動し、新しいブックを作成しましょう。

①Excelを起動し、Excelのスタート画面を表示します。

②**《空白のブック》**をクリックします。

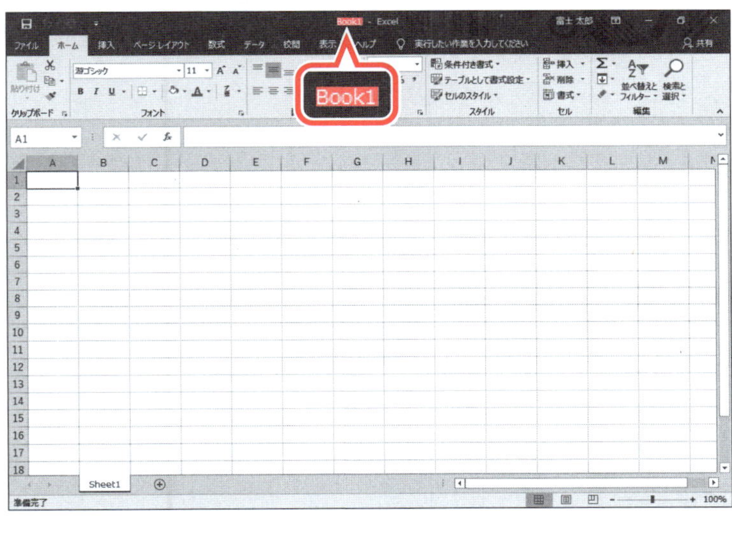

新しいブックが開かれます。

③タイトルバーに**「Book1」**と表示されていることを確認します。

POINT 新しいブックの作成

Excelを起動した状態で、新しいブックを作成する方法は、次のとおりです。

◆《ファイル》タブ→《新規》→《空白のブック》

Step2 データを入力する

1 データの種類

Excelで扱うデータには**「文字列」**と**「数値」**があります。

種類	計算対象	セル内の配置
文字列	計算対象にならない	左揃えで表示
数値	計算対象になる	右揃えで表示

※日付や数式は「数値」に含まれます。
※文字列は計算対象になりませんが、文字列を使った数式を入力することもあります。

2 データの入力手順

データを入力する基本的な手順は、次のとおりです。

1 セルをアクティブセルにする

データを入力するセルをクリックし、アクティブセルにします。

2 データを入力する

入力モードを確認し、キーボードからデータを入力します。

3 データを確定する

Enter を押して、入力したデータを確定します。

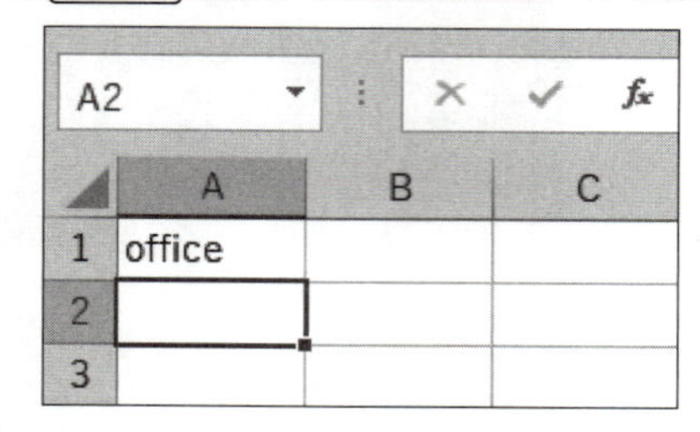

3 文字列の入力

文字列を入力しましょう。

1 英字の入力

セル【B2】に「people」と入力しましょう。

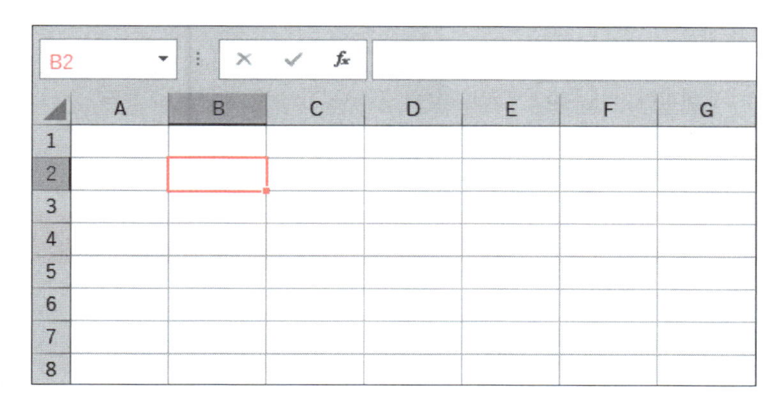

データを入力するセルをアクティブセルにします。

①セル【B2】をクリックします。

名前ボックスに「B2」と表示されます。

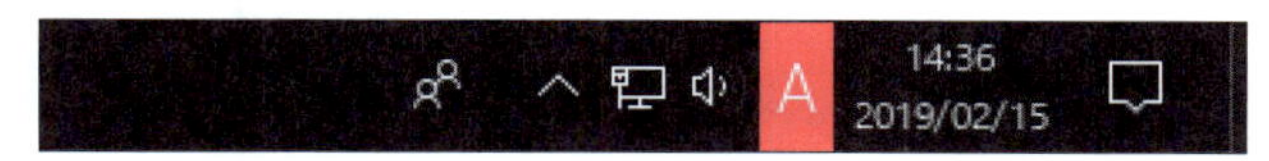

②入力モードが A になっていることを確認します。

※ A になっていない場合は、[半角/全角 漢字]を押します。

B2　people

	A	B	C	D	E	F	G
1							
2		people					
3							
4							
5							
6							
7							
8							

データを入力します。

③「people」と入力します。

セルが編集状態になり、カーソルが表示されます。

数式バーにデータが表示されます。

B3

	A	B	C	D	E	F	G
1							
2		people					
3							
4							
5							
6							
7							
8							

データを確定します。

④[Enter]を押します。

アクティブセルがセル【B3】に移動します。

※[Enter]を押してデータを確定すると、アクティブセルが下に移動します。

⑤入力した文字列が左揃えで表示されることを確認します。

POINT データの確定

次のキー操作で、入力したデータを確定できます。
キー操作によって、確定後にアクティブセルが移動する方向は異なります。

アクティブセルの移動方向	キー操作
下へ	Enter または ↓
上へ	Shift ＋ Enter または ↑
右へ	Tab または →
左へ	Shift ＋ Tab または ←

POINT 入力中のデータの取り消し

入力中のデータを1文字ずつ取り消すには、Back Space を押します。
すべて取り消すには、Esc を押します。

2 日本語の入力

セル【**B5**】に「**東京都**」と入力しましょう。

データを入力するセルをアクティブセルにします。

①セル【**B5**】をクリックします。

②入力モードを あ にします。

※ あ になっていない場合は、半角/全角 漢字 を押します。

データを入力します。

③「**とうきょうと**」と入力します。

※「と」と入力した時点で、予測候補の一覧が表示されます。

漢字に変換します。

④ [　　　　]（スペース）を押します。

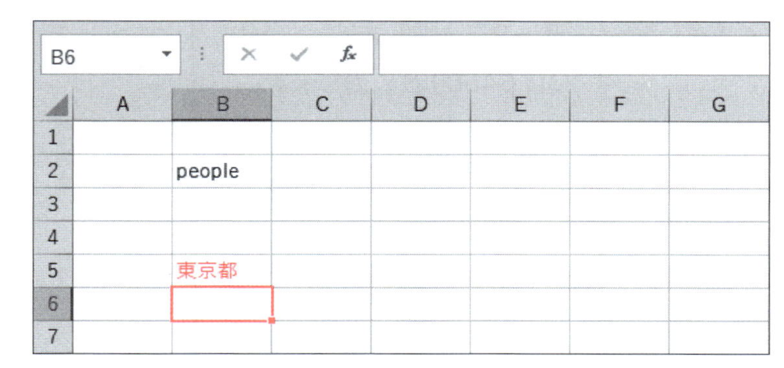

漢字を確定します。

⑤ [Enter]を押します。

下線が消えます。

データを確定します。

⑥ [Enter]を押します。

アクティブセルがセル【B6】に移動します。

⑦同様に、次のデータを入力します。

セル【B6】：大阪府
セル【B7】：福岡県
セル【C4】：男人口
セル【D4】：女人口
セル【E3】：千人

POINT 入力モードの切り替え

入力するデータに応じて、入力モードを切り替えましょう。
半角英数字を入力するときは[A]（半角英数）、ひらがな・カタカナ・漢字などを入力するときは[あ]（ひらがな）に設定します。

4 数値の入力

数値を入力しましょう。
キーボードにテンキー（キーボード右側の数字がまとめられた箇所）がある場合は、テンキーを使って入力すると効率的です。
セル【C5】に「6460」と入力しましょう。

	A	B	C	D	E	F	G
1							
2		people					
3					千人		
4			男人口	女人口			
5		東京都					
6		大阪府					
7		福岡県					
8							

データを入力するセルをアクティブセルにします。
①セル【C5】をクリックします。

②入力モードを A にします。
※ A になっていない場合は、［半角/全角 漢字］を押します。

	A	B	C	D	E	F	G
1							
2		people					
3					千人		
4			男人口	女人口			
5		東京都	6460				
6		大阪府					
7		福岡県					
8							

データを入力します。
③「6460」と入力します。

	A	B	C	D	E	F	G
1							
2		people					
3					千人		
4			男人口	女人口			
5		東京都	6460				
6		大阪府					
7		福岡県					
8							

データを確定します。
④［Enter］を押します。
アクティブセルがセル【C6】に移動します。
⑤入力した数値が右揃えで表示されることを確認します。

	A	B	C	D	E	F	G
1							
2		people					
3					千人		
4			男人口	女人口			
5		東京都	6460	6998			
6		大阪府	4237	4582			
7		福岡県	2431	2685			
8							
9							

⑥同様に、次のデータを入力します。

セル【C6】：4237
セル【C7】：2431
セル【D5】：6998
セル【D6】：4582
セル【D7】：2685

5 日付の入力

「2/15」のように「/(スラッシュ)」または「-(ハイフン)」で区切って月日を入力すると、「2月15日」の形式で表示されます。セル【E2】に日付を入力しましょう。

	A	B	C	D	E	F	G
1							
2		people					
3					千人		
4			男人口	女人口			
5		東京都	6460	6998			
6		大阪府	4237	4582			
7		福岡県	2431	2685			
8							

データを入力するセルをアクティブセルにします。

①セル【E2】をクリックします。

②入力モードが A になっていることを確認します。

※ A になっていない場合は、半角/全角 漢字 を押します。

	A	B	C	D	E	F	G
1							
2		people			2/15		
3					千人		
4			男人口	女人口			
5		東京都	6460	6998			
6		大阪府	4237	4582			
7		福岡県	2431	2685			
8							

データを入力します。

③「2/15」と入力します。

	A	B	C	D	E	F	G
1							
2		people			2月15日		
3					千人		
4			男人口	女人口			
5		東京都	6460	6998			
6		大阪府	4237	4582			
7		福岡県	2431	2685			
8							

データを確定します。

④ Enter を押します。

「2月15日」と表示されます。

アクティブセルがセル【E3】に移動します。

⑤入力した日付が右揃えで表示されることを確認します。

E2 | fx 2019/2/15

	A	B	C	D	E	F	G
1							
2		people			2月15日		
3					千人		
4			男人口	女人口			
5		東京都	6460	6998			
6		大阪府	4237	4582			
7		福岡県	2431	2685			
8							

⑥セル【E2】をクリックします。

⑦数式バーに「西暦年/2/15」のように表示されていることを確認します。

※「西暦年」は、現在の西暦年になります。

POINT 日付の入力

日付は、年月日を「/(スラッシュ)」または「-(ハイフン)」で区切って入力します。日付をこの規則で入力しておくと、「2019年2月15日」のように表示形式を変更したり、日付をもとに計算したりできます。

6 データの修正

セルに入力したデータを修正する方法には、次の2つがあります。修正内容や入力状況に応じて使い分けます。

●上書きして修正する

セルの内容を大幅に変更する場合は、入力したデータの上から新しいデータを入力しなおします。

●編集状態にして修正する

セルの内容を部分的に変更する場合は、対象のセルを編集できる状態にしてデータを修正します。

1 上書きして修正する

データを上書きして、「people」を「**人口統計**」に修正しましょう。

B2 | people

	A	B	C	D	E	F	G
1							
2		people			2月15日		
3					千人		
4			男人口	女人口			
5		東京都	6460	6998			
6		大阪府	4237	4582			
7		福岡県	2431	2685			
8							

①セル【**B2**】をクリックします。

※【半角/全角 漢字】を押して、入力モードを【あ】にしておきましょう。

B2 | 人口統計

	A	B	C	D	E	F	G
1							
2		人口統計			2月15日		
3					千人		
4			男人口	女人口			
5		東京都	6460	6998			
6		大阪府	4237	4582			
7		福岡県	2431	2685			
8							

②「**人口統計**」と入力します。

B3 |

	A	B	C	D	E	F	G
1							
2		人口統計			2月15日		
3					千人		
4			男人口	女人口			
5		東京都	6460	6998			
6		大阪府	4237	4582			
7		福岡県	2431	2685			
8							

データを確定します。

③【Enter】を押します。

アクティブセルがセル【**B3**】に移動します。

2 編集状態にして修正する

セルを編集状態にして、「千人」を「(千人)」に修正しましょう。

E3　千人

	A	B	C	D	E	F	G
1							
2		人口統計			2月15日		
3					千人		
4			男人口	女人口			
5		東京都	6460	6998			
6		大阪府	4237	4582			
7		福岡県	2431	2685			
8							

①セル**【E3】**をダブルクリックします。

セルが編集状態になり、カーソルが表示されます。

②**「千人」**の左をクリックします。

※編集状態では、[←][→]でカーソルを移動することもできます。

E3　(千人)

	A	B	C	D	E	F	G
1							
2		人口統計			2月15日		
3					(千人)		
4			男人口	女人口			
5		東京都	6460	6998			
6		大阪府	4237	4582			
7		福岡県	2431	2685			
8							

③**「(千人」**と修正します。

④**「(千人」**の右をクリックします。

⑤**「(千人)」**に修正します。

E4

	A	B	C	D	E	F	G
1							
2		人口統計			2月15日		
3					(千人)		
4			男人口	女人口			
5		東京都	6460	6998			
6		大阪府	4237	4582			
7		福岡県	2431	2685			
8							

データを確定します。

⑥[Enter]を押します。

アクティブセルが**【E4】**に移動します。

D5　6998

	A	B	C	D	E	F	G
1							
2		人口統計			2月15日		
3					(千人)		
4			男性人口	女性人口			
5		東京都	6460	6998			
6		大阪府	4237	4582			
7		福岡県	2431	2685			
8							

⑦同様に、次のようにデータを修正します。

セル【C4】：男性人口
セル【D4】：女性人口

STEP UP その他の方法(編集状態)

◆セルを選択→数式バーをクリック

◆セルを選択→[F2]

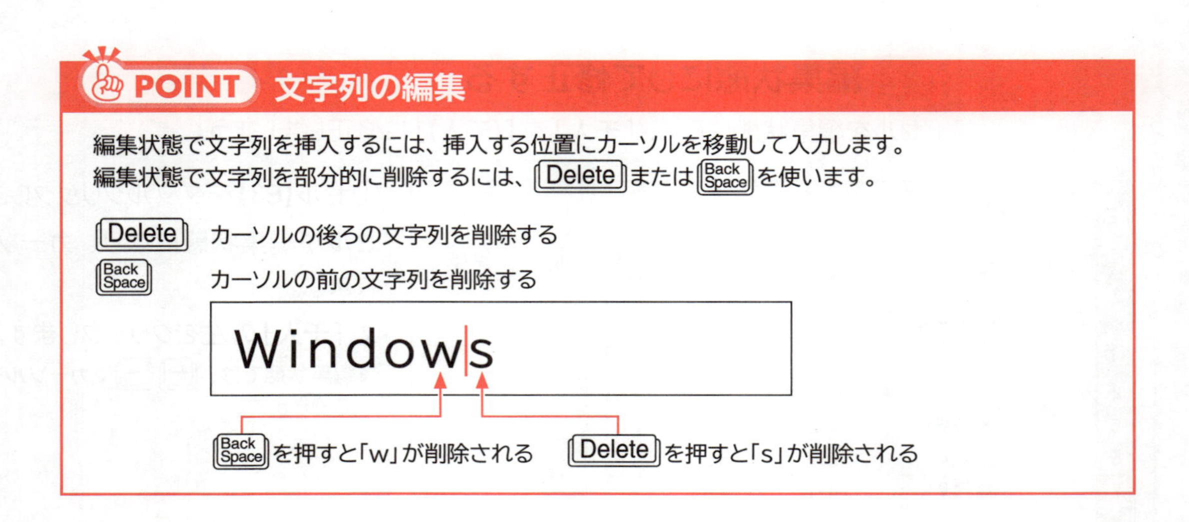

POINT 文字列の編集

編集状態で文字列を挿入するには、挿入する位置にカーソルを移動して入力します。
編集状態で文字列を部分的に削除するには、Delete または Back Space を使います。

Delete　カーソルの後ろの文字列を削除する
Back Space　カーソルの前の文字列を削除する

再変換

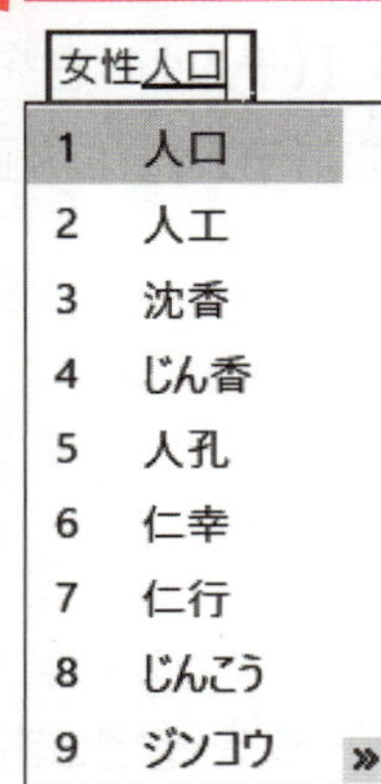

確定した文字列を変換しなおすことができます。
セルを編集状態にして、再変換する文字列にカーソルを移動し、変換 を押します。変換候補の一覧が表示されるので、別の文字列を選択します。

7 長い文字列の入力

列幅より長い文字列を入力すると、どのように表示されるかを確認しましょう。
セル【B1】に「**2018年調査結果**」と入力しましょう。

B2　人口統計

	A	B	C	D	E	F	G
1		2018年調査結果					
2		人口統計			2月15日		
3					(千人)		
4			男性人口	女性人口			
5		東京都	6460	6998			
6		大阪府	4237	4582			
7		福岡県	2431	2685			
8							

①セル【B1】をクリックします。
②「**2018年調査結果**」と入力します。
③ Enter を押します。

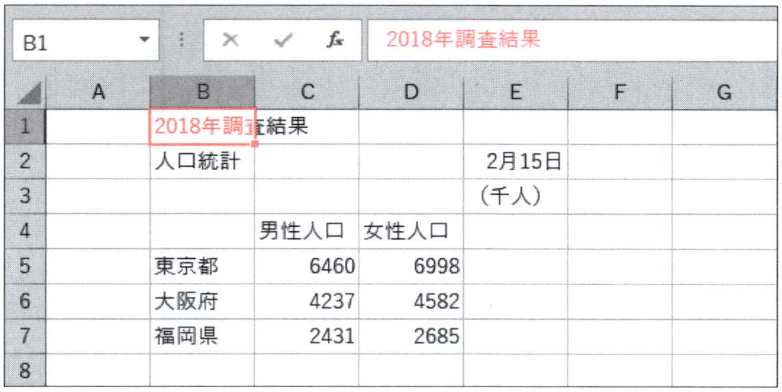

B1 fx 2018年調査結果

	A	B	C	D	E	F	G
1		2018年調査結果					
2		人口統計			2月15日		
3					（千人）		
4			男性人口	女性人口			
5		東京都	6460	6998			
6		大阪府	4237	4582			
7		福岡県	2431	2685			
8							

④セル【**B1**】をクリックします。

⑤数式バーに「**2018年調査結果**」と表示されていることを確認します。

C1 fx

	A	B	C	D	E	F	G
1		2018年調査結果					
2		人口統計			2月15日		
3					（千人）		
4			男性人口	女性人口			
5		東京都	6460	6998			
6		大阪府	4237	4582			
7		福岡県	2431	2685			
8							

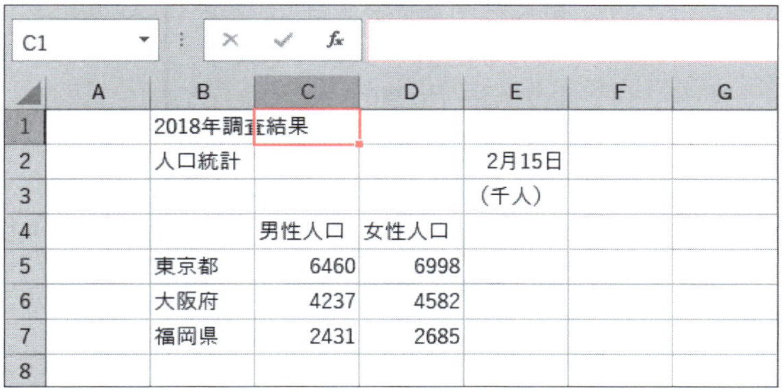

⑥セル【**C1**】をクリックします。

⑦数式バーが空白であることを確認します。

※数式バーには、アクティブセルの内容が表示されます。セルに何も入力されていない場合、数式バーは空白になります。

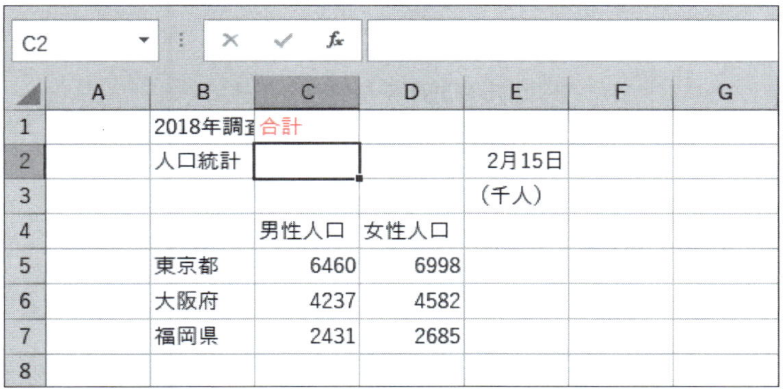

C2 fx

	A	B	C	D	E	F	G
1		2018年調査	合計				
2		人口統計			2月15日		
3					（千人）		
4			男性人口	女性人口			
5		東京都	6460	6998			
6		大阪府	4237	4582			
7		福岡県	2431	2685			
8							

セル【**C1**】にデータを入力します。

⑧セル【**C1**】がアクティブセルになっていることを確認します。

⑨「**合計**」と入力します。

⑩ Enter を押します。

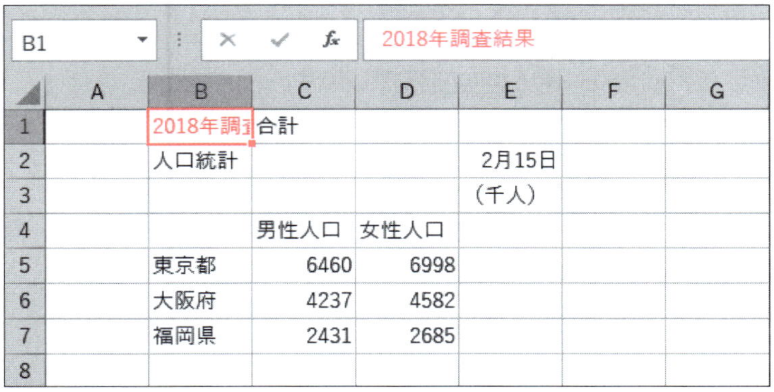

B1 fx 2018年調査結果

	A	B	C	D	E	F	G
1		2018年調査	合計				
2		人口統計			2月15日		
3					（千人）		
4			男性人口	女性人口			
5		東京都	6460	6998			
6		大阪府	4237	4582			
7		福岡県	2431	2685			
8							

⑪セル【**B1**】をクリックします。

⑫数式バーに「**2018年調査結果**」と表示されていることを確認します。

※右隣のセルにデータが入力されている場合、列幅を超える部分は表示されませんが、実際のデータはセル【B1】に入っています。

8 数式の入力と再計算

「**数式**」を使うと、入力されている値をもとに計算を行い、計算結果を表示できます。数式は先頭に「**=(等号)**」を入力し、続けてセルを参照しながら演算記号を使って入力します。

1 数式の入力

セル【**E5**】に「**東京都**」の数値を合計する数式、セル【**C8**】に「**男性人口**」の数値を合計する数式を入力しましょう。

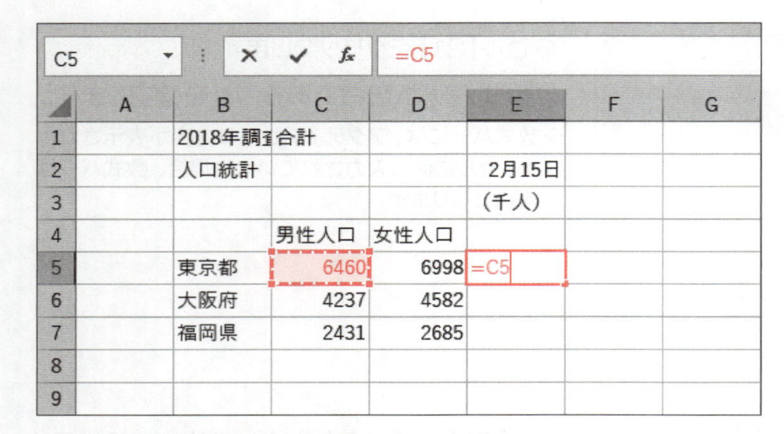

C5 | =C5

	A	B	C	D	E	F	G
1		2018年調査合計					
2		人口統計			2月15日		
3					(千人)		
4			男性人口	女性人口			
5		東京都	6460	6998	=C5		
6		大阪府	4237	4582			
7		福岡県	2431	2685			
8							
9							

計算結果を表示するセルを選択します。

①セル【**E5**】をクリックします。

※入力モードを A にしておきましょう。

②「**=**」を入力します。

③セル【**C5**】をクリックします。

セル【**C5**】が点線で囲まれ、数式バーに「**=C5**」と表示されます。

D5 | =C5+D5

	A	B	C	D	E	F	G
1		2018年調査合計					
2		人口統計			2月15日		
3					(千人)		
4			男性人口	女性人口			
5		東京都	6460	6998	=C5+D5		
6		大阪府	4237	4582			
7		福岡県	2431	2685			
8							
9							

④続けて「**+**」を入力します。

⑤セル【**D5**】をクリックします。

セル【**D5**】が点線で囲まれ、数式バーに「**=C5+D5**」と表示されます。

E6

	A	B	C	D	E	F	G
1		2018年調査合計					
2		人口統計			2月15日		
3					(千人)		
4			男性人口	女性人口			
5		東京都	6460	6998	13458		
6		大阪府	4237	4582			
7		福岡県	2431	2685			
8							
9							

⑥ Enter を押します。

セル【**E5**】に計算結果が表示されます。

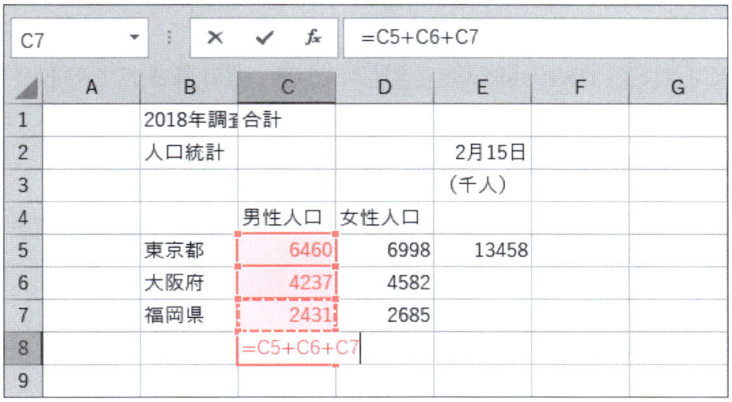

C7	=C5+C6+C7						
	A	B	C	D	E	F	G
1		2018年調査合計					
2		人口統計			2月15日		
3					(千人)		
4			男性人口	女性人口			
5		東京都	6460	6998	13458		
6		大阪府	4237	4582			
7		福岡県	2431	2685			
8			=C5+C6+C7				
9							

⑦セル【C8】をクリックします。
⑧「=」を入力します。
⑨セル【C5】をクリックします。
⑩続けて「+」を入力します。
⑪セル【C6】をクリックします。
⑫続けて「+」を入力します。
⑬セル【C7】をクリックします。

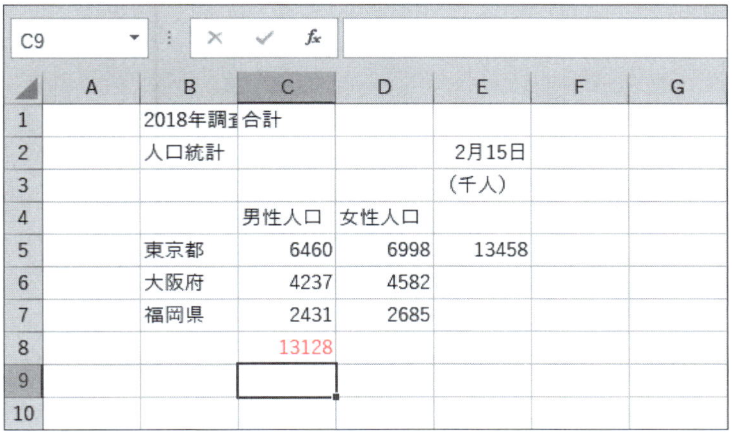

C9							
	A	B	C	D	E	F	G
1		2018年調査合計					
2		人口統計			2月15日		
3					(千人)		
4			男性人口	女性人口			
5		東京都	6460	6998	13458		
6		大阪府	4237	4582			
7		福岡県	2431	2685			
8			13128				
9							
10							

⑭ Enter を押します。
セル【C8】に計算結果が表示されます。

POINT 演算記号

数式で使う演算記号は、次のとおりです。

演算記号	計算方法	一般的な数式	入力する数式
+(プラス)	たし算	2+3	=2+3
-(マイナス)	ひき算	2-3	=2-3
*(アスタリスク)	かけ算	2×3	=2*3
/(スラッシュ)	わり算	2÷3	=2/3
^(キャレット)	べき乗	2^3	=2^3

POINT 数式の入力

セルを参照せず、「=6460+6998」のように値そのものを使って数式を入力することもできます。もとの値に変更があった場合は、数式を直接編集する必要があります。

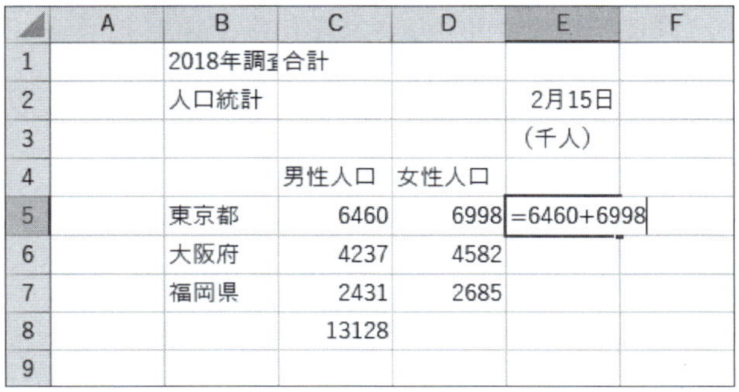

	A	B	C	D	E	F
1		2018年調査合計				
2		人口統計			2月15日	
3					(千人)	
4			男性人口	女性人口		
5		東京都	6460	6998	=6460+6998	
6		大阪府	4237	4582		
7		福岡県	2431	2685		
8			13128			
9						

2 数式の再計算

セルを参照して数式を入力しておくと、セルの数値を変更したとき、再計算されて自動的に計算結果も更新されます。

セル【C5】の数値を「6460」から「6785」に変更しましょう。

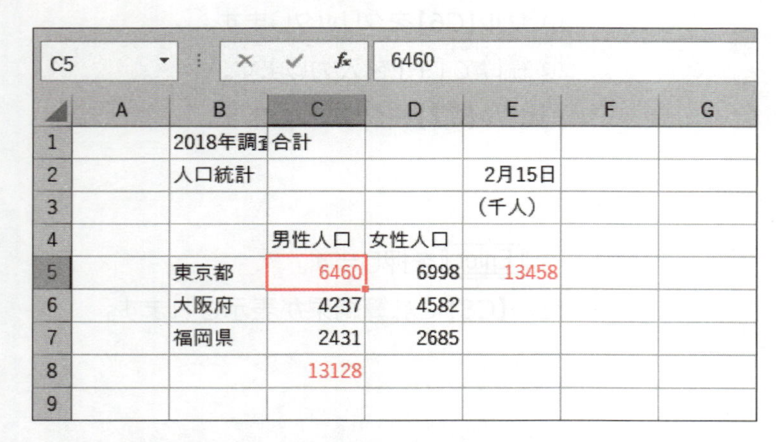

C5 | 6460

	A	B	C	D	E	F	G
1		2018年調査合計					
2		人口統計			2月15日		
3					(千人)		
4			男性人口	女性人口			
5		東京都	6460	6998	13458		
6		大阪府	4237	4582			
7		福岡県	2431	2685			
8			13128				
9							

①セル【E5】とセル【C8】の計算結果を確認します。

②セル【C5】をクリックします。

C6 | 4237

	A	B	C	D	E	F	G
1		2018年調査合計					
2		人口統計			2月15日		
3					(千人)		
4			男性人口	女性人口			
5		東京都	6785	6998	13783		
6		大阪府	4237	4582			
7		福岡県	2431	2685			
8			13453				
9							

③「6785」と入力します。

④ Enter を押します。

再計算されます。

⑤セル【E5】とセル【C8】の計算結果が更新されていることを確認します。

STEP UP 数式の編集

数式が入力されているセルを編集状態にすると、その数式が参照しているセルが色枠で囲まれて表示されます。

	A	B	C	D	E	F
1		2018年調査合計				
2		人口統計			2月15日	
3					(千人)	
4			男性人口	女性人口		
5		東京都	6785	6998	=C5+D5	
6		大阪府	4237	4582		
7		福岡県	2431	2685		
8			13453			
9						

Step3 データを編集する

1 移動

データを移動する手順は、次のとおりです。

1 移動元のセルを選択

移動元のセルを選択します。

2 切り取り

（切り取り）をクリックすると、選択しているセルのデータが「クリップボード」と呼ばれる領域に一時的に記憶されます。

3 移動先のセルを選択

移動先のセルを選択します。

4 貼り付け

（貼り付け）をクリックすると、クリップボードに記憶されているデータが選択しているセルに移動します。

セル【C1】の「合計」をセル【E4】に移動しましょう。

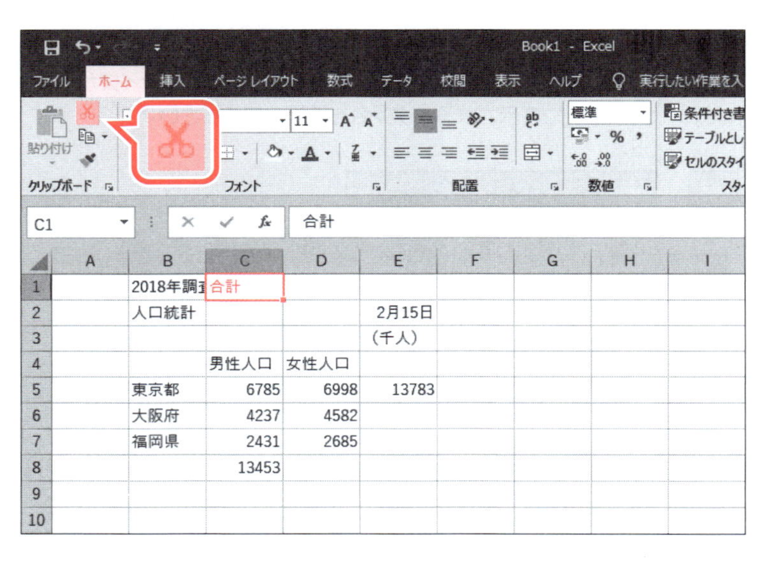

移動元のセルをアクティブセルにします。

①セル【C1】をクリックします。

②《ホーム》タブを選択します。

③《クリップボード》グループの（切り取り）をクリックします。

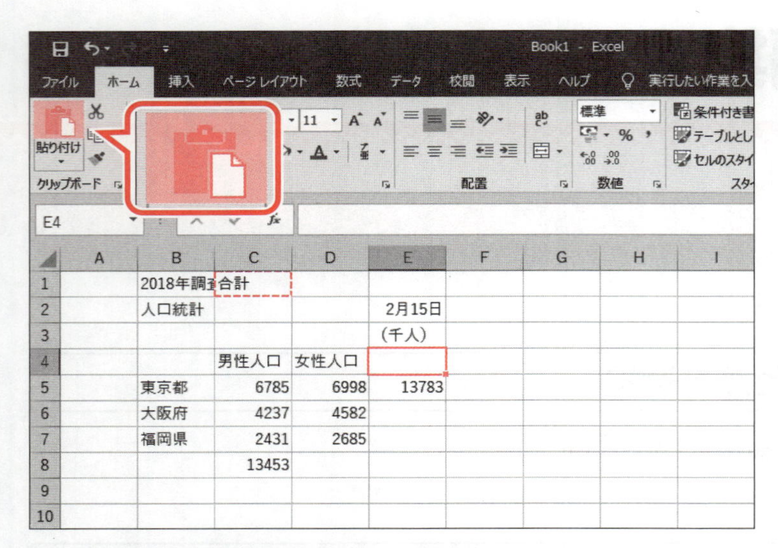

セル【C1】が点線で囲まれます。

移動先のセルをアクティブセルにします。

④セル【E4】をクリックします。

⑤《クリップボード》グループの（貼り付け）をクリックします。

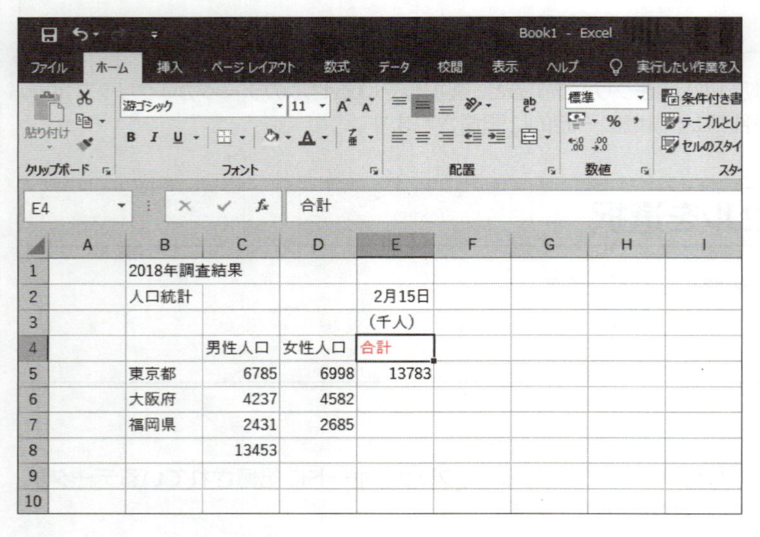

「合計」が移動します。

STEP UP その他の方法（移動）

◆移動元のセルを右クリック→《切り取り》→移動先のセルを右クリック→《貼り付けのオプション》から選択

◆移動元のセルを選択→Ctrl＋X→移動先のセルを選択→Ctrl＋V

◆移動元のセルを選択→移動元のセルの外枠をポイント→移動先のセルまでドラッグ

POINT ボタンの形状

ディスプレイの画面解像度やウィンドウのサイズなど、お使いの環境によって、ボタンの形状やサイズが異なる場合があります。ボタンの操作は、ポップヒントに表示されるボタン名を確認してください。

例：セルを結合して中央揃え  セルを結合して中央揃え

例：セルの挿入 挿入

2 コピー

データをコピーする手順は、次のとおりです。

1 コピー元のセルを選択

コピー元のセルを選択します。

2 コピー

（コピー）をクリックすると、選択しているセルのデータが「クリップボード」と呼ばれる領域に一時的に記憶されます。

3 コピー先のセルを選択

コピー先のセルを選択します。

4 貼り付け

（貼り付け）をクリックすると、クリップボードに記憶されているデータが選択しているセルにコピーされます。

セル**【E4】**の「**合計**」をセル**【B8】**にコピーしましょう。

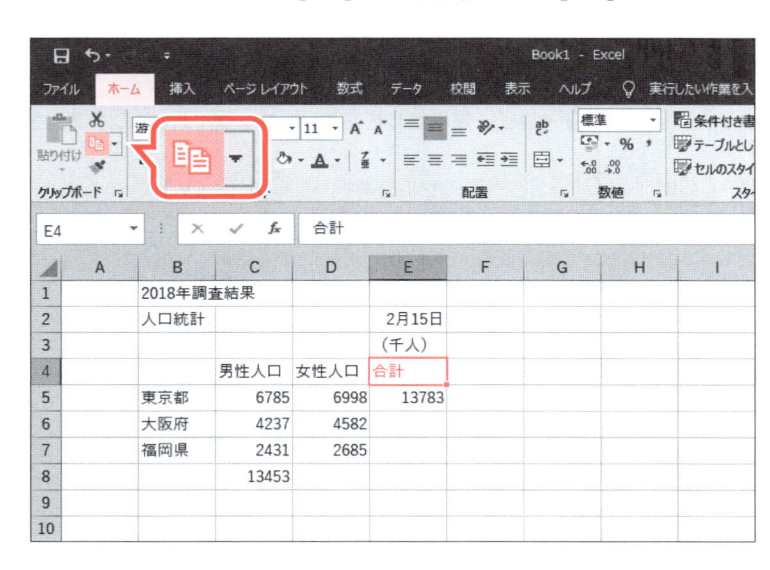

コピー元のセルをアクティブセルにします。

①セル**【E4】**をクリックします。

②**《ホーム》**タブを選択します。

③**《クリップボード》**グループの（コピー）をクリックします。

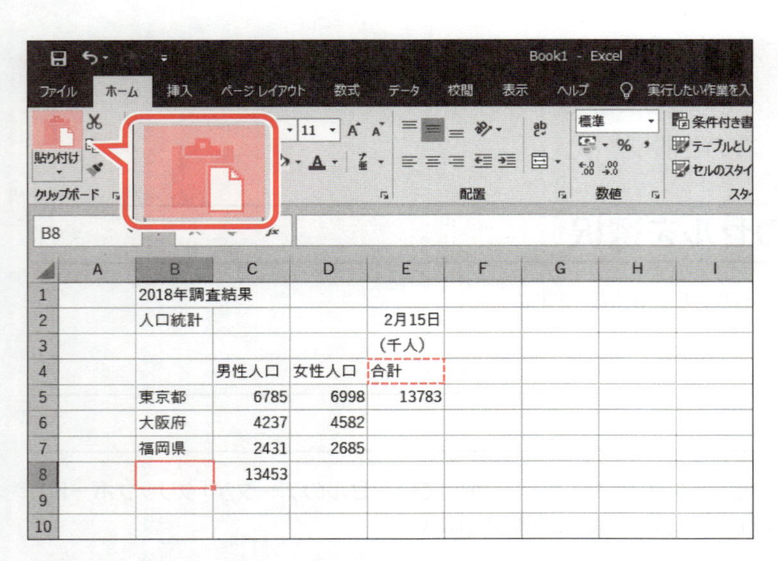

	A	B	C	D	E	F	G	H	I
1		2018年調査結果							
2		人口統計			2月15日				
3					(千人)				
4			男性人口	女性人口	合計				
5		東京都	6785	6998	13783				
6		大阪府	4237	4582					
7		福岡県	2431	2685					
8			13453						
9									
10									

セル【E4】が点線で囲まれます。

コピー先のセルをアクティブセルにします。

④セル【B8】をクリックします。

⑤《クリップボード》グループの　（貼り付け）をクリックします。

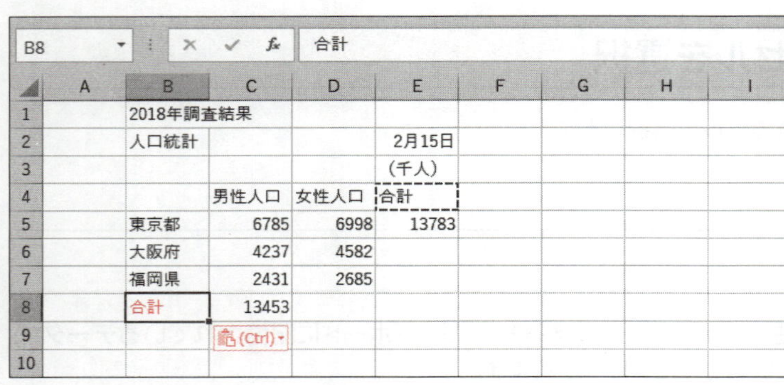

	A	B	C	D	E	F	G	H	I
1		2018年調査結果							
2		人口統計			2月15日				
3					(千人)				
4			男性人口	女性人口	合計				
5		東京都	6785	6998	13783				
6		大阪府	4237	4582					
7		福岡県	2431	2685					
8		合計	13453						
9			(Ctrl)						
10									

「合計」がコピーされ、(Ctrl)（貼り付けのオプション）が表示されます。

※ Esc を押して、点線と (Ctrl)（貼り付けのオプション）を非表示にしておきましょう。

POINT　クリップボード

「切り取り」や「コピー」を実行すると、セルが点線で囲まれます。これは、「クリップボード」と呼ばれる領域にデータが一時的に記憶されていることを意味します。

セルが点線で囲まれている間に「貼り付け」を繰り返すと、同じデータを連続してコピーできます。

Esc を押すと、セルを囲んでいた点線が非表示になり、クリップボードのデータが空になります。

STEP UP　その他の方法（コピー）

◆コピー元のセルを右クリック→《コピー》→コピー先のセルを右クリック→《貼り付けのオプション》から選択

◆コピー元のセルを選択→ Ctrl + C →コピー先のセルを選択→ Ctrl + V

◆コピー元のセルを選択→コピー元のセルの外枠をポイント→ Ctrl を押しながらコピー先のセルまでドラッグ

STEP UP　貼り付けのオプション

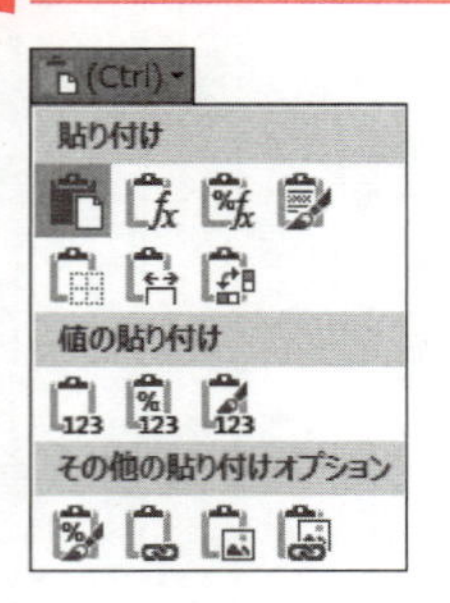

「コピー」と「貼り付け」を実行すると、(Ctrl)（貼り付けのオプション）が表示されます。ボタンをクリックするか、または Ctrl を押すと、もとの書式のままコピーするか、貼り付け先の書式に合わせてコピーするかなどを一覧から選択できます。

(Ctrl)（貼り付けのオプション）を使わない場合は、Esc を押します。

3 クリア

セルのデータを消去することを**「クリア」**といいます。
セル**【B1】**に入力したデータをクリアしましょう。

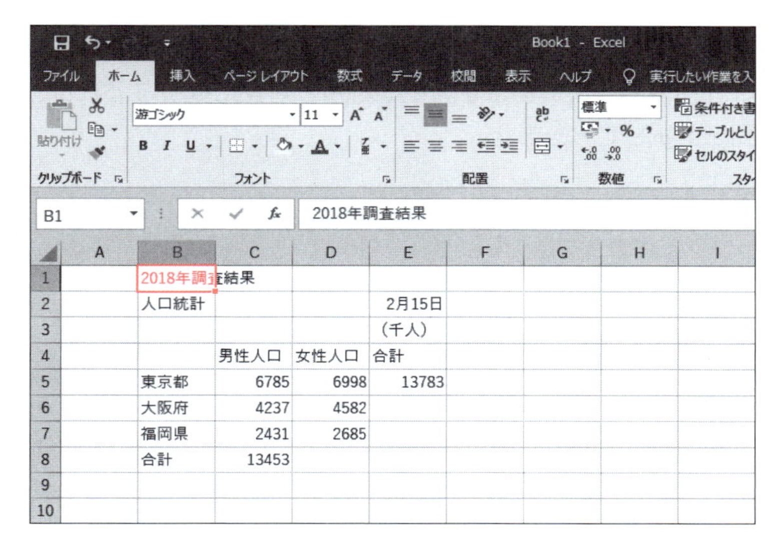

データをクリアするセルをアクティブセルにします。

①セル**【B1】**をクリックします。

②【Delete】を押します。

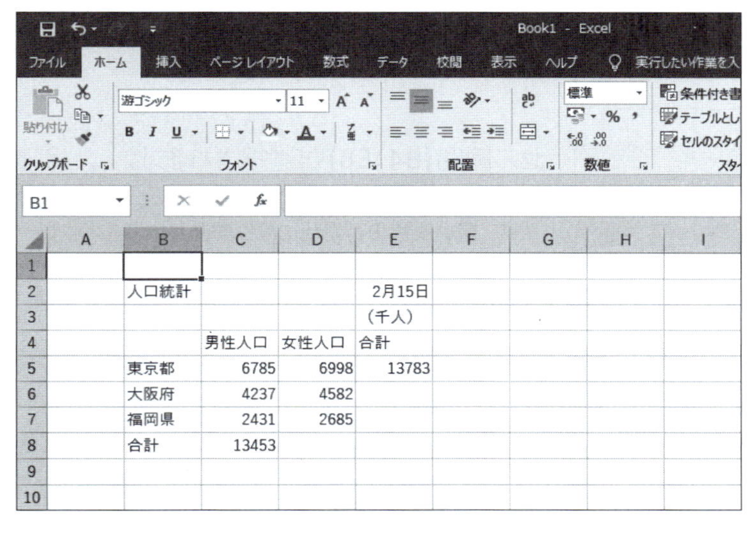

データがクリアされます。

STEP UP その他の方法(クリア)

◆セルを選択→《ホーム》タブ→《編集》グループの (クリア)→《数式と値のクリア》

◆セルを右クリック→《数式と値のクリア》

STEP UP すべてクリア

【Delete】では入力したデータ(数値や文字列)だけがクリアされます。セルに設定された書式(罫線や塗りつぶしの色など)はクリアされません。
入力したデータや書式などセルの内容をすべてクリアする方法は、次のとおりです。

◆セルを選択→《ホーム》タブ→《編集》グループの (クリア)→《すべてクリア》

Step4 セル範囲を選択する

1 セル範囲の選択

セルの集まりを「**セル範囲**」または「**範囲**」といいます。セル範囲を対象に操作するには、あらかじめ対象となるセル範囲を選択しておきます。
セル範囲【B4:E8】を選択しましょう。
※本書では、セル【B4】からセル【E8】までのセル範囲を、セル範囲【B4:E8】と記載しています。

B1

	A	B	C	D	E	F	G
1							
2		人口統計			2月15日		
3					(千人)		
4			男性人口	女性人口	合計		
5		東京都	6785	6998	13783		
6		大阪府	4237	4582			
7		福岡県	2431	2685			
8		合計	13453				
9							

①セル【B4】をポイントします。
マウスポインターの形が✚に変わります。
②セル【B4】からセル【E8】までドラッグします。

B4

	A	B	C	D	E	F	G
1							
2		人口統計			2月15日		
3					(千人)		
4			男性人口	女性人口	合計		
5		東京都	6785	6998	13783		
6		大阪府	4237	4582			
7		福岡県	2431	2685			
8		合計	13453				
9							

セル範囲【B4:E8】が選択されます。
※選択されているセル範囲は、緑色の太い枠線で囲まれ、薄い灰色の背景色になります。
※選択したセル範囲の右下に (クイック分析)が表示されます。

A1

	A	B	C	D	E	F	G
1							
2		人口統計			2月15日		
3					(千人)		
4			男性人口	女性人口	合計		
5		東京都	6785	6998	13783		
6		大阪府	4237	4582			
7		福岡県	2431	2685			
8		合計	13453				
9							

セル範囲の選択を解除します。
③任意のセルをクリックします。

STEP UP クイック分析

データが入力されているセル範囲を選択すると、 (クイック分析)が表示されます。クリックすると表示される一覧から、数値の大小関係が視覚的にわかるように書式を設定したり、グラフを作成したり、合計を求めたりすることができます。

2　行や列の選択

行全体や列全体を対象に操作するには、あらかじめ対象となる行や列を選択しておきます。
行や列を選択しましょう。

	A	B	C	D	E	F	G	H	I	J
1										
2		人口統計			2月15日					
3					(千人)					
4			男性人口	女性人口	合計					
5		東京都	6785	6998	13783					
6		大阪府	4237	4582						
7		福岡県	2431	2685						
8		合計	13453							

①行番号【5】をポイントします。
マウスポインターの形が➡に変わります。
②クリックします。
5行目が選択されます。

③列番号【C】をポイントします。
マウスポインターの形が⬇に変わります。
④クリックします。
C列が選択されます。

POINT　セル範囲の選択

複数行の選択

◆行番号をドラッグ

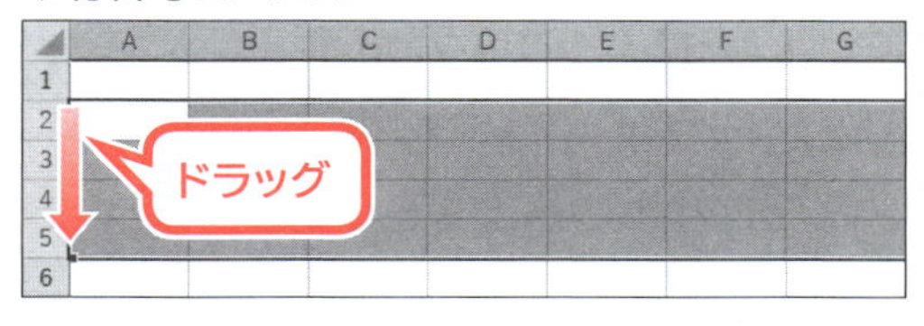

複数列の選択

◆列番号をドラッグ

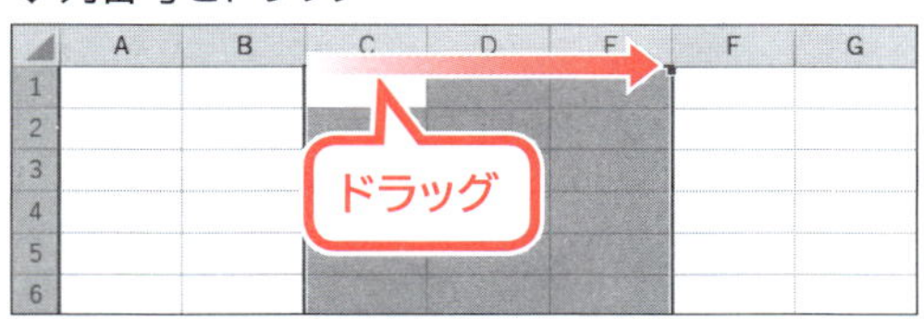

シート全体の選択

◆全セル選択ボタンをクリック

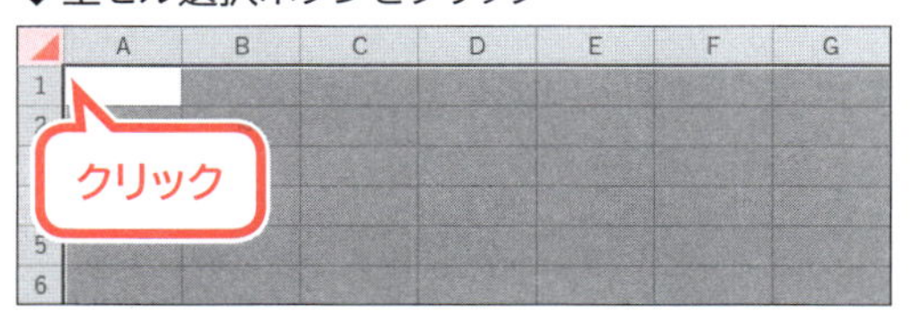

広いセル範囲の選択

◆始点をクリック→ Shift を押しながら終点をクリック

クリック
Shift +クリック

複数のセル範囲の選択

◆1つ目のセル範囲を選択→ Ctrl を押しながら2つ目以降のセル範囲を選択

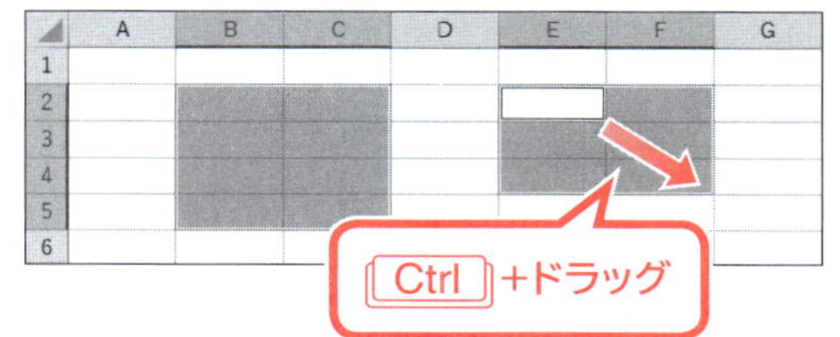

POINT　範囲選択の一部解除

範囲選択後に、一部の選択範囲を解除するには、 Ctrl を押しながら解除する範囲をクリック、またはドラッグします。
例：セル範囲【B2:F5】を選択
　→ Ctrl を押しながらセル範囲【D3:E4】を選択して解除

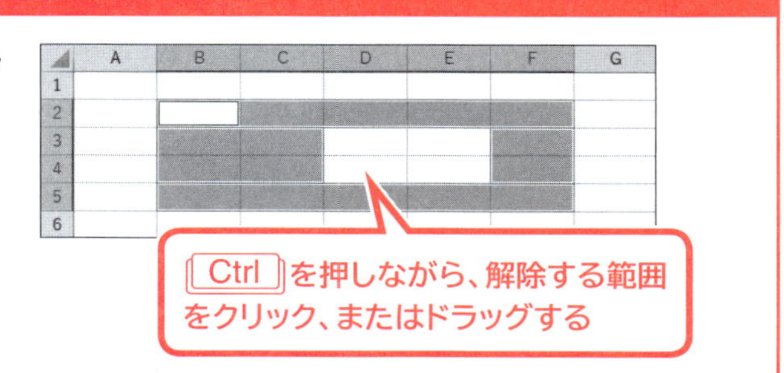

3 コマンドの実行

選択したセル範囲に対して、コマンドを実行しましょう。

1 移動

セル範囲【B2:E8】を、セル【A1】を開始位置として移動しましょう。

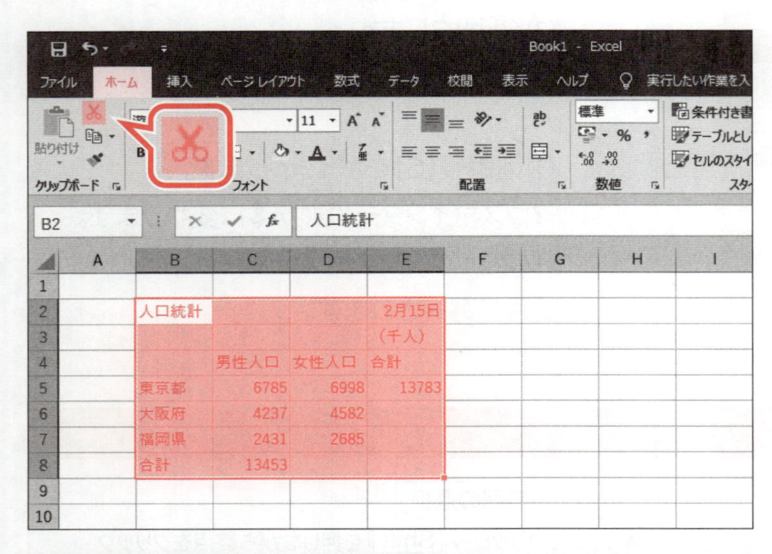

①セル範囲【B2:E8】を選択します。

②《ホーム》タブを選択します。

③《クリップボード》グループの（切り取り）をクリックします。

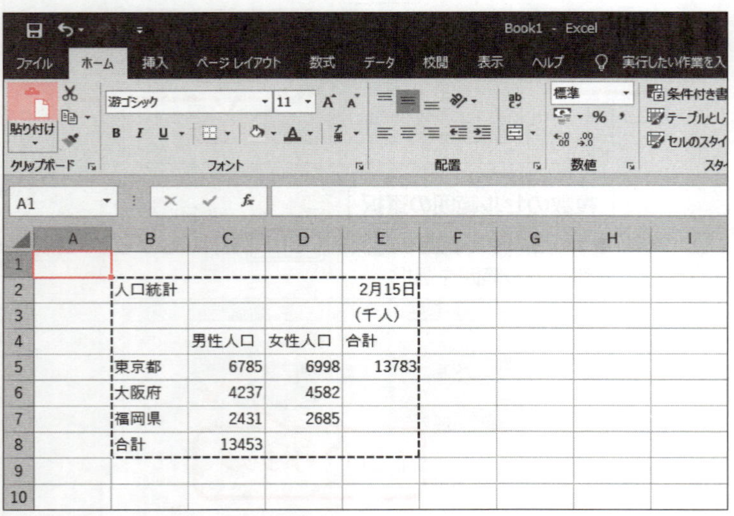

④セル【A1】をクリックします。

⑤《クリップボード》グループの（貼り付け）をクリックします。

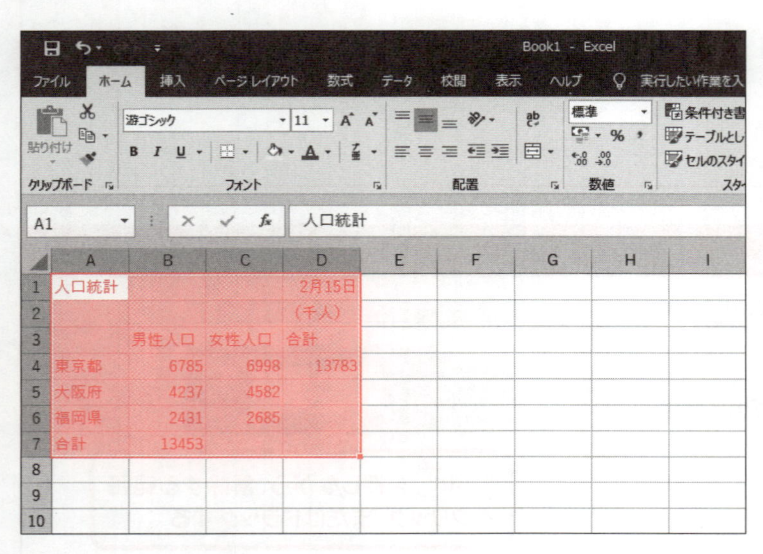

データが移動します。

2 コピー

セル【D4】の数式を、セル範囲【D5:D6】にコピーしましょう。

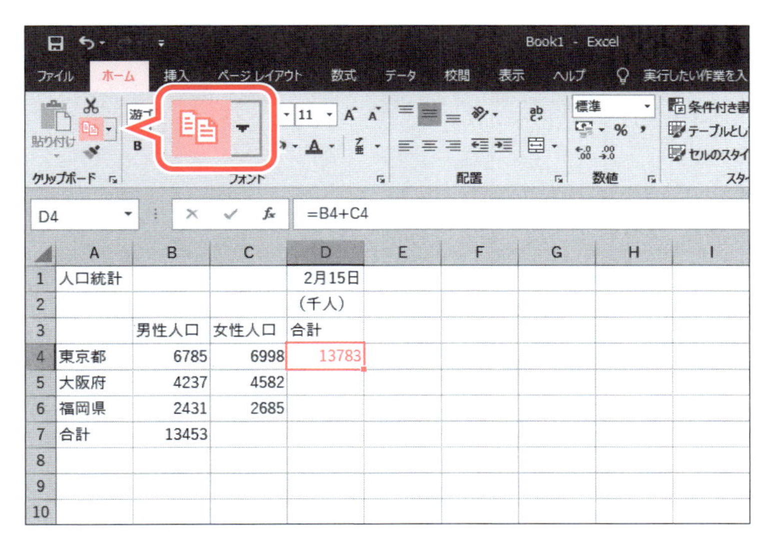

①セル【D4】をクリックします。

②《ホーム》タブを選択します。

③《クリップボード》グループの（コピー）をクリックします。

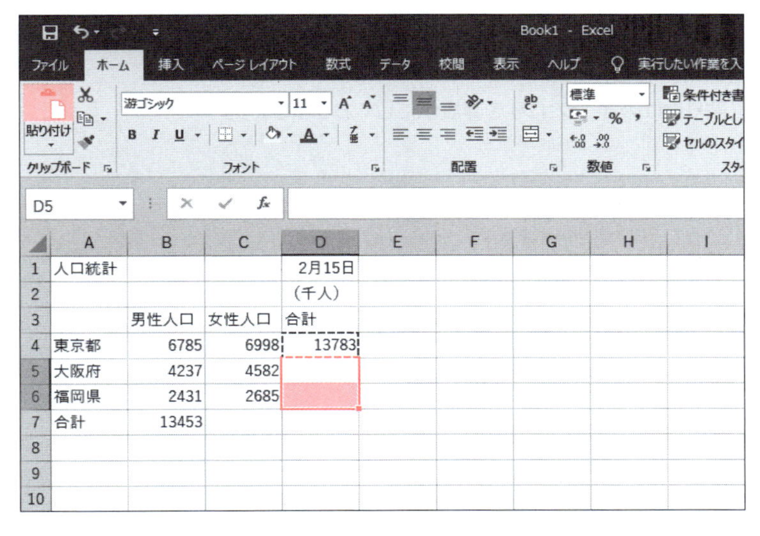

④セル範囲【D5:D6】を選択します。

⑤《クリップボード》グループの（貼り付け）をクリックします。

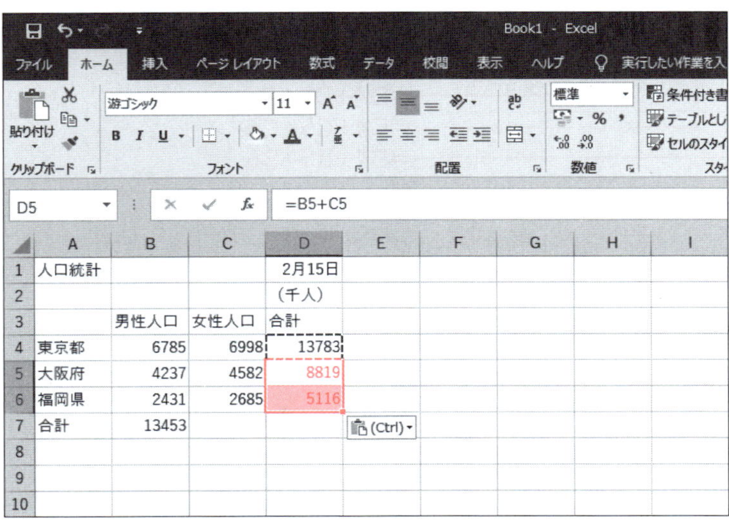

数式がコピーされます。

※ Esc を押して、点線と (Ctrl)（貼り付けのオプション）を非表示にしておきましょう。

Let's Try ためしてみよう

セル【B7】の数式を、セル範囲【C7:D7】にコピーしましょう。

	A	B	C	D	E
1	人口統計			2月15日	
2				（千人）	
3		男性人口	女性人口	合計	
4	東京都	6785	6998	13783	
5	大阪府	4237	4582	8819	
6	福岡県	2431	2685	5116	
7	合計	13453	14265	27718	
8					

Let's Try Answer

①セル【B7】をクリック
②《ホーム》タブを選択
③《クリップボード》グループの（コピー）をクリック
④セル範囲【C7:D7】を選択
⑤《クリップボード》グループの（貼り付け）をクリック
※ Esc を押して、点線と (Ctrl)▾（貼り付けのオプション）を非表示にしておきましょう。

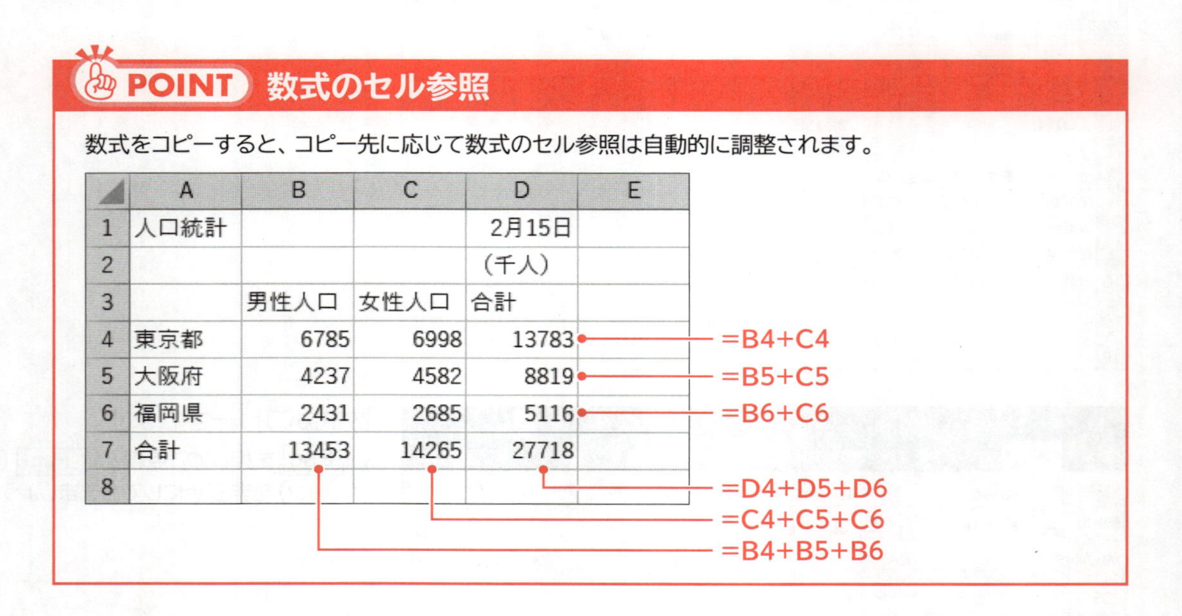

POINT 数式のセル参照

数式をコピーすると、コピー先に応じて数式のセル参照は自動的に調整されます。

	A	B	C	D	E
1	人口統計			2月15日	
2				（千人）	
3		男性人口	女性人口	合計	
4	東京都	6785	6998	13783	
5	大阪府	4237	4582	8819	
6	福岡県	2431	2685	5116	
7	合計	13453	14265	27718	
8					

3 クリア

セル範囲【B4:C6】の数値をクリアしましょう。

B4 | 6785

	A	B	C	D	E	F	G	H	I
1	人口統計			2月15日					
2				（千人）					
3		男性人口	女性人口	合計					
4	東京都	6785	6998	13783					
5	大阪府	4237	4582	8819					
6	福岡県	2431	2685	5116					
7	合計	13453	14265	27718					
8									

①セル範囲【B4:C6】を選択します。
② Delete を押します。

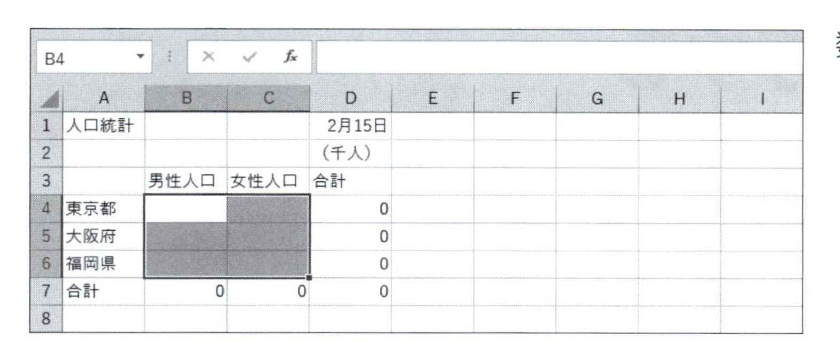

数値がクリアされます。

4 元に戻す

直前に行った操作を取り消して、元の状態に戻すことができます。
数値をクリアした操作を取り消しましょう。

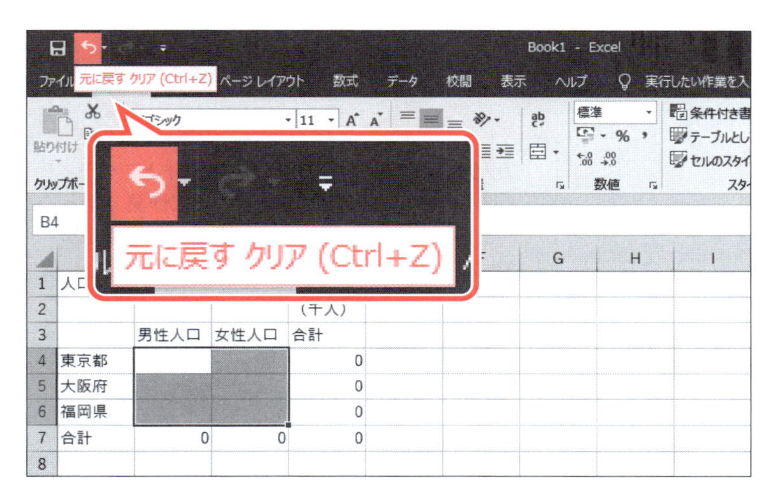

①クイックアクセスツールバーの（元に戻す）をクリックします。

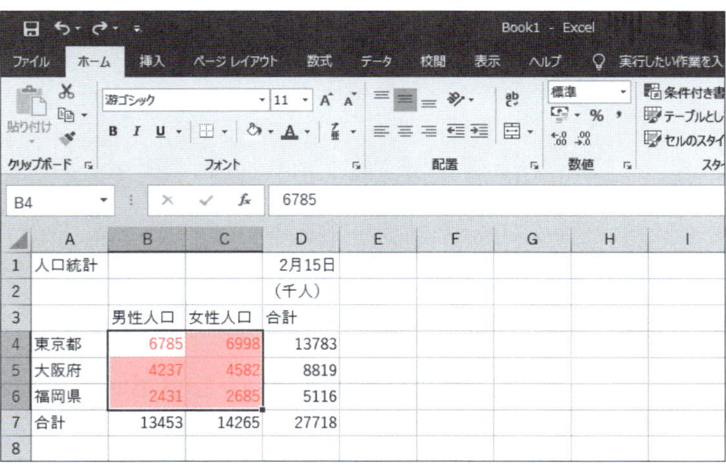

直前に行ったクリアの操作が取り消されます。
※（元に戻す）を繰り返しクリックすると、過去の操作が順番に取り消されます。

STEP UP その他の方法（元に戻す）

◆ Ctrl + Z

POINT 元に戻す

クイックアクセスツールバーの（元に戻す）のをクリックすると、一覧に過去の操作が表示されます。一覧から操作を選択すると、直前の操作から選択した操作までがまとめて取り消されます。

POINT やり直し

クイックアクセスツールバーの（やり直し）をクリックすると、（元に戻す）で取り消した操作を再度実行できます。

Step5 ブックを保存する

1 名前を付けて保存

作成したブックを残しておくには、ブックに名前を付けて保存します。
作成したブックに「**人口統計**」と名前を付けてフォルダー「**第2章**」に保存しましょう。

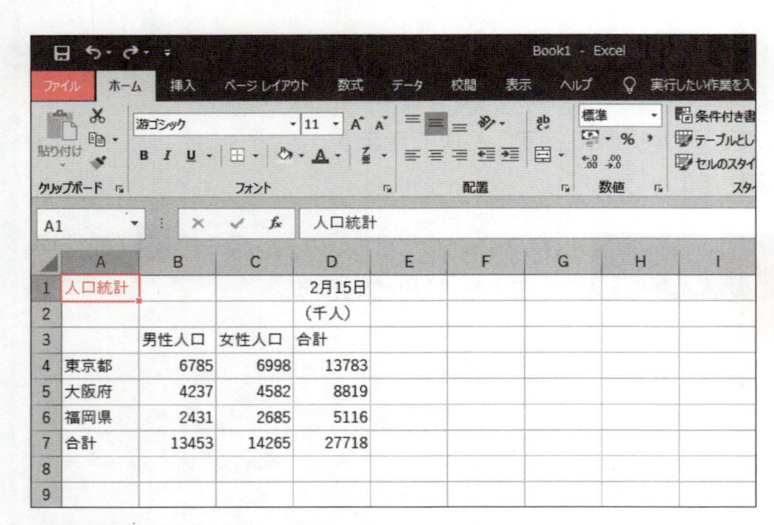

①セル【**A1**】をクリックします。
②《**ファイル**》タブを選択します。

POINT
アクティブシートと
アクティブセルの保存

ブックを保存すると、アクティブシートとアクティブセルの位置も保存されます。次に作業するときに便利なセルを選択して、ブックを保存しましょう。

③《**名前を付けて保存**》をクリックします。
④《**参照**》をクリックします。

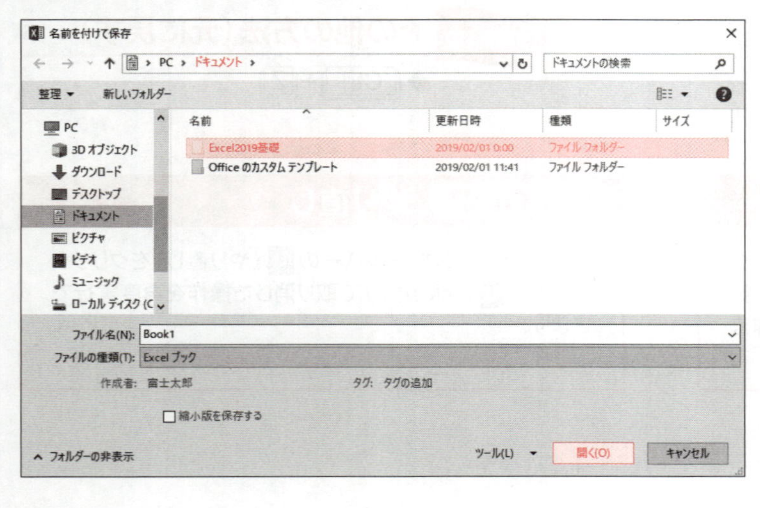

《**名前を付けて保存**》ダイアログボックスが表示されます。
ブックを保存する場所を選択します。

⑤《**ドキュメント**》が開かれていることを確認します。
※《ドキュメント》が開かれていない場合は、《PC》→《ドキュメント》をクリックします。
⑥一覧から「**Excel2019基礎**」を選択します。
⑦《**開く**》をクリックします。

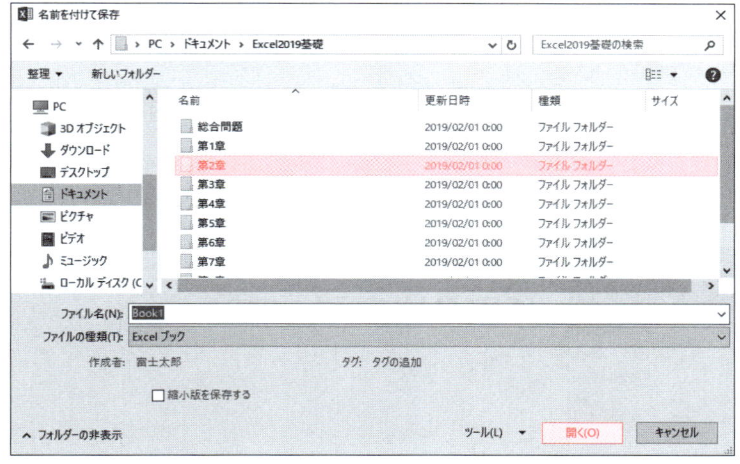

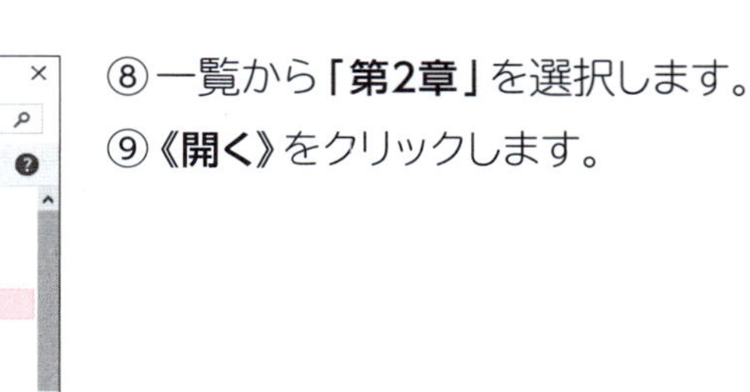

⑧一覧から**「第2章」**を選択します。

⑨**《開く》**をクリックします。

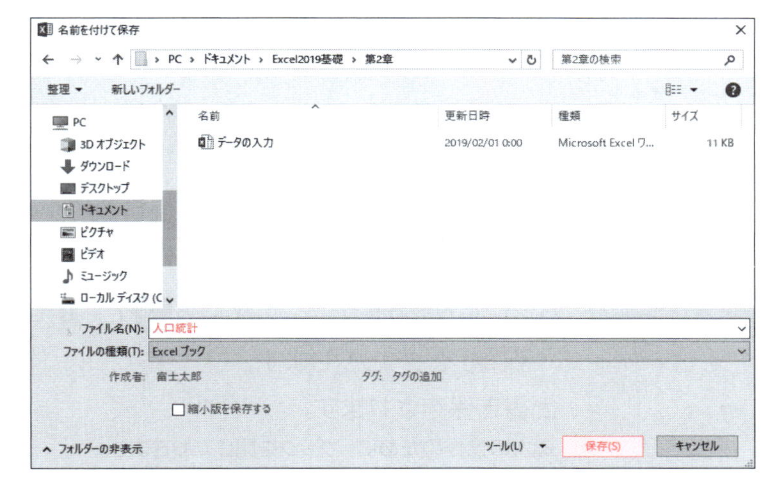

⑩**《ファイル名》**に**「人口統計」**と入力します。

⑪**《保存》**をクリックします。

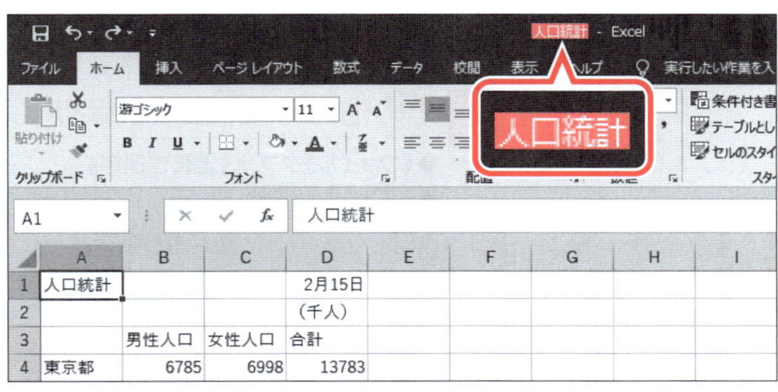

ブックが保存されます。

⑫タイトルバーにブックの名前が表示されていることを確認します。

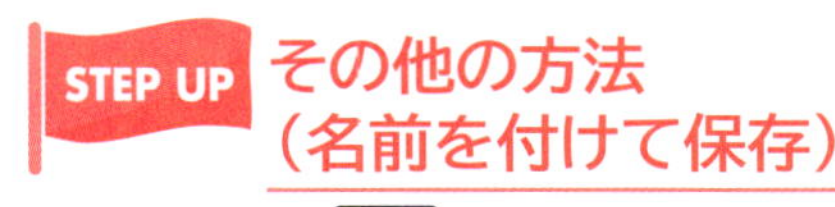

STEP UP その他の方法（名前を付けて保存）

◆ F12

STEP UP フォルダーを作成してファイルを保存する

《名前を付けて保存》ダイアログボックスの《新しいフォルダー》を使うと、フォルダーを新しく作成してブックを保存できます。
エクスプローラーを起動せずにフォルダーの作成ができるので便利です。

STEP UP ブックの自動保存

作成中のブックは、一定の間隔で自動的に保存されます。
ブックを保存せずに閉じてしまった場合は、自動的に保存されたブックの一覧から復元できることがあります。
保存していないブックを復元する方法は、次のとおりです。

◆《ファイル》タブ→《情報》→《ブックの管理》→《保存されていないブックの回復》→ブックを選択→《開く》

※操作のタイミングによって、完全に復元されるとは限りません。

2 上書き保存

ブック「**人口統計**」の内容を一部変更して保存しましょう。保存したブックの内容を更新するには、上書き保存します。
セル**【D1】**に「**5月1日**」と入力し、ブックを上書き保存しましょう。

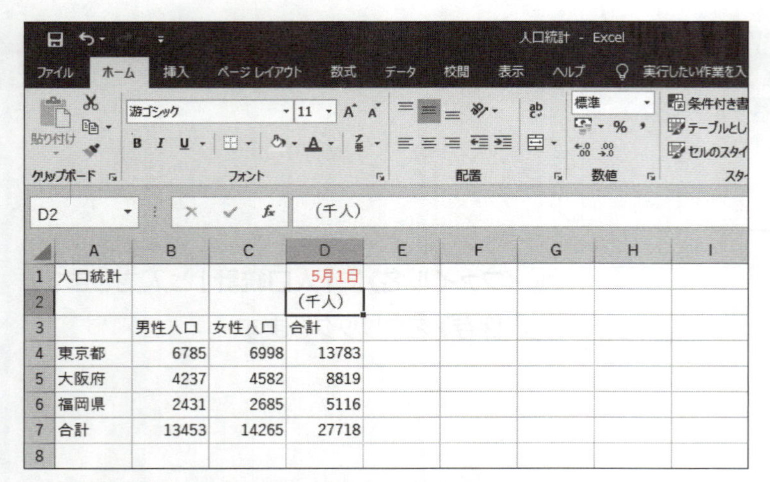

①セル**【D1】**に「**5/1**」と入力します。
「**5月1日**」と表示されます。

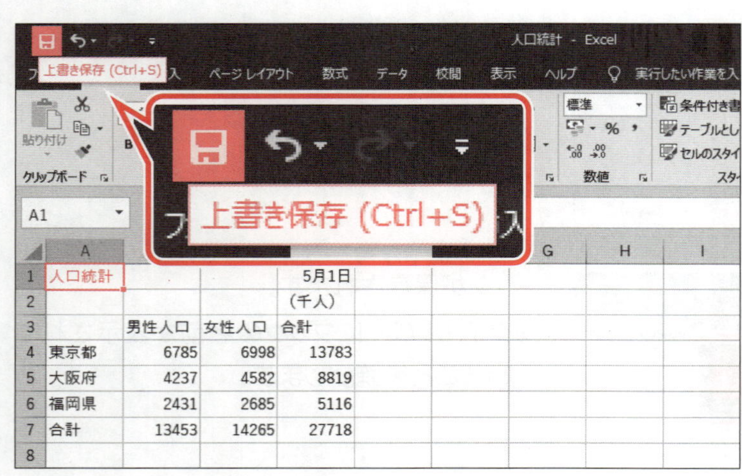

②セル**【A1】**をクリックします。
③クイックアクセスツールバーの （上書き保存）をクリックします。
上書き保存されます。
※次の操作のために、ブックを閉じておきましょう。

STEP UP その他の方法（上書き保存）

◆《ファイル》タブ→《上書き保存》
◆ Ctrl + S

POINT 更新前のブックの保存

更新前のブックと更新後のブックを別々に保存するには、「名前を付けて保存」で別の名前を付けて保存します。
「上書き保存」では、更新前のブックは保存されません。

Step6 オートフィルを利用する

1 オートフィルの利用

「オートフィル」は、セル右下の■（フィルハンドル）を使って連続性のあるデータを隣接するセルに入力する機能です。
オートフィルを使って、データを入力しましょう。

フォルダー「第2章」のブック「データの入力」を開いておきましょう。

1 日付の入力

セル範囲**【C3:G3】**に**「3月4日」「3月5日」**…**「3月8日」**と入力しましょう。

C3 | 2019/3/4

	A	B	C	D	E	F	G	H	I	J
1	アルバイト勤務時間数									
2										
3	管理番号	名前	3月4日					合計		
4		梅田由紀	5	6	5.5	0	5.5	22		
5		佐々木歩	5.	4	4	5	0			
6		戸祭律子		7	7	7	7			
7		中山香里		0	6	6	6			
8		久米信行		9	9	0	9			
9		大川麻子	4.5	4.5	4.5	4.5	0			
10		亀山聡	0	3.5	6	4	5			
11		只木卓也	8	6	7	5	7			
12		新井美紀	8	6	7	7	7			
13		前山孝信	0	8	8	8	8			
14		緑川博史	6	5.5	5.5	5.5	0			

①セル**【C3】**に**「3/4」**と入力します。
②セル**【C3】**を選択し、セル右下の■（フィルハンドル）をポイントします。
マウスポインターの形が✚に変わります。

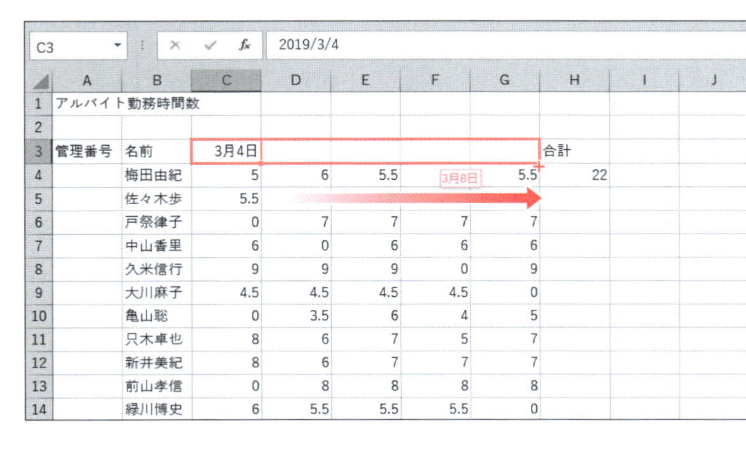

C3 | 2019/3/4

	A	B	C	D	E	F	G	H	I	J
1	アルバイト勤務時間数									
2										
3	管理番号	名前	3月4日					合計		
4		梅田由紀	5	6	5.5	3月8日	5.5	22		
5		佐々木歩	5.5							
6		戸祭律子	0	7	7	7	7			
7		中山香里	6	0	6	6	6			
8		久米信行	9	9	9	0	9			
9		大川麻子	4.5	4.5	4.5	4.5	0			
10		亀山聡	0	3.5	6	4	5			
11		只木卓也	8	6	7	5	7			
12		新井美紀	8	6	7	7	7			
13		前山孝信	0	8	8	8	8			
14		緑川博史	6	5.5	5.5	5.5	0			

③セル**【G3】**までドラッグします。
ドラッグ中、入力されるデータがポップヒントで表示されます。

C3 | 2019/3/4

	A	B	C	D	E	F	G	H	I	J
1	アルバイト勤務時間数									
2										
3	管理番号	名前	3月4日	3月5日	3月6日	3月7日	3月8日	合計		
4		梅田由紀	5	6	5.5	0	5.5	22		
5		佐々木歩	5.5	4	4	5	0			
6		戸祭律子	0	7	7	7				
7		中山香里	6	0	6	6				
8		久米信行	9	9	9	0				
9		大川麻子	4.5	4.5	4.5	4.5	0			
10		亀山聡	0	3.5	6	4	5			
11		只木卓也	8	6	7	5	7			
12		新井美紀	8	6	7	7	7			
13		前山孝信	0	8	8	8	8			
14		緑川博史	6	5.5	5.5	5.5	0			

「3月5日」…**「3月8日」**が入力され、（オートフィルオプション）が表示されます。

POINT 連続データの入力

同様の手順で、「1月」～「12月」、「月曜日」～「日曜日」、「第1四半期」～「第4四半期」なども入力できます。

2 数値の入力

「**管理番号**」に「**1001**」「**1002**」「**1003**」・・・と、1ずつ増加する数値を入力しましょう。

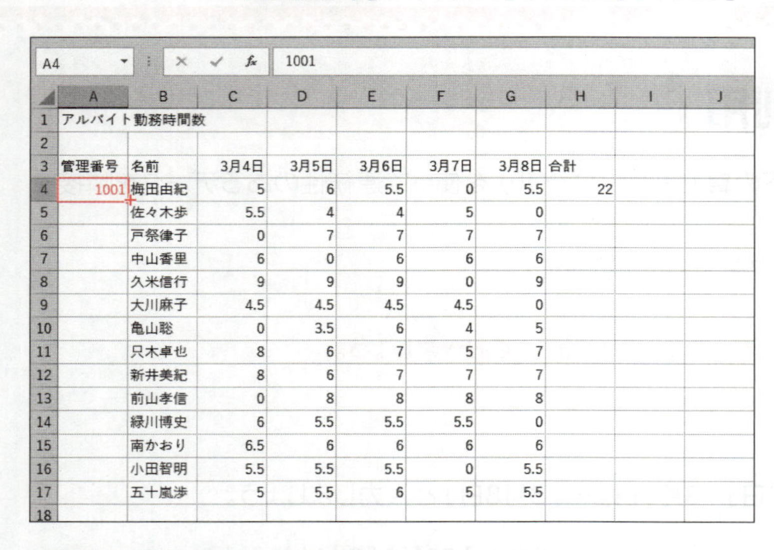

A4 | 1001

	A	B	C	D	E	F	G	H
1	アルバイト勤務時間数							
2								
3	管理番号	名前	3月4日	3月5日	3月6日	3月7日	3月8日	合計
4	1001	梅田由紀	5	6	5.5	0	5.5	22
5		佐々木歩	5.5	4	4	5	0	
6		戸祭律子	0	7	7	7	7	
7		中山香里	6	0	6	6	6	
8		久米信行	9	9	9	0	9	
9		大川麻子	4.5	4.5	4.5	4.5	0	
10		亀山聡	0	3.5	6	4	5	
11		只木卓也	8	6	7	5	7	
12		新井美紀	8	6	7	7	7	
13		前山孝信	0	8	8	8	8	
14		緑川博史	6	5.5	5.5	5.5	0	
15		南かおり	6.5	6	6	6	6	
16		小田智明	5.5	5.5	5.5	0	5.5	
17		五十嵐渉	5	5.5	6	5	5.5	

①セル**【A4】**に「**1001**」と入力します。

②セル**【A4】**を選択し、セル右下の■（フィルハンドル）をダブルクリックします。

※■（フィルハンドル）をセル【A17】までドラッグしてもかまいません。

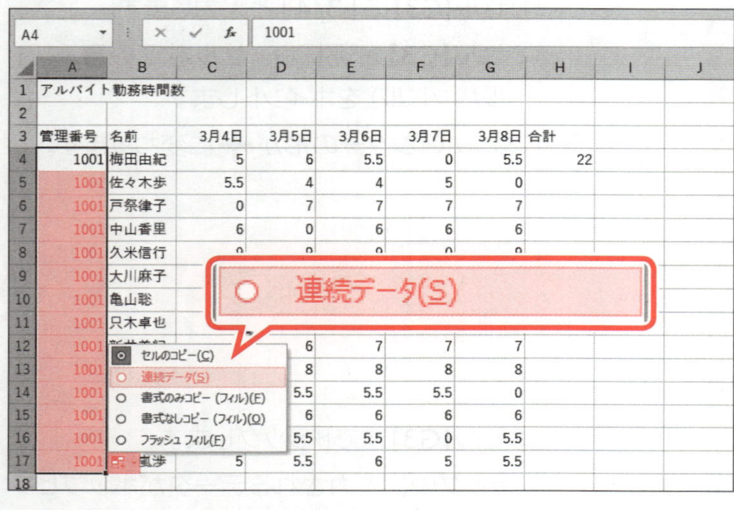

「**1001**」がコピーされ、（オートフィルオプション）が表示されます。

③（オートフィルオプション）をクリックします。

※（オートフィルオプション）をポイントすると、になります。

④**《連続データ》**をクリックします。

A4 | 1001

	A	B	C	D	E	F	G	H
1	アルバイト勤務時間数							
2								
3	管理番号	名前	3月4日	3月5日	3月6日	3月7日	3月8日	合計
4	1001	梅田由紀	5	6	5.5	0	5.5	22
5	1002	佐々木歩	5.5	4	4	5	0	
6	1003	戸祭律子	0	7	7	7	7	
7	1004	中山香里	6	0	6	6	6	
8	1005	久米信行	9	9	9	0	9	
9	1006	大川麻子	4.5	4.5	4.5	4.5	0	
10	1007	亀山聡	0	3.5	6	4	5	
11	1008	只木卓也	8	6	7	5	7	
12	1009	新井美紀	8	6	7	7	7	
13	1010	前山孝信	0	8	8	8	8	
14	1011	緑川博史	6	5.5	5.5	5.5	0	
15	1012	南かおり	6.5	6	6	6	6	
16	1013	小田智明	5.5	5.5	5.5	0	5.5	
17	1014	五十嵐渉	5	5.5	6	5	5.5	

1ずつ増加する数値が入力されます。

POINT フィルハンドルのダブルクリック

■（フィルハンドル）をダブルクリックすると、表内のデータの最終行を自動的に認識し、データが入力されます。

POINT オートフィルオプション

「オートフィル」を実行すると、（オートフィルオプション）が表示されます。
クリックすると表示される一覧から、書式の有無を指定したり、日付の単位を変更したりできます。

3 数式のコピー

オートフィルを使って数式をコピーすることもできます。
セル【H4】に入力されている数式をコピーしましょう。

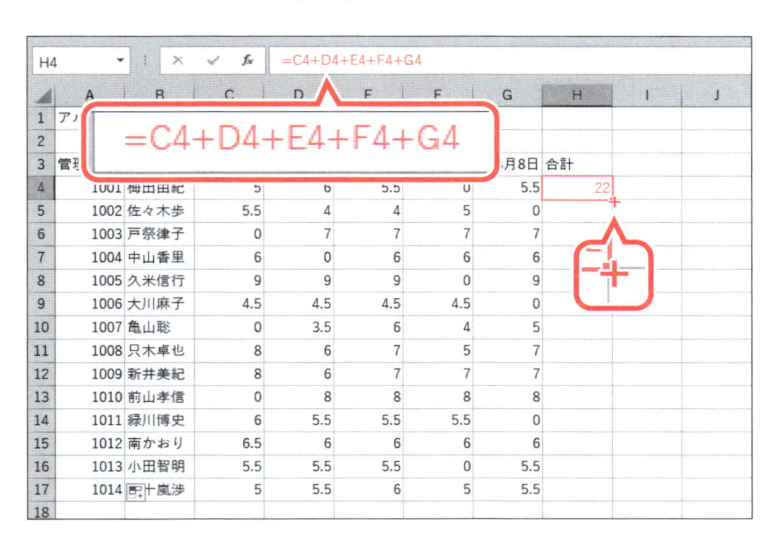

①セル【H4】に入力されている数式を確認します。

②セル【H4】を選択し、セル右下の■（フィルハンドル）をダブルクリックします。

H4　=C4+D4+E4+F4+G4

	A	B	C	D	E	F	G	H
1	アルバイト勤務時間数							
2								
3	管理番号	名前	3月4日	3月5日	3月6日	3月7日	3月8日	合計
4	1001	梅田由紀	5	6	5.5	0	5.5	22
5	1002	佐々木歩	5.5	4	4	5	0	18.5
6	1003	戸祭律子	0	7	7	7	7	28
7	1004	中山香里	6	0	6	6	6	24
8	1005	久米信行	9	9	9	0	9	36
9	1006	大川麻子	4.5	4.5	4.5	4.5	0	18
10	1007	亀山聡	0	3.5	6	4	5	18.5
11	1008	只木卓也	8	6	7	5	7	33
12	1009	新井美紀	8	6	7	7	7	35
13	1010	前山孝信	0	8	8	8	8	32
14	1011	緑川博史	6	5.5	5.5	5.5	0	22.5
15	1012	南かおり	6.5	6	6	6	6	30.5
16	1013	小田智明	5.5	5.5	5.5	0	5.5	22
17	1014	五十嵐渉	5	5.5	6	5	5.5	27
18								

数式がコピーされます。

※数式をコピーすると、コピー先に応じて数式のセル参照は自動的に調整されます。

※ブックに「データの入力完成」と名前を付けて、フォルダー「第2章」に保存し、閉じておきましょう。

STEP UP ドラッグする方向と連続データ

■（フィルハンドル）を上下左右にドラッグして、データを入力できます。

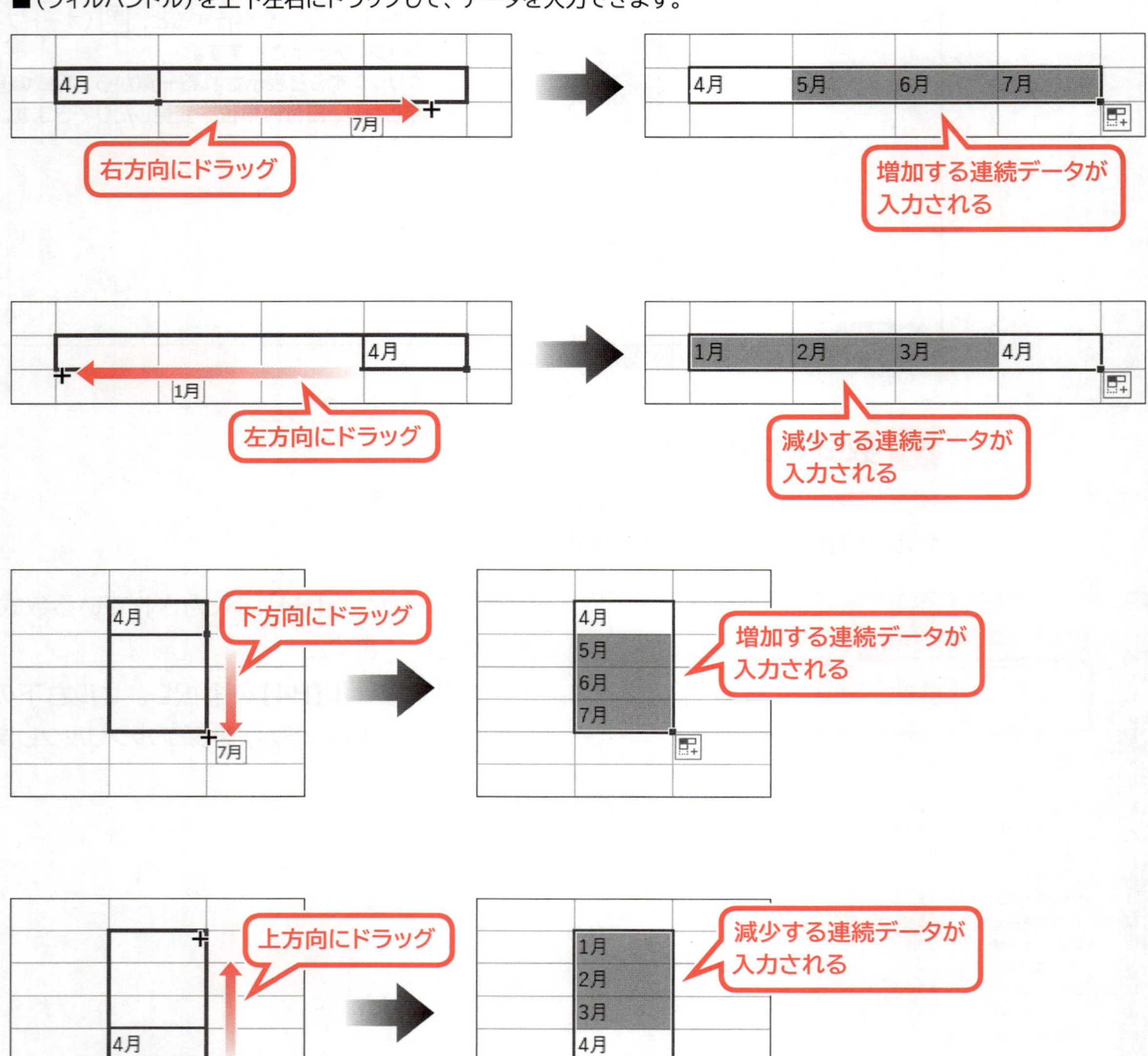

STEP UP オートフィルの増減単位

オートフィルの増減単位を設定するには、次のような方法があります。

●2つのセルをもとにオートフィルを実行する

数値を入力した2つのセルをもとにオートフィルを実行すると、1つ目のセルの数値と2つ目のセルの数値の差分をもとに、連続データが入力されます。

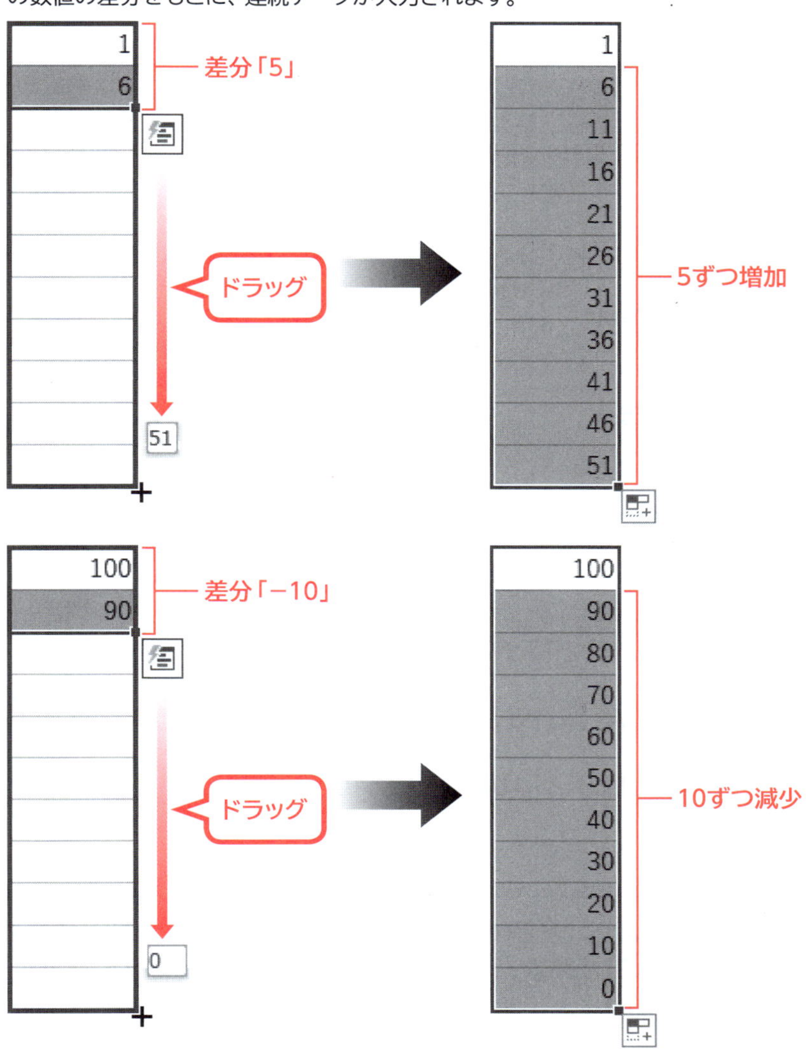

●オートフィルを実行後、増減値を設定する

数値を入力したセルをもとにオートフィルを実行→《ホーム》タブ→《編集》グループの（フィル）→《連続データの作成》をクリックします。表示される《連続データ》ダイアログボックスで、増減単位を設定できます。

《増分値》に、増加する場合は正の数、減少する場合は負の数を入力します。

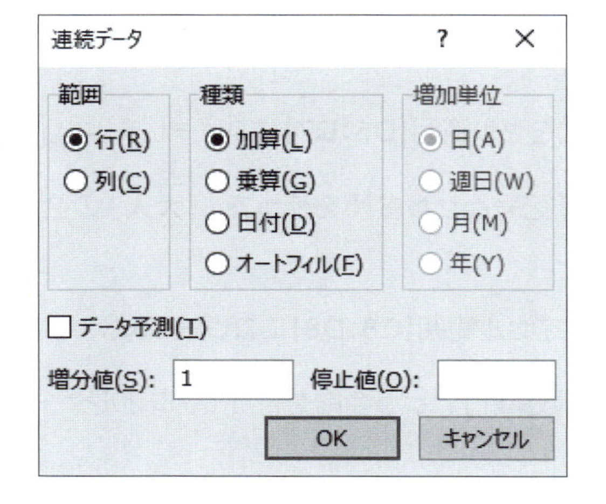

練習問題

解答 ► 別冊P.1

完成図のような表を作成しましょう。

●完成図

	A	B	C	D	E
1	江戸浮世絵展来場者数				
2				10月1日	
3					
4	開催地	大人	子供	合計	
5	東京	25680	8015	33695	
6	名古屋	15601	6452	22053	
7	大阪	17960	6819	24779	
8	合計	59241	21286	80527	
9					

① 新しいブックを作成しましょう。

② セル**【A1】**に**「江戸浮世絵展来場者数」**と入力しましょう。

③ セル**【D2】**に**「10月1日」**と入力しましょう。

④ 次のデータを入力しましょう。

セル【A4】：開催地	**セル【B4】：大人**	**セル【C4】：子供**
セル【A5】：東京	**セル【B5】：25680**	**セル【C5】：8015**
セル【A6】：名古屋	**セル【B6】：15601**	**セル【C6】：6452**
セル【A7】：大阪	**セル【B7】：17960**	**セル【C7】：6819**
セル【A8】：合計		

⑤ セル**【A8】**の**「合計」**をセル**【D4】**にコピーしましょう。

⑥ セル**【D5】**に演算記号とセル参照を使って、**「東京」**の合計を求める数式を入力しましょう。

⑦ セル**【D5】**の数式をセル範囲**【D6:D7】**にコピーしましょう。

⑧ セル**【B8】**に演算記号とセル参照を使って、**「大人」**の合計を求める数式を入力しましょう。

⑨ セル**【B8】**の数式をセル範囲**【C8:D8】**にコピーしましょう。

⑩ ブックに**「来場者数集計」**という名前を付けて、フォルダー**「第2章」**に保存しましょう。

※ブックを閉じておきましょう。

第3章

表の作成

第3章 この章で学ぶこと

学習前に習得すべきポイントを理解しておき、
学習後には確実に習得できたかどうかを振り返りましょう。

1 データの合計を求める関数を入力できる。 → P.71

2 データの平均を求める関数を入力できる。 → P.73

3 セルに罫線を付けたり、色を付けたりできる。 → P.75

4 3桁区切りカンマを付けて、数値を読みやすくできる。 → P.79

5 数値をパーセント表示に変更できる。 → P.80

6 小数点以下の桁数の表示を変更できる。 → P.82

7 日付の表示形式を変更できる。 → P.84

8 セル内のデータの配置を変更できる。 → P.85

9 複数のセルをひとつに結合して、セル内のデータを中央に配置できる。 → P.86

10 セル内で文字列の方向を変更できる。 → P.87

11 フォントやフォントサイズ、フォントの色を変更できる。 → P.88

12 セル内のデータに合わせて、列の幅や行の高さを変更できる。 → P.94

13 行を削除したり、挿入したりできる。 → P.98

14 一時的に列を非表示にしたり、列を再表示したりできる。 → P.101

Step 1 作成するブックを確認する

1 作成するブックの確認

次のようなブックを作成しましょう。

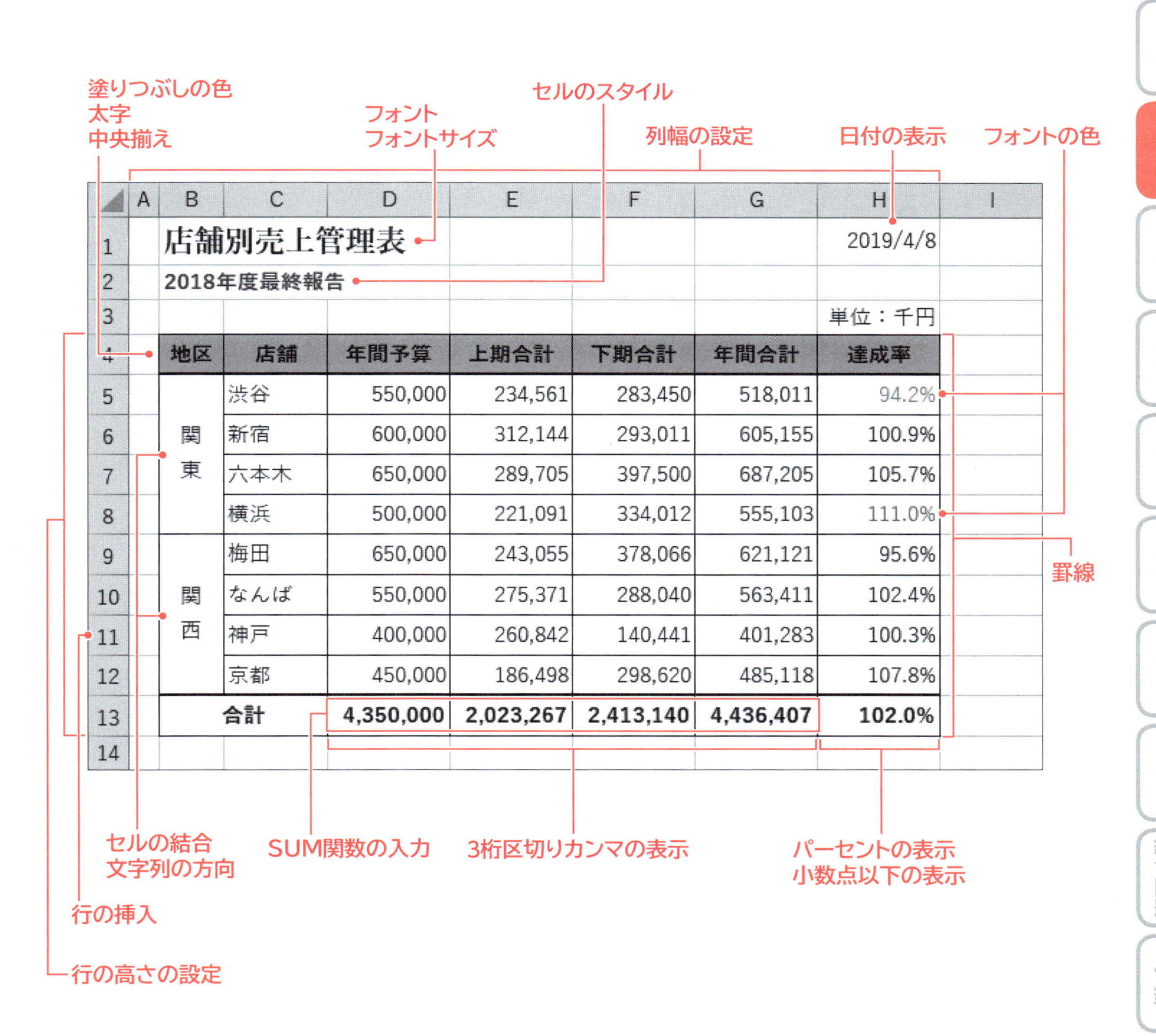

Step2 関数を入力する

1 関数

「関数」とは、あらかじめ定義されている数式です。演算記号を使って数式を入力する代わりに、カッコ内に必要な**「引数（ひきすう）」**を指定することによって計算を行います。

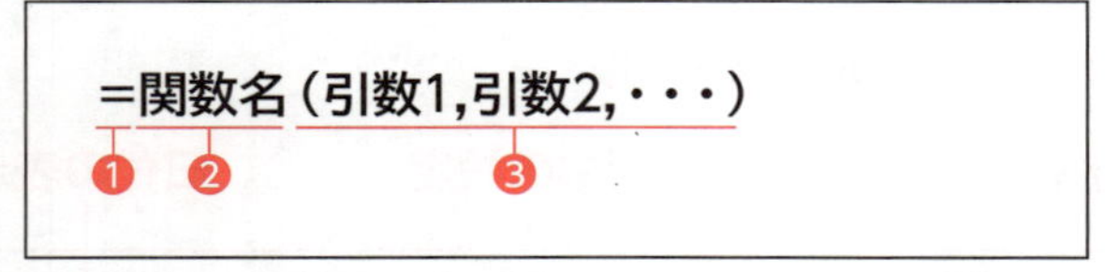

❶先頭に**「=(等号)」**を入力します。

❷関数名を入力します。

※関数名は、英大文字で入力しても英小文字で入力してもかまいません。

❸引数をカッコで囲み、各引数は**「,(カンマ)」**で区切ります。

※関数によって、指定する引数は異なります。

2 SUM関数

合計を求めるには**「SUM関数」**を使います。

Σ(合計)を使うと、自動的にSUM関数が入力され、簡単に合計を求めることができます。

●SUM関数

数値を合計します。

=SUM(数値1,数値2,・・・)

（数値1：引数1　数値2：引数2）

例：

=SUM(A1:A10)

=SUM(A5,B10,C15)

=SUM(A1:A10,A22)

※引数には、合計する対象のセルやセル範囲などを指定します。

※引数の「:(コロン)」は連続したセル、「,(カンマ)」は離れたセルを表します。

セル【D12】に「**年間予算**」の「**合計**」を求めましょう。

File OPEN フォルダー「第3章」のブック「表の作成」を開いておきましょう。

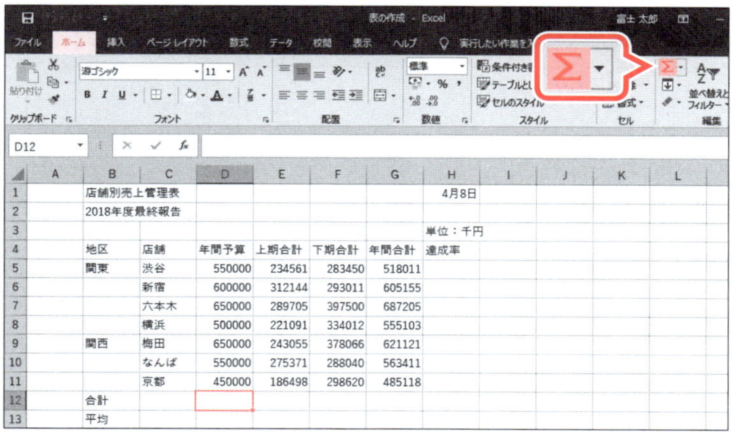

	A	B	C	D	E	F	G	H	I	J	K	L
1		店舗別売上管理表						4月8日				
2		2018年度最終報告										
3								単位：千円				
4		地区	店舗	年間予算	上期合計	下期合計	年間合計	達成率				
5		関東	渋谷	550000	234561	283450	518011					
6			新宿	600000	312144	293011	605155					
7			六本木	650000	289705	397500	687205					
8			横浜	500000	221091	334012	555103					
9		関西	梅田	650000	243055	378066	621121					
10			なんば	550000	275371	288040	563411					
11			京都	450000	186498	298620	485118					
12		合計										
13		平均										

計算結果を表示するセルを選択します。

①セル【D12】をクリックします。

②《**ホーム**》タブを選択します。

③《**編集**》グループの Σ （合計）をクリックします。

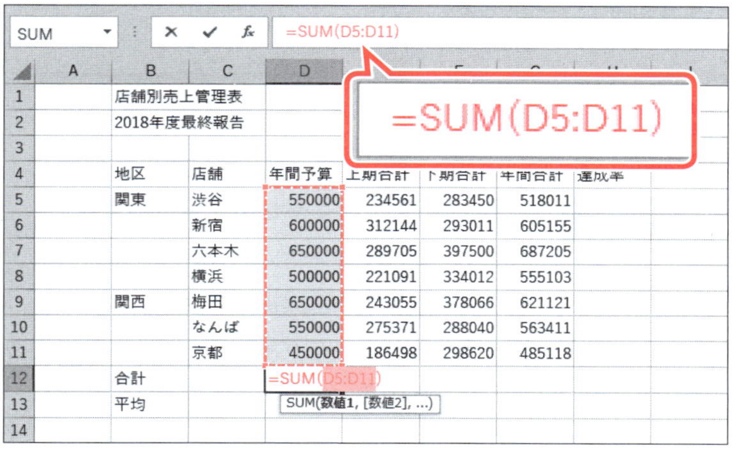

SUM　=SUM(D5:D11)

=SUM(D5:D11)

	A	B	C	D	E	F	G	H
1		店舗別売上管理表						
2		2018年度最終報告						
3								
4		地区	店舗	年間予算	上期合計	下期合計	年間合計	達成率
5		関東	渋谷	550000	234561	283450	518011	
6			新宿	600000	312144	293011	605155	
7			六本木	650000	289705	397500	687205	
8			横浜	500000	221091	334012	555103	
9		関西	梅田	650000	243055	378066	621121	
10			なんば	550000	275371	288040	563411	
11			京都	450000	186498	298620	485118	
12		合計		=SUM(D5:D11)				
13		平均		SUM(数値1, [数値2], ...)				
14								

合計するセル範囲が自動的に認識され、点線で囲まれます。

④数式バーに「**=SUM(D5:D11)**」と表示されていることを確認します。

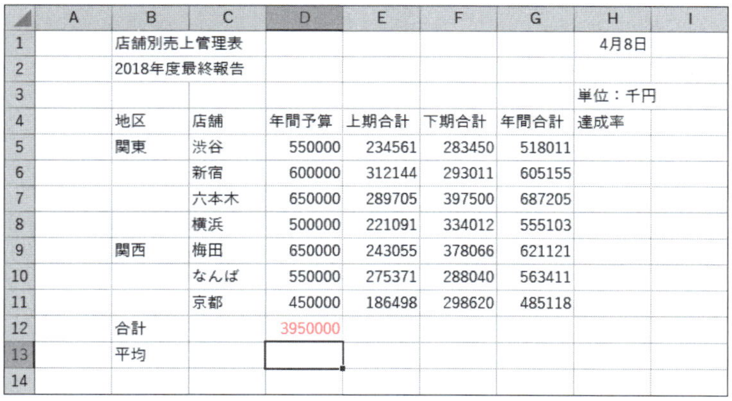

	A	B	C	D	E	F	G	H	I
1		店舗別売上管理表						4月8日	
2		2018年度最終報告							
3								単位：千円	
4		地区	店舗	年間予算	上期合計	下期合計	年間合計	達成率	
5		関東	渋谷	550000	234561	283450	518011		
6			新宿	600000	312144	293011	605155		
7			六本木	650000	289705	397500	687205		
8			横浜	500000	221091	334012	555103		
9		関西	梅田	650000	243055	378066	621121		
10			なんば	550000	275371	288040	563411		
11			京都	450000	186498	298620	485118		
12		合計		3950000					
13		平均							
14									

数式を確定します。

⑤ Enter を押します。

※ Σ （合計）を再度クリックして確定することもできます。

合計が表示されます。

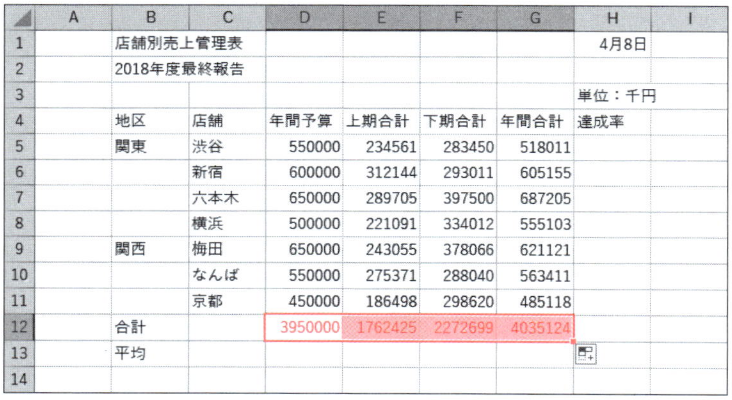

	A	B	C	D	E	F	G	H	I
1		店舗別売上管理表						4月8日	
2		2018年度最終報告							
3								単位：千円	
4		地区	店舗	年間予算	上期合計	下期合計	年間合計	達成率	
5		関東	渋谷	550000	234561	283450	518011		
6			新宿	600000	312144	293011	605155		
7			六本木	650000	289705	397500	687205		
8			横浜	500000	221091	334012	555103		
9		関西	梅田	650000	243055	378066	621121		
10			なんば	550000	275371	288040	563411		
11			京都	450000	186498	298620	485118		
12		合計		3950000	1762425	2272699	4035124		
13		平均							
14									

数式をコピーします。

⑥セル【**D12**】を選択し、セル右下の■（フィルハンドル）をセル【**G12**】までドラッグします。

※数式をコピーすると、コピー先に応じて数式のセル参照は自動的に調整されます。

STEP UP その他の方法（合計）

◆《数式》タブ→《関数ライブラリ》グループの Σ オート SUM （合計）

◆ Alt + Shift + =

3 AVERAGE関数

平均を求めるには「**AVERAGE関数**」を使います。

●AVERAGE関数

数値の平均値を求めます。

=AVERAGE（数値1,数値2,・・・）

引数1　引数2

例：

=AVERAGE（A1：A10）

=AVERAGE（A5, B10, C15）

=AVERAGE（A1：A10, A22）

※引数には、平均する対象のセルやセル範囲などを指定します。

※引数の「：（コロン）」は連続したセル、「,（カンマ）」は離れたセルを表します。

セル【**D13**】に「**年間予算**」の「**平均**」を求めましょう。

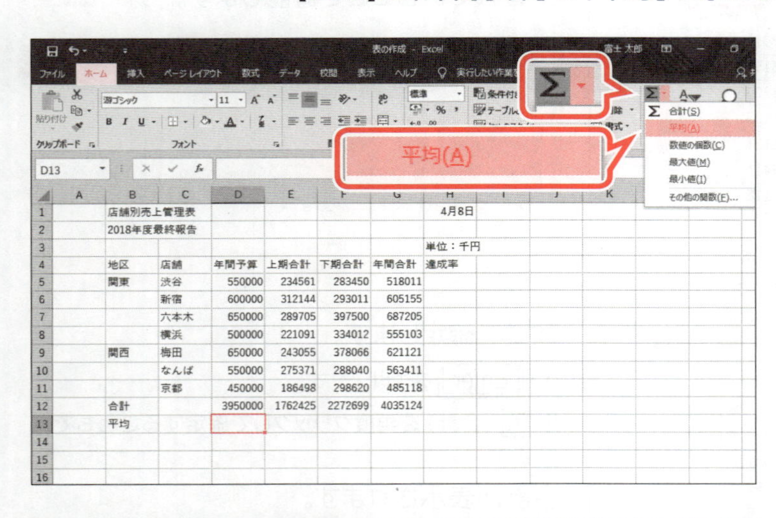

計算結果を表示するセルを選択します。

① セル【**D13**】をクリックします。

② 《**ホーム**》タブを選択します。

③ 《**編集**》グループの Σ・（合計）の ・ をクリックします。

④ 《**平均**》をクリックします。

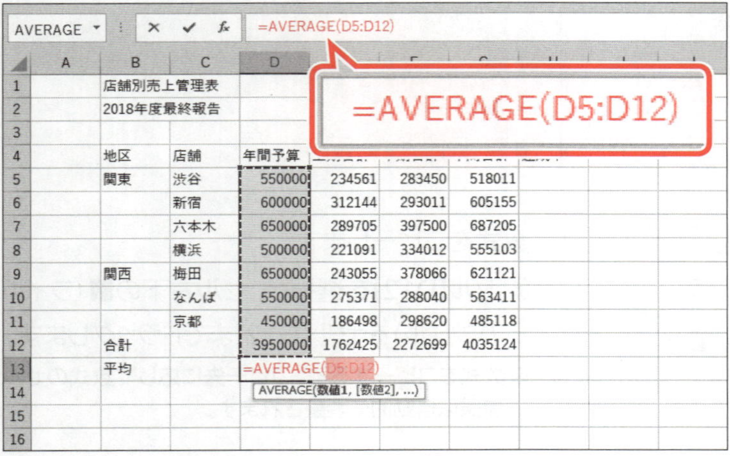

⑤ 数式バーに「**=AVERAGE(D5:D12)**」と表示されていることを確認します。

D5 =AVERAGE(D5:D11)

	A	B	C	D	E	F	G	H	I	J
1		店舗別売上管理表								
2		2018年度最終報告								
3										
4		地区	店舗	年間予算						
5		関東	渋谷	550000	234561	283450	518011			
6			新宿	600000	312144	293011	605155			
7			六本木	650000	289705	397500	687205			
8			横浜	500000	221091	334012	555103			
9		関西	梅田	650000	243055	378066	621121			
10			なんば	550000	275371	288040	563411			
11			京都	450000	186498	298620	485118			
12		合計		3950000	1762425	2272699	4035124			
13		平均		=AVERAGE(D5:D11)						
14				AVERAGE(数値1, [数値2], ...)						
15										
16										

=AVERAGE(D5:D11)

自動的に認識されたセル範囲を、平均するセル範囲に修正します。

⑥セル範囲【D5:D11】を選択します。

⑦数式バーに「=AVERAGE(D5:D11)」と表示されていることを確認します。

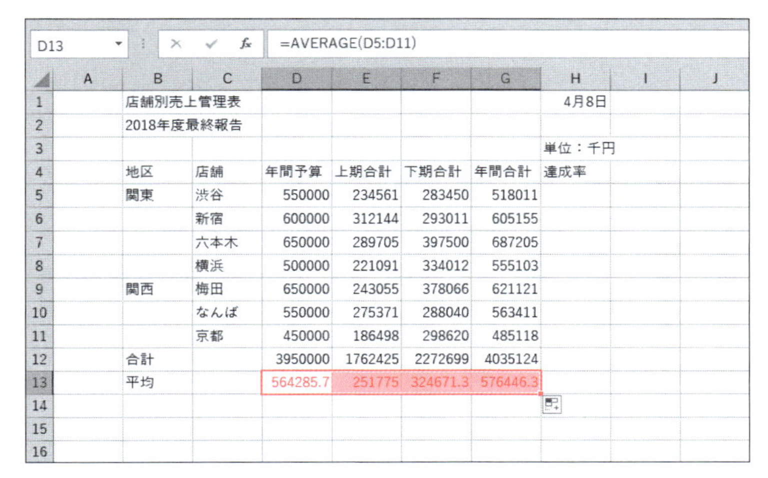

D13 =AVERAGE(D5:D11)

	A	B	C	D	E	F	G	H	I	J
1		店舗別売上管理表						4月8日		
2		2018年度最終報告								
3								単位：千円		
4		地区	店舗	年間予算	上期合計	下期合計	年間合計	達成率		
5		関東	渋谷	550000	234561	283450	518011			
6			新宿	600000	312144	293011	605155			
7			六本木	650000	289705	397500	687205			
8			横浜	500000	221091	334012	555103			
9		関西	梅田	650000	243055	378066	621121			
10			なんば	550000	275371	288040	563411			
11			京都	450000	186498	298620	485118			
12		合計		3950000	1762425	2272699	4035124			
13		平均		564285.7	251775	324671.3	576446.3			
14										
15										
16										

数式を確定します。

⑧ Enter を押します。

平均が表示されます。

数式をコピーします。

⑨セル【D13】を選択し、セル右下の■（フィルハンドル）をセル【G13】までドラッグします。

※数式をコピーすると、コピー先に応じて数式のセル参照は自動的に調整されます。

POINT 引数の自動認識

Σ（合計）を使ってSUM関数やAVERAGE関数を入力すると、セルの上または左の数値が引数として自動的に認識されます。

※データによっては、自動的に認識されない場合があります。

STEP UP 小計の合計

	A	B	C	D	E	F	G	H
4		地区	店舗	年間予算	上期合計	下期合計	年間合計	
5		関東	渋谷	550,000	234,561	283,450	518,011	
6			新宿	600,000	312,144	293,011	605,155	
7			六本木	650,000	289,705	397,500	687,205	
8			横浜	500,000	221,091	334,012	555,103	
9		関東計		2,300,000	1,057,501	1,307,973	2,365,474	
10		関西	梅田	650,000	243,055	378,066	621,121	
11			なんば	550,000	275,371	288,040	563,411	
12			神戸	400,000	260,842	140,441	401,283	
13			京都	450,000	186,498	298,620	485,118	
14		関西計		2,050,000	965,766	1,105,167	2,070,933	
15		全店舗合計		=SUM(D14,D9)				
16				SUM(数値1, [数値2], [数値3], ...)				
17								
18								

各項目の小計がSUM関数で入力されている場合、総計欄で Σ（合計）をクリックすると、小計が入力されているセルが引数として自動的に認識されます。

Step3 罫線や塗りつぶしを設定する

1 罫線を引く

セルに罫線を設定できます。罫線を使うと、セルとセルに区切りをつけたり、データのないセルに斜線を引いたりできます。
罫線には、実線・点線・破線・太線・二重線など、様々なスタイルがあり、**《ホーム》**タブの（下罫線）には、よく使う罫線のパターンがあらかじめ用意されています。
罫線を引いて、表の見栄えを整えましょう。

1 格子線を引く

表全体に格子の罫線を引きましょう。

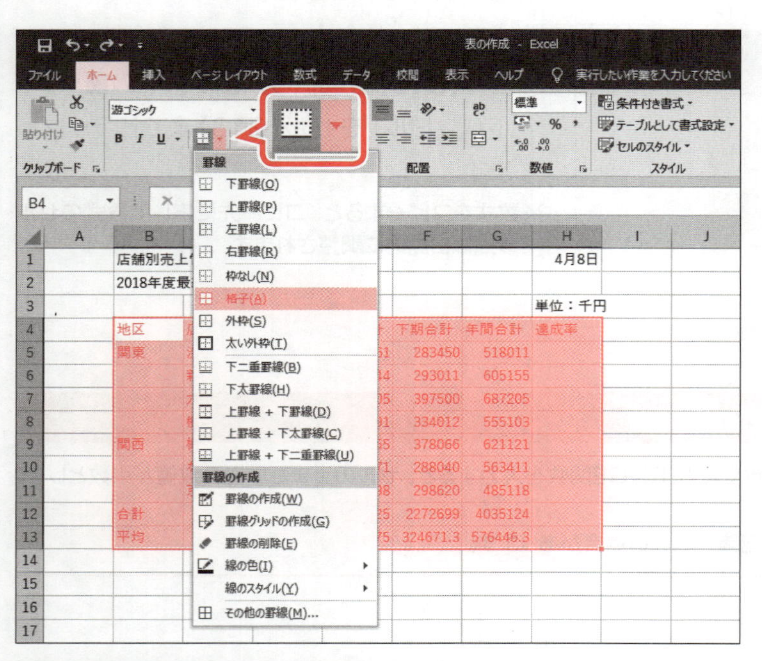

①セル範囲**【B4:H13】**を選択します。
②**《ホーム》**タブを選択します。
③**《フォント》**グループの（下罫線）のをクリックします。
④**《格子》**をクリックします。

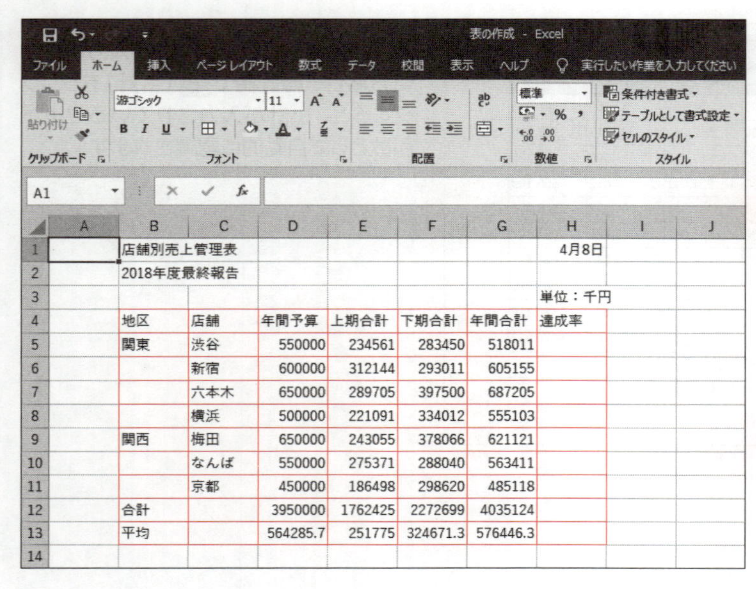

	A	B	C	D	E	F	G	H
1		店舗別売上管理表						4月8日
2		2018年度最終報告						
3								単位：千円
4		地区	店舗	年間予算	上期合計	下期合計	年間合計	達成率
5		関東	渋谷	550000	234561	283450	518011	
6			新宿	600000	312144	293011	605155	
7			六本木	650000	289705	397500	687205	
8			横浜	500000	221091	334012	555103	
9		関西	梅田	650000	243055	378066	621121	
10			なんば	550000	275371	288040	563411	
11			京都	450000	186498	298620	485118	
12		合計		3950000	1762425	2272699	4035124	
13		平均		564285.7	251775	324671.3	576446.3	

格子の罫線が引かれます。
※ボタンが直前に選択した（格子）に変わります。
※セル範囲の選択を解除して、罫線を確認しておきましょう。

STEP UP その他の方法（罫線）

◆セル範囲を右クリック→ミニツールバーの（下罫線）
※ミニツールバーは、右クリックしたときに右上に表示される書式設定のボタンが用意されたツールバーです。

POINT 罫線の解除

罫線を解除するには、（格子）のをクリックし、一覧から《枠なし》を選択します。

2 太線を引く

表の4行目と5行目、11行目と12行目の間にそれぞれ太線を引きましょう。

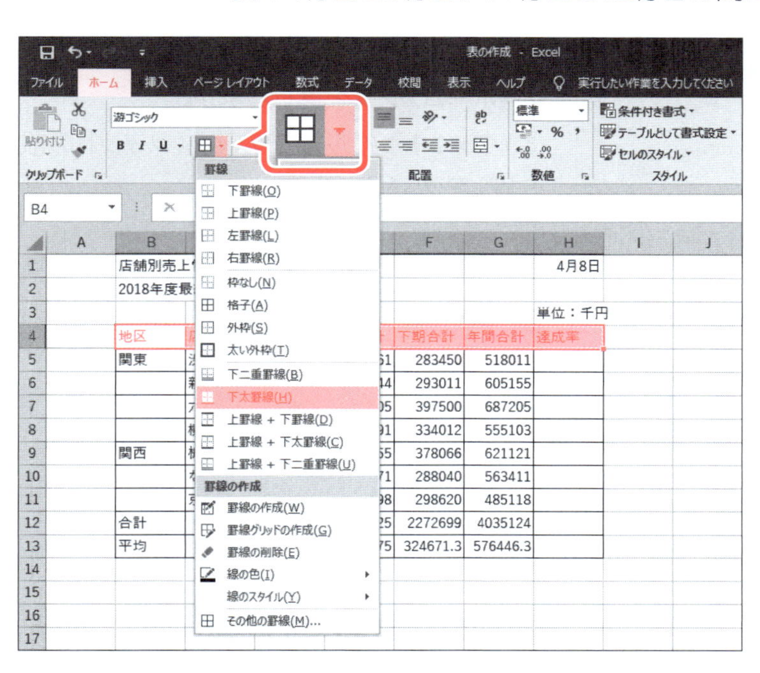

①セル範囲【B4:H4】を選択します。

②《ホーム》タブを選択します。

③《フォント》グループの田▾（格子）の▾をクリックします。

④《下太罫線》をクリックします。

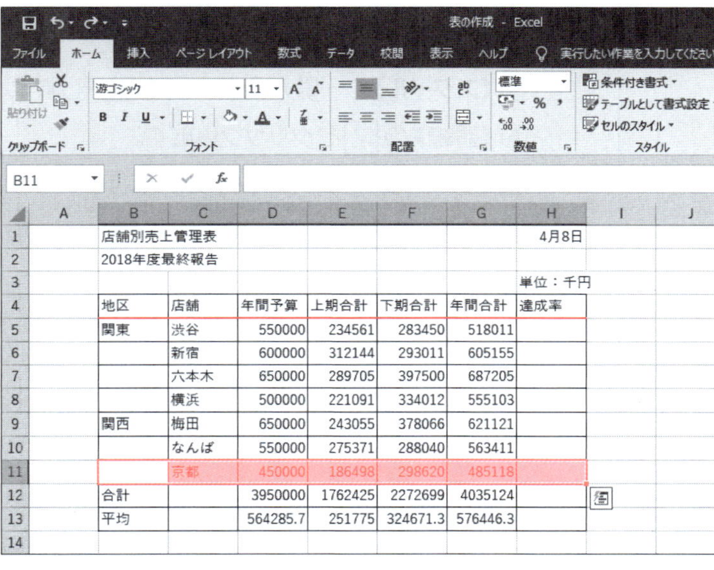

太線が引かれます。

⑤セル範囲【B11:H11】を選択します。

⑥F4を押します。

POINT 繰り返し

F4を押すと、直前に実行したコマンドを繰り返すことができます。
ただし、F4を押してもコマンドが繰り返し実行できない場合もあります。

地区	店舗	年間予算	上期合計	下期合計	年間合計	達成率
関東	渋谷	550000	234561	283450	518011	
	新宿	600000	312144	293011	605155	
	六本木	650000	289705	397500	687205	
	横浜	500000	221091	334012	555103	
関西	梅田	650000	243055	378066	621121	
	なんば	550000	275371	288040	563411	
	京都	450000	186498	298620	485118	
合計		3950000	1762425	2272699	4035124	
平均		564285.7	251775	324671.3	576446.3	

直前のコマンドが繰り返され、太線が引かれます。

※セル範囲の選択を解除して、罫線を確認しておきましょう。

3 斜線を引く

セル【H13】に斜線を引きましょう。

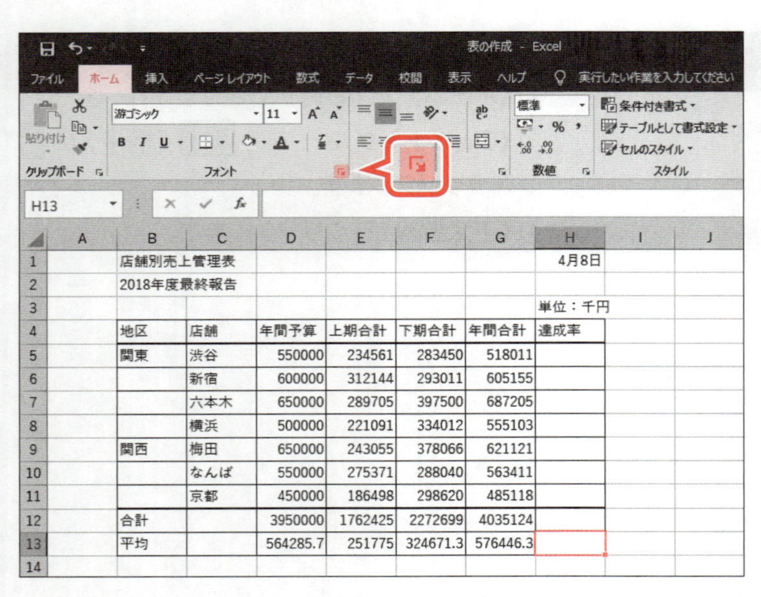

①セル【H13】をクリックします。
②《ホーム》タブを選択します。
③《フォント》グループの（フォントの設定）をクリックします。

《セルの書式設定》ダイアログボックスが表示されます。
④《罫線》タブを選択します。
⑤《スタイル》の一覧から《――》を選択します。
⑥《罫線》のをクリックします。
《罫線》にプレビューが表示されます。
⑦《OK》をクリックします。

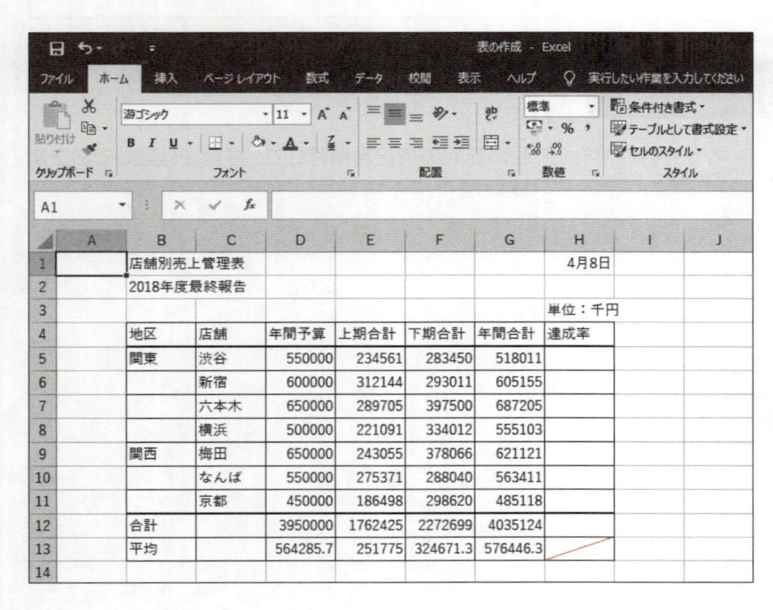

斜線が引かれます。
※セルの選択を解除して、罫線を確認しておきましょう。

STEP UP その他の方法（セルの書式設定）

◆セル範囲を右クリック→《セルの書式設定》
◆セル範囲を選択→Ctrl+1

2 セルの塗りつぶし

セルの背景を任意の色で塗りつぶすことができます。セルに色を塗ると、表の見栄えを整えることができます。
4行目の表の項目名を「**青、アクセント1、白+基本色60%**」で塗りつぶしましょう。

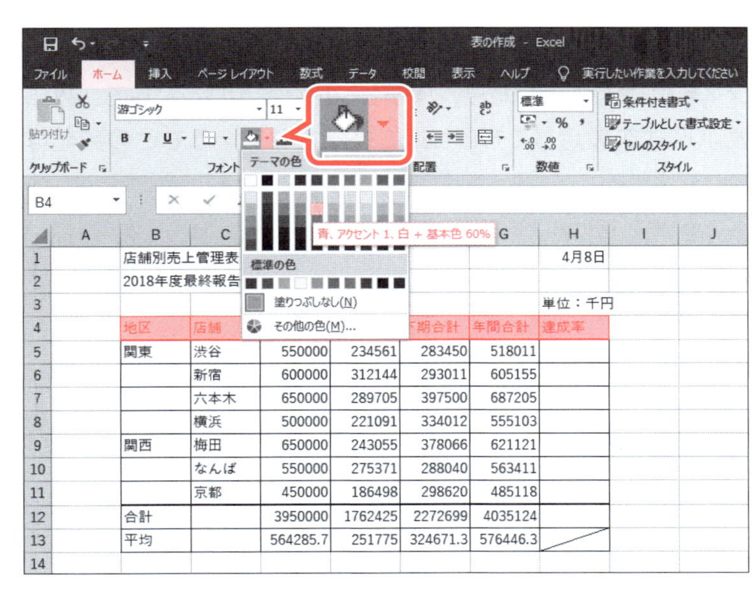

	A	B	C	D	E	F	G	H
1		店舗別売上管理表						4月8日
2		2018年度最終報告						
3								単位：千円
4		地区	店舗			下期合計	年間合計	達成率
5		関東	渋谷	550000	234561	283450	518011	
6			新宿	600000	312144	293011	605155	
7			六本木	650000	289705	397500	687205	
8			横浜	500000	221091	334012	555103	
9		関西	梅田	650000	243055	378066	621121	
10			なんば	550000	275371	288040	563411	
11			京都	450000	186498	298620	485118	
12		合計		3950000	1762425	2272699	4035124	
13		平均		564285.7	251775	324671.3	576446.3	
14								

①セル範囲【**B4：H4**】を選択します。
②《**ホーム**》タブを選択します。
③《**フォント**》グループの（塗りつぶしの色）のをクリックします。
④《**テーマの色**》の《**青、アクセント1、白+基本色60%**》をクリックします。
※一覧の色をポイントすると、適用結果を確認できます。

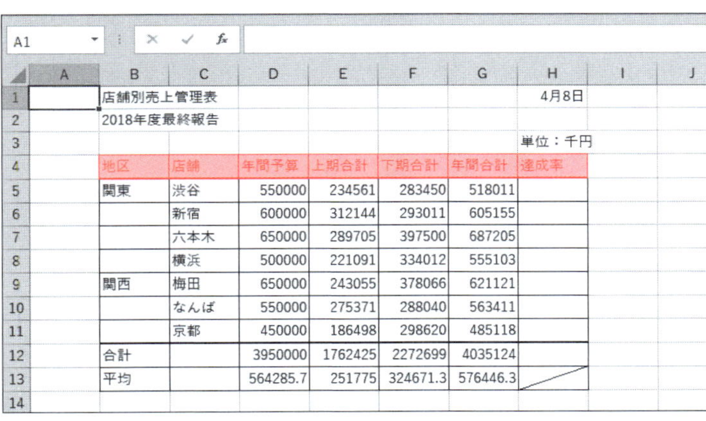

	A	B	C	D	E	F	G	H
1		店舗別売上管理表						4月8日
2		2018年度最終報告						
3								単位：千円
4		地区	店舗	年間予算	上期合計	下期合計	年間合計	達成率
5		関東	渋谷	550000	234561	283450	518011	
6			新宿	600000	312144	293011	605155	
7			六本木	650000	289705	397500	687205	
8			横浜	500000	221091	334012	555103	
9		関西	梅田	650000	243055	378066	621121	
10			なんば	550000	275371	288040	563411	
11			京都	450000	186498	298620	485118	
12		合計		3950000	1762425	2272699	4035124	
13		平均		564285.7	251775	324671.3	576446.3	
14								

セルが選択した色で塗りつぶされます。
※ボタンが直前に選択した色に変わります。
※セル範囲の選択を解除し、塗りつぶしの色を確認しておきましょう。

STEP UP その他の方法（セルの塗りつぶし）

◆セル範囲を右クリック→ミニツールバーの（塗りつぶしの色）

POINT リアルタイムプレビュー

「リアルタイムプレビュー」とは、一覧の選択肢をポイントすると、設定後の結果を確認できる機能です。設定前に結果を確認できるため、繰り返し設定しなおす手間を省くことができます。

POINT セルの塗りつぶしの解除

セルの塗りつぶしを解除するには、（塗りつぶしの色）のをクリックし、一覧から《塗りつぶしなし》を選択します。

Step4 表示形式を設定する

1 表示形式

セルに「**表示形式**」を設定すると、データの見た目を変更できます。
例えば、数値に3桁区切りカンマを付けて表示したり、パーセントで表示したりして、数値を読み取りやすくできます。表示形式を設定しても、セルに格納されているもとの数値は変更されません。

2 3桁区切りカンマの表示

表の数値に3桁区切りカンマを付けて、数値を読み取りやすくしましょう。

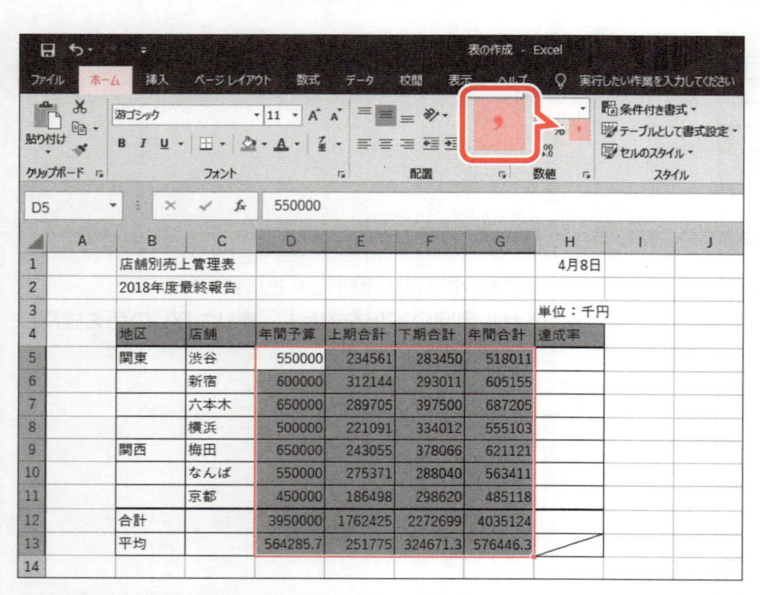

①セル範囲【**D5:G13**】を選択します。
②《**ホーム**》タブを選択します。
③《**数値**》グループの ， （桁区切りスタイル）をクリックします。

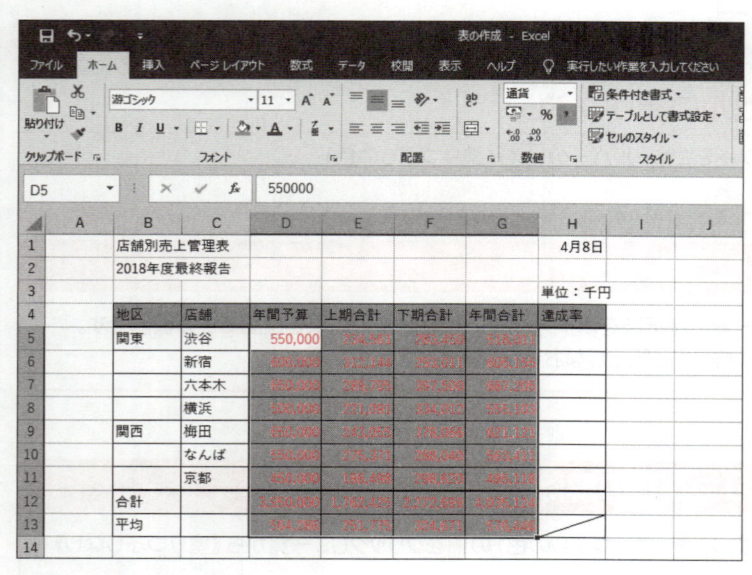

3桁区切りカンマが付きます。
※「平均」の小数点以下は四捨五入され、整数で表示されます。

STEP UP その他の方法（3桁区切りカンマの表示）

◆セル範囲を右クリック→ミニツールバーの ， （桁区切りスタイル）

POINT 通貨の表示

（通貨表示形式）を使うと、「¥3,000」のように通貨記号と3桁区切りカンマが付いた日本の通貨の表示形式に設定できます。
（通貨表示形式）の をクリックすると、一覧に外国の通貨が表示されます。ドル（$）やユーロ（€）などの通貨の表示形式を設定できます。

3 パーセントの表示

セル範囲【H5：H12】に**「達成率」**を求め、**「%（パーセント）」**で表示しましょう。
「達成率」は、**「年間合計÷年間予算」**で求めます。

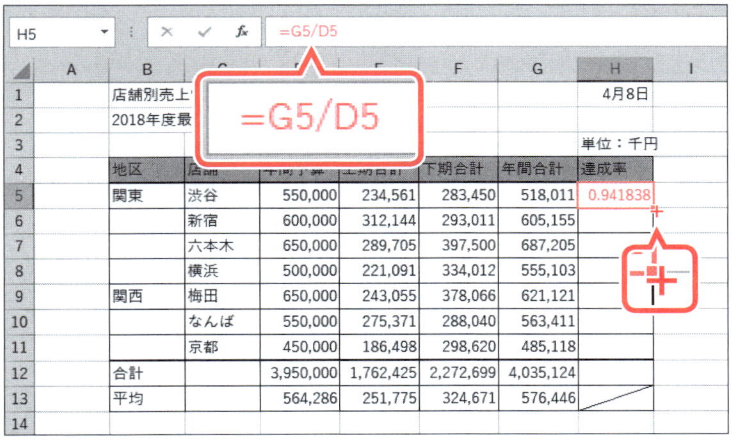

H5 =G5/D5

=G5/D5

	A	B	C	D	E	F	G	H	I
1		店舗別売上						4月8日	
2		2018年度最							
3								単位：千円	
4		地区	店舗			下期合計	年間合計	達成率	
5		関東	渋谷	550,000	234,561	283,450	518,011	0.941838	
6			新宿	600,000	312,144	293,011	605,155		
7			六本木	650,000	289,705	397,500	687,205		
8			横浜	500,000	221,091	334,012	555,103		
9		関西	梅田	650,000	243,055	378,066	621,121		
10			なんば	550,000	275,371	288,040	563,411		
11			京都	450,000	186,498	298,620	485,118		
12		合計		3,950,000	1,762,425	2,272,699	4,035,124		
13		平均		564,286	251,775	324,671	576,446		
14									

達成率を求めます。
①セル**【H5】**をクリックします。
②**「=」**を入力します。
③セル**【G5】**をクリックします。
④**「/」**を入力します。
⑤セル**【D5】**をクリックします。
⑥数式バーに**「=G5/D5」**と表示されていることを確認します。
⑦ Enter を押します。
達成率が表示されます。
数式だけをコピーします。
⑧セル**【H5】**を選択し、セル右下の■（フィルハンドル）をダブルクリックします。

H5 =G5/D5

	A	B	C	D	E	F	G	H	I
1		店舗別売上管理表						4月8日	
2		2018年度最終報告							
3								単位：千円	
4		地区	店舗	年間予算	上期合計	下期合計	年間合計	達成率	
5		関東	渋谷	550,000	234,561	283,450	518,011	0.941838	
6			新宿	600,000	312,144	293,011	605,155	[illegible]	
7			六本木	650,000	289,705	397,500	687,205	[illegible]	
8			横浜	500,000	221,091	334,012	555,103	[illegible]	
9		関西	梅田	650,000	243,055	378,066	621,121	[illegible]	
10			なんば	550,000	275,371	288,040	563,411	[illegible]	
11			京都	450,000	186,498	298,620	485,118	[illegible]	
12		合計		3,950,000	1,762,425	2,272,699	4,035,124	[illegible]	
13		平均		564,286	251,775	324,671	576,446		

○ セルのコピー(C)
○ 書式のみコピー (フィル)(F)
○ 書式なしコピー (フィル)(O)
○ フラッシュ フィル(F)

⑨ （オートフィルオプション）をクリックします。
⑩**《書式なしコピー（フィル）》**をクリックします。

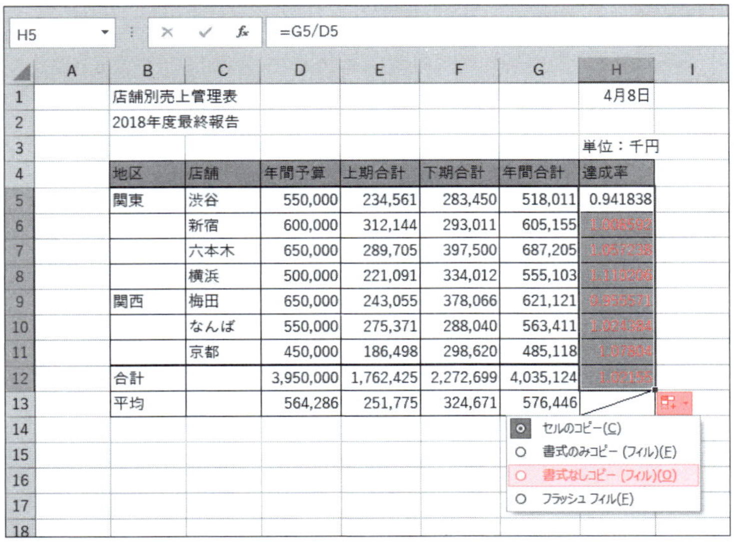

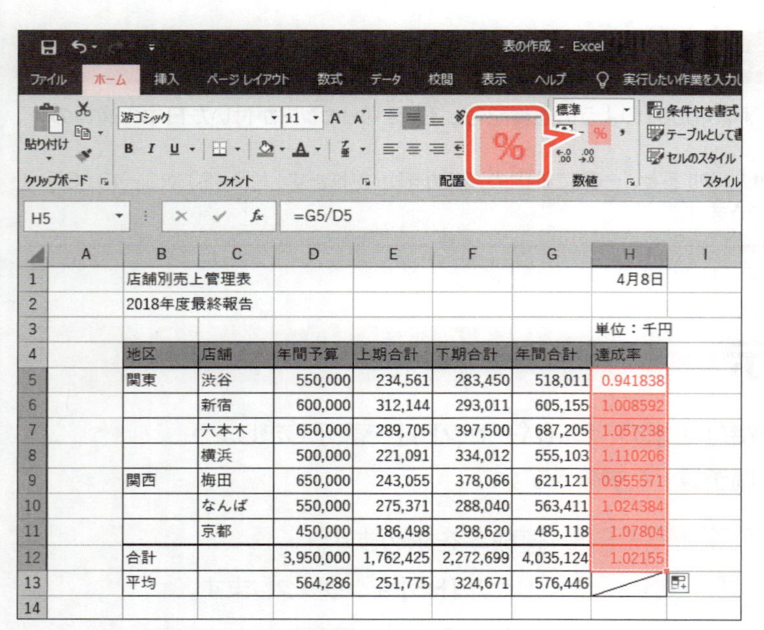

	A	B	C	D	E	F	G	H
1		店舗別売上管理表						4月8日
2		2018年度最終報告						
3								単位：千円
4		地区	店舗	年間予算	上期合計	下期合計	年間合計	達成率
5		関東	渋谷	550,000	234,561	283,450	518,011	0.941838
6			新宿	600,000	312,144	293,011	605,155	1.008592
7			六本木	650,000	289,705	397,500	687,205	1.057238
8			横浜	500,000	221,091	334,012	555,103	1.110206
9		関西	梅田	650,000	243,055	378,066	621,121	0.955571
10			なんば	550,000	275,371	288,040	563,411	1.024384
11			京都	450,000	186,498	298,620	485,118	1.07804
12		合計		3,950,000	1,762,425	2,272,699	4,035,124	1.02155
13		平均		564,286	251,775	324,671	576,446	
14								

セル【H11】の下に太線が表示され、数式だけがコピーされます。

パーセントで表示します。

⑪セル範囲【H5:H12】が選択されていることを確認します。

⑫**《ホーム》**タブを選択します。

⑬**《数値》**グループの % (パーセントスタイル)をクリックします。

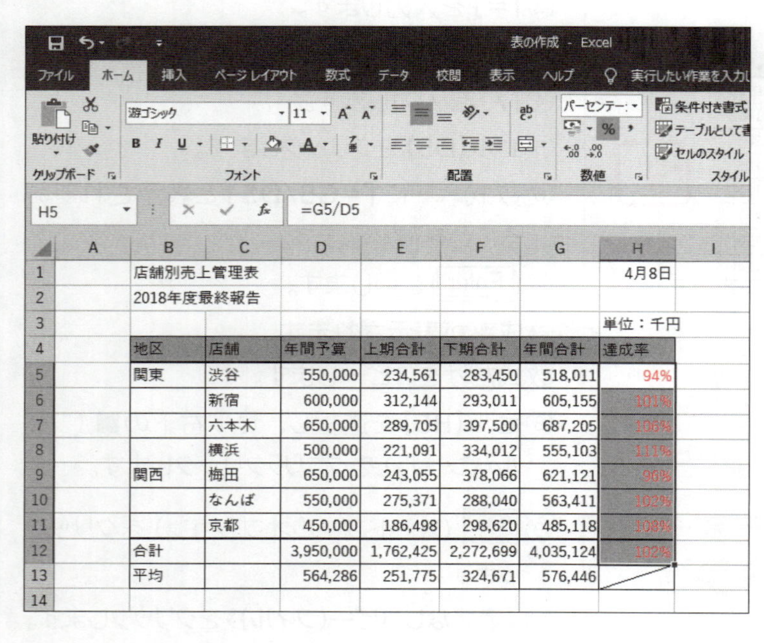

	A	B	C	D	E	F	G	H
1		店舗別売上管理表						4月8日
2		2018年度最終報告						
3								単位：千円
4		地区	店舗	年間予算	上期合計	下期合計	年間合計	達成率
5		関東	渋谷	550,000	234,561	283,450	518,011	94%
6			新宿	600,000	312,144	293,011	605,155	101%
7			六本木	650,000	289,705	397,500	687,205	106%
8			横浜	500,000	221,091	334,012	555,103	111%
9		関西	梅田	650,000	243,055	378,066	621,121	96%
10			なんば	550,000	275,371	288,040	563,411	102%
11			京都	450,000	186,498	298,620	485,118	108%
12		合計		3,950,000	1,762,425	2,272,699	4,035,124	102%
13		平均		564,286	251,775	324,671	576,446	
14								

パーセントで表示されます。

※「達成率」の小数点以下は四捨五入され、整数で表示されます。

STEP UP その他の方法(パーセントの表示)

◆セル範囲を選択→《ホーム》タブ→《数値》グループの 標準 (数値の書式)の ▼ →《パーセンテージ》

◆セル範囲を右クリック→ミニツールバーの % (パーセントスタイル)

◆ Ctrl + Shift + %

4 小数点以下の表示

（小数点以下の表示桁数を増やす）や（小数点以下の表示桁数を減らす）を使うと、簡単に小数点以下の桁数の表示を変更できます。

●（小数点以下の表示桁数を増やす）

クリックするたびに、小数点以下が1桁ずつ表示されます。

●（小数点以下の表示桁数を減らす）

クリックするたびに、小数点以下が1桁ずつ非表示になります。

「達成率」の小数点以下の表示桁数を変更しましょう。

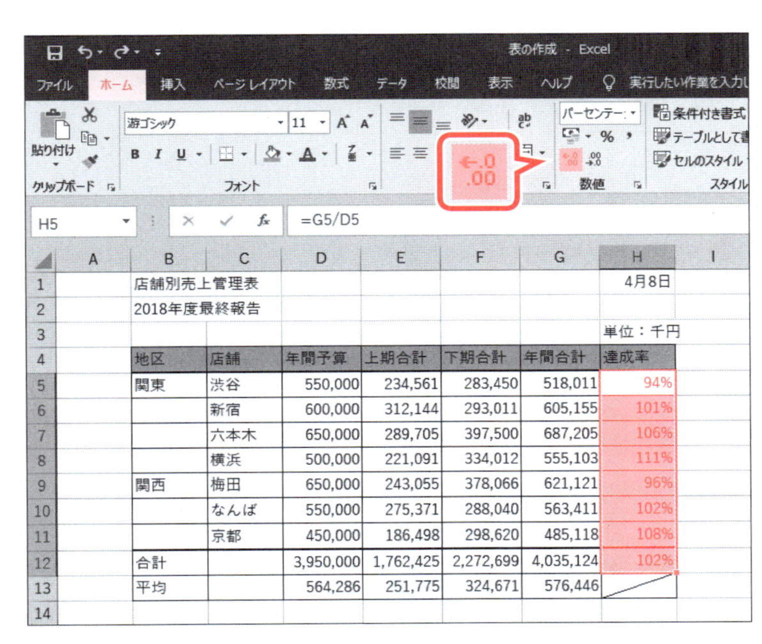

①セル範囲**【H5:H12】**を選択します。

②**《ホーム》**タブを選択します。

③**《数値》**グループの（小数点以下の表示桁数を増やす）を2回クリックします。

※クリックするごとに、小数点以下が1桁ずつ表示されます。

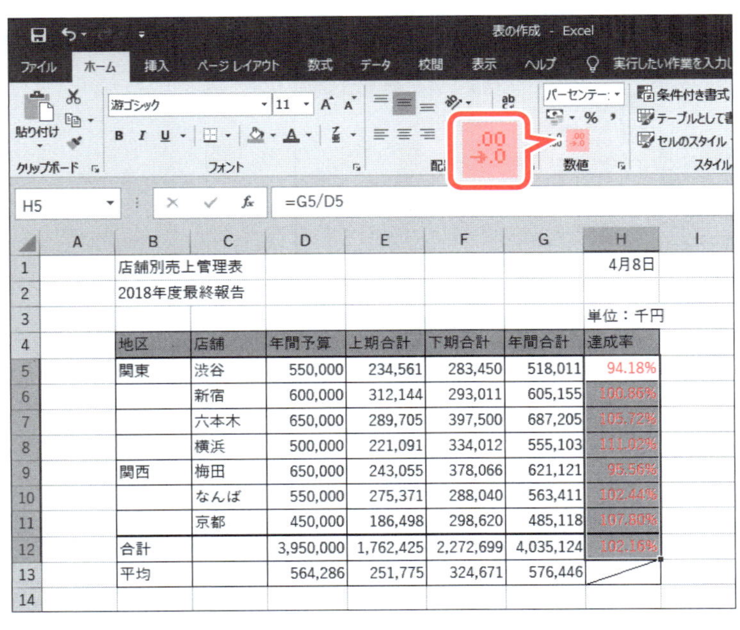

小数第2位までの表示になります。

※小数第3位が自動的に四捨五入されます。

④**《数値》**グループの（小数点以下の表示桁数を減らす）をクリックします。

※クリックするごとに、小数点以下が1桁ずつ非表示になります。

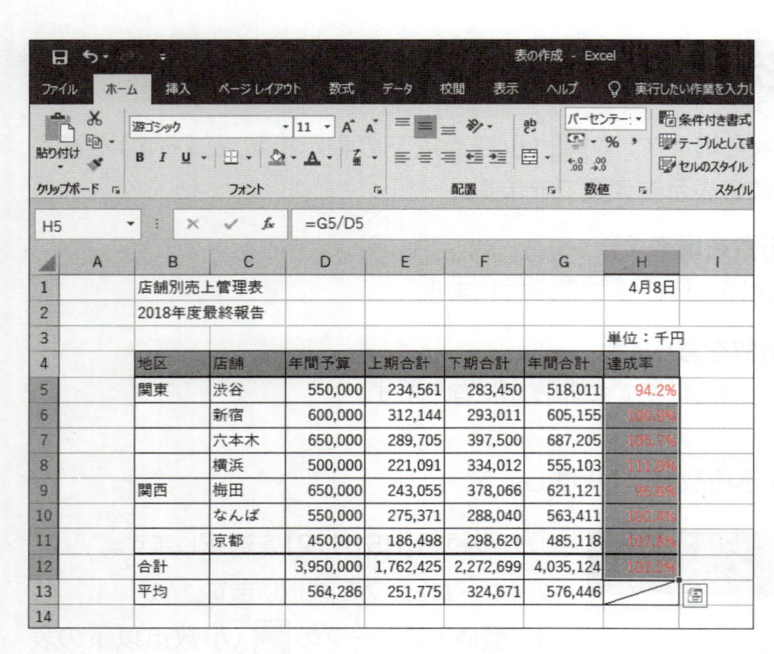

小数第1位までの表示になります。

※小数第2位が自動的に四捨五入されます。

STEP UP その他の方法（小数点以下の表示）

◆セル範囲を右クリック→ミニツールバーの［.00→.0］（小数点以下の表示桁数を増やす）／［.00→.0］（小数点以下の表示桁数を減らす）

POINT 表示形式の解除

3桁区切りカンマ、パーセント、小数点以下の表示などの表示形式を解除する方法は、次のとおりです。

◆《ホーム》タブ→《数値》グループの［パーセンテージ］（数値の書式）の［▼］→一覧から《標準》を選択

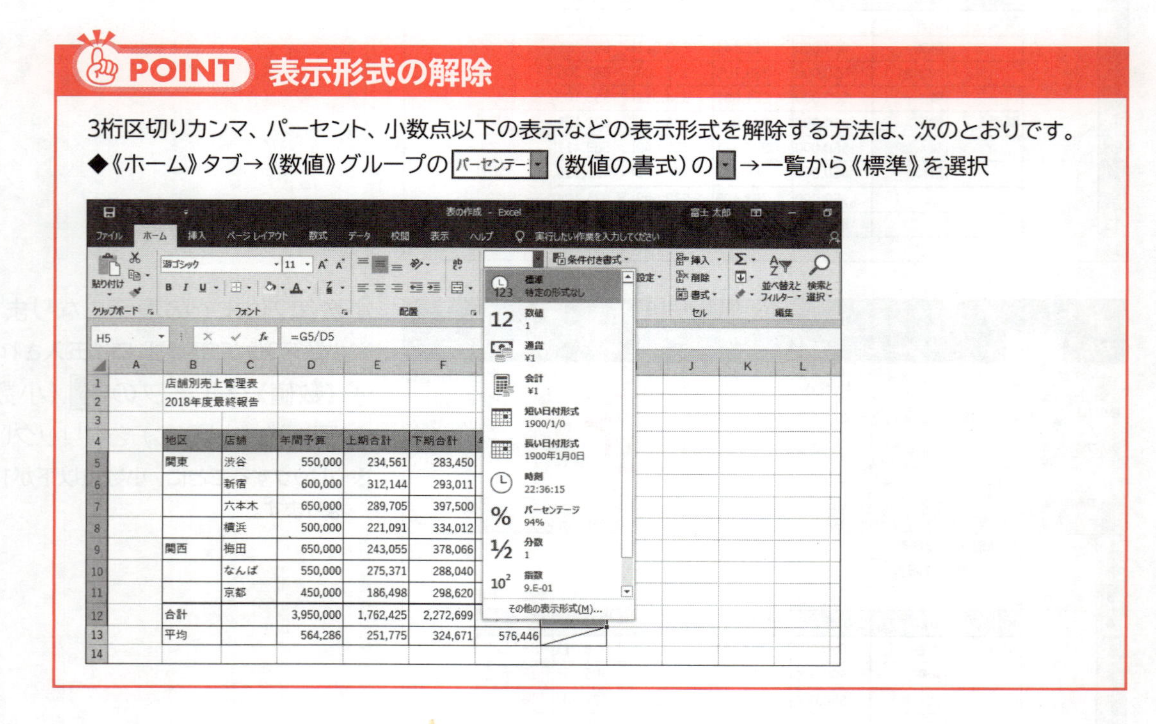

5 日付の表示

セル【H1】の「4月8日」の表示形式を「2019/4/8」に変更しましょう。

	A	B	C	D	E	F	G	H	I	J
1		店舗別売上管理表						4月8日		
2		2018年度最終報告								
3								単位：千円		
4		地区	店舗	年間予算	上期合計	下期合計	年間合計	達成率		
5		関東	渋谷	550,000	234,561	283,450	518,011	94.2%		
6			新宿	600,000	312,144	293,011	605,155	100.9%		
7			六本木	650,000	289,705	397,500	687,205	105.7%		

①セル【H1】をクリックします。

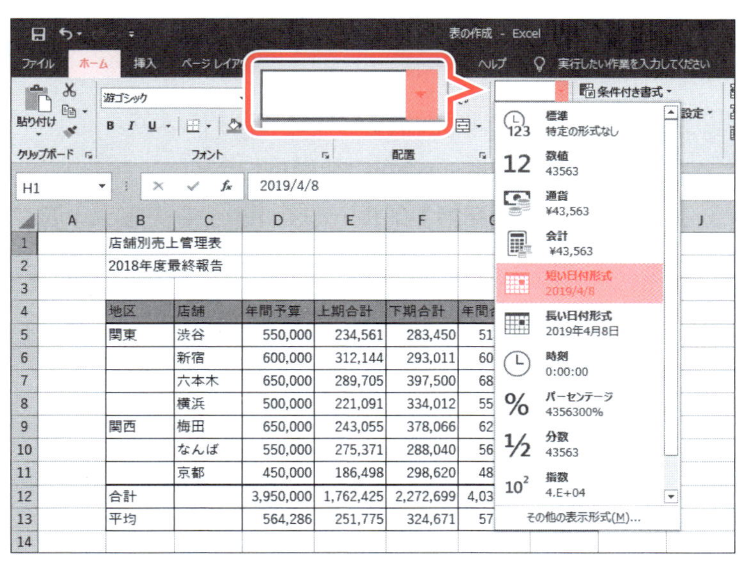

②《ホーム》タブを選択します。

③《数値》グループの ユーザー定義 （数値の書式）の をクリックし、一覧から**《短い日付形式》**を選択します。

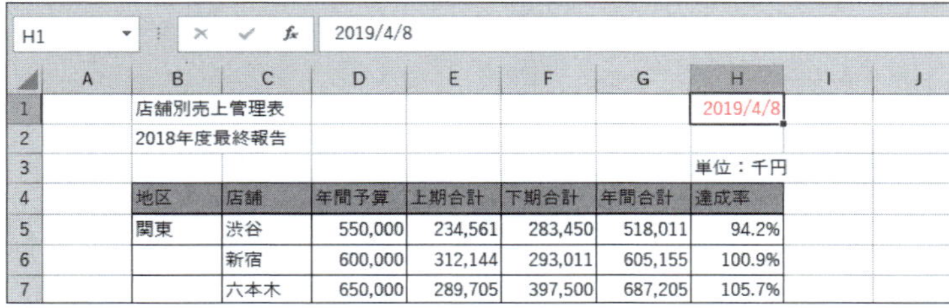

日付の表示形式が変更されます。

STEP UP 表示形式の詳細設定

表示形式の詳細を設定するには、《ホーム》タブ→《数値》グループの （表示形式）をクリックします。
《セルの書式設定》ダイアログボックスの《表示形式》タブが表示され、詳細を設定できます。
また、《カレンダーの種類》を《和暦》にすると、和暦の表示形式を設定できます。

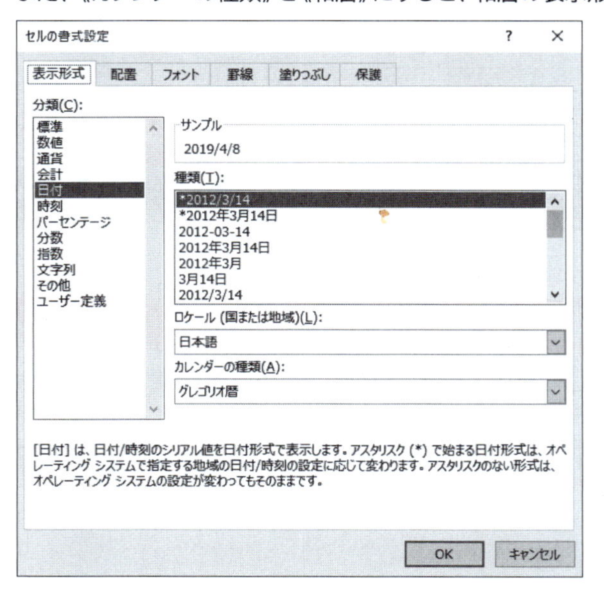

Step5 配置を設定する

1 中央揃えの設定

データを入力すると、文字列はセル内で左揃え、数値はセル内で右揃えの状態で表示されます。（左揃え）や（中央揃え）、（右揃え）を使うと、データの配置を変更できます。
4行目の表の項目名をセル内で中央揃えにしましょう。

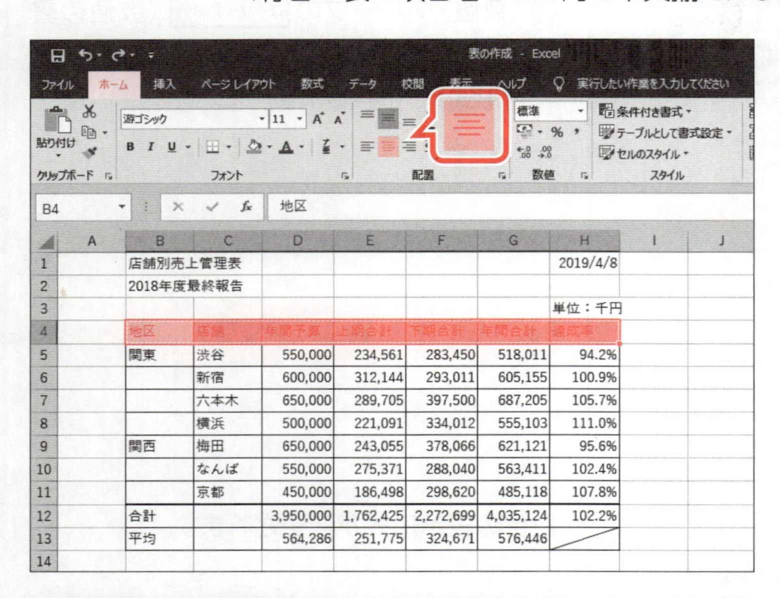

①セル範囲【B4:H4】を選択します。
②《**ホーム**》タブを選択します。
③《**配置**》グループの（中央揃え）をクリックします。

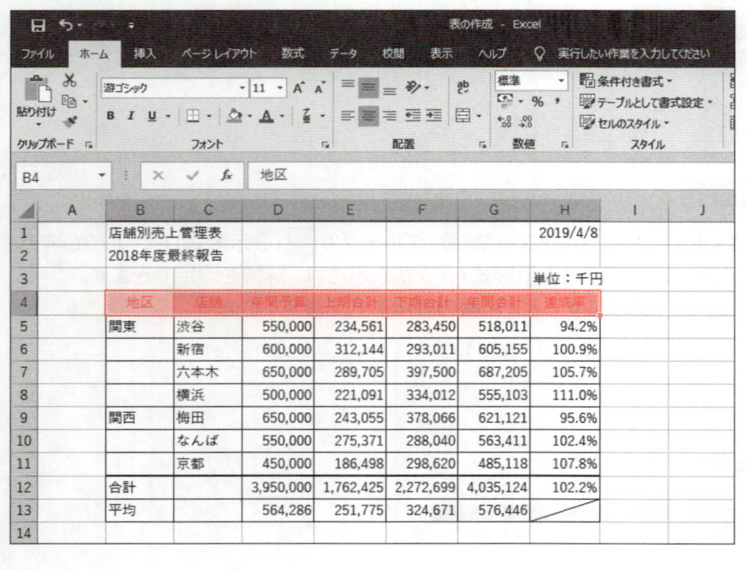

項目名がセル内で中央揃えになります。
※ボタンが濃い灰色になります。

STEP UP その他の方法（中央揃えの設定）

◆セル範囲を右クリック→ミニツールバーの（中央揃え）

POINT 垂直方向の配置

データの垂直方向の配置を設定するには、（上揃え）や（上下中央揃え）、（下揃え）を使います。
行の高さを大きくした場合やセルを結合して縦方向に拡張したときに使います。

2 セルを結合して中央揃えの設定

複数のセルを結合して、ひとつのセルにできます。
セル範囲【B5:B8】とセル範囲【B9:B11】をそれぞれ結合し、文字列を結合したセルの中央に配置しましょう。

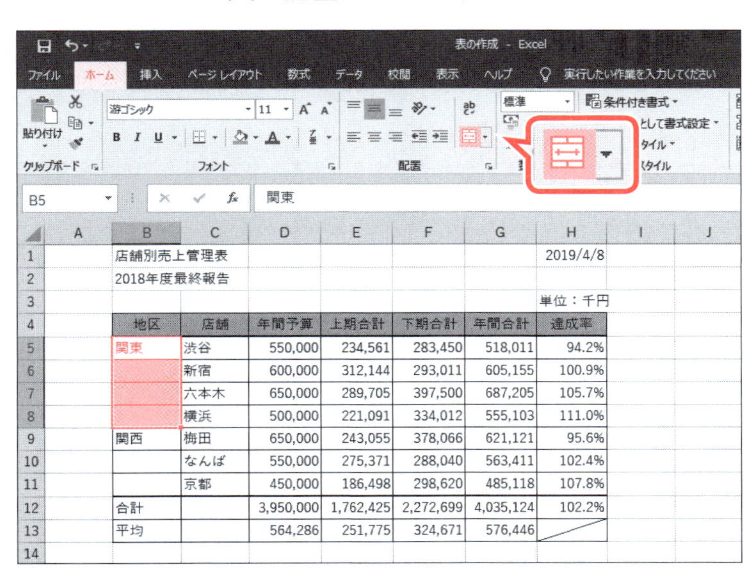

店舗別売上管理表　2019/4/8
2018年度最終報告
単位：千円

地区	店舗	年間予算	上期合計	下期合計	年間合計	達成率
関東	渋谷	550,000	234,561	283,450	518,011	94.2%
	新宿	600,000	312,144	293,011	605,155	100.9%
	六本木	650,000	289,705	397,500	687,205	105.7%
	横浜	500,000	221,091	334,012	555,103	111.0%
関西	梅田	650,000	243,055	378,066	621,121	95.6%
	なんば	550,000	275,371	288,040	563,411	102.4%
	京都	450,000	186,498	298,620	485,118	107.8%
合計		3,950,000	1,762,425	2,272,699	4,035,124	102.2%
平均		564,286	251,775	324,671	576,446	

①セル範囲【B5:B8】を選択します。

②《ホーム》タブを選択します。

③《配置》グループの（セルを結合して中央揃え）をクリックします。

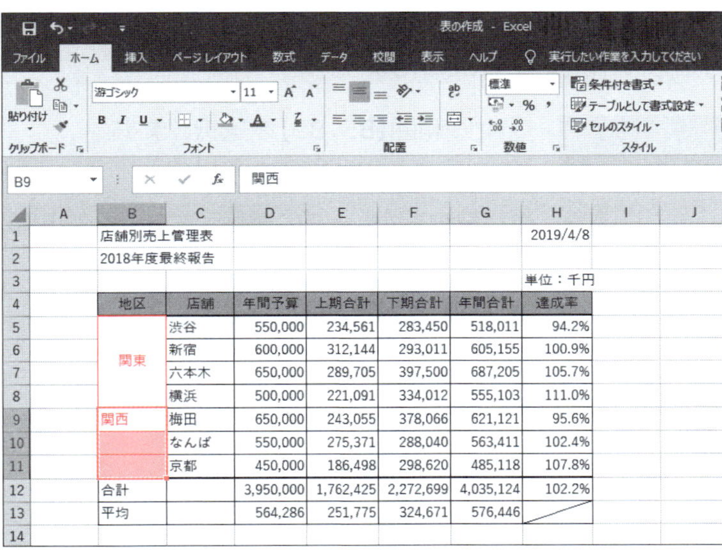

店舗別売上管理表　2019/4/8
2018年度最終報告
単位：千円

地区	店舗	年間予算	上期合計	下期合計	年間合計	達成率
関東	渋谷	550,000	234,561	283,450	518,011	94.2%
	新宿	600,000	312,144	293,011	605,155	100.9%
	六本木	650,000	289,705	397,500	687,205	105.7%
	横浜	500,000	221,091	334,012	555,103	111.0%
関西	梅田	650,000	243,055	378,066	621,121	95.6%
	なんば	550,000	275,371	288,040	563,411	102.4%
	京都	450,000	186,498	298,620	485,118	107.8%
合計		3,950,000	1,762,425	2,272,699	4,035,124	102.2%
平均		564,286	251,775	324,671	576,446	

セルが結合され、文字列が結合したセルの中央に配置されます。

※（セルを結合して中央揃え）と（中央揃え）の各ボタンが濃い灰色になります。

④セル範囲【B9:B11】を選択します。

⑤【F4】を押します。

店舗別売上管理表　2019/4/8
2018年度最終報告
単位：千円

地区	店舗	年間予算	上期合計	下期合計	年間合計	達成率
関東	渋谷	550,000	234,561	283,450	518,011	94.2%
	新宿	600,000	312,144	293,011	605,155	100.9%
	六本木	650,000	289,705	397,500	687,205	105.7%
	横浜	500,000	221,091	334,012	555,103	111.0%
関西	梅田	650,000	243,055	378,066	621,121	95.6%
	なんば	550,000	275,371	288,040	563,411	102.4%
	京都	450,000	186,498	298,620	485,118	107.8%
合計		3,950,000	1,762,425	2,272,699	4,035,124	102.2%
平均		564,286	251,775	324,671	576,446	

直前のコマンドが繰り返され、セルが結合されます。

STEP UP セルの結合

セルを結合するだけで中央揃えは設定しない場合、（セルを結合して中央揃え）のをクリックし、一覧から《セルの結合》を選択します。

その他の方法（セルを結合して中央揃えの設定）

◆セル範囲を右クリック→ミニツールバーの（セルを結合して中央揃え）

POINT セルの結合の解除

セルの結合を解除するには、[セルを結合して中央揃えボタン]（セルを結合して中央揃え）を再度クリックします。
ボタンが標準の色に戻ります。

Let's Try ためしてみよう

セル範囲【B12:C12】とセル範囲【B13:C13】をそれぞれ結合し、文字列を結合したセルの中央に配置しましょう。

Let's Try Answer

①セル範囲【B12:C12】を選択
②《ホーム》タブを選択
③《配置》グループの[セルを結合して中央揃えボタン]（セルを結合して中央揃え）をクリック
④セル範囲【B13:C13】を選択
⑤【F4】を押す

3 文字列の方向の設定

《配置》グループの[方向ボタン]（方向）を使うと、セル内の文字列を回転させたり、縦書きにしたりできます。
セル【B5】とセル【B9】の文字列をそれぞれ縦書きにしましょう。

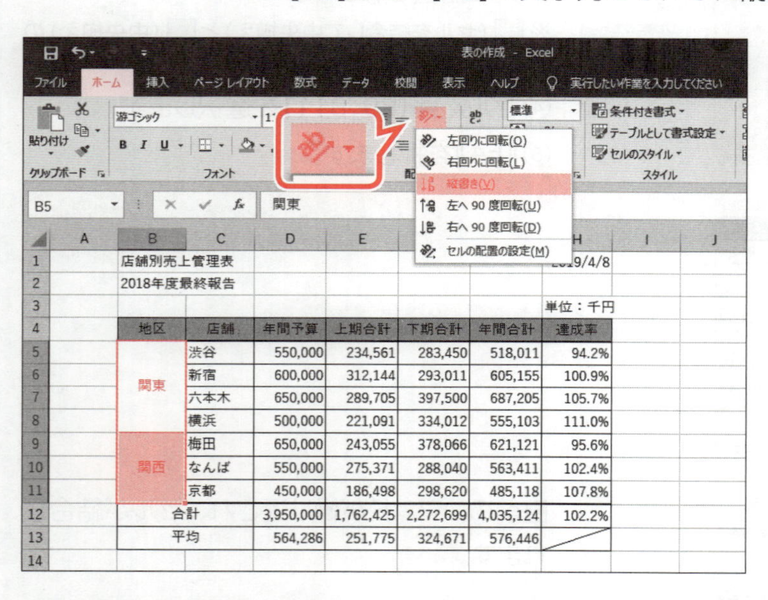

①セル範囲【B5:B9】を選択します。
②《ホーム》タブを選択します。
③《配置》グループの[方向ボタン]（方向）をクリックします。
④《縦書き》をクリックします。

	A	B	C	D	E	F	G	H
1		店舗別売上管理表						2019/4/8
2		2018年度最終報告						
3								単位：千円
4		地区	店舗	年間予算	上期合計	下期合計	年間合計	達成率
5		関東	渋谷	550,000	234,561	283,450	518,011	94.2%
6			新宿	600,000	312,144	293,011	605,155	100.9%
7			六本木	650,000	289,705	397,500	687,205	105.7%
8			横浜	500,000	221,091	334,012	555,103	111.0%
9		関西	梅田	650,000	243,055	378,066	621,121	95.6%
10			なんば	550,000	275,371	288,040	563,411	102.4%
11			京都	450,000	186,498	298,620	485,118	107.8%
12		合計		3,950,000	1,762,425	2,272,699	4,035,124	102.2%
13		平均		564,286	251,775	324,671	576,446	
14								

文字列が縦書きになります。

Step6 フォント書式を設定する

1 フォントの設定

文字の書体のことを**「フォント」**といいます。初期の設定では、入力したデータのフォントは**「游ゴシック」**です。
セル**【B1】**のタイトルのフォントを**「游明朝Demibold」**に変更しましょう。

B1 | 店舗別売上管理表

	A	B	C	D	E	F	G	H	I	J
1		店舗別売上管理表						2019/4/8		
2		2018年度最終報告								
3								単位：千円		
4		地区	店舗	年間予算	上期合計	下期合計	年間合計	達成率		
5			渋谷	550,000	234,561	283,450	518,011	94.2%		
6		関	新宿	600,000	312,144	293,011	605,155	100.9%		
7		東	六本木	650,000	289,705	397,500	687,205	105.7%		
8			横浜	500,000	221,091	334,012	555,103	111.0%		
9		関	梅田	650,000	243,055	378,066	621,121	95.6%		
10		西	なんば	550,000	275,371	288,040	563,411	102.4%		
11			京都	450,000	186,498	298,620	485,118	107.8%		
12		合計		3,950,000	1,762,425	2,272,699	4,035,124	102.2%		
13		平均		564,286	251,775	324,671	576,446			
14										

①セル**【B1】**をクリックします。

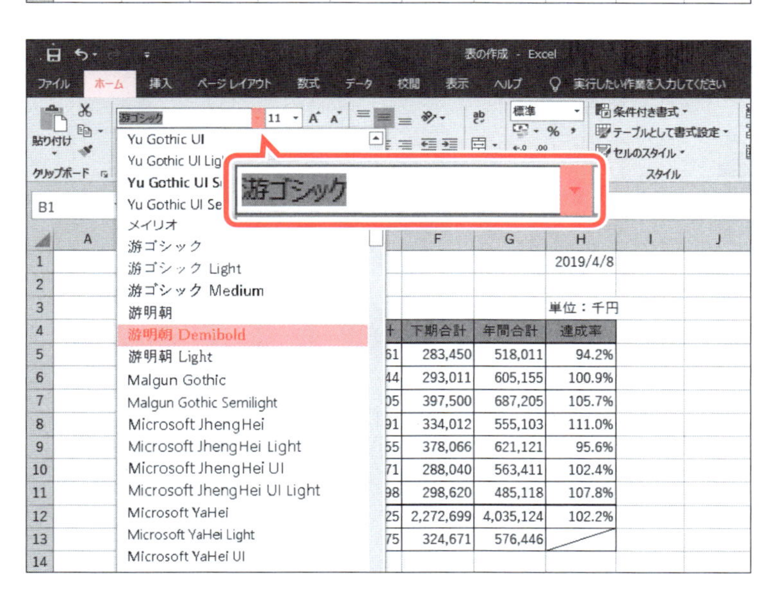

②**《ホーム》**タブを選択します。

③**《フォント》**グループの 游ゴシック （フォント）の ▾ をクリックし、一覧から**《游明朝Demibold》**を選択します。

B1 | 店舗別売上管理表

	A	B	C	D	E	F	G	H	I	J
1		店舗別売上管理表						2019/4/8		
2		2018年度最終報告								
3								単位：千円		
4		地区	店舗	年間予算	上期合計	下期合計	年間合計	達成率		
5			渋谷	550,000	234,561	283,450	518,011	94.2%		
6		関	新宿	600,000	312,144	293,011	605,155	100.9%		
7		東	六本木	650,000	289,705	397,500	687,205	105.7%		
8			横浜	500,000	221,091	334,012	555,103	111.0%		
9		関	梅田	650,000	243,055	378,066	621,121	95.6%		
10		西	なんば	550,000	275,371	288,040	563,411	102.4%		
11			京都	450,000	186,498	298,620	485,118	107.8%		
12		合計		3,950,000	1,762,425	2,272,699	4,035,124	102.2%		
13		平均		564,286	251,775	324,671	576,446			
14										

タイトルのフォントが変更されます。

STEP UP その他の方法（フォントの設定）

◆セルを右クリック→ミニツールバーの 游ゴシック （フォント）

2 フォントサイズの設定

文字の大きさのことを「**フォントサイズ**」といい「**ポイント**」という単位で表します。初期の設定では、入力したデータのフォントサイズは11ポイントです。
セル【**B1**】のタイトルのフォントサイズを16ポイントに変更しましょう。

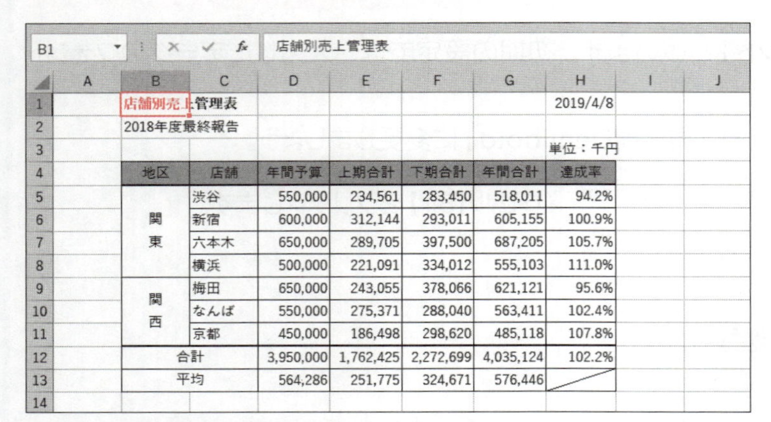

	A	B	C	D	E	F	G	H
1		店舗別売上管理表						2019/4/8
2		2018年度最終報告						
3								単位：千円
4		地区	店舗	年間予算	上期合計	下期合計	年間合計	達成率
5		関東	渋谷	550,000	234,561	283,450	518,011	94.2%
6			新宿	600,000	312,144	293,011	605,155	100.9%
7			六本木	650,000	289,705	397,500	687,205	105.7%
8			横浜	500,000	221,091	334,012	555,103	111.0%
9		関西	梅田	650,000	243,055	378,066	621,121	95.6%
10			なんば	550,000	275,371	288,040	563,411	102.4%
11			京都	450,000	186,498	298,620	485,118	107.8%
12		合計		3,950,000	1,762,425	2,272,699	4,035,124	102.2%
13		平均		564,286	251,775	324,671	576,446	

①セル【**B1**】をクリックします。

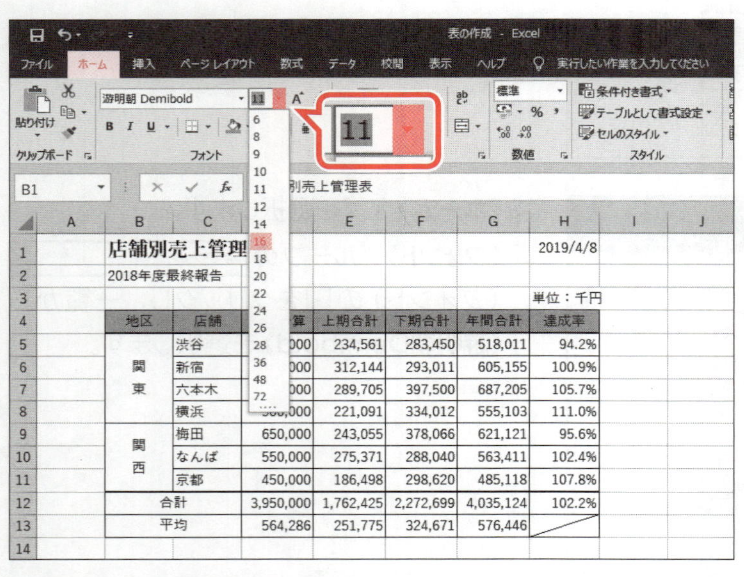

②《**ホーム**》タブを選択します。
③《**フォント**》グループの 11 ▼（フォントサイズ）の ▼ をクリックし、一覧から《**16**》を選択します。

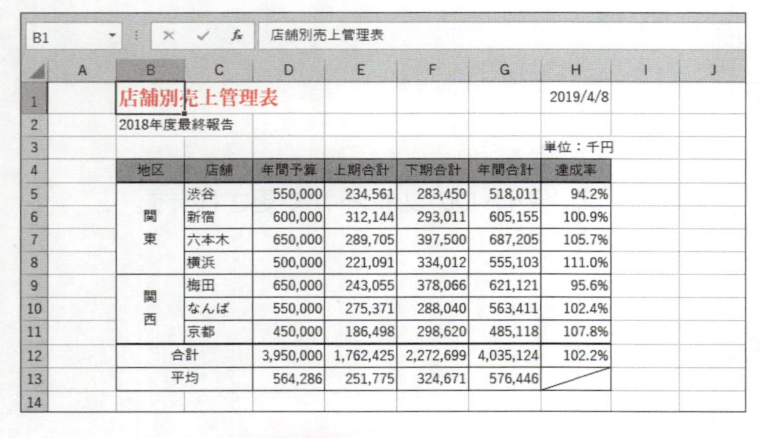

タイトルのフォントサイズが変更されます。

STEP UP その他の方法（フォントサイズの設定）

◆セルを右クリック→ミニツールバーの 11 ▼（フォントサイズ）

STEP UP フォントサイズの直接入力

11 ▼（フォントサイズ）のボックス内に数値を直接入力し、Enter を押して、フォントサイズを設定することもできます。

3 フォントの色の設定

初期の設定では、入力したデータのフォントの色は**「黒、テキスト1」**になります。
セル**【H8】**のフォントの色を**「赤」**に変更しましょう。

店舗別売上管理表　　2019/4/8
2018年度最終報告
単位：千円

地区	店舗	年間予算	上期合計	下期合計	年間合計	達成率
関東	渋谷	550,000	234,561	283,450	518,011	94.2%
	新宿	600,000	312,144	293,011	605,155	100.9%
	六本木	650,000	289,705	397,500	687,205	105.7%
	横浜	500,000	221,091	334,012	555,103	111.0%
関西	梅田	650,000	243,055	378,066	621,121	95.6%
	なんば	550,000	275,371	288,040	563,411	102.4%
	京都	450,000	186,498	298,620	485,118	107.8%
合計		3,950,000	1,762,425	2,272,699	4,035,124	102.2%
平均		564,286	251,775	324,671	576,446	

①セル**【H8】**をクリックします。

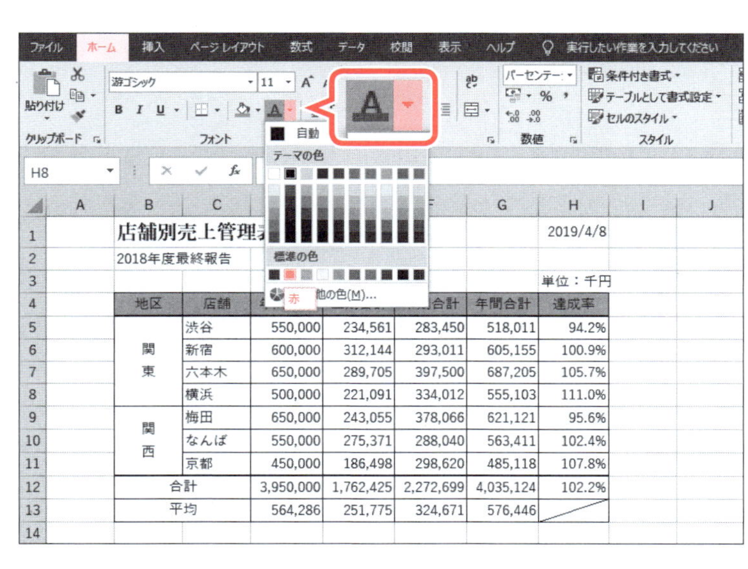

②**《ホーム》**タブを選択します。
③**《フォント》**グループの A▾（フォントの色）の ▾ をクリックします。
④**《標準の色》**の**《赤》**をクリックします。

店舗別売上管理表　　2019/4/8
2018年度最終報告
単位：千円

地区	店舗	年間予算	上期合計	下期合計	年間合計	達成率
関東	渋谷	550,000	234,561	283,450	518,011	94.2%
	新宿	600,000	312,144	293,011	605,155	100.9%
	六本木	650,000	289,705	397,500	687,205	105.7%
	横浜	500,000	221,091	334,012	555,103	111.0%
関西	梅田	650,000	243,055	378,066	621,121	95.6%
	なんば	550,000	275,371	288,040	563,411	102.4%
	京都	450,000	186,498	298,620	485,118	107.8%
合計		3,950,000	1,762,425	2,272,699	4,035,124	102.2%
平均		564,286	251,775	324,671	576,446	

セル**【H8】**のフォントの色が変更されます。

STEP UP その他の方法（フォントの色の設定）

◆セルを右クリック→ミニツールバーの A▾（フォントの色）

Let's Try ためしてみよう

セル【H5】のフォントの色を「緑」に変更しましょう。

①セル【H5】をクリック
②《ホーム》タブを選択
③《フォント》グループの A▾（フォントの色）の ▾ をクリック
④《標準の色》の《緑》（左から6番目）をクリック

4 太字の設定

太字や斜体、下線などで、データを強調できます。
4行目と12行目の表のデータを太字で強調しましょう。

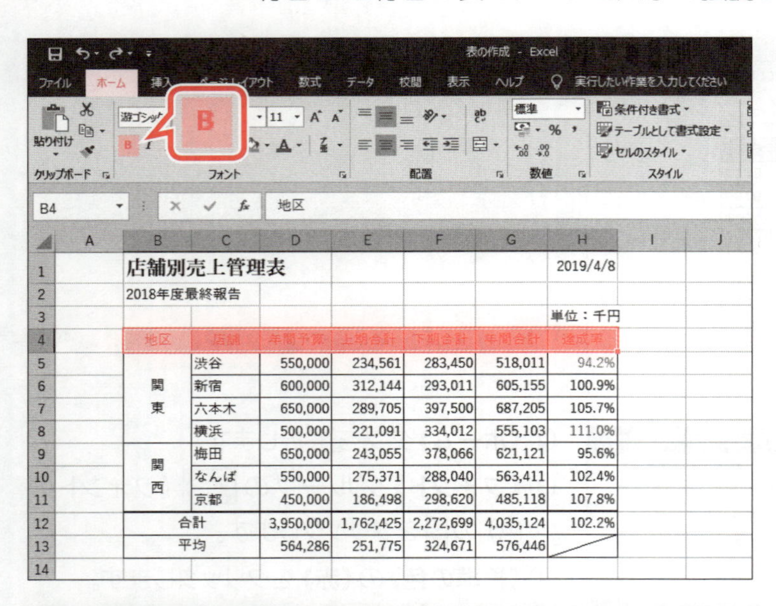

①セル範囲【B4:H4】を選択します。
②《ホーム》タブを選択します。
③《フォント》グループの B (太字)をクリックします。

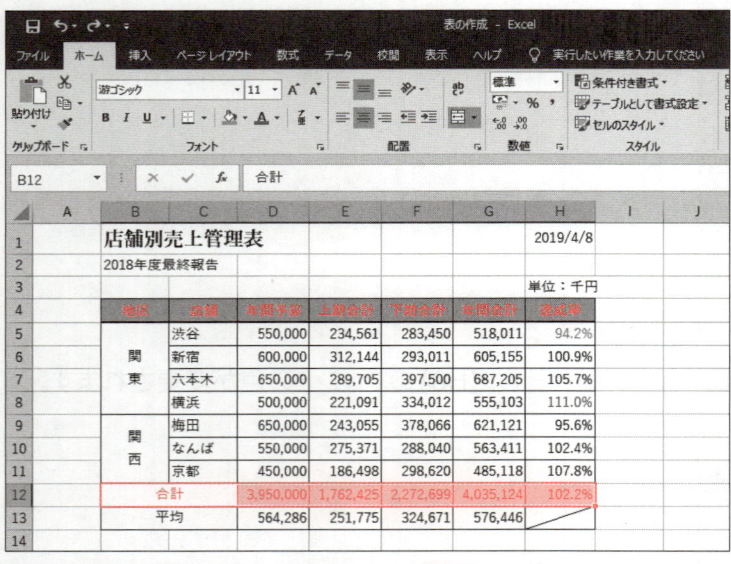

4行目の表のデータが太字になります。
※ボタンが濃い灰色になります。
④セル範囲【B12:H12】を選択します。
⑤ F4 を押します。

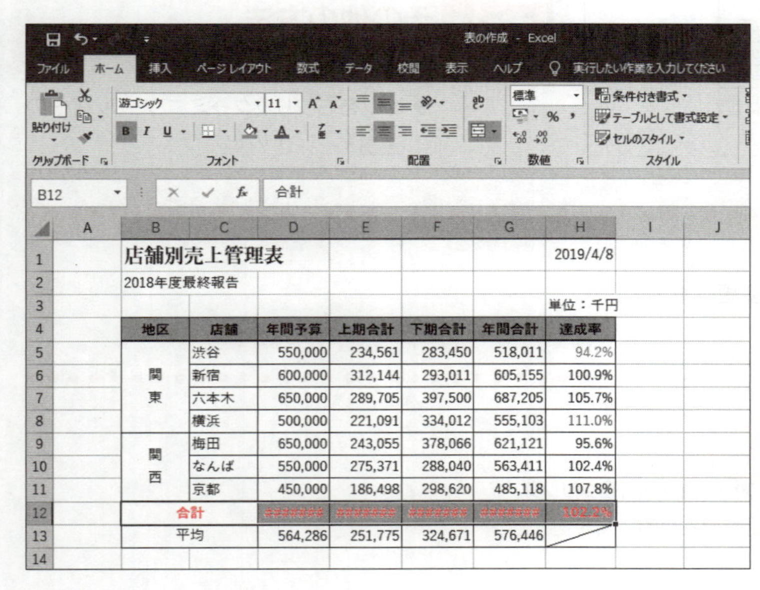

直前のコマンドが繰り返され、12行目の表のデータが太字になります。
※数値の桁数がすべてセル内に表示できない場合は、「#######」と表示されます。列幅を広げると、桁数がすべて表示されます。
列幅の設定については、P.94「Step7 列の幅や行の高さを設定する」で学習します。

STEP UP その他の方法(太字の設定)

- ◆セル範囲を右クリック→ミニツールバーの B (太字)
- ◆ Ctrl + B

POINT 太字の解除

設定した太字を解除するには、B（太字）を再度クリックします。ボタンが標準の色に戻ります。

POINT 斜体の設定

I（斜体）を使うと、データが斜体で表示されます。

2018年度最終報告

POINT 下線の設定

U（下線）を使うと、データに下線が付いて表示されます。
U▾（下線）の▾をクリックすると、二重下線を付けることもできます。

2018年度最終報告

STEP UP 部分的な書式設定

セル内の文字列の一部だけ、フォントサイズやフォントの色を変更することもできます。
セルを編集状態にして文字列の一部を選択し、11▾（フォントサイズ）やA▾（フォントの色）などで設定します。
※データが数値の場合は、一部だけに異なる書式を設定することはできません。

2018年度最終報告

STEP UP フォント書式の一括設定

フォント書式をまとめて設定するには、《ホーム》タブ→《フォント》グループの（フォントの設定）をクリックします。
《セルの書式設定》ダイアログボックスの《フォント》タブが表示され、《プレビュー》で確認しながら書式をまとめて設定できます。

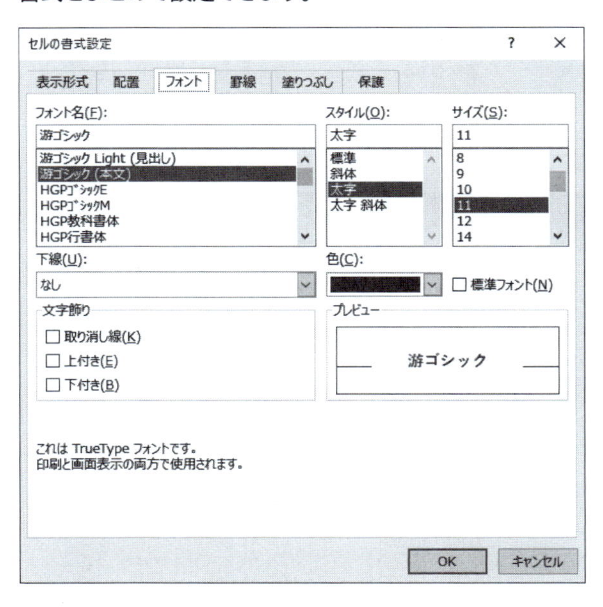

5 セルのスタイルの設定

フォントやフォントサイズ、フォントの色など複数の書式をまとめて名前を付けたものを**「スタイル」**といいます。Excelでは、セルに設定できるスタイルがあらかじめ用意されています。
セル**【B2】**のサブタイトルに、セルのスタイル**「見出し4」**を設定しましょう。

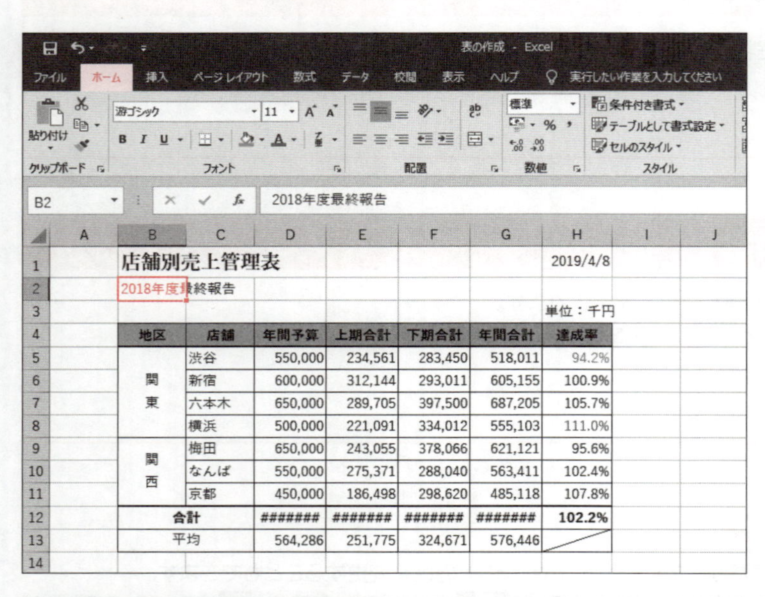

	A	B	C	D	E	F	G	H
1		店舗別売上管理表						2019/4/8
2		2018年度最終報告						
3								単位：千円
4		地区	店舗	年間予算	上期合計	下期合計	年間合計	達成率
5		関東	渋谷	550,000	234,561	283,450	518,011	94.2%
6			新宿	600,000	312,144	293,011	605,155	100.9%
7			六本木	650,000	289,705	397,500	687,205	105.7%
8			横浜	500,000	221,091	334,012	555,103	111.0%
9		関西	梅田	650,000	243,055	378,066	621,121	95.6%
10			なんば	550,000	275,371	288,040	563,411	102.4%
11			京都	450,000	186,498	298,620	485,118	107.8%
12		合計		#######	#######	#######	#######	102.2%
13		平均		564,286	251,775	324,671	576,446	
14								

①セル**【B2】**をクリックします。
②**《ホーム》**タブを選択します。

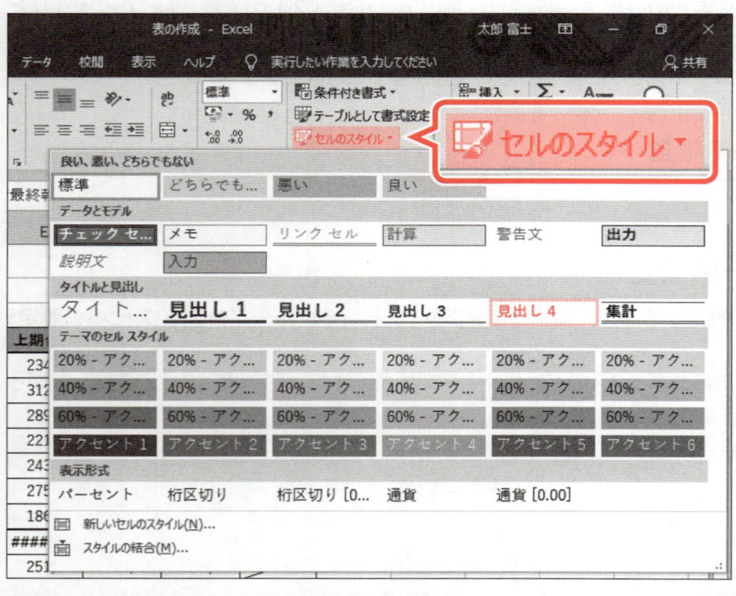

③**《スタイル》**グループの セルのスタイル （セルのスタイル）をクリックします。
④**《タイトルと見出し》**の**《見出し4》**をクリックします。

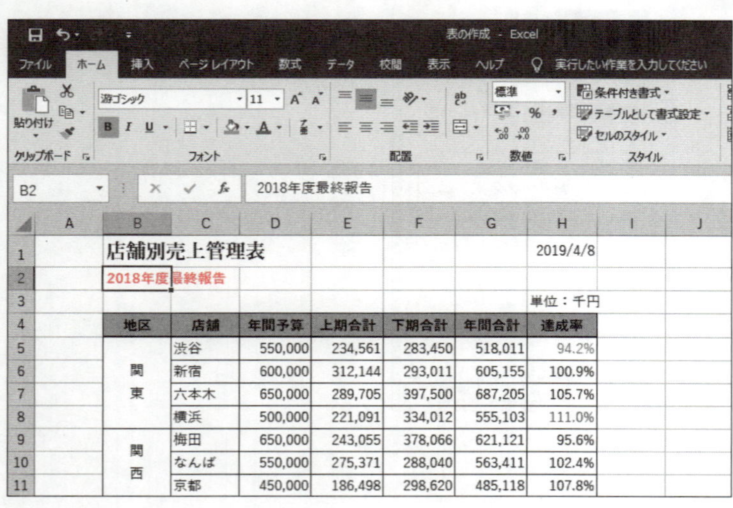

	A	B	C	D	E	F	G	H
1		店舗別売上管理表						2019/4/8
2		2018年度最終報告						
3								単位：千円
4		地区	店舗	年間予算	上期合計	下期合計	年間合計	達成率
5		関東	渋谷	550,000	234,561	283,450	518,011	94.2%
6			新宿	600,000	312,144	293,011	605,155	100.9%
7			六本木	650,000	289,705	397,500	687,205	105.7%
8			横浜	500,000	221,091	334,012	555,103	111.0%
9		関西	梅田	650,000	243,055	378,066	621,121	95.6%
10			なんば	550,000	275,371	288,040	563,411	102.4%
11			京都	450,000	186,498	298,620	485,118	107.8%

サブタイトルにセルのスタイルが設定されます。

Step7 列の幅や行の高さを設定する

1 列の幅の設定

初期の設定で、列の幅は8.38文字分になっています。列の幅は自由に変更できます。

1 ドラッグによる列の幅の変更

列番号の右側の境界線をドラッグして、列の幅を変更できます。
A列の列幅を狭くしましょう。

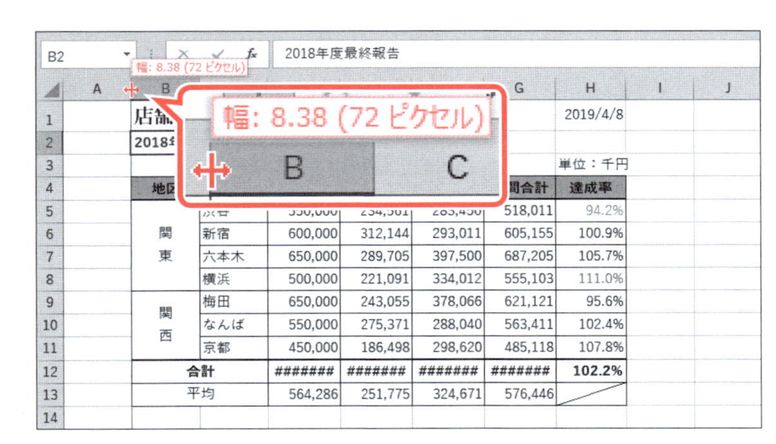

①列番号【A】の右側の境界線をポイントします。
マウスポインターの形が✛に変わります。
②マウスの左ボタンを押したままにします。
ポップヒントに現在の列幅が表示されます。

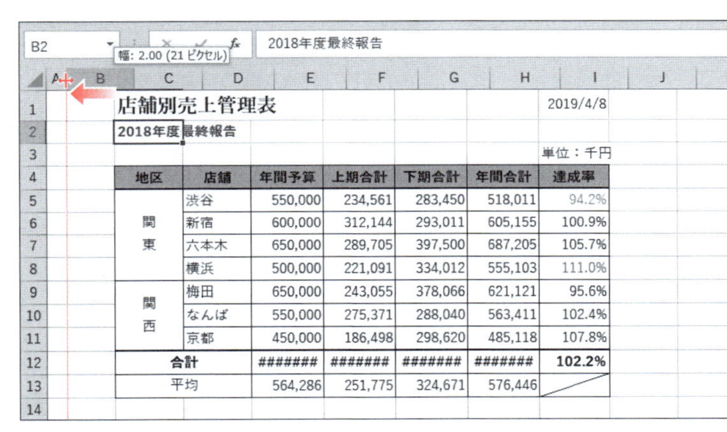

③図のようにドラッグします。
ドラッグ中、A列の境界線が移動します。

	B	C	D	E	F	G	H
1	店舗別売上管理表					2019/4/8	
2	2018年度最終報告						
3							単位：千円
4	地区	店舗	年間予算	上期合計	下期合計	年間合計	達成率
5	関東	渋谷	550,000	234,561	283,450	518,011	94.2%
6		新宿	600,000	312,144	293,011	605,155	100.9%
7		六本木	650,000	289,705	397,500	687,205	105.7%
8		横浜	500,000	221,091	334,012	555,103	111.0%
9	関西	梅田	650,000	243,055	378,066	621,121	95.6%
10		なんば	550,000	275,371	288,040	563,411	102.4%
11		京都	450,000	186,498	298,620	485,118	107.8%
12	合計		#######	#######	#######	#######	102.2%
13	平均		564,286	251,775	324,671	576,446	

列の幅が狭くなります。

2 ダブルクリックによる列の幅の自動調整

列番号の右側の境界線をダブルクリックすると、列の最長データに合わせて、列の幅を自動的に調整できます。

D～G列の列の幅をまとめて自動調整し、最適な列の幅に変更しましょう。

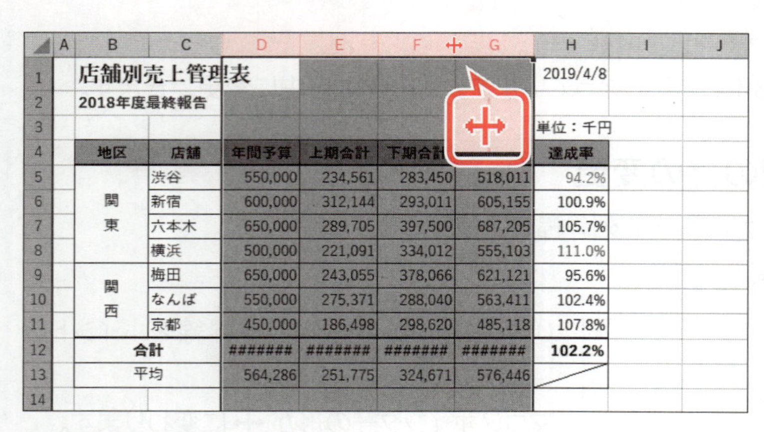

①列番号【D】から列番号【G】までドラッグします。

列が選択されます。

②選択した列の右側の境界線をポイントします。

マウスポインターの形が✛に変わります。

③ダブルクリックします。

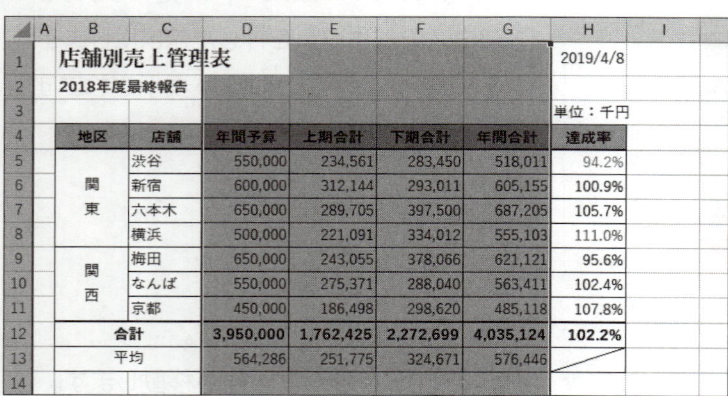

列の最長データに合わせて、列の幅が調整されます。

※「#######」と表示されていた数値の桁数がすべて表示されます。

その他の方法（列の幅の自動調整）

◆列を選択→《ホーム》タブ→《セル》グループの 書式 （書式）→《セルのサイズ》の《列の幅の自動調整》

3 数値による列の幅の変更

数値を指定して列の幅を変更するには、**《列の幅》**ダイアログボックスを使います。

B列の列の幅を5文字分に変更しましょう。

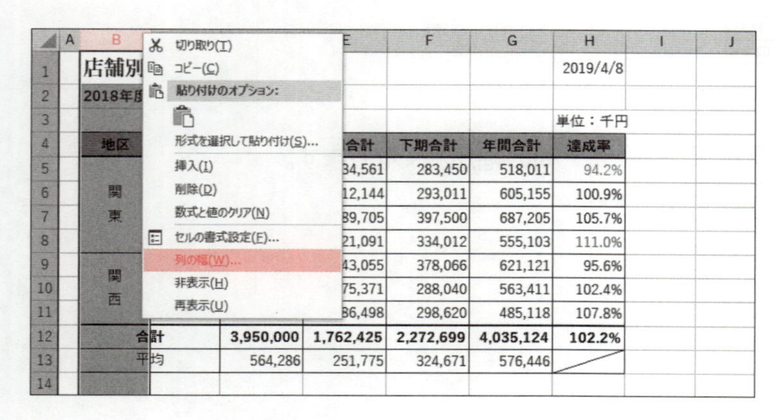

①列番号【B】を右クリックします。

列が選択され、ショートカットメニューが表示されます。

②**《列の幅》**をクリックします。

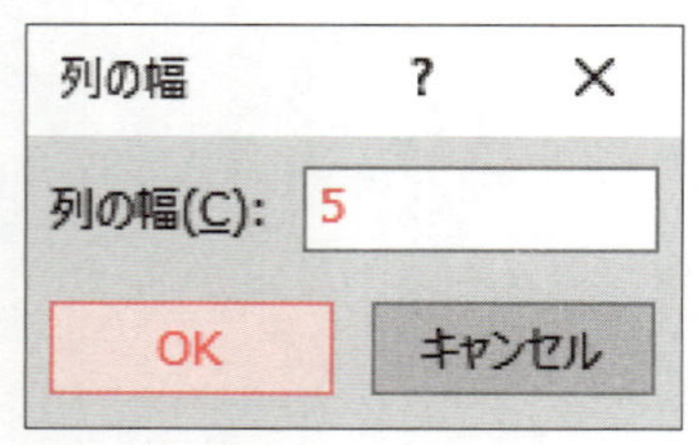

《列の幅》ダイアログボックスが表示されます。

③**《列の幅》**に「5」と入力します。

④**《OK》**をクリックします。

	A	B	C	D	E	F	G	H	I	J
1		店舗別売上管理表						2019/4/8		
2		2018年度最終報告								
3								単位：千円		
4		地区	店舗	年間予算	上期合計	下期合計	年間合計	達成率		
5		関東	渋谷	550,000	234,561	283,450	518,011	94.2%		
6			新宿	600,000	312,144	293,011	605,155	100.9%		
7			六本木	650,000	289,705	397,500	687,205	105.7%		
8			横浜	500,000	221,091	334,012	555,103	111.0%		
9		関西	梅田	650,000	243,055	378,066	621,121	95.6%		
10			なんば	550,000	275,371	288,040	563,411	102.4%		
11			京都	450,000	186,498	298,620	485,118	107.8%		
12		合計		3,950,000	1,762,425	2,272,699	4,035,124	102.2%		
13		平均		564,286	251,775	324,671	576,446			
14										

列の幅が変更されます。

STEP UP その他の方法（数値による列の幅の変更）

◆列を選択→《ホーム》タブ→《セル》グループの 書式 （書式）→《セルのサイズ》の《列の幅》

ためしてみよう

①H列の列の幅を10文字分に変更しましょう。

②セル【H3】の文字列を右揃えにしましょう。

Let's Try Answer

①

①列番号【H】を右クリック

②《列の幅》をクリック

③《列の幅》に「10」と入力

④《OK》をクリック

②

①セル【H3】をクリック

②《ホーム》タブを選択

③《配置》グループの （右揃え）をクリック

STEP UP 文字列全体の表示

列の幅より長い文字列をセル内に表示するには、次のような方法があります。

折り返して全体を表示する

列の幅を変更せずに、文字列を折り返して全体を表示します。

◆《ホーム》タブ→《配置》グループの （折り返して全体を表示する）

	A	B
1	店舗別売上管理表	

→

	A	B
1	店舗別売 上管理表	

縮小して全体を表示する

列の幅を変更せずに、文字列を縮小して全体を表示します。

◆《ホーム》タブ→《配置》グループの （配置の設定）→《配置》タブ→《☑縮小して全体を表示する》

	A	B
1	店舗別売上管理表	

→

	A	B
1	店舗別売上管理表	

STEP UP 文字列の強制改行

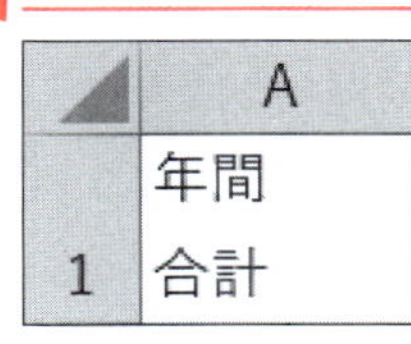

セル内の文字列を強制的に改行するには、改行する位置にカーソルを表示して、Alt + Enter を押します。

2 行の高さの設定

初期の設定で、行の高さは18.75ポイントになっています。行の高さは自由に変更できます。
4～13行目の行の高さを22ポイントに変更しましょう。

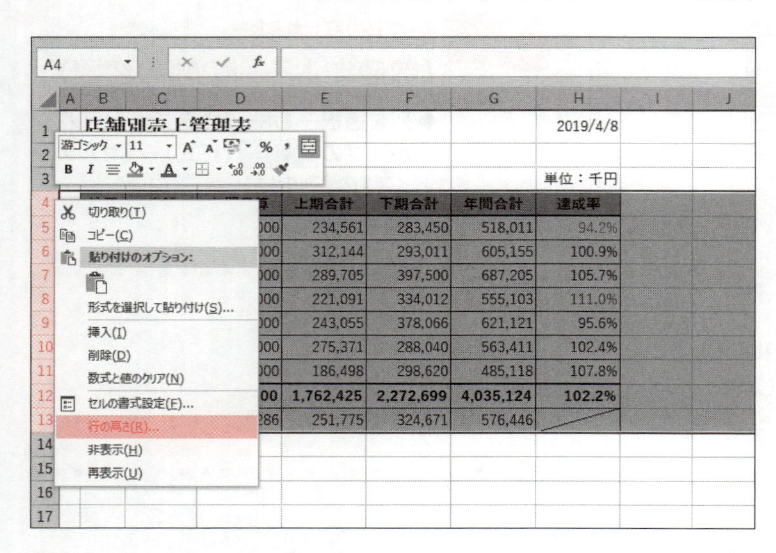

①行番号【4】から行番号【13】までドラッグします。

行が選択されます。

②選択した行を右クリックします。

ショートカットメニューが表示されます。

③**《行の高さ》**をクリックします。

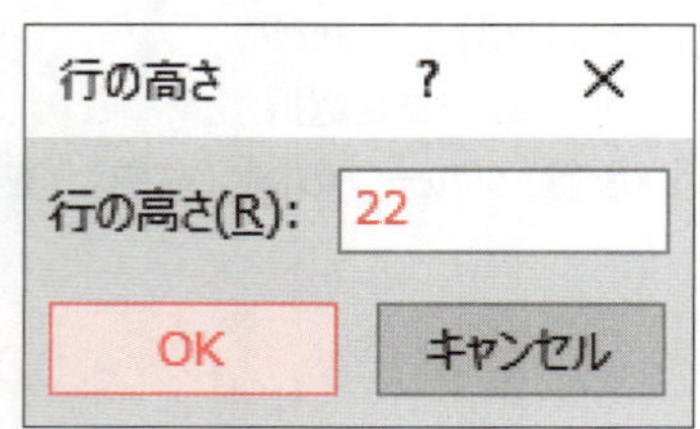

《行の高さ》ダイアログボックスが表示されます。

④**《行の高さ》**に「**22**」と入力します。

⑤**《OK》**をクリックします。

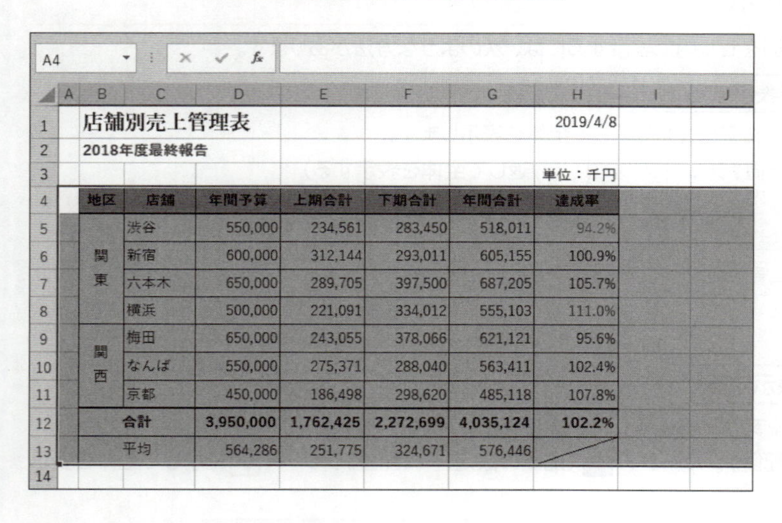

行の高さが変更されます。

※行の選択を解除しておきましょう。

STEP UP その他の方法（行の高さの設定）

◆行を選択→《ホーム》タブ→《セル》グループの 書式 （書式）→《セルのサイズ》の《行の高さ》

◆行番号の下の境界線をドラッグ

Step8 行を削除・挿入する

1 行の削除

13行目の「**平均**」の行を削除しましょう。

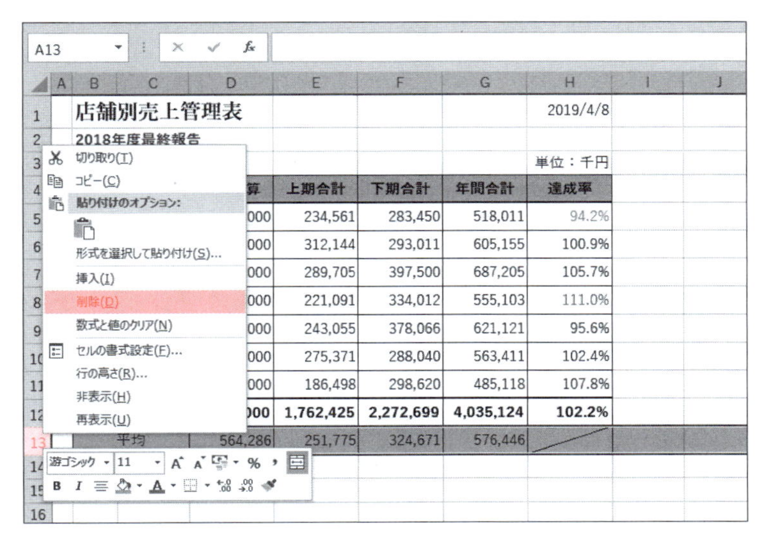

①行番号**【13】**を右クリックします。
行が選択され、ショートカットメニューが表示されます。
②**《削除》**をクリックします。

A13

店舗別売上管理表　2019/4/8
2018年度最終報告
単位：千円

地区	店舗	年間予算	上期合計	下期合計	年間合計	達成率
関東	渋谷	550,000	234,561	283,450	518,011	94.2%
	新宿	600,000	312,144	293,011	605,155	100.9%
	六本木	650,000	289,705	397,500	687,205	105.7%
	横浜	500,000	221,091	334,012	555,103	111.0%
関西	梅田	650,000	243,055	378,066	621,121	95.6%
	なんば	550,000	275,371	288,040	563,411	102.4%
	京都	450,000	186,498	298,620	485,118	107.8%
合計		3,950,000	1,762,425	2,272,699	4,035,124	102.2%

行が削除されます。

STEP UP その他の方法（行の削除）

◆行を選択→《ホーム》タブ→《セル》グループの 削除 （セルの削除）
◆ Ctrl + －

1
2
3
4
5
6
7
8
9
総合問題
付録
索引

2 行の挿入

10行目と11行目の間に1行挿入しましょう。

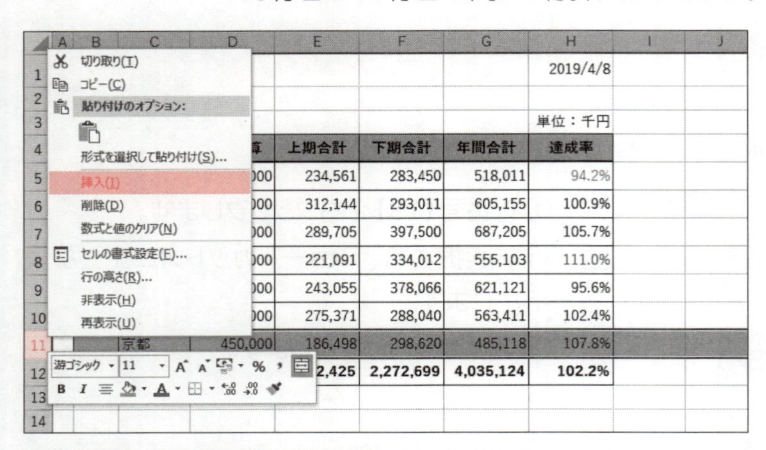

	A	B	C	D	E	F	G	H
1								2019/4/8
3								単位：千円
4				算	上期合計	下期合計	年間合計	達成率
5				000	234,561	283,450	518,011	94.2%
6				000	312,144	293,011	605,155	100.9%
7				000	289,705	397,500	687,205	105.7%
8				000	221,091	334,012	555,103	111.0%
9				000	243,055	378,066	621,121	95.6%
10				000	275,371	288,040	563,411	102.4%
11			京都	450,000	186,498	298,620	485,118	107.8%
12					2,425	2,272,699	4,035,124	102.2%

①行番号【11】を右クリックします。

行が選択され、ショートカットメニューが表示されます。

②《挿入》をクリックします。

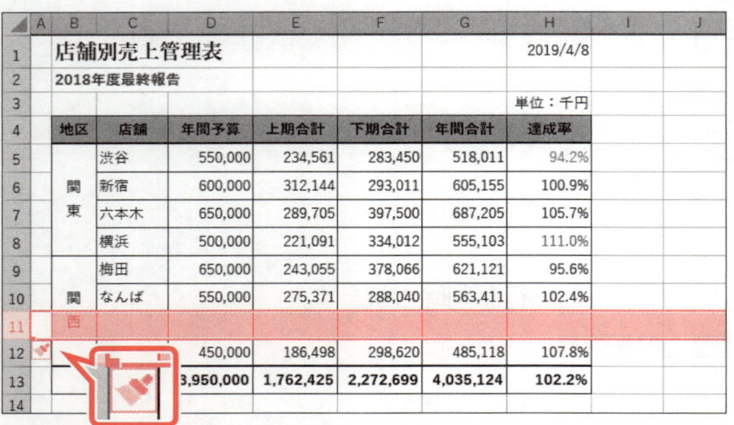

	B	C	D	E	F	G	H
1	店舗別売上管理表						2019/4/8
2	2018年度最終報告						
3							単位：千円
4	地区	店舗	年間予算	上期合計	下期合計	年間合計	達成率
5	関東	渋谷	550,000	234,561	283,450	518,011	94.2%
6		新宿	600,000	312,144	293,011	605,155	100.9%
7		六本木	650,000	289,705	397,500	687,205	105.7%
8		横浜	500,000	221,091	334,012	555,103	111.0%
9	関西	梅田	650,000	243,055	378,066	621,121	95.6%
10		なんば	550,000	275,371	288,040	563,411	102.4%
11							
12			450,000	186,498	298,620	485,118	107.8%
13			3,950,000	1,762,425	2,272,699	4,035,124	102.2%
14							

行が挿入され、（挿入オプション）が表示されます。

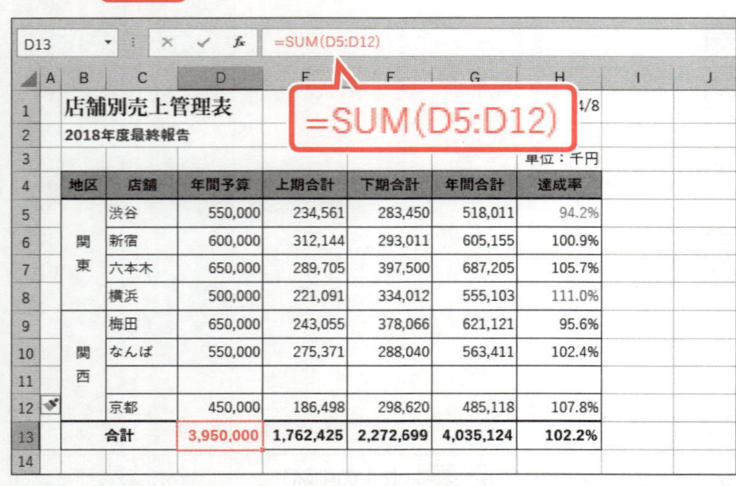

	B	C	D	E	F	G	H
1	店舗別売上管理表						4/8
2	2018年度最終報告						
3							単位：千円
4	地区	店舗	年間予算	上期合計	下期合計	年間合計	達成率
5	関東	渋谷	550,000	234,561	283,450	518,011	94.2%
6		新宿	600,000	312,144	293,011	605,155	100.9%
7		六本木	650,000	289,705	397,500	687,205	105.7%
8		横浜	500,000	221,091	334,012	555,103	111.0%
9	関西	梅田	650,000	243,055	378,066	621,121	95.6%
10		なんば	550,000	275,371	288,040	563,411	102.4%
11							
12		京都	450,000	186,498	298,620	485,118	107.8%
13	合計		3,950,000	1,762,425	2,272,699	4,035,124	102.2%
14							

数式を確認します。

③セル【D13】をクリックします。

④数式バーに「=SUM(D5:D12)」と表示され、引数が自動的に調整されていることを確認します。

	B	C	D	E	F	G	H
1	店舗別売上管理表						2019/4/8
2	2018年度最終報告						
3							単位：千円
4	地区	店舗	年間予算	上期合計	下期合計	年間合計	達成率
5	関東	渋谷	550,000	234,561	283,450	518,011	94.2%
6		新宿	600,000	312,144	293,011	605,155	100.9%
7		六本木	650,000	289,705	397,500	687,205	105.7%
8		横浜	500,000	221,091	334,012	555,103	111.0%
9	関西	梅田	650,000	243,055	378,066	621,121	95.6%
10		なんば	550,000	275,371	288,040	563,411	102.4%
11							
12		京都	450,000	186,498	298,620	485,118	107.8%
13	合計		3,950,000	1,762,425	2,272,699	4,035,124	102.2%
14							

挿入した行にデータを入力します。

⑤セル範囲【C11:F11】を選択します。

※あらかじめセル範囲を選択して入力すると、選択されているセル範囲の中でアクティブセルが移動するので効率的です。

C11 神戸

	A	B	C	D	E	F	G	H	I	J
1		店舗別売上管理表						2019/4/8		
2		2018年度最終報告								
3								単位：千円		
4		地区	店舗	年間予算	上期合計	下期合計	年間合計	達成率		
5		関東	渋谷	550,000	234,561	283,450	518,011	94.2%		
6			新宿	600,000	312,144	293,011	605,155	100.9%		
7			六本木	650,000	289,705	397,500	687,205	105.7%		
8			横浜	500,000	221,091	334,012	555,103	111.0%		
9		関西	梅田	650,000	243,055	378,066	621,121	95.6%		
10			なんば	550,000	275,371	288,040	563,411	102.4%		
11			神戸	400,000	260,842	140,441	401,283	100.3%		
12			京都	450,000	186,498	298,620	485,118	107.8%		
13		合計		4,350,000	2,023,267	2,413,140	4,436,407	102.0%		
14										

⑥次のデータを入力します。

セル【C11】：神戸
セル【D11】：400000
セル【E11】：260842
セル【F11】：140441

※ Enter を押してデータを確定すると、アクティブセルが右に移動します。
※3桁区切りカンマを入力する必要はありません。

「年間合計」「達成率」の数式が自動的に入力され、計算結果が表示されます。

STEP UP その他の方法（行の挿入）

◆行を選択→《ホーム》タブ→《セル》グループの 挿入（セルの挿入）
◆ Ctrl ＋ ＋

STEP UP 挿入オプション

- ◉ 上と同じ書式を適用(A)
- ○ 下と同じ書式を適用(B)
- ○ 書式のクリア(C)

表内に挿入した行には、上の行と同じ書式が自動的に適用されます。行を挿入した直後に表示される （挿入オプション）を使うと、書式をクリアしたり、下の行の書式を適用したりできます。

POINT 列の削除・挿入

行と同じように、列も削除したり挿入したりできます。

列の削除

◆列を右クリック→《削除》

列の挿入

◆列を右クリック→《挿入》

POINT 効率的なデータ入力

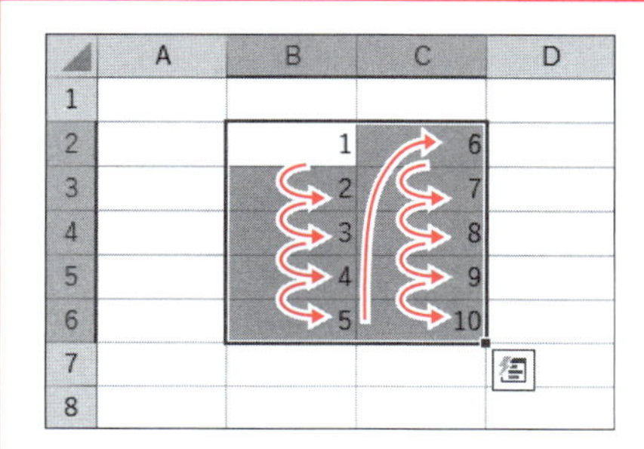

あらかじめセル範囲を選択してデータを入力すると、選択したセル範囲内でアクティブセルが移動するので、効率よく入力できます。
例えば、図のようにセル範囲を選択してデータを入力・確定すると、矢印の順番でアクティブセルが移動します。

参考学習 列を非表示・再表示する

1 列の非表示

行や列は、一時的に非表示にできます。
行や列を非表示にしても入力したデータは残っているので、必要なときに再表示すれば、もとの表示に戻ります。
E～F列を非表示にしましょう。

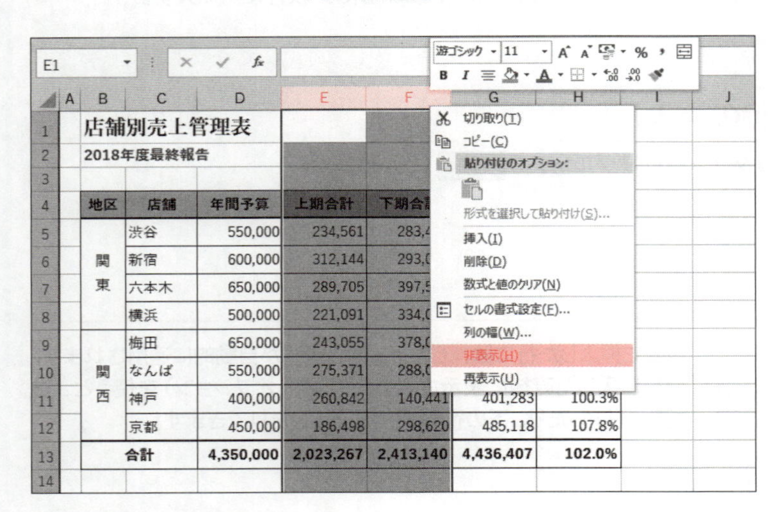

①列番号【E】から列番号【F】までドラッグします。
列が選択されます。
②選択した列番号を右クリックします。
ショートカットメニューが表示されます。
③《非表示》をクリックします。

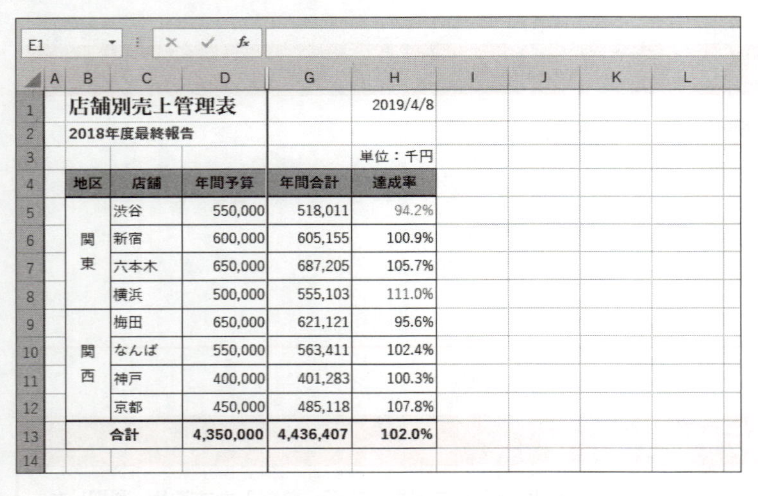

店舗別売上管理表　2019/4/8
2018年度最終報告
単位：千円

地区	店舗	年間予算	年間合計	達成率
関東	渋谷	550,000	518,011	94.2%
	新宿	600,000	605,155	100.9%
	六本木	650,000	687,205	105.7%
	横浜	500,000	555,103	111.0%
関西	梅田	650,000	621,121	95.6%
	なんば	550,000	563,411	102.4%
	神戸	400,000	401,283	100.3%
	京都	450,000	485,118	107.8%
合計		4,350,000	4,436,407	102.0%

列が非表示になります。

STEP UP その他の方法（列の非表示）

◆列を選択→《ホーム》タブ→《セル》グループの 書式 （書式）→《表示設定》の《非表示/再表示》→《列を表示しない》

2 列の再表示

非表示にした列を再表示しましょう。

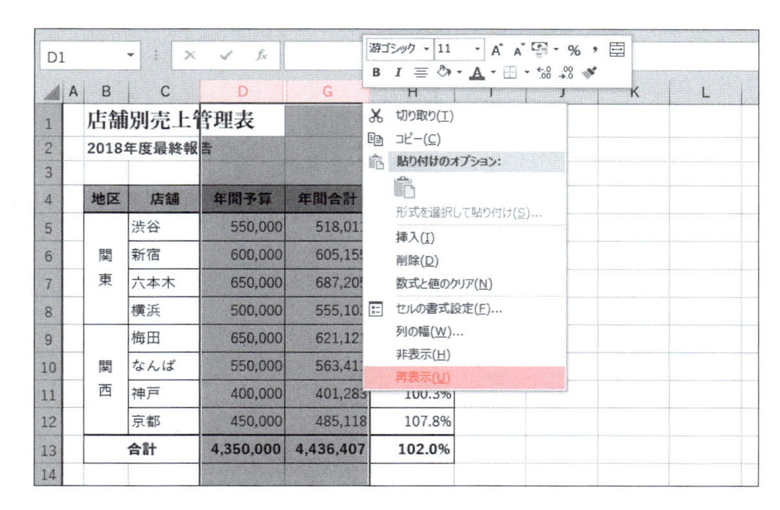

①列番号【D】から列番号【G】までドラッグします。

※非表示にした列の左右の列番号を選択します。

②選択した列番号を右クリックします。

③**《再表示》**をクリックします。

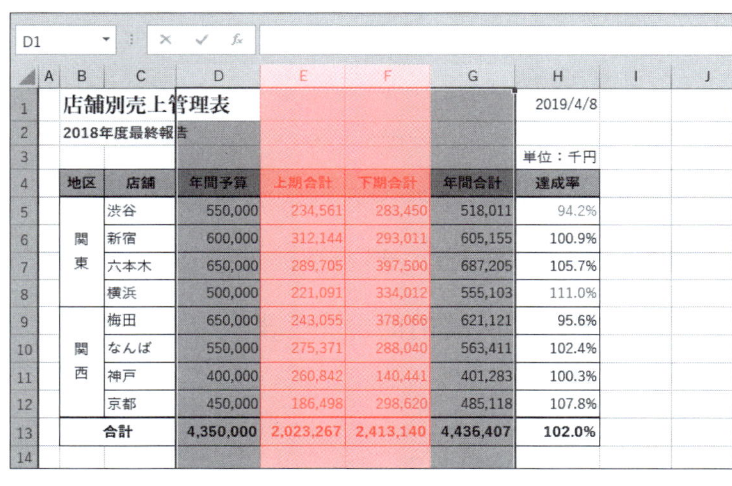

地区	店舗	年間予算	上期合計	下期合計	年間合計	達成率
関東	渋谷	550,000	234,561	283,450	518,011	94.2%
	新宿	600,000	312,144	293,011	605,155	100.9%
	六本木	650,000	289,705	397,500	687,205	105.7%
	横浜	500,000	221,091	334,012	555,103	111.0%
関西	梅田	650,000	243,055	378,066	621,121	95.6%
	なんば	550,000	275,371	288,040	563,411	102.4%
	神戸	400,000	260,842	140,441	401,283	100.3%
	京都	450,000	186,498	298,620	485,118	107.8%
合計		4,350,000	2,023,267	2,413,140	4,436,407	102.0%

列が再表示されます。

※ブックに「表の作成完成」と名前を付けて、フォルダー「第3章」に保存し、閉じておきましょう。

STEP UP その他の方法(列の再表示)

◆再表示したい列の左右の列番号を選択→《ホーム》タブ→《セル》グループの 書式 (書式)→《表示設定》の《非表示/再表示》→《列の再表示》

POINT 行の非表示・再表示

列と同じように、行も非表示にしたり再表示したりできます。

行の非表示

◆行番号を右クリック→《非表示》

行の再表示

◆再表示したい行の上下の行番号を選択→選択した行番号を右クリック→《再表示》

練習問題

解答 ► 別冊P.1

完成図のような表を作成しましょう。

フォルダー「第3章」のブック「第3章練習問題」を開いておきましょう。

●完成図

	A	B	C	D	E	F	G	H
1		他社競合ノートパソコン・評価結果						
2								
3		評価ポイント	A社製	C社製	G社製	M社製	R社製	
4		価格	8	7	9	8	8	
5		性能	7	10	10	7	9	
6		操作性	5	7	9	8	9	
7		拡張性	6	7	7	5	10	
8		デザイン	8	8	8	5	7	
9		合計	34	39	43	33	43	
10		平均	6.8	7.8	8.6	6.6	8.6	
11								
12		※10段階評価で、10が最高です。						
13								

① セル【C9】に「A社製」の合計を求める数式を入力しましょう。

② セル【C10】に「A社製」の平均を求める数式を入力しましょう。

③ セル範囲【C9:C10】の数式を、セル範囲【D9:F10】にコピーしましょう。

④ 表全体に格子の罫線を引きましょう。

⑤ セル範囲【B3:F3】の項目名に、次の書式を設定しましょう。

塗りつぶしの色：オレンジ、アクセント2、白+基本色60%
太字
中央揃え

⑥ セル範囲【B1:F1】を結合し、タイトルを結合したセルの中央に配置しましょう。

⑦ E列とF列の間に1列挿入しましょう。

⑧ 挿入した列に、次のデータを入力しましょう。

セル【F3】：M社製
セル【F4】：8
セル【F5】：7
セル【F6】：8
セル【F7】：5
セル【F8】：5

⑨ セル範囲【E9:E10】の数式を、セル範囲【F9:F10】にコピーしましょう。

⑩ A列の列幅を「2」、B列の列幅を「12」に設定しましょう。

※ブックに「第3章練習問題完成」と名前を付けて、フォルダー「第3章」に保存し、閉じておきましょう。

第4章

数式の入力

第4章 この章で学ぶこと

学習前に習得すべきポイントを理解しておき、
学習後には確実に習得できたかどうかを振り返りましょう。

1 様々な関数の入力方法を理解し、使い分けることができる。 → P.107

2 データの中から最大値を求める関数を入力できる。 → P.114

3 データの中から最小値を求める関数を入力できる。 → P.115

4 数値の個数を求める関数を入力できる。 → P.117

5 数値や文字列の個数を求める関数を入力できる。 → P.119

6 相対参照と絶対参照の違いを理解し、使い分けることができる。 → P.121

7 相対参照で数式を入力できる。 → P.122

8 絶対参照で数式を入力できる。 → P.123

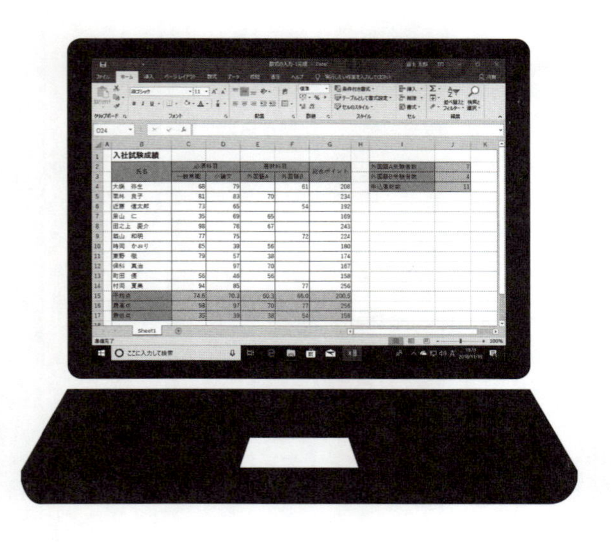

Step 1 作成するブックを確認する

1 作成するブックの確認

次のようなブックを作成しましょう。

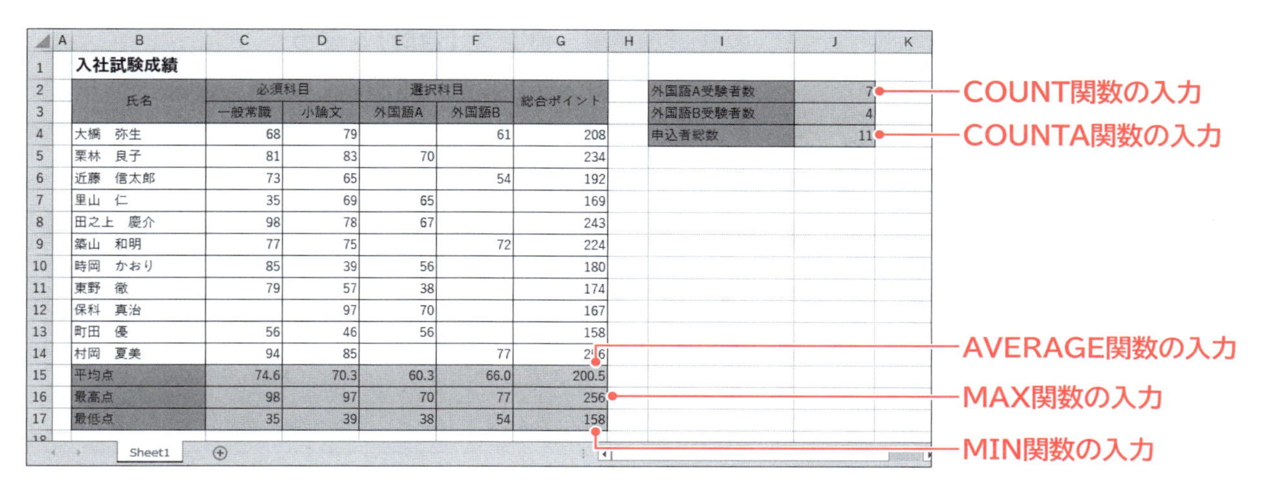

入社試験成績						
氏名	必須科目		選択科目		総合ポイント	
	一般常識	小論文	外国語A	外国語B		
大橋　弥生	68	79		61	208
栗林　良子	81	83	70		234
近藤　信太郎	73	65		54	192
里山　仁	35	69	65		169
田之上　慶介	98	78	67		243
築山　和明	77	75		72	224
時岡　かおり	85	39	56		180
東野　徹	79	57	38		174
保科　真治		97	70		167
町田　優	56	46	56		158
村岡　夏美	94	85		77	256
平均点	74.6	70.3	60.3	66.0	200.5
最高点	98	97	70	77	256
最低点	35	39	38	54	158

外国語A受験者数	7
外国語B受験者数	4
申込者総数	11

アルバイト週給計算

名前	9月9日	9月10日	9月11日	9月12日	9月13日	週勤務時間	時給	週給
	月	火	水	木	金			
佐々木　健太	7.0	7.0	7.5	7.0	7.0	35.5	¥1,350	¥47,925
大野　英子	5.0		5.0		5.0	15.0	¥1,350	¥20,250
花田　真理	5.5	5.5	7.0	5.5	6.5	30.0	¥1,300	¥39,000
野村　剛史		6.0		6.0		12.0	¥1,300	¥15,600
吉沢　あかね	7.5	7.5	7.5	7.5		30.0	¥1,300	¥39,000
宗川　純一	7.0	7.0	6.5		6.5	27.0	¥1,250	¥33,750
竹内　彬				8.0	8.0	16.0	¥1,100	¥17,600

Sheet1　Sheet2

相対参照の数式の入力

アルバイト週給計算

時給	¥1,300

名前	9月9日	9月10日	9月11日	9月12日	9月13日	週勤務時間	週給
	月	火	水	木	金		
佐々木　健太	7.0	7.0	7.5	7.0	7.0	35.5	¥46,150
大野　英子	5.0		5.0		5.0	15.0	¥19,500
花田　真理	5.5	5.5	7.0	5.5	6.5	30.0	¥39,000
野村　剛史		6.0		6.0		12.0	¥15,600
吉沢　あかね	7.5	7.5	7.5	7.5		30.0	¥39,000
宗川　純一	7.0	7.0	6.5		6.5	27.0	¥35,100
竹内　彬				8.0	8.0	16.0	¥20,800

Sheet1　Sheet2

絶対参照の数式の入力

Step2 関数の入力方法を確認する

1 関数の入力方法

関数を入力する方法には、次のようなものがあります。

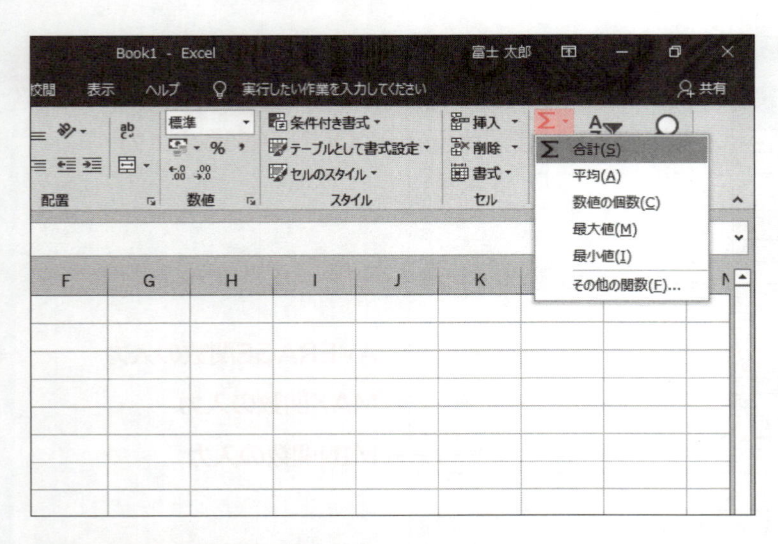

●Σ（合計）を使う

次の関数は、Σ（合計）を使うと、関数名やカッコが自動的に入力され、引数も簡単に指定できます。

関数名	機能
SUM	合計を求める
AVERAGE	平均を求める
COUNT	数値の個数を求める
MAX	最大値を求める
MIN	最小値を求める

●fx（関数の挿入）を使う

数式バーのfx（関数の挿入）を使うと、ダイアログボックス上で関数や引数の説明を確認しながら、数式を入力できます。

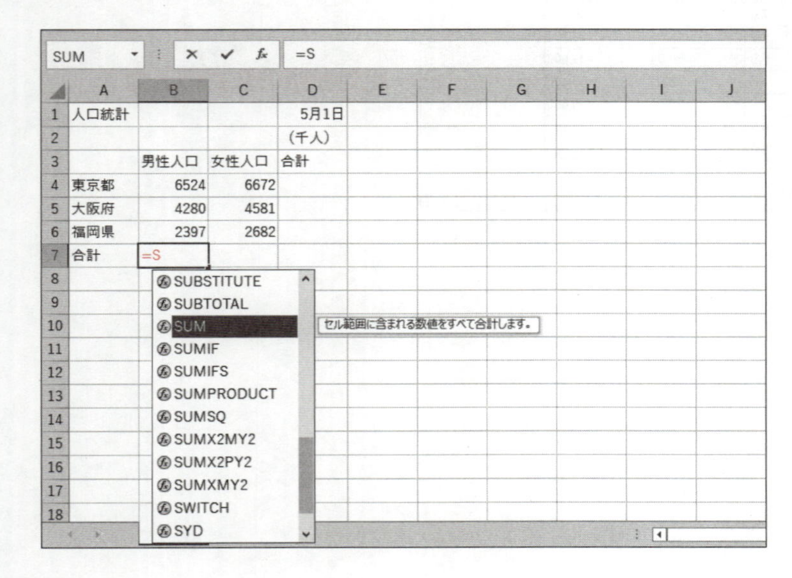

●キーボードから直接入力する

セルに関数を直接入力できます。関数や指定する引数がわかっている場合には、直接入力した方が効率的です。

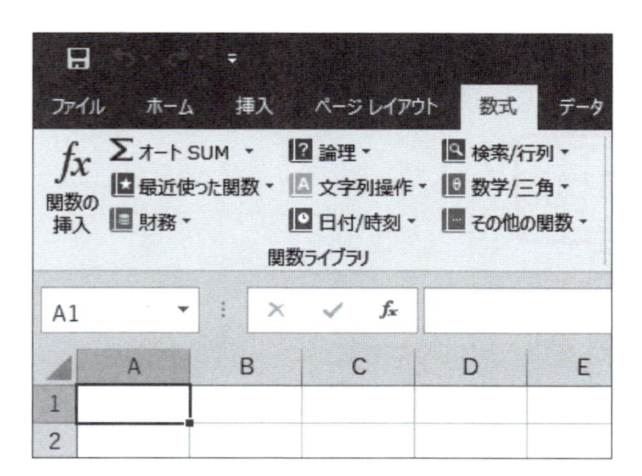

●リボンの《数式》タブから入力する

《数式》タブの**《関数ライブラリ》**グループには、関数の分類ごとにボタンが用意されています。分類ボタンをクリックし、一覧から関数を選択します。

2 関数の入力

それぞれの方法で、AVERAGE関数を入力してみましょう。

フォルダー「第4章」のブック「数式の入力-1」を開いておきましょう。

1 Σ(合計)を使う

Σ(合計)を使って、関数を入力しましょう。
セル**【C15】**に**「一般常識」**の**「平均点」**を求めましょう。

	A	B	C	D	E	F	G	H
1		入社試験成績						
2		氏名	必須科目		選択科目		総合ポイント	
3			一般常識	小論文	外国語A	外国語B		
4		大橋　弥生	68	79		61	208	
5		栗林　良子	81	83	70		234	
6		近藤　信太郎	73	65		54	192	
7		里山　仁	35	69	65		169	
8		田之上　慶介	98	78	67		243	
9		篠山　和明	77	75		72	224	
10		時岡　かおり	85	39	56		180	
11		東野　徹	79	57	38		174	
12		保科　真治		97	70		167	
13		町田　優	56	46	56		158	
14		村岡　夏美	94	85		77	256	
15		平均点						
16		最高点						
17		最低点						

Sheet1

①セル**【C15】**をクリックします。

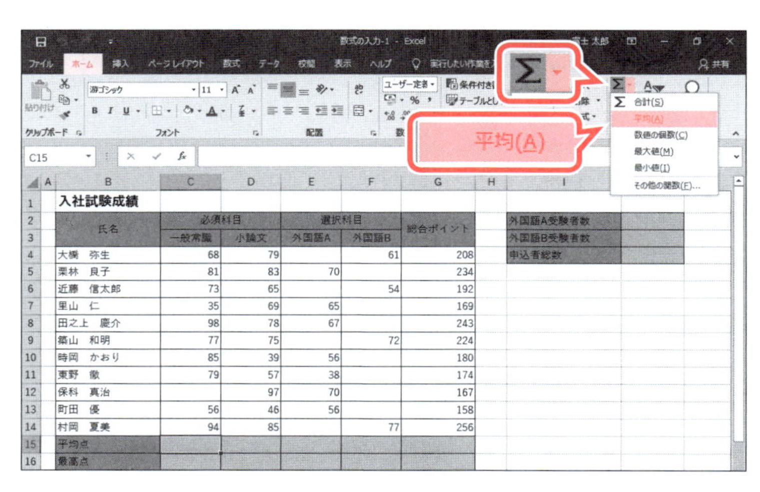

②**《ホーム》**タブを選択します。

③**《編集》**グループのΣ(合計)の▾をクリックします。

④**《平均》**をクリックします。

1
2
3
4
5
6
7
8
9
総合問題
付録
索引

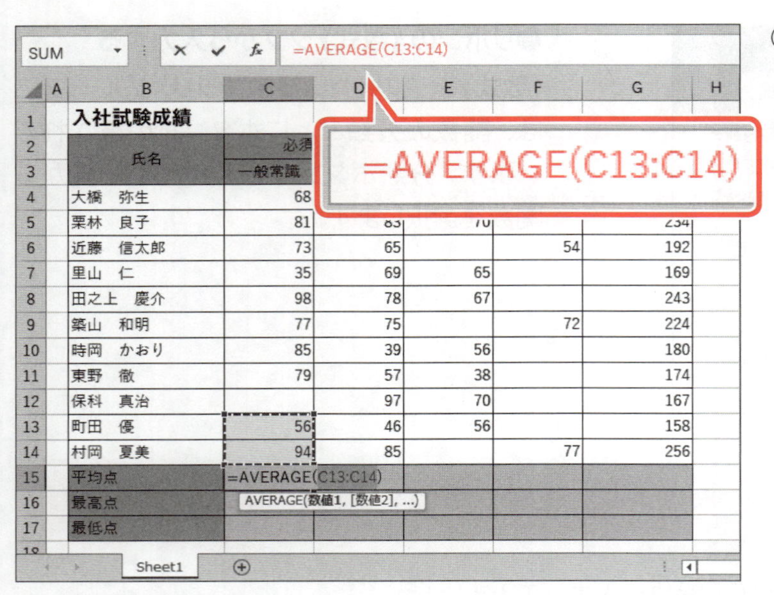

⑤数式バーに「=AVERAGE(C13:C14)」と表示されていることを確認します。

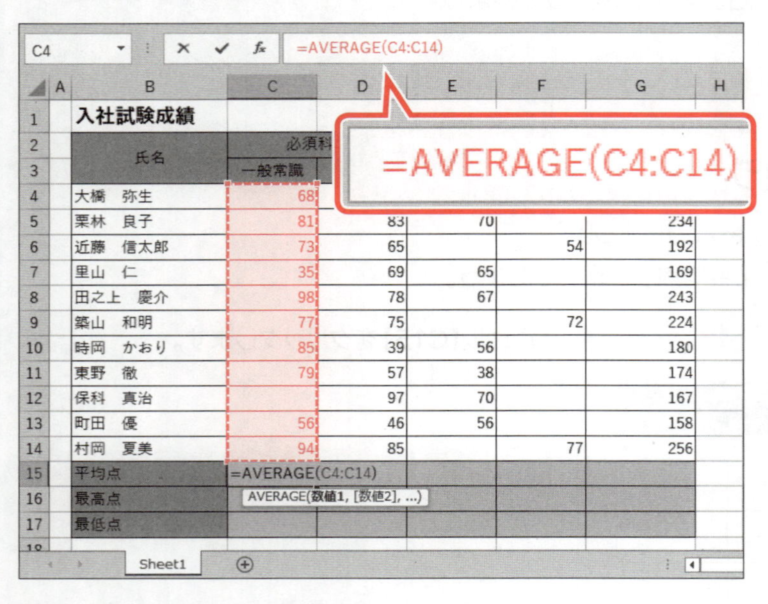

引数のセル範囲を修正します。

⑥セル範囲【C4:C14】を選択します。

⑦数式バーに「=AVERAGE(C4:C14)」と表示されていることを確認します。

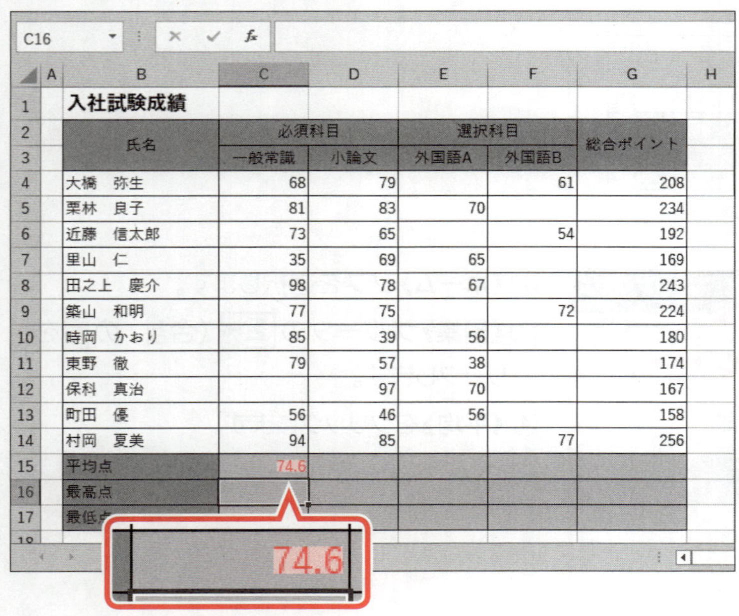

⑧ Enter を押します。

「**平均点**」が求められます。

※「平均点」欄には、あらかじめ小数第1位まで表示する表示形式が設定されています。

2 fx（関数の挿入）を使う

fx（関数の挿入）を使って、関数を入力しましょう。
セル**【D15】**に**「小論文」**の**「平均点」**を求めましょう。

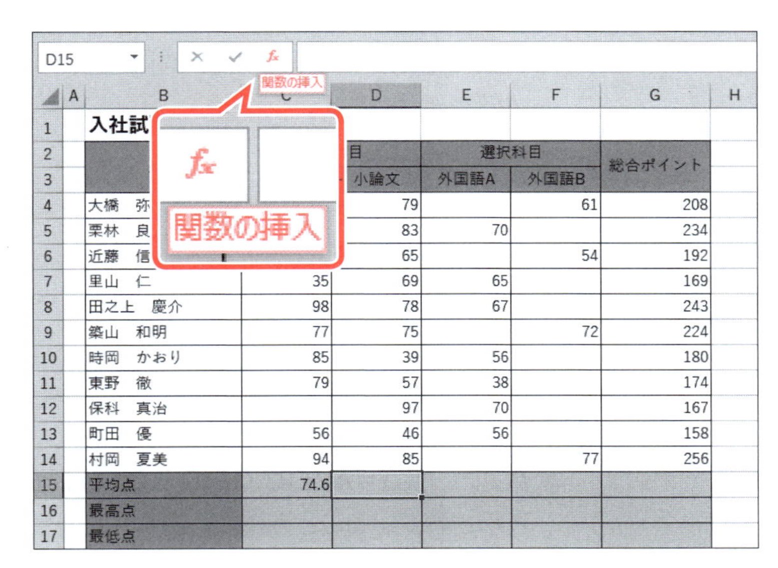

	A	B	C	D	E	F	G	H
1		入社試						
2				目	選択科目		総合ポイント	
3				小論文	外国語A	外国語B		
4		大橋　弥		79		61	208	
5		栗林　良		83	70		234	
6		近藤　信		65		54	192	
7		里山　仁	35	69	65		169	
8		田之上　慶介	98	78	67		243	
9		簗山　和明	77	75		72	224	
10		時岡　かおり	85	39	56		180	
11		東野　徹	79	57	38		174	
12		保科　真治		97	70		167	
13		町田　優	56	46	56		158	
14		村岡　夏美	94	85		77	256	
15		平均点	74.6					
16		最高点						
17		最低点						

①セル**【D15】**をクリックします。
②数式バーの fx（関数の挿入）をクリックします。

関数の挿入
関数の検索(S):
平均を求める
検索開始(G)
関数の分類(C): 最近使った関数
関数名(N):
SUM
AVERAGE
IF
HYPERLINK
COUNT
MAX
SIN
SUM(数値1,数値2,...)
セル範囲に含まれる数値をすべて合計します。
この関数のヘルプ
OK
キャンセル

《関数の挿入》ダイアログボックスが表示されます。
③**《関数の検索》**に**「平均を求める」**と入力します。
④**《検索開始》**をクリックします。

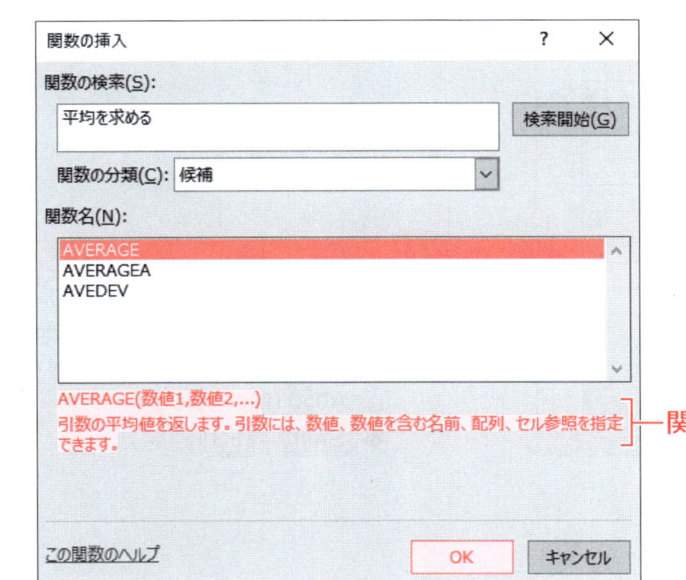

《関数名》の一覧に検索のキーワードに関連する関数が表示されます。
⑤**《関数名》**の一覧から**《AVERAGE》**を選択します。
⑥関数の説明を確認します。
⑦**《OK》**をクリックします。

1 2 3 4 5 6 7 8 9 総合問題 付録 索引

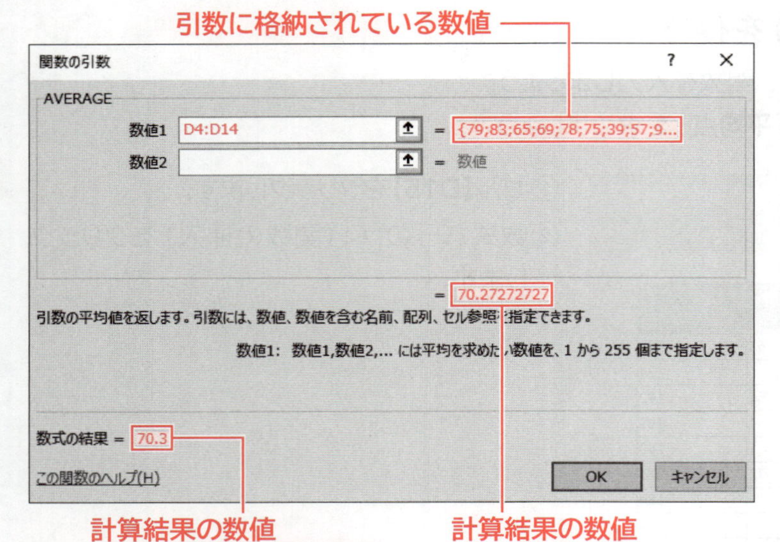

《関数の引数》ダイアログボックスが表示されます。

⑧《数値1》が「D4:D14」になっていることを確認します。

⑨引数に格納されている数値や計算結果の数値を確認します。

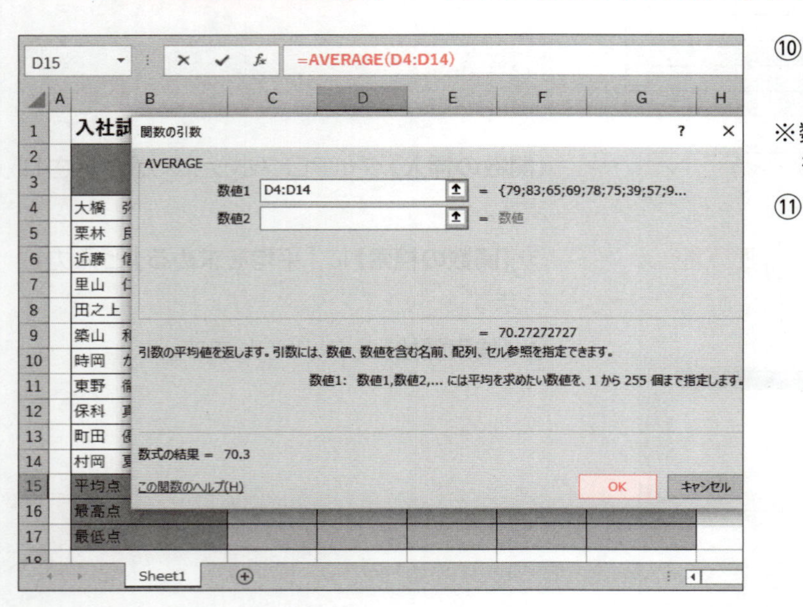

⑩数式バーに「=AVERAGE(D4:D14)」と表示されていることを確認します。

※数式バーが隠れている場合は、ダイアログボックスを移動します。

⑪《OK》をクリックします。

D15　=AVERAGE(D4:D14)

	A	B	C	D	E	F	G
1		入社試験成績					
2		氏名	必須科目		選択科目		総合ポイント
3			一般常識	小論文	外国語A	外国語B	
4		大橋　弥生	68	79		61	208
5		栗林　良子	81	83	70		234
6		近藤　信太郎	73	65		54	192
7		里山　仁	35	69	65		169
8		田之上　慶介	98	78	67		243
9		築山　和明	77	75		72	224
10		時岡　かおり	85	39	56		180
11		東野　徹	79	57	38		174
12		保科　真治		97	70		167
13		町田　優	56	46	56		158
14		村岡　夏美	94	85		77	256
15		平均点	74.6	70.3			
16		最高点					
17		最低点					

「平均点」が求められます。

STEP UP　その他の方法（関数の挿入）

◆《ホーム》タブ→《編集》グループの Σ（合計）の ▾ →《その他の関数》

◆《数式》タブ→《関数ライブラリ》グループの fx（関数の挿入）

◆ Shift + F3

3 キーボードから直接入力する

セルに関数を直接入力しましょう。

セル【E15】に「外国語A」の「平均点」を求めましょう。

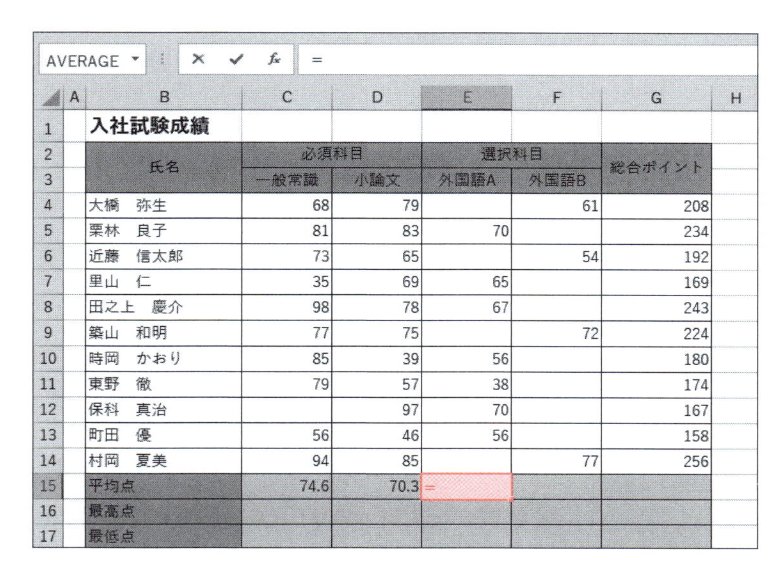

	A	B	C	D	E	F	G	H
1		入社試験成績						
2		氏名	必須科目		選択科目		総合ポイント	
3			一般常識	小論文	外国語A	外国語B		
4		大橋　弥生	68	79		61	208	
5		栗林　良子	81	83	70		234	
6		近藤　信太郎	73	65		54	192	
7		里山　仁	35	69	65		169	
8		田之上　慶介	98	78	67		243	
9		築山　和明	77	75		72	224	
10		時岡　かおり	85	39	56		180	
11		東野　徹	79	57	38		174	
12		保科　真治		97	70		167	
13		町田　優	56	46	56		158	
14		村岡　夏美	94	85		77	256	
15		平均点	74.6	70.3	=			
16		最高点						
17		最低点						

①セル【E15】をクリックします。

※入力モードを A にしておきましょう。

②「=」を入力します。

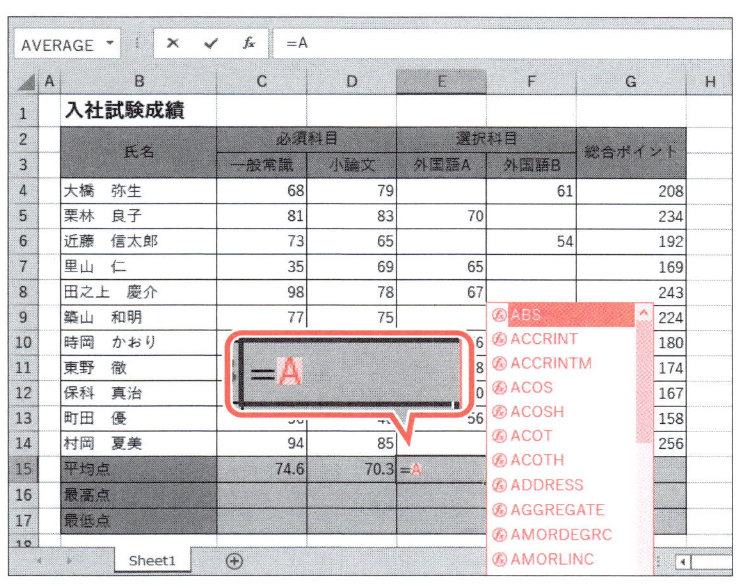

③「=」に続けて「A」を入力します。

※関数名は大文字でも小文字でもかまいません。

「A」で始まる関数名が一覧で表示されます。

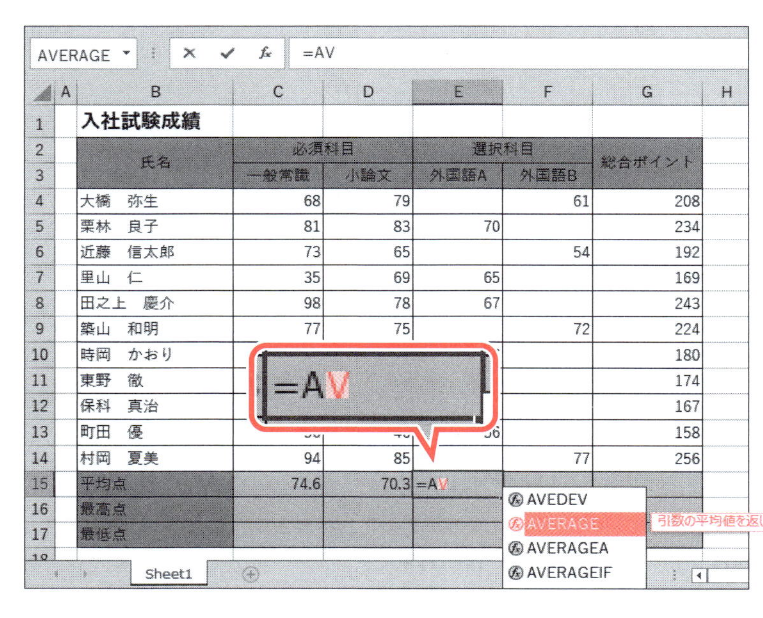

④「=A」に続けて「V」を入力します。

「AV」で始まる関数名が一覧で表示されます。

⑤一覧の「AVERAGE」をクリックします。

ポップヒントに関数の説明が表示されます。

⑥一覧の「AVERAGE」をダブルクリックします。

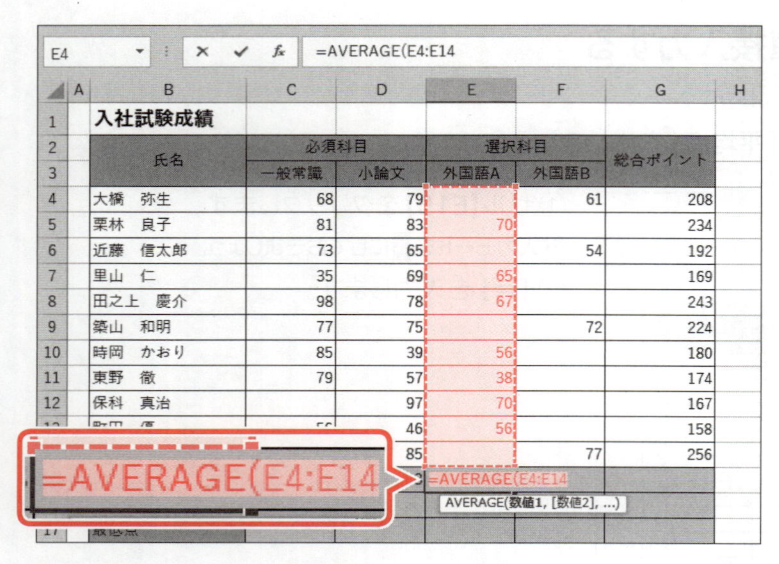

「=AVERAGE(」まで自動的に入力されます。

⑦「=AVERAGE(」の後ろにカーソルがあることを確認し、セル範囲【E4:E14】を選択します。

「=AVERAGE(E4:E14」まで自動的に入力されます。

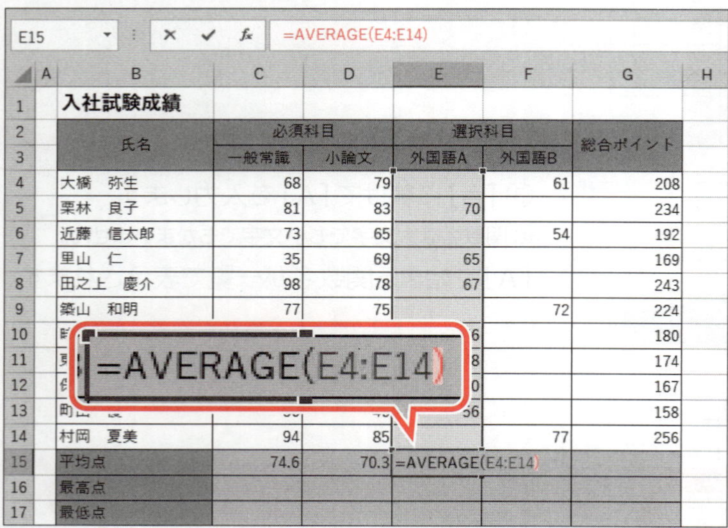

⑧「=AVERAGE(E4:E14」の後ろにカーソルがあることを確認し、「)」を入力します。

⑨数式バーに「=AVERAGE(E4:E14)」と表示されていることを確認します。

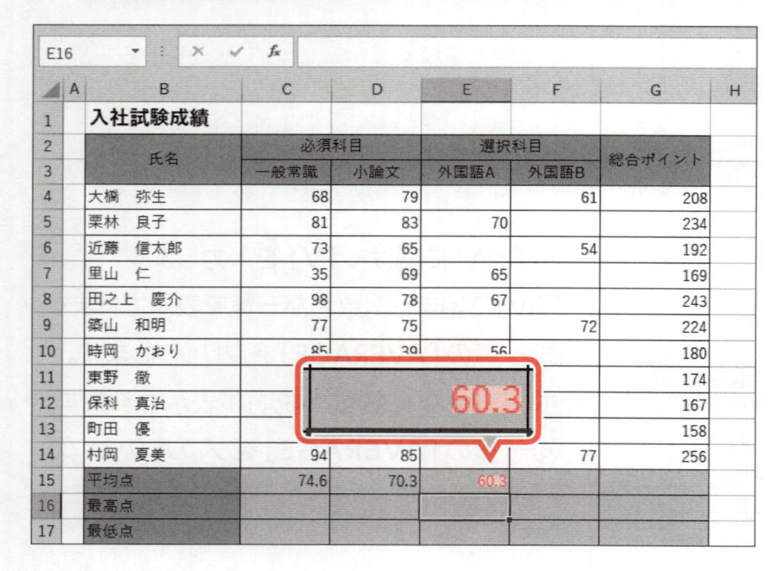

⑩ Enter を押します。

「**平均点**」が求められます。

Let's Try ためしてみよう

セル【E15】に入力されている数式を、セル範囲【F15:G15】にコピーしましょう。

① セル【E15】を選択し、セル右下の■(フィルハンドル)をセル【G15】までドラッグ

Step3 いろいろな関数を利用する

1 MAX関数

「**MAX関数**」を使うと、最大値を求めることができます。

●MAX関数

引数の数値の中から最大値を返します。

=MAX（数値1，数値2，…）

引数1　引数2

※引数には、対象のセルやセル範囲などを指定します。

Σ▾（合計）を使って、セル【**C16**】に関数を入力し、「**一般常識**」の「**最高点**」を求めましょう。

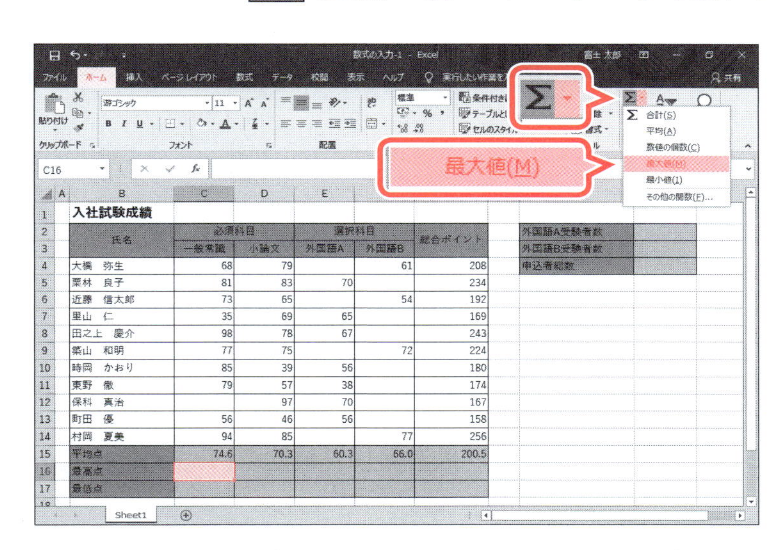

①セル【**C16**】をクリックします。

②《**ホーム**》タブを選択します。

③《**編集**》グループの Σ▾（合計）の ▾ をクリックします。

④《**最大値**》をクリックします。

C4　=MAX(C4:C14)

=MAX(C4:C14)

	A	B	C	D	E	F	G
1		入社試験成績					
2		氏名	必須科目				イント
3			一般常識				
4		大橋　弥生	68	79		61	208
5		栗林　良子	81	83	70		234
6		近藤　信太郎	73	65		54	192
7		里山　仁	35	69	65		169
8		田之上　慶介	98	78	67		243
9		築山　和明	77	75		72	224
10		時岡　かおり	85	39	56		180
11		東野　徹	79	57	38		174
12		保科　真治		97	70		167
13		町田　優	56	46	56		158
14		村岡　夏美	94	85		77	256
15		平均点	74.6	70.3	60.3	66.0	200.5
16		最高点	=MAX(C4:C14)				
17		最低点	MAX(数値1, [数値2], ...)				

Sheet1

⑤数式バーに「**=MAX(C13:C15)**」と表示されていることを確認します。

引数のセル範囲を修正します。

⑥セル範囲【**C4:C14**】を選択します。

⑦数式バーに「**=MAX(C4:C14)**」と表示されていることを確認します。

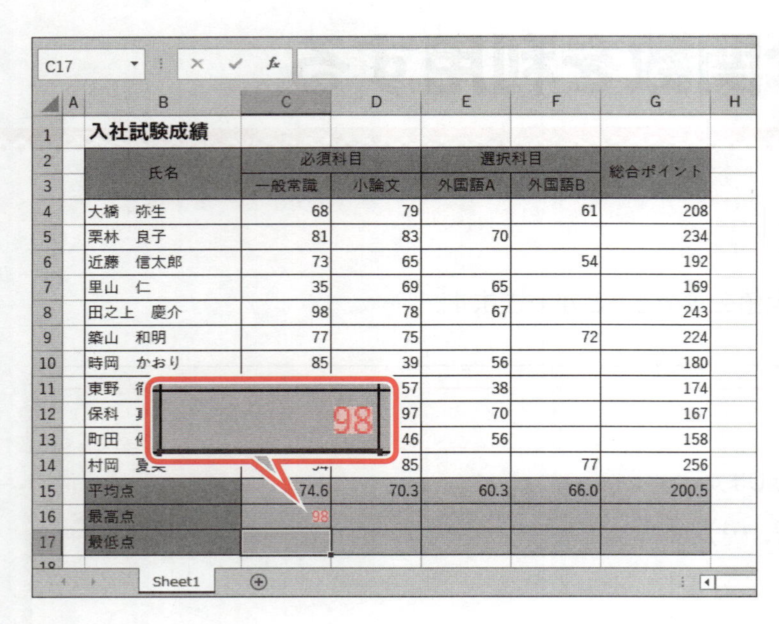

⑧ Enter を押します。
「最高点」が求められます。

2 MIN関数

「**MIN関数**」を使うと、最小値を求めることができます。

●MIN関数

引数の数値の中から最小値を返します。

=MIN（数値1, 数値2, …）

引数1　引数2

※引数には、対象のセルやセル範囲などを指定します。

Σ（合計）を使って、セル**【C17】**に関数を入力し、**「一般常識」**の**「最低点」**を求めましょう。

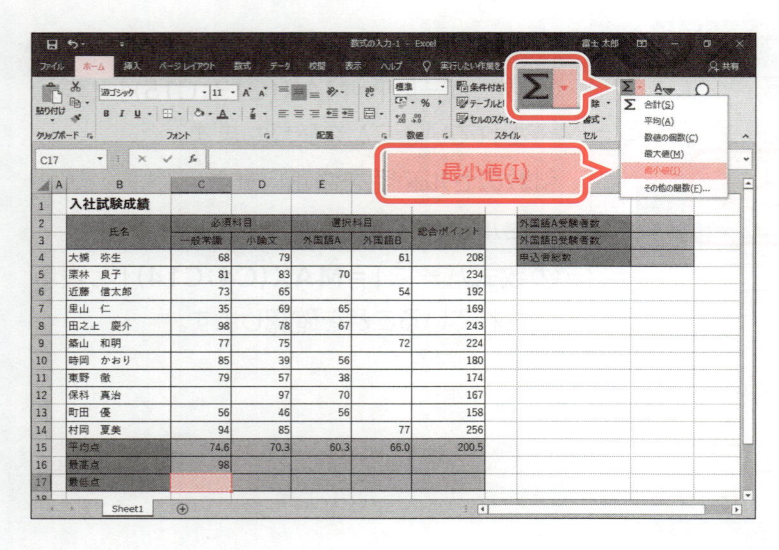

①セル**【C17】**をクリックします。
②**《ホーム》**タブを選択します。
③**《編集》**グループの Σ（合計）の ▾ をクリックします。
④**《最小値》**をクリックします。

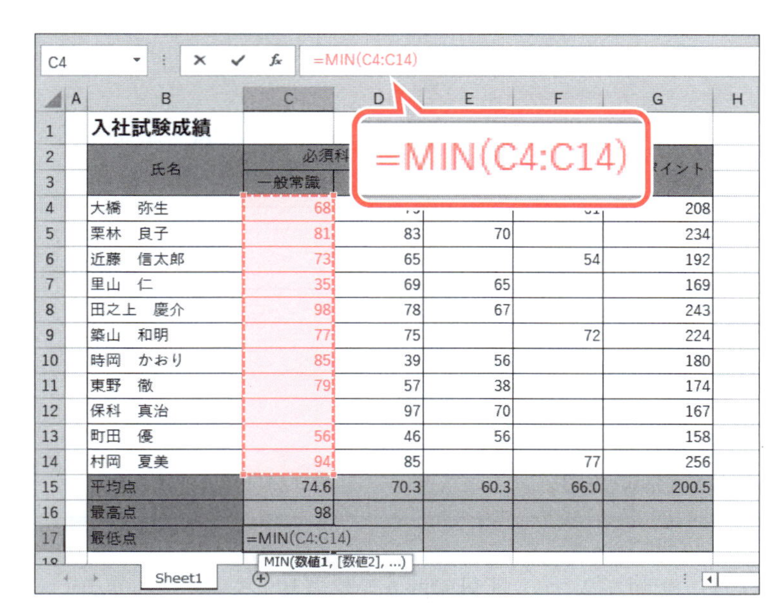

⑤数式バーに「=MIN(C13:C16)」と表示されていることを確認します。

引数のセル範囲を修正します。

⑥セル範囲【C4:C14】を選択します。

⑦数式バーに「=MIN(C4:C14)」と表示されていることを確認します。

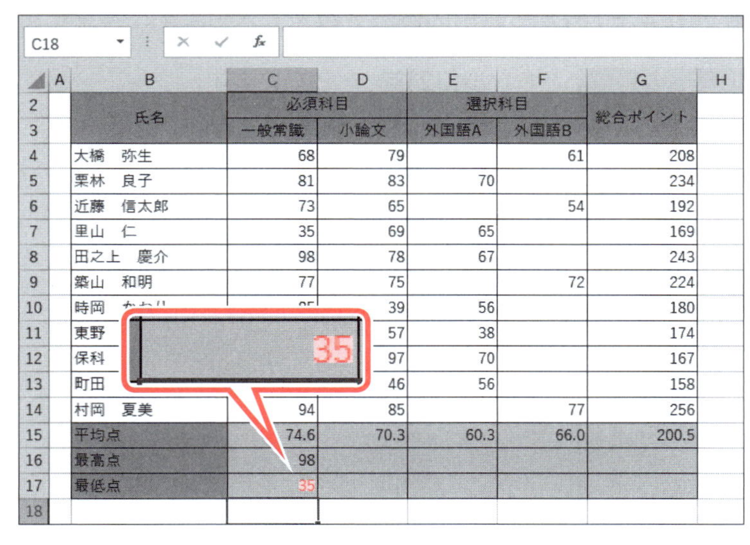

⑧ Enter を押します。

「最低点」が求められます。

Let's Try ためしてみよう

セル範囲【C16:C17】に入力されている数式を、セル範囲【D16:G17】にコピーしましょう。

	B	C	D	E	F	G
1	入社試験成績					
2	氏名	必須科目		選択科目		総合ポイント
3		一般常識	小論文	外国語A	外国語B	
4	大橋　弥生	68	79		61	208
5	栗林　良子	81	83	70		234
6	近藤　信太郎	73	65		54	192
7	里山　仁	35	69	65		169
8	田之上　慶介	98	78	67		243
9	築山　和明	77	75		72	224
10	時岡　かおり	85	39	56		180
11	東野　徹	79	57	38		174
12	保科　真治		97	70		167
13	町田　優	56	46	56		158
14	村岡　夏美	94	85		77	256
15	平均点	74.6	70.3	60.3	66.0	200.5
16	最高点	98	97	70	77	256
17	最低点	35	39	38	54	158

①セル範囲【C16:C17】を選択し、セル範囲右下の■（フィルハンドル）をセル【G17】までドラッグ

3 COUNT関数

「COUNT関数」を使うと、指定した範囲内にある数値の個数を求めることができます。

●COUNT関数

引数の中に含まれる数値の個数を返します。

=COUNT (値1, 値2, …)
引数1　引数2

※引数には、対象のセルやセル範囲などを指定します。

Σ▾（合計）を使って、セル【J2】に関数を入力し、「**外国語A受験者数**」を求めましょう。
「**外国語A受験者数**」は、セル範囲【E4:E14】から数値の個数を数えて求めます。

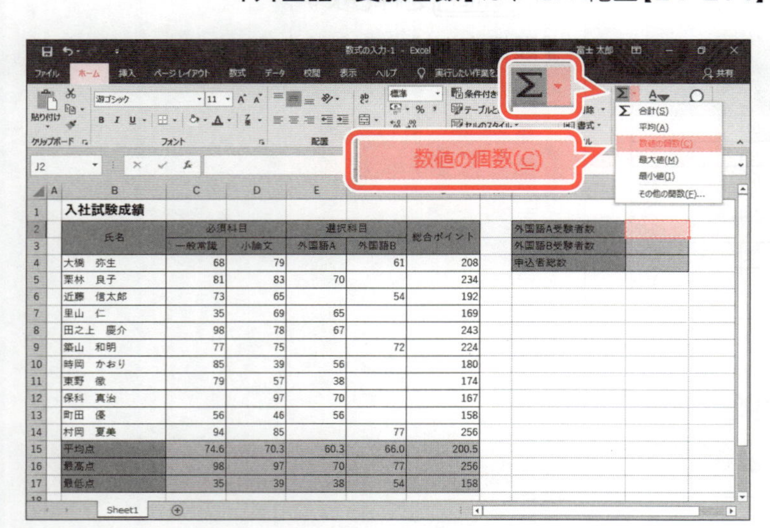

①セル【J2】をクリックします。
②《**ホーム**》タブを選択します。
③《**編集**》グループの Σ▾（合計）の ▾ をクリックします。
④《**数値の個数**》をクリックします。

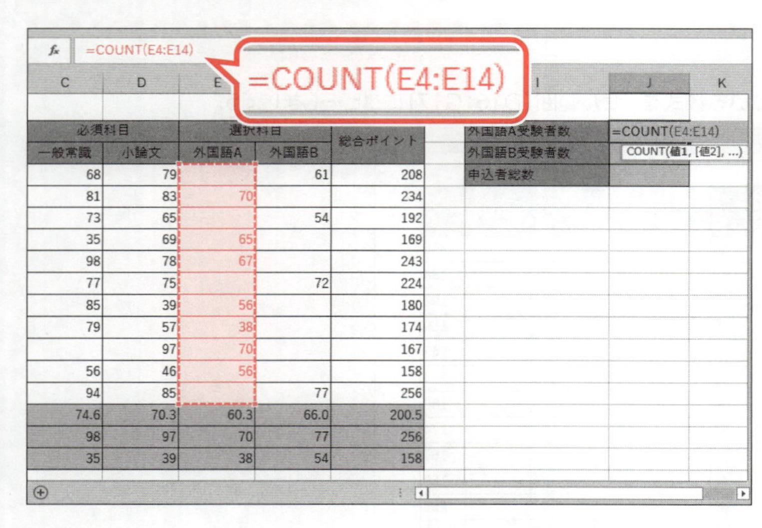

⑤数式バーに「**=COUNT()**」と表示されていることを確認します。
引数のセル範囲を選択します。
⑥セル範囲【E4:E14】を選択します。
⑦数式バーに「**=COUNT(E4:E14)**」と表示されていることを確認します。

C	D	E	F	G	H	I	J	K
必須科目		選択科目		総合ポイント		外国語A受験者数	7	
一般常識	小論文	外国語A	外国語B			外国語B受験者数		
68	79		61	208		申込		
81	83	70		234				
73	65		54	192				
35	69	65		169				
98	78	67		243				
77	75		72	224				
85	39	56		180				
79	57	38		174				
	97	70		167				
56	46	56		158				
94	85		77	256				
74.6	70.3	60.3	66.0	200.5				
98	97	70	77	256				
35	39	38	54	158				

7

⑧ Enter を押します。

「外国語A受験者数」が求められます。

Let's Try ためしてみよう

セル【J3】に「外国語B受験者数」を求めましょう。

「外国語B受験者数」は、セル範囲【F4:F14】から数値の個数を数えて求めます。

	A	B	C	D	E	F	G	H	I	J	K
1		入社試験成績									
2		氏名	必須科目		選択科目		総合ポイント		外国語A受験者数	7	
3			一般常識	小論文	外国語A	外国語B			外国語B受験者数	4	
4		大橋　弥生	68	79		61	208		申込者総数		
5		栗林　良子	81	83	70		234				
6		近藤　信太郎	73	65		54	192				
7		里山　仁	35	69	65		169				
8		田之上　慶介	98	78	67		243				
9		篠山　和明	77	75		72	224				
10		時岡　かおり	85	39	56		180				
11		東野　徹	79	57	38		174				
12		保科　真治		97	70		167				
13		町田　優	56	46	56		158				
14		村岡　夏美	94	85		77	256				
15		平均点	74.6	70.3	60.3	66.0	200.5				
16		最高点	98	97	70	77	256				
17		最低点	35	39	38	54	158				

Sheet1

① セル【J3】をクリック

②《ホーム》タブを選択

③《編集》グループの Σ▾（合計）の ▾ をクリック

④《数値の個数》をクリック

⑤ 数式バーに「=COUNT(J2)」と表示されていることを確認

⑥ セル範囲【F4:F14】を選択

⑦ 数式バーに「=COUNT(F4:F14)」と表示されていることを確認

⑧ Enter を押す

4 COUNTA関数

「**COUNTA関数**」を使うと、指定した範囲内のデータ（数値や文字列）の個数を求めることができます。

●COUNTA関数

引数の中に含まれるデータの個数を返します。
空白セルは数えられません。

=COUNTA（数値1，数値2，…）

引数1　引数2

※引数には、対象のセルやセル範囲などを指定します。

キーボードから関数を直接入力し、セル【J4】に「**申込者総数**」を求めましょう。
「**申込者総数**」は、セル範囲【B4:B14】のデータの個数を数えて求めます。

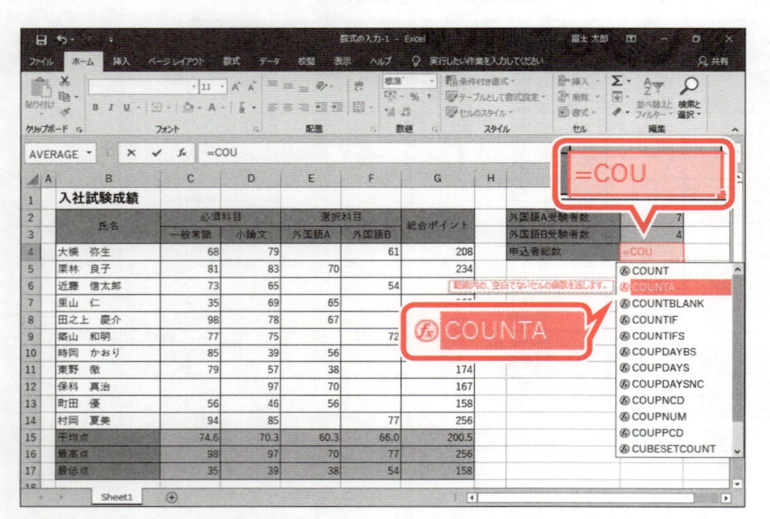

①セル【J4】をクリックします。
②「=COU」と入力します。
「COU」で始まる関数が一覧で表示されます。
③一覧の「COUNTA」をクリックします。
④ポップヒントに関数の説明が表示されます。
⑤一覧の「COUNTA」をダブルクリックします。

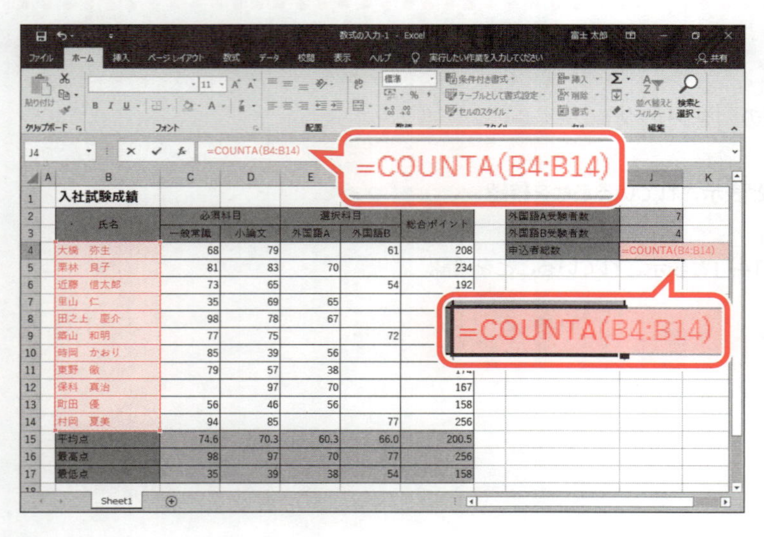

「=COUNTA(」まで自動的に入力されます。
⑥セル範囲【B4:B14】を選択します。
⑦「)」を入力します。
⑧数式バーに「=COUNTA(B4:B14)」と表示されていることを確認します。

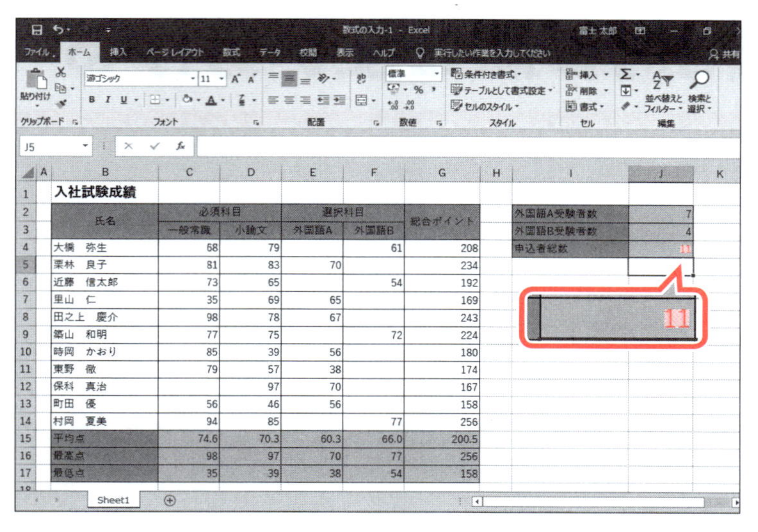

⑨ Enter を押します。

「申込者総数」が求められます。

※ブックに「数式の入力-1完成」と名前を付けて、フォルダー「第4章」に保存し、閉じておきましょう。

STEP UP オートカルク

「オートカルク」は、選択したセル範囲の合計や平均などをステータスバーに表示する機能です。関数を入力しなくても、セル範囲を選択するだけで計算結果を確認できます。

ステータスバーを右クリックすると表示される一覧で、表示する項目を☑にすると、「最大値」「最小値」「数値の個数」などをステータスバーに表示できます。

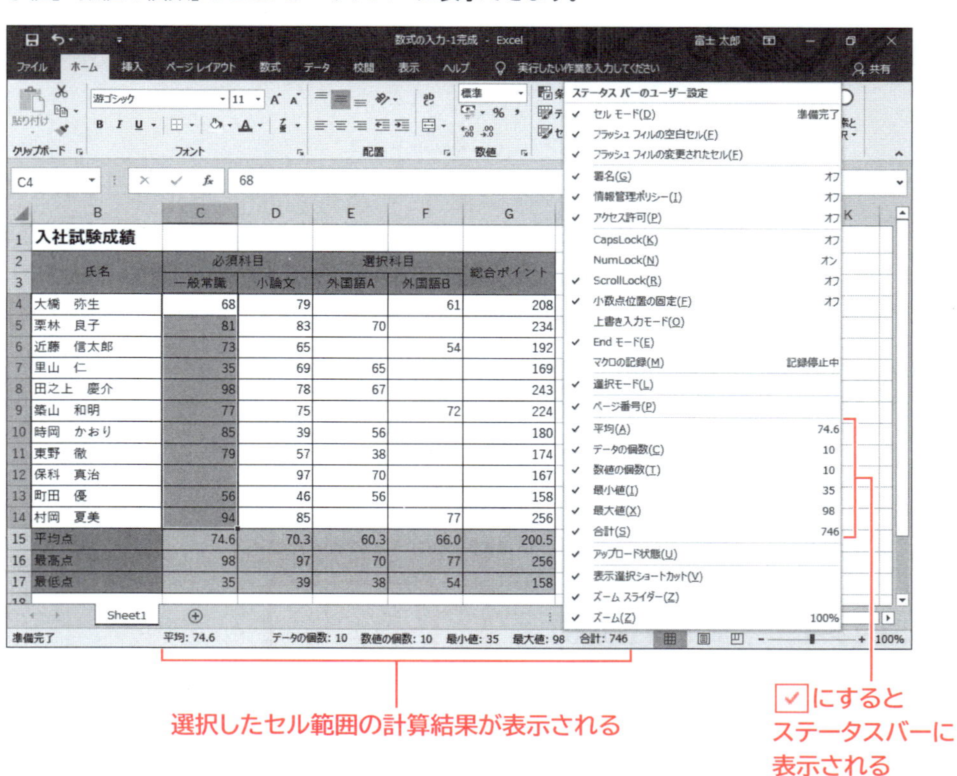
選択したセル範囲の計算結果が表示される
☑にすると
ステータスバーに
表示される

Step4 相対参照と絶対参照を使い分ける

1 セルの参照

数式は「=A1*A2」のように、セルを参照して入力するのが一般的です。
セルの参照には、**「相対参照」**と**「絶対参照」**があります。

●相対参照

「相対参照」は、セルの位置を相対的に参照する形式です。数式をコピーすると、セルの参照は自動的に調整されます。
図のセル**【D2】**に入力されている「**=B2*C2**」の「**B2**」や「**C2**」は相対参照です。数式をコピーすると、コピーの方向に応じて「**=B3*C3**」「**=B4*C4**」のように自動的に調整されます。

	A	B	C	D
1	商品名	定価	掛け率	販売価格
2	スーツ	¥56,000	80%	¥44,800
3	コート	¥75,000	60%	
4	シャツ	¥15,000	70%	

=B2*C2
ドラッグしてコピー

D
販売価格
¥44,800
¥45,000
¥10,500

行番号が調整される
=B3*C3
=B4*C4

●絶対参照

「絶対参照」は、特定の位置にあるセルを必ず参照する形式です。数式をコピーしても、セルの参照は固定されたままで調整されません。セルを絶対参照にするには、**「$」**を付けます。
図のセル**【C4】**に入力されている「**=B4*$B$1**」の「**$B$1**」は絶対参照です。数式をコピーしても、「**=B5*$B$1**」「**=B6*$B$1**」のように「**$B$1**」は調整されません。

	A	B	C
1	掛け率	75%	
2			
3	商品名	定価	販売価格
4	スーツ	¥56,000	¥42,000
5	コート	¥75,000	
6	シャツ	¥15,000	

=B4*$B$1
ドラッグしてコピー

C
販売価格
¥42,000
¥56,250
¥11,250

セルの参照は固定
=B5*$B$1
=B6*$B$1

2 相対参照

相対参照を使って、**「週給」**を求める数式を入力し、コピーしましょう。
「週給」は、**「週勤務時間×時給」**で求めます。

File OPEN フォルダー「第4章」のブック「数式の入力-2」のシート「Sheet1」を開いておきましょう。

①セル**【J5】**をクリックします。

②**「=」**を入力します。

③セル**【H5】**をクリックします。

④**「*」**を入力します。

⑤セル**【I5】**をクリックします。

⑥数式バーに**「=H5*I5」**と表示されていることを確認します。

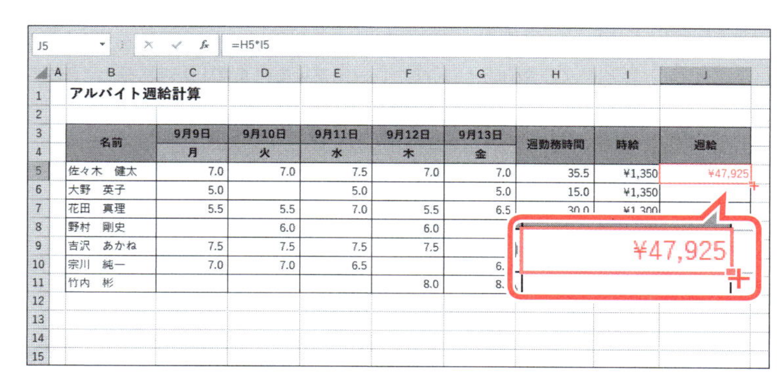

J5 =H5*I5

アルバイト週給計算

名前	9月9日 月	9月10日 火	9月11日 水	9月12日 木	9月13日 金	週勤務時間	時給	週給
佐々木　健太	7.0	7.0	7.5	7.0	7.0	35.5	¥1,350	¥47,925
大野　英子	5.0		5.0		5.0	15.0	¥1,350	
花田　真理	5.5	5.5	7.0	5.5	6.5	30.0	¥1,300	
野村　剛史		6.0		6.0				
吉沢　あかね	7.5	7.5	7.5	7.5				
宗川　純一	7.0	7.0	6.5		6.			
竹内　彬				8.0	8.			

⑦ Enter を押します。

「週給」が求められます。

※「週給」欄には、あらかじめ通貨の表示形式が設定されています。

数式をコピーします。

⑧セル**【J5】**を選択し、セル右下の■(フィルハンドル)をダブルクリックします。

数式がコピーされます。

コピー先の数式を確認します。

⑨セル**【J6】**をクリックします。

⑩数式が**「=H6*I6」**になり、セルの参照が自動的に調整されていることを確認します。

※セル【J7】やセル【J8】の数式も確認しておきましょう。

3 絶対参照

絶対参照を使って、**「週給」**を求める数式を入力し、コピーしましょう。
「週給」は、**「週勤務時間×時給」**で求めます。

シート「Sheet2」に切り替えておきましょう。

名前ボックス：I7　数式バー：=H7*C3

	B	C	D	E	F	G	H	I
1	アルバイト週給計算							
3	時給	¥1,300						
5	名前	9月9日	9月10日	9月11日	9月12日	9月13日	週勤務時間	週給
6		月	火	水	木	金		
7	佐々木　健太	7.0	7.0	7.5	7.0	7.0	35.5	=H7*C3
8	大野　英子	5.0		5.0		5.0	15.0	
9	花田　真理	5.5	5.5	7.0	5.5	6.5	30.0	
10	野村　剛史		6.0		6.0		12.0	
11	吉沢　あかね	7.5	7.5	7.5	7.5		30.0	
12	宗川　純一	7.0	7.0	6.5		6.5	27.0	
13	竹内　彬				8.0	8.0	16.0	

=H7*C3

①セル**【I7】**をクリックします。
②**「=」**を入力します。
③セル**【H7】**をクリックします。
④**「*」**を入力します。
⑤セル**【C3】**をクリックします。
⑥数式バーに**「=H7*C3」**と表示されていることを確認します。

名前ボックス：C3　数式バー：=H7*$C$3

	B	C	D	E	F	G	H	I
1	アルバイト週給計算							
3	時給	¥1,300						
5	名前	9月9日	9月10日	9月11日	9月12日	9月13日	週勤務時間	週給
6		月	火	水	木	金		
7	佐々木　健太	7.0	7.0	7.5	7.0	7.0	35.5	=H7*$C$3
8	大野　英子	5.0		5.0		5.0	15.0	
9	花田　真理	5.5	5.5	7.0	5.5	6.5	30.0	
10	野村　剛史		6.0		6.0		12.0	
11	吉沢　あかね	7.5	7.5	7.5	7.5		30.0	
12	宗川　純一	7.0	7.0	6.5		6.5	27.0	
13	竹内　彬				8.0	8.0	16.0	

=H7*$C$3

⑦［F4］を押します。
※数式の入力中に［F4］を押すと、「$」が自動的に付きます。
⑧数式バーに**「=H7*$C$3」**と表示されていることを確認します。

名前ボックス：I7　数式バー：=H7*$C$3

	B	C	D	E	F	G	H	I
1	アルバイト週給計算							
3	時給	¥1,300						
5	名前	9月9日	9月10日	9月11日	9月12日	9月13日	週勤務時間	週給
6		月	火	水	木	金		
7	佐々木　健太	7.0	7.0	7.5	7.0	7.0	35.5	¥46,150
8	大野　英子	5.0		5.0		5.0	15.0	
9	花田　真理	5.5	5.5	7.0	5.5	6.5	30.0	
10	野村　剛史		6.0		6.0			
11	吉沢　あかね	7.5	7.5	7.5	7.5			
12	宗川　純一	7.0	7.0	6.5				
13	竹内　彬				8.0			

¥46,150

⑨［Enter］を押します。
「週給」が求められます。
※「週給」欄には、あらかじめ通貨の表示形式が設定されています。
数式をコピーします。
⑩セル**【I7】**を選択し、セル右下の■（フィルハンドル）をダブルクリックします。

名前ボックス：I7　数式バー：=H7*$C$3

	B	C	D	E	F	G	H	I
1	アルバイト週給計算							
3	時給	¥1,300						
5	名前	9月9日	9月10日	9月11日	9月12日	9月13日	週勤務時間	週給
6		月	火	水	木	金		
7	佐々木　健太	7.0	7.0	7.5	7.0	7.0	35.5	¥46,150
8	大野　英子	5.0		5.0		5.0	15.0	¥19,500
9	花田　真理	5.5	5.5	7.0	5.5	6.5	30.0	¥39,000
10	野村　剛史		6.0		6.0		12.0	¥15,600
11	吉沢　あかね	7.5	7.5	7.5	7.5		30.0	¥39,000
12	宗川　純一	7.0	7.0	6.5		6.5	27.0	¥35,100
13	竹内　彬				8.0	8.0	16.0	¥20,800

数式がコピーされます。

名前ボックス：I8　数式バー：=H8*$C$3

	B	C	D	E	F	G	H	I
1	アルバイト週給計算							
3	時給	¥1,300						
5	名前	9月9日	9月10日	9月11日	9月12日	9月13日	週勤務時間	週給
6		月	火	水	木	金		
7	佐々木　健太	7.0	7.0	7.5	7.0	7.0	35.5	¥46,150
8	大野　英子	5.0		5.0		5.0	15.0	¥19,500
9	花田　真理	5.5	5.5	7.0	5.5	6.5	30.0	¥39,000
10	野村　剛史		6.0		6.0		12.0	¥15,600
11	吉沢　あかね	7.5	7.5	7.5	7.5		30.0	¥39,000
12	宗川　純一	7.0	7.0	6.5		6.5	27.0	¥35,100
13	竹内　彬				8.0	8.0	16.0	¥20,800

=H8*$C$3

コピー先の数式を確認します。
⑪セル**【I8】**をクリックします。
⑫数式が**「=H8*$C$3」**になり、**「$C$3」**のセルの参照が固定されていることを確認します。
※セル【I9】やセル【I10】の数式も確認しておきましょう。
※ブックに「数式の入力-2完成」と名前を付けて、フォルダー「第4章」に保存し、閉じておきましょう。

POINT $の入力

「$」は直接入力してもかまいませんが、F4 を使うと簡単に入力できます。
F4 を連続して押すと、「$C$3」（列行ともに固定）、「C$3」（行だけ固定）、「$C3」（列だけ固定）、「C3」（固定しない）の順番で切り替わります。

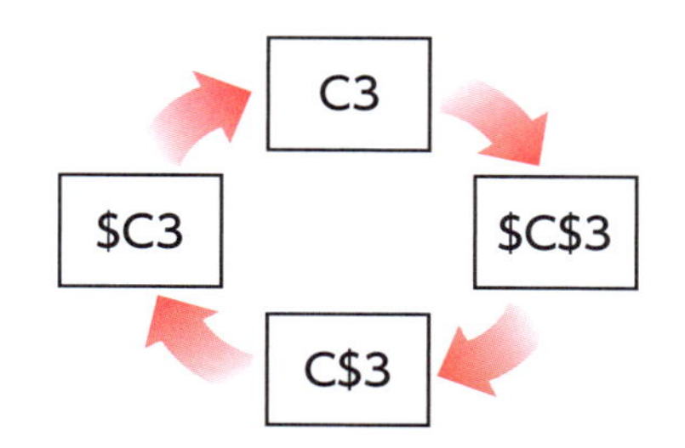

STEP UP 複合参照

相対参照と絶対参照を組み合わせることができます。このようなセルの参照を「複合参照」といいます。

例：列は絶対参照、行は相対参照

$A1

コピーすると、「$A2」「$A3」「$A4」・・・のように、列は固定され、行は自動調整されます。

例：列は相対参照、行は絶対参照

A$1

コピーすると、「B$1」「C$1」「D$1」・・・のように、列は自動調整され、行は固定されます。

STEP UP 絶対参照を使わない場合

セル【I7】の数式を相対参照で入力してコピーすると、次のようになり、目的の計算が行われません。

	A	B	C	D	E	F	G	H	I
1		アルバイト週給計算							
2									
3		時給	¥1,300						
4									
5		名前	9月9日	9月10日	9月11日	9月12日	9月13日	週勤務時間	週給
6			月	火	水	木	金		
7		佐々木　健太	7.0	7.0	7.5	7.0	7.0	35.5	¥46,150
8		大野　英子	5.0		5.0		5.0	15.0	¥0
9		花田　真理	5.5	5.5	7.0	5.5	6.5	30.0	¥1,311,450
10		野村　剛史		6.0		6.0		12.0	#VALUE!
11		吉沢　あかね	7.5	7.5	7.5	7.5		30.0	¥210
12		宗川　純一	7.0	7.0	6.5		6.5	27.0	¥135
13		竹内　彬				8.0	8.0	16.0	¥88
14									

=H7*C3
=H8*C4
=H9*C5
=H10*C6

STEP UP 数式のエラー

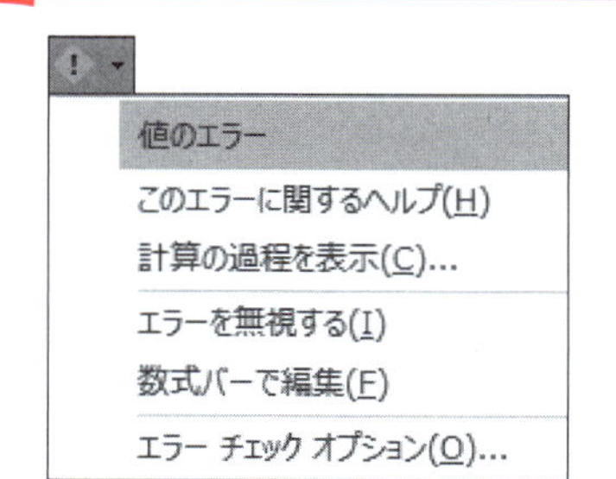

数式にエラーの可能性があるセルに（エラーチェック）と（エラーインジケータ）が表示されます。
（エラーチェック）をクリックすると表示される一覧から、エラーを確認したりエラーに対処したりできます。

練習問題

解答 ► 別冊P.2

完成図のような表を作成しましょう。

フォルダー「第4章」のブック「第4章練習問題」を開いておきましょう。

●完成図

	A	B	C	D	E	F	G	H
1		支店別売上高						
2							2019年4月5日	
3								
4		地区	支店名	前年度売上(万円)	2018年度売上(万円)	前年度比	構成比	
5		東京	銀座	91,000	85,550	94.0%	14.3%	
6			新宿	105,100	115,640	110.0%	19.3%	
7			渋谷	67,850	70,210	103.5%	11.7%	
8			台場	76,700	74,510	97.1%	12.5%	
9		神奈川	川崎	34,150	35,240	103.2%	5.9%	
10			横浜	23,100	23,110	100.0%	3.9%	
11			小田原	89,010	94,560	106.2%	15.8%	
12		千葉	千葉	68,260	66,570	97.5%	11.1%	
13			幕張	32,020	32,570	101.7%	5.4%	
14		合計		587,190	597,960	101.8%	100.0%	
15		最大		105,100	115,640			
16								

① セル【F5】に「**銀座**」の「**前年度比**」を求める数式を入力しましょう。
「**前年比**」は「**2018年度売上÷前年度売上**」で求めます。
次に、セル【F5】の数式をセル範囲【F6:F14】にコピーしましょう。

② セル【G5】に「**銀座**」の「**構成比**」を求める数式を入力しましょう。
「**構成比**」は2018年度売上の「**各支店の売上÷合計**」で求めます。
次に、セル【G5】の数式をセル範囲【G6:G14】にコピーしましょう。

③ セル【D15】に「**前年度売上**」の最大値を求める数式を入力しましょう。
次に、セル【D15】の数式をセル【E15】にコピーしましょう。

④ 完成図を参考に、セル範囲【F15:G15】に斜線を引きましょう。

⑤ セル範囲【D5:E15】に3桁区切りカンマを付けましょう。

⑥ セル範囲【F5:G14】を小数第1位までのパーセントで表示しましょう。

⑦ セル【G2】の「**4月5日**」の表示形式を「**2019年4月5日**」に変更しましょう。

※ブックに「第4章練習問題完成」と名前を付けて、フォルダー「第4章」に保存し、閉じておきましょう。

第5章

複数シートの操作

第5章 この章で学ぶこと

学習前に習得すべきポイントを理解しておき、
学習後には確実に習得できたかどうかを振り返りましょう。

1. シートの内容に合わせて、シート名を変更できる。 ☐☐☐ → P.129
2. シート見出しに色を付けることができる。 ☐☐☐ → P.130
3. 複数のシートに、まとめてデータの入力や書式設定ができる。 ☐☐☐ → P.131
4. シートを移動して、シートの順番を変更できる。 ☐☐☐ → P.135
5. シートをコピーして、効率よく表を作成できる。 ☐☐☐ → P.136
6. 複数のシートの同じセル位置のデータを集計できる。 ☐☐☐ → P.138
7. 別のシートのセルを参照する数式を入力できる。 ☐☐☐ → P.141
8. リンク貼り付けして、セルの値を参照できる。 ☐☐☐ → P.142

Step 1 作成するブックを確認する

1 作成するブックの確認

次のようなブックを作成しましょう。

生活環境・満足度調査

調査対象： 大都市圏

年齢区分	満足	まあ満足	やや不満	不満	合計
20～29歳	1,830	2,684	741	454	5,709
30～39歳	1,603	2,486			
40～49歳	1,268	2,360			
50～59歳	1,115	2,331			
60～69歳	1,429	2,548			
70歳以上	1,603	2,797			
合計	8,848	15,206			

生活環境・満足度調査

調査対象： 中核都市圏

年齢区分	満足	まあ満足	やや不満	不満	合計
20～29歳	1,408	2,335	1,115	720	5,578
30～39歳	1,386	2,285			
40～49歳	1,377	2,313			
50～59歳	1,338	2,513			
60～69歳	1,743	2,447			
70歳以上	1,922	2,792			
合計	9,174	14,685			

生活環境・満足度調査

調査対象： 地方町村圏

年齢区分	満足	まあ満足	やや不満	不満	合計
20～29歳	986	1,985	1,489	986	5,446
30～39歳	1,168	2,286	1,202	791	5,447
40～49歳	1,486	2,456	986	549	5,477
50～59歳	1,560	2,561	896	465	5,482
60～69歳	2,056	2,345	796	485	5,682
70歳以上	2,241	2,786	564	216	5,807
合計	9,497	14,419	5,933	3,492	33,341

生活環境・満足度調査

調査対象： 全体集計

年齢区分	満足	まあ満足	やや不満	不満	合計
20～29歳	4,224	7,004	3,345	2,160	16,733
30～39歳	4,157	7,057	3,606	2,523	17,343
40～49歳	4,131	7,129	3,531	2,405	17,196
50～59歳	4,013	7,405	3,573	2,384	17,375
60～69歳	5,228	7,340	2,736	1,590	16,894
70歳以上	5,766	8,375	2,219	926	17,286
合計	27,519	44,310	19,010	11,988	102,827

生活環境・満足度調査

調査対象： 全体集計

調査対象	満足	まあ満足	やや不満	不満	合計
大都市圏	8,848	15,206	6,740	4,499	35,293
中核都市圏	9,174	14,685	6,337	3,997	[illegible]
地方町村圏	9,497	14,419	5,933	3,492	33,341
合計	27,519	44,310	19,010	11,988	102,827

シート間のセル参照

リンク貼り付け

大都市圏 / 中核都市圏 / 地方町村圏 / 全体集計

Step2 シート名を変更する

第5章 複数シートの操作

1 シート名の変更

初期の設定では、シートには「Sheet1」と名前が付けられており、新しいシートを挿入すると「Sheet2」「Sheet3」という名前が付けられます。このシート名はあとから変更できます。
シート「Sheet1」の名前を「**地方町村圏**」に変更しましょう。

フォルダー「第5章」のブック「複数シートの操作-1」のシート「Sheet1」を開いておきましょう。

※アクティブシートを切り替えて、各シートの内容を確認しておきましょう。

	A	B	C	D	E	F	G	H
1			生活環境・満足度調査					
2						調査対象：	地方町村圏	
3								
4			満足	まあ満足	やや不満	不満	合計	
5		20～29歳	986	1,985	1,489	986		
6		30～39歳	1,168	2,286	1,202	791		
7		40～49歳	1,486	2,456	986	549		
8		50～59歳	1,560	2,561	896	465		
9		60～69歳	2,056	2,345	796	485		
10		70歳以上	2,241	2,786	564	216		
11		合計						
12								

Sheet1 | Sheet2 | Sheet3

①シート「**Sheet1**」のシート見出しをダブルクリックします。
シート名が選択されます。

	A	B	C	D	E	F	G	H
1			生活環境・満足度調査					
2						調査対象：	地方町村圏	
3								
4			満足	まあ満足	やや不満	不満	合計	
5		20～29歳	986	1,985	1,489	986		
6		30～39歳	1,168	2,286	1,202	791		
7		40～49歳	1,486	2,456	986	549		
8		50～59歳	1,560	2,561	896	465		
9		60～69歳	2,056	2,345	796	485		
10		70歳以上	2,241	2,786	564	216		
11		合計						
12								

地方町村圏 | Sheet2 | Sheet3

②「**地方町村圏**」と入力します。
③ Enter を押します。
シート名が変更されます。

	A	B	C	D	E	F	G	H
1			生活環境・満足度調査					
2						調査対象：	大都市圏	
3								
4			満足	まあ満足	やや不満	不満	合計	
5		20～29歳	1,830	2,684	741	454		
6		30～39歳	1,603	2,486	1,202	891		
7		40～49歳	1,268	2,360	1,368	1,054		
8		50～59歳	1,115	2,331	1,486	1,124		
9		60～69歳	1,429	2,548	1,028	575		
10		70歳以上	1,603	2,797	915	401		
11		合計						
12								

地方町村圏 | 中核都市圏 | 大都市圏

④同様に、シート「**Sheet2**」の名前を「**中核都市圏**」に変更します。
⑤同様に、シート「**Sheet3**」の名前を「**大都市圏**」に変更します。

STEP UP その他の方法（シート名の変更）

◆シート見出しを選択→《ホーム》タブ→《セル》グループの 書式 （書式）→《シートの整理》の《シート名の変更》
◆シート見出しを右クリック→《名前の変更》

POINT シート名に使えない記号

次の記号はシート名に使えないので注意しましょう。

¥ [ ] * : / ?

2 シート見出しの色の設定

シートを区別しやすくするために、シート見出しに色を付けることができます。
シート**「地方町村圏」**のシート見出しの色を**「オレンジ」**にしましょう。

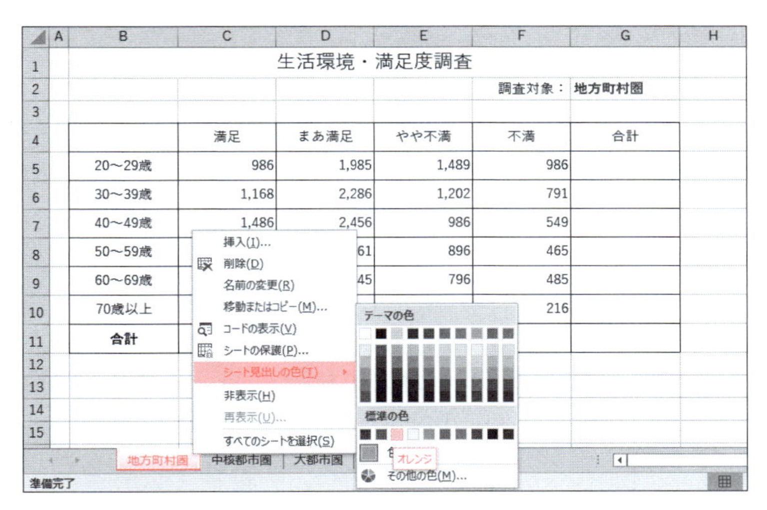

	生活環境・満足度調査				
				調査対象：	地方町村圏
	満足	まあ満足	やや不満	不満	合計
20～29歳	986	1,985	1,489	986	
30～39歳	1,168	2,286	1,202	791	
40～49歳	1,486	2,456	986	549	
50～59歳		61	896	465	
60～69歳		45	796	485	
70歳以上				216	
合計					

①シート**「地方町村圏」**のシート見出しを右クリックします。

②**《シート見出しの色》**をポイントします。

③**《標準の色》**の**《オレンジ》**をクリックします。

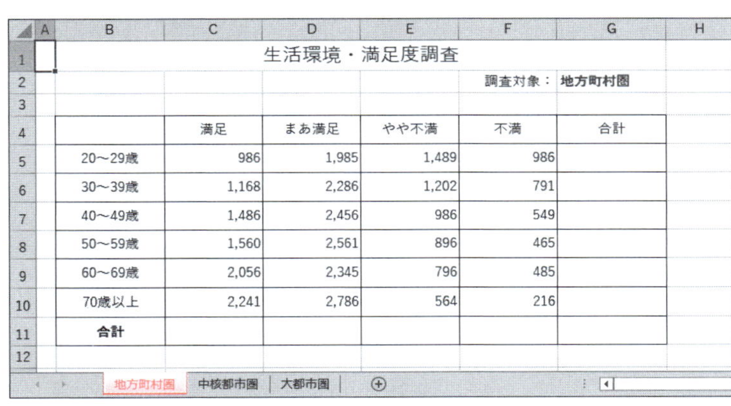

	生活環境・満足度調査				
				調査対象：	地方町村圏
	満足	まあ満足	やや不満	不満	合計
20～29歳	986	1,985	1,489	986	
30～39歳	1,168	2,286	1,202	791	
40～49歳	1,486	2,456	986	549	
50～59歳	1,560	2,561	896	465	
60～69歳	2,056	2,345	796	485	
70歳以上	2,241	2,786	564	216	
合計					

シート見出しに色が付きます。

※アクティブシートのシート見出しの色は、設定した色よりやや薄くなります。シートを切り替えると設定した色で表示されます。

	生活環境・満足度調査				
				調査対象：	大都市圏
	満足	まあ満足	やや不満	不満	合計
20～29歳	1,830	2,684	741	454	
30～39歳	1,603	2,486	1,202	891	
40～49歳	1,268	2,360	1,368	1,054	
50～59歳	1,115	2,331	1,486	1,124	
60～69歳	1,429	2,548	1,028	575	
70歳以上	1,603	2,797	915	401	
合計					

地方町村圏　中核都市圏　大都市圏

④同様に、シート**「中核都市圏」**のシート見出しの色を**《標準の色》**の**《薄い青》**に設定します。

⑤同様に、シート**「大都市圏」**のシート見出しの色を**《標準の色》**の**《薄い緑》**に設定します。

STEP UP その他の方法（シート見出しの色の設定）

◆シート見出しを選択→《ホーム》タブ→《セル》グループの 書式 （書式）→《シートの整理》の《シート見出しの色》

Step3 グループを設定する

1 グループの設定

複数のシートを選択すると**「グループ」**が設定されます。
グループを設定すると、複数のシートに対してまとめてデータを入力したり、書式を設定したりできます。

1 グループの設定

3枚のシートをグループとして設定しましょう。

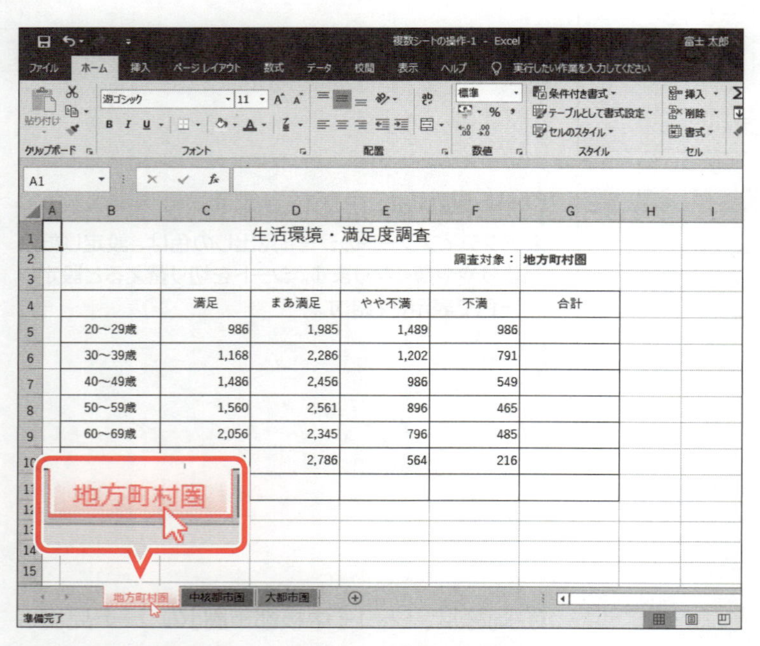

①シート**「地方町村圏」**のシート見出しをクリックします。

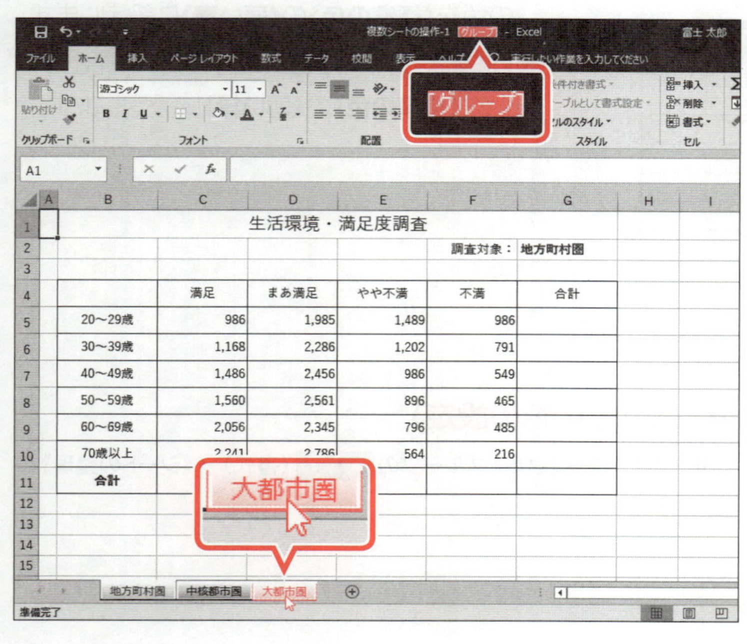

② Shift を押しながら、シート**「大都市圏」**のシート見出しをクリックします。

3枚のシートが選択され、グループが設定されます。

③タイトルバーに**《[グループ]》**と表示されていることを確認します。

POINT 複数シートの選択

複数のシートを選択する方法は、次のとおりです。

連続しているシート

◆先頭のシート見出しをクリック→［Shift］を押しながら、最終のシート見出しをクリック

連続していないシート

◆1つ目のシート見出しをクリック→［Ctrl］を押しながら、2つ目以降のシート見出しをクリック

ブック内のすべてのシート

◆シート見出しで右クリック→《すべてのシートを選択》

2 データ入力と書式設定

グループとして設定した3枚のシートに、次の操作を一括して行いましょう。

- **セル【B4】に「年齢区分」と入力する**
- **セル範囲【B4：G4】に塗りつぶしの色「白、背景1、黒+基本色15%」、太字を設定する**
- **合計を求める**

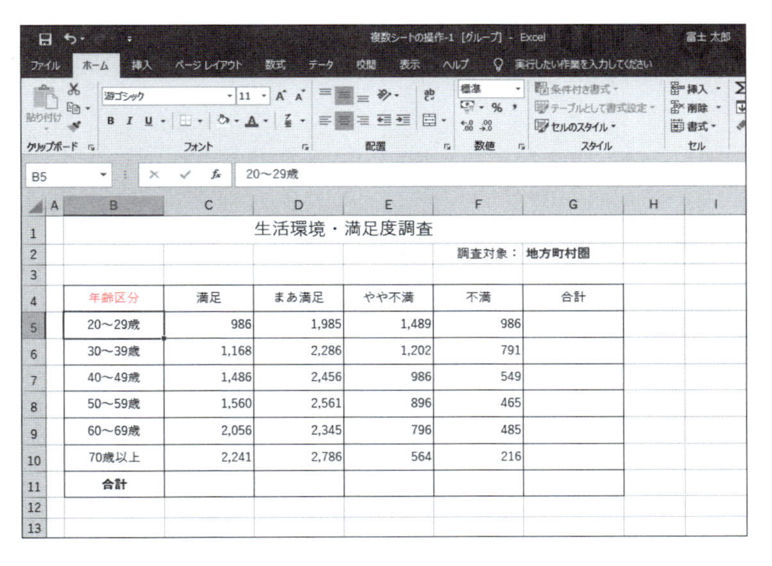

	A	B	C	D	E	F	G
1		生活環境・満足度調査					
2						調査対象：	地方町村圏
3							
4		年齢区分	満足	まあ満足	やや不満	不満	合計
5		20～29歳	986	1,985	1,489	986	
6		30～39歳	1,168	2,286	1,202	791	
7		40～49歳	1,486	2,456	986	549	
8		50～59歳	1,560	2,561	896	465	
9		60～69歳	2,056	2,345	796	485	
10		70歳以上	2,241	2,786	564	216	
11		合計					

データを入力します。

①セル【B4】に**「年齢区分」**と入力します。

	A	B	C	D	E	F	G
1				生活環境・満足度調査			
2						調査対象：	地方町村圏
3							
4		年齢区分	満足	まあ満足	やや不満	不満	合計
5		20～29歳	986	1,985	1,489	986	
6		30～39歳	1,168	2,286	1,202	791	
7		40～49歳	1,486	2,456	986	549	
8		50～59歳	1,560	2,561	896	465	
9		60～69歳	2,056	2,345	796	485	
10		70歳以上	2,241	2,786	564	216	
11		合計					

塗りつぶしの色を設定します。

②セル範囲**【B4：G4】**を選択します。

③**《ホーム》**タブを選択します。

④**《フォント》**グループの［塗りつぶしの色］（塗りつぶしの色）の［▼］をクリックします。

⑤**《テーマの色》**の**《白、背景1、黒+基本色15%》**をクリックします。

塗りつぶしの色が設定されます。

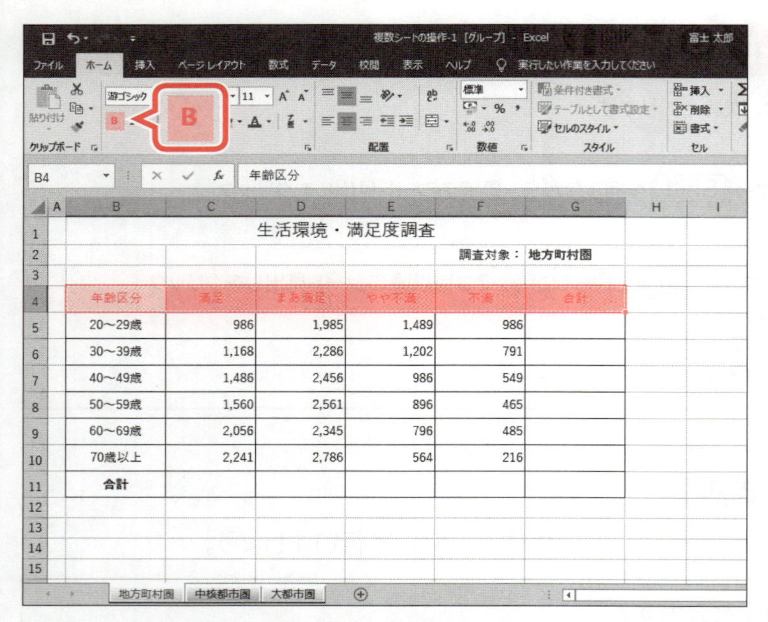

太字を設定します。

⑥セル範囲【B4:G4】が選択されていることを確認します。

⑦《フォント》グループの B（太字）をクリックします。

太字が設定されます。

合計を求めます。

⑧セル範囲【C5:G11】を選択します。

⑨《編集》グループの Σ（合計）をクリックします。

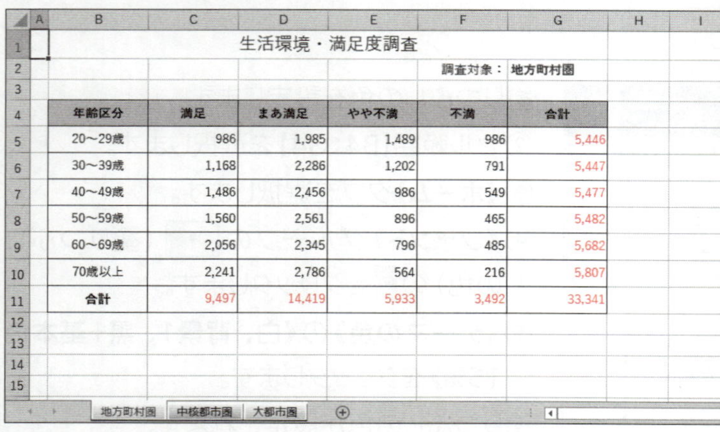

生活環境・満足度調査

調査対象： 地方町村圏

年齢区分	満足	まあ満足	やや不満	不満	合計
20～29歳	986	1,985	1,489	986	5,446
30～39歳	1,168	2,286	1,202	791	5,447
40～49歳	1,486	2,456	986	549	5,477
50～59歳	1,560	2,561	896	465	5,482
60～69歳	2,056	2,345	796	485	5,682
70歳以上	2,241	2,786	564	216	5,807
合計	9,497	14,419	5,933	3,492	33,341

合計が求められます。

※セル【A1】をアクティブセルにしておきましょう。

STEP UP 縦横の合計を求める

合計する数値が入力されているセル範囲と、計算結果を表示する空白セルを選択して、Σ（合計）をクリックすると、空白セルに合計を求めることができます。

POINT グループ利用時の注意

グループを設定したシートに対して、データを入力したり書式を設定したりする場合、各シートの表の構造（作り方）が同じでなければなりません。表の構造が異なると、データ入力や書式設定が意図するとおりになりません。

2 グループの解除

シートのグループを解除し、すべてのシートにデータ入力や書式設定が反映されていることを確認しましょう。一番手前のシート以外のシート見出しをクリックすると、グループが解除されます。

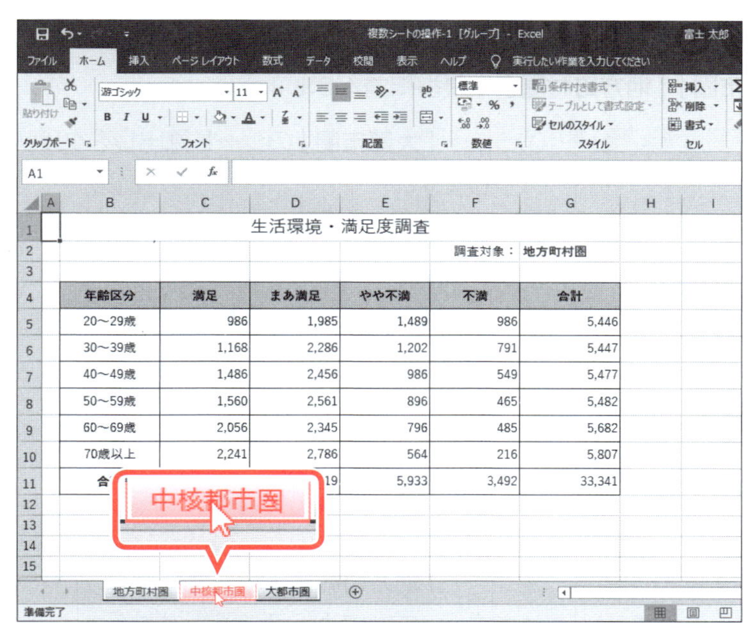

年齢区分	満足	まあ満足	やや不満	不満	合計
20～29歳	986	1,985	1,489	986	5,446
30～39歳	1,168	2,286	1,202	791	5,447
40～49歳	1,486	2,456	986	549	5,477
50～59歳	1,560	2,561	896	465	5,482
60～69歳	2,056	2,345	796	485	5,682
70歳以上	2,241	2,786	564	216	5,807
合		19	5,933	3,492	33,341

①シート「**中核都市圏**」のシート見出しをクリックします。

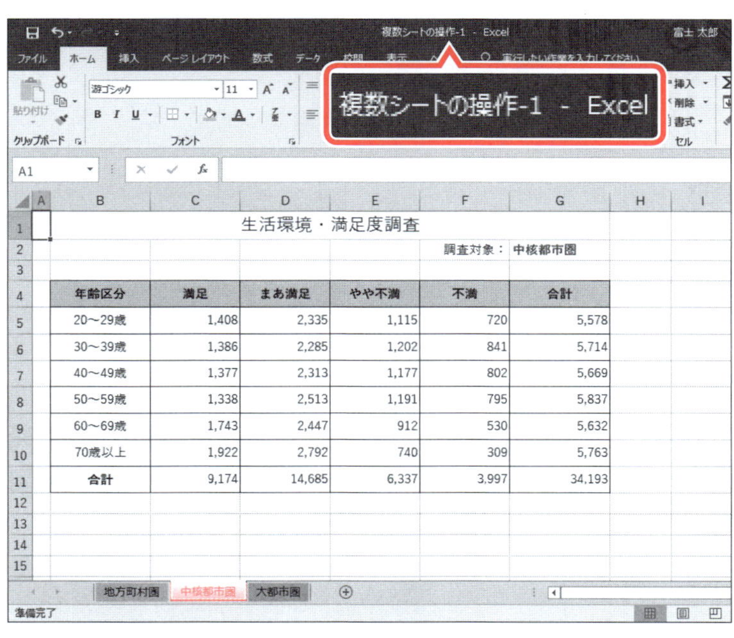

年齢区分	満足	まあ満足	やや不満	不満	合計
20～29歳	1,408	2,335	1,115	720	5,578
30～39歳	1,386	2,285	1,202	841	5,714
40～49歳	1,377	2,313	1,177	802	5,669
50～59歳	1,338	2,513	1,191	795	5,837
60～69歳	1,743	2,447	912	530	5,632
70歳以上	1,922	2,792	740	309	5,763
合計	9,174	14,685	6,337	3,997	34,193

グループが解除され、シート「**中核都市圏**」に切り替わります。

②タイトルバーに《**[グループ]**》と表示されていないことを確認します。

③データ入力や書式設定が反映されていることを確認します。

※シート「大都市圏」に切り替えて、データ入力や書式設定が反映されていることを確認しておきましょう。

STEP UP その他の方法（グループの解除）

◆グループに設定されているシート見出しを右クリック→《シートのグループ解除》

POINT グループの解除

ブック内のすべてのシートがグループに設定されている場合、一番手前のシート以外のシート見出しをクリックして解除します。ブック内の一部のシートだけがグループに設定されている場合、グループに含まれていないシートのシート見出しをクリックして解除します。

Step4 シートを移動・コピーする

1 シートの移動

シートを移動して、シートの順番を変更できます。
シートを**「大都市圏」「中核都市圏」「地方町村圏」**の順番に並べましょう。

生活環境・満足度調査

調査対象： 大都市圏

年齢区分	満足	まあ満足	やや不満	不満	合計
20～29歳	1,830	2,684	741	454	5,709
30～39歳	1,603	2,486	1,202	891	6,182
40～49歳	1,268	2,360	1,368	1,054	6,050
50～59歳	1,115	2,331	1,486	1,124	6,056
60～69歳	1,429	2,548	1,028	575	5,580
70歳以上	1,603	[illegible]	915	401	5,716
合計	8,848	[illegible]	6,740	4,499	35,293

地方町村圏 中核都市圏 大都市圏

①シート**「大都市圏」**のシート見出しをクリックします。

②マウスの左ボタンを押したままにします。
マウスポインターの形が に変わります。

③シート**「地方町村圏」**の左側にドラッグします。

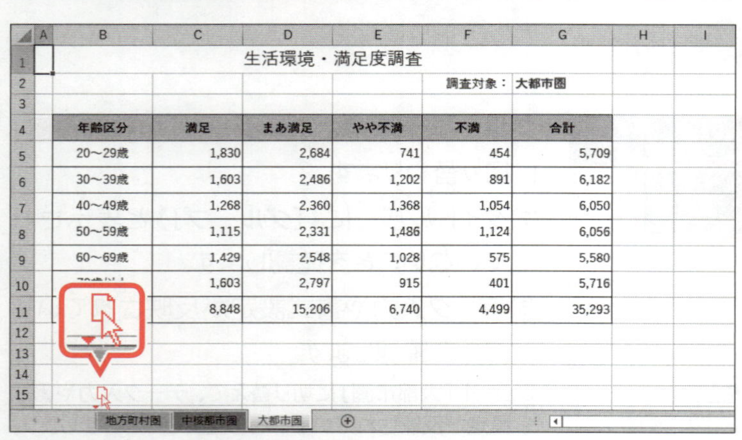
生活環境・満足度調査

調査対象： 大都市圏

年齢区分	満足	まあ満足	やや不満	不満	合計
20～29歳	1,830	2,684	741	454	5,709
30～39歳	1,603	2,486	1,202	891	6,182
40～49歳	1,268	2,360	1,368	1,054	6,050
50～59歳	1,115	2,331	1,486	1,124	6,056
60～69歳	1,429	2,548	1,028	575	5,580
[illegible]	1,603	2,797	915	401	5,716
[illegible]	8,848	15,206	6,740	4,499	35,293

④シート**「地方町村圏」**の左側に▼が表示されたら、マウスから手を離します。

生活環境・満足度調査

調査対象： 中核都市圏

年齢区分	満足	まあ満足	やや不満	不満	合計
20～29歳	1,408	2,335	1,115	720	5,578
30～39歳	1,386	2,285	1,202	841	5,714
40～49歳	1,377	2,313	1,177	802	5,669
50～59歳	1,338	2,513	1,191	795	5,837
60～69歳	1,743	2,447	912	530	5,632
70歳以上	1,922	2,792	740	309	5,763
合計	9,174	14,685	6,337	3,997	34,193

大都市圏 中核都市圏 地方町村圏

シートが移動します。

⑤同様に、シート**「中核都市圏」**のシート見出しをシート**「大都市圏」**とシート**「地方町村圏」**の間に移動します。

STEP UP その他の方法（シートの移動）

◆移動元のシート見出しを選択→《ホーム》タブ→《セル》グループの 書式 （書式）→《シートの整理》の《シートの移動またはコピー》→《挿入先》の一覧からシートを選択

◆移動元のシート見出しを右クリック→《移動またはコピー》→《挿入先》の一覧からシートを選択

2 シートのコピー

シートをコピーすると、シートに入力されているデータもコピーされます。同じような形式の表を作成する場合、シートをコピーすると効率的です。
シート「**地方町村圏**」をコピーして、シート「**全体集計**」を作成しましょう。

●シート「全体集計」

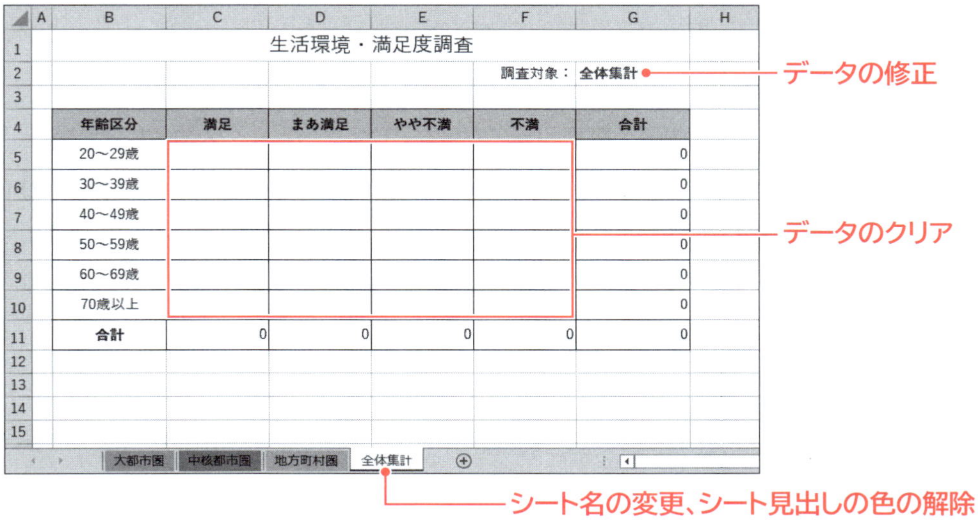

	A	B	C	D	E	F	G	H
1		生活環境・満足度調査						
2						調査対象：	全体集計	
3								
4		年齢区分	満足	まあ満足	やや不満	不満	合計	
5		20～29歳					0	
6		30～39歳					0	
7		40～49歳					0	
8		50～59歳					0	
9		60～69歳					0	
10		70歳以上					0	
11		合計	0	0	0	0	0	

大都市圏
中核都市圏
地方町村圏
全体集計
データの修正
データのクリア
シート名の変更、シート見出しの色の解除

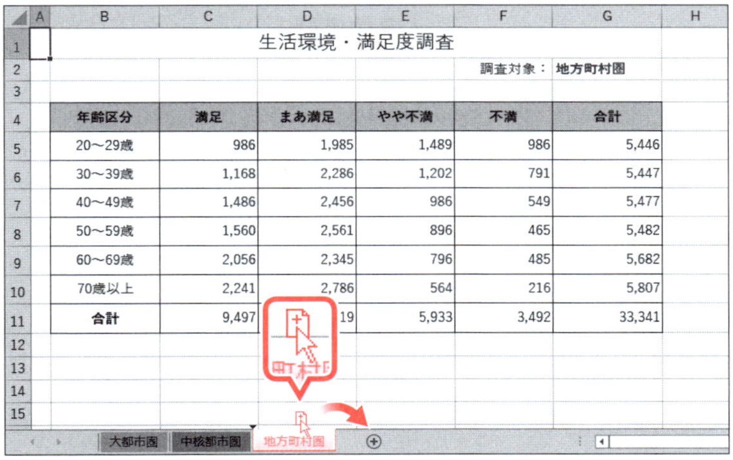

	A	B	C	D	E	F	G	H
1		生活環境・満足度調査						
2						調査対象：	地方町村圏	
3								
4		年齢区分	満足	まあ満足	やや不満	不満	合計	
5		20～29歳	986	1,985	1,489	986	5,446	
6		30～39歳	1,168	2,286	1,202	791	5,447	
7		40～49歳	1,486	2,456	986	549	5,477	
8		50～59歳	1,560	2,561	896	465	5,482	
9		60～69歳	2,056	2,345	796	485	5,682	
10		70歳以上	2,241	2,786	564	216	5,807	
11		合計	9,497	19	5,933	3,492	33,341	

大都市圏
中核都市圏
地方町村圏

シート「**地方町村圏**」をコピーします。

①シート「**地方町村圏**」のシート見出しをクリックします。

②**Ctrl**を押しながら、マウスの左ボタンを押したままにします。

マウスポインターの形が に変わります。

③シート「**地方町村圏**」の右側にドラッグします。

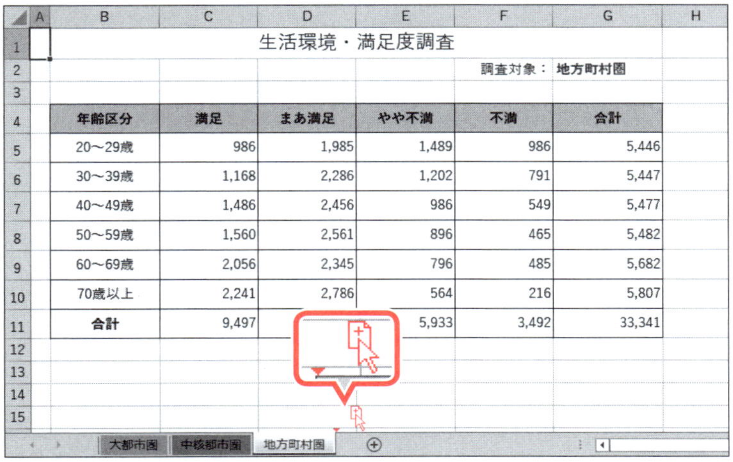

	A	B	C	D	E	F	G	H
1		生活環境・満足度調査						
2						調査対象：	地方町村圏	
3								
4		年齢区分	満足	まあ満足	やや不満	不満	合計	
5		20～29歳	986	1,985	1,489	986	5,446	
6		30～39歳	1,168	2,286	1,202	791	5,447	
7		40～49歳	1,486	2,456	986	549	5,477	
8		50～59歳	1,560	2,561	896	465	5,482	
9		60～69歳	2,056	2,345	796	485	5,682	
10		70歳以上	2,241	2,786	564	216	5,807	
11		合計	9,497		5,933	3,492	33,341	

大都市圏
中核都市圏
地方町村圏

④シート「**地方町村圏**」の右側に▼が表示されたら、マウスから手を離します。

※シートのコピーが完了するまで**Ctrl**を押し続けます。キーボードから先に手を離すとシートの移動になるので注意しましょう。

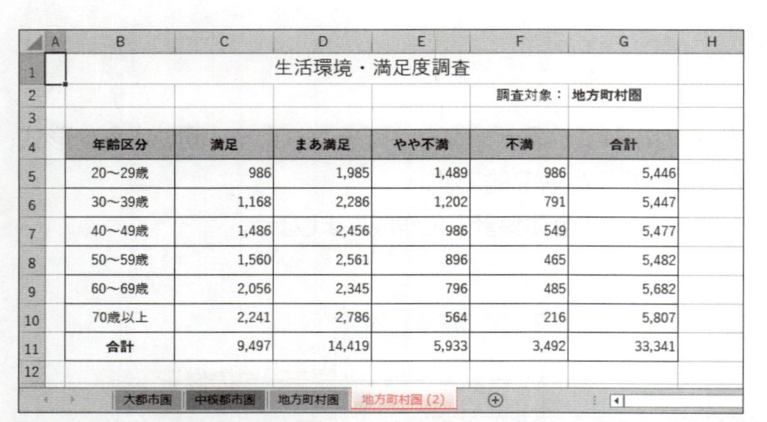

生活環境・満足度調査

調査対象： 地方町村圏

年齢区分	満足	まあ満足	やや不満	不満	合計
20～29歳	986	1,985	1,489	986	5,446
30～39歳	1,168	2,286	1,202	791	5,447
40～49歳	1,486	2,456	986	549	5,477
50～59歳	1,560	2,561	896	465	5,482
60～69歳	2,056	2,345	796	485	5,682
70歳以上	2,241	2,786	564	216	5,807
合計	9,497	14,419	5,933	3,492	33,341

シートがコピーされます。

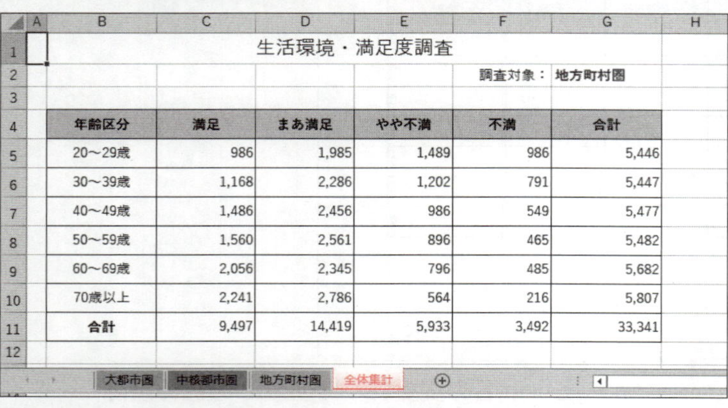

生活環境・満足度調査

調査対象： 地方町村圏

年齢区分	満足	まあ満足	やや不満	不満	合計
20～29歳	986	1,985	1,489	986	5,446
30～39歳	1,168	2,286	1,202	791	5,447
40～49歳	1,486	2,456	986	549	5,477
50～59歳	1,560	2,561	896	465	5,482
60～69歳	2,056	2,345	796	485	5,682
70歳以上	2,241	2,786	564	216	5,807
合計	9,497	14,419	5,933	3,492	33,341

シート名を変更します。

⑤シート**「地方町村圏(2)」**のシート見出しをダブルクリックします。

⑥**「全体集計」**と入力します。

⑦ Enter を押します。

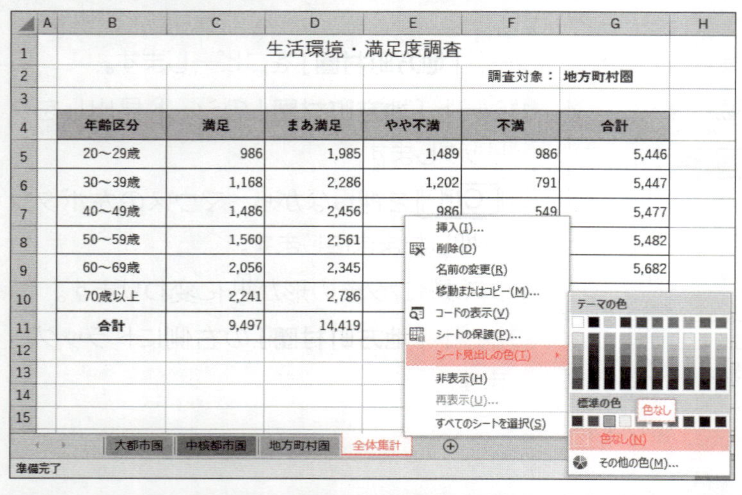

生活環境・満足度調査

調査対象： 地方町村圏

年齢区分	満足	まあ満足	やや不満	不満	合計
20～29歳	986	1,985	1,489	986	5,446
30～39歳	1,168	2,286	1,202	791	5,447
40～49歳	1,486	2,456	986	549	5,477
50～59歳	1,560	2,561			5,482
60～69歳	2,056	2,345			5,682
70歳以上	2,241	2,786			
合計	9,497	14,419			

シート見出しの色を解除します。

⑧シート**「全体集計」**のシート見出しを右クリックします。

⑨**《シート見出しの色》**をポイントします。

⑩**《色なし》**をクリックします。

生活環境・満足度調査

調査対象： 全体集計

年齢区分	満足	まあ満足	やや不満	不満	合計
20～29歳					0
30～39歳					0
40～49歳					0
50～59歳					0
60～69歳					0
70歳以上					0
合計	0	0	0	0	0

大都市圏 中核都市圏 地方町村圏 全体集計

シート見出しの色が解除されます。

データを修正します。

⑪セル**【G2】**に**「全体集計」**と入力します。

データをクリアします。

⑫セル範囲**【C5:F10】**を選択します。

⑬ Delete を押します。

STEP UP その他の方法(シートのコピー)

◆コピー元のシート見出しを選択→《ホーム》タブ→《セル》グループの 書式 (書式)→《シートの整理》の《シートの移動またはコピー》→《挿入先》の一覧からシートを選択→《☑コピーを作成する》

◆コピー元のシート見出しを右クリック→《移動またはコピー》→《挿入先》の一覧からシートを選択→《☑コピーを作成する》

Step5 シート間で集計する

1 シート間の集計

複数のシートの同じセル位置の数値を集計できます。

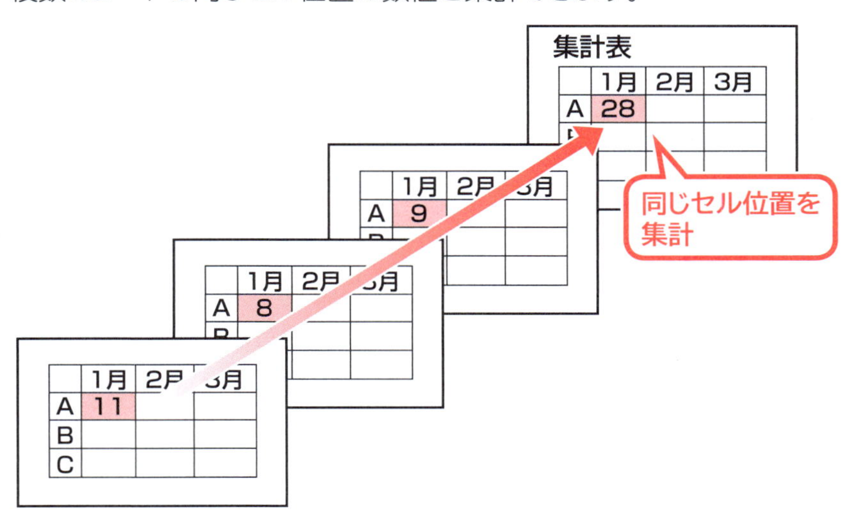

1 数式の入力

シート「**全体集計**」に、シート「**大都市圏**」からシート「**地方町村圏**」までの3枚のシートの「**20～29歳**」「**満足**」の数値を集計しましょう。

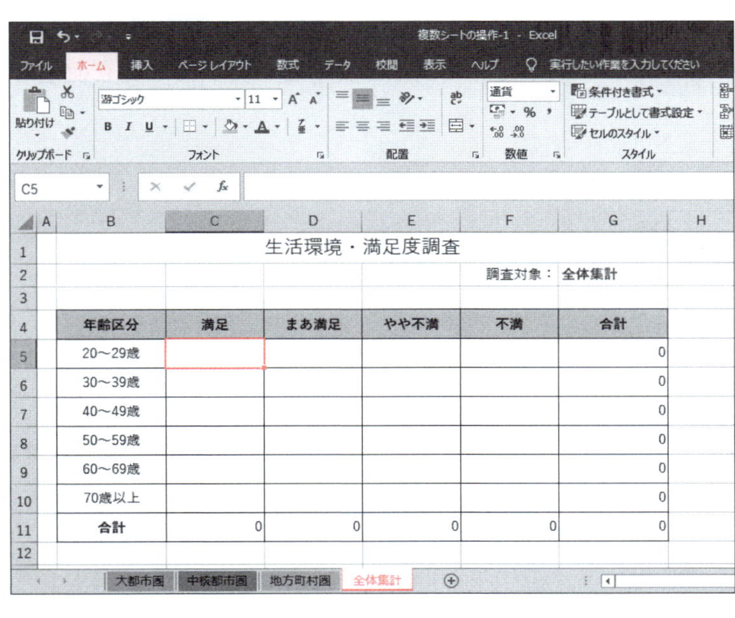

①シート「**全体集計**」がアクティブシートになっていることを確認します。

②セル【**C5**】をクリックします。

③《**ホーム**》タブを選択します。

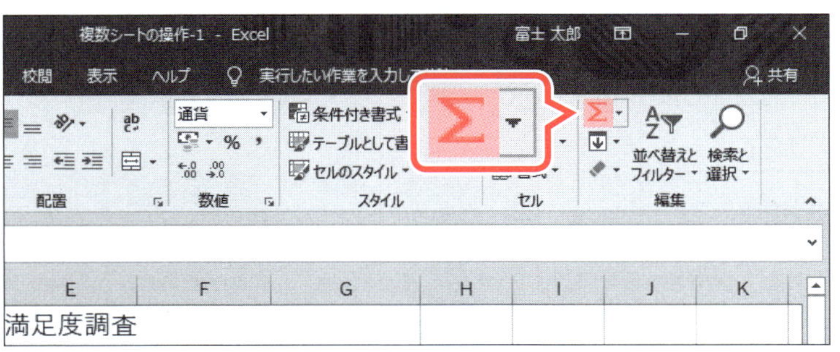

④《**編集**》グループの Σ（合計）をクリックします。

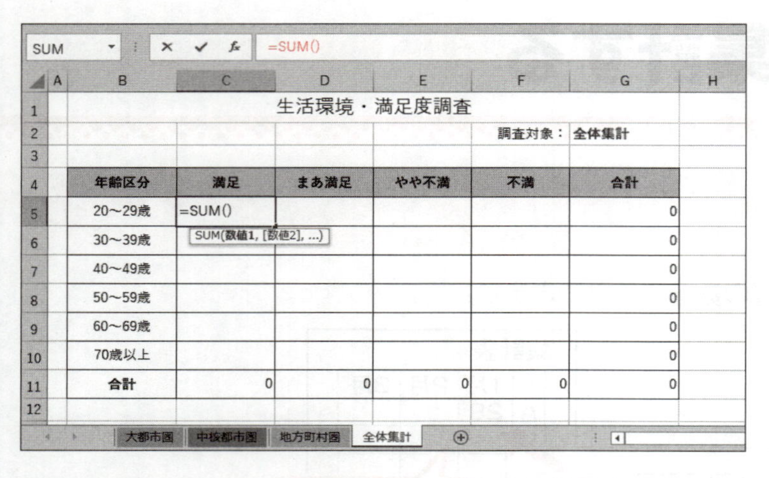

⑤数式バーに「**=SUM()**」と表示されていることを確認します。

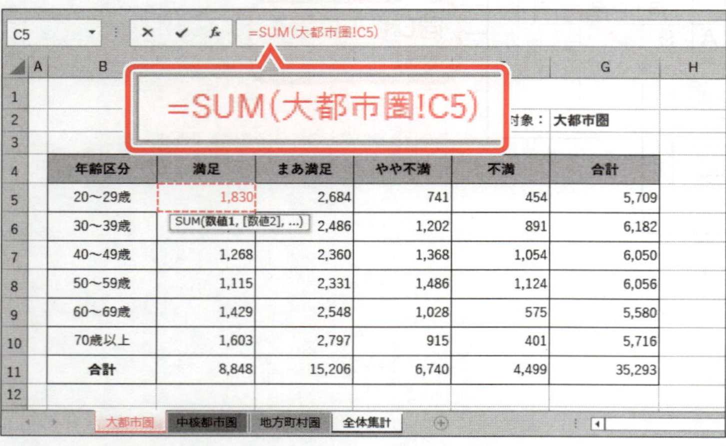

⑥シート「**大都市圏**」のシート見出しをクリックします。

⑦セル【**C5**】をクリックします。

⑧数式バーに「**=SUM(大都市圏!C5)**」と表示されていることを確認します。

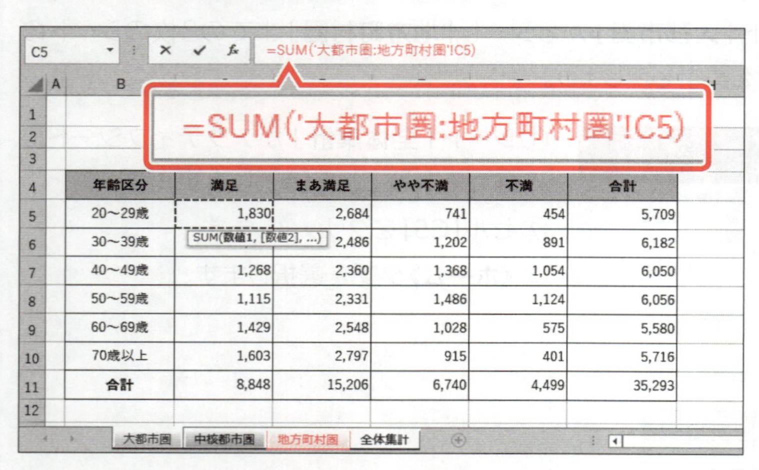

⑨ Shift を押しながら、シート「**地方町村圏**」のシート見出しをクリックします。

⑩数式バーに「**=SUM('大都市圏:地方町村圏'!C5)**」と表示されていることを確認します。

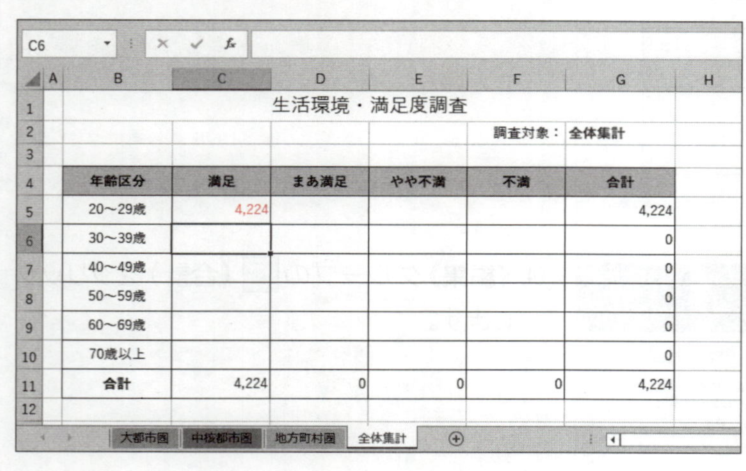

⑪ Enter を押します。

3枚のシートのセル【**C5**】の合計が求められます。

POINT 複数シートの合計

複数のシートの同じセル位置の合計を求めることができます。

=SUM（大都市圏：地方町村圏!C5）

シート「大都市圏」からシート「地方町村圏」までのセル【C5】の合計を求める、という意味です。

2 数式のコピー

数式をコピーして、表を完成させましょう。

①セル【C5】を選択し、セル右下の■（フィルハンドル）をダブルクリックします。

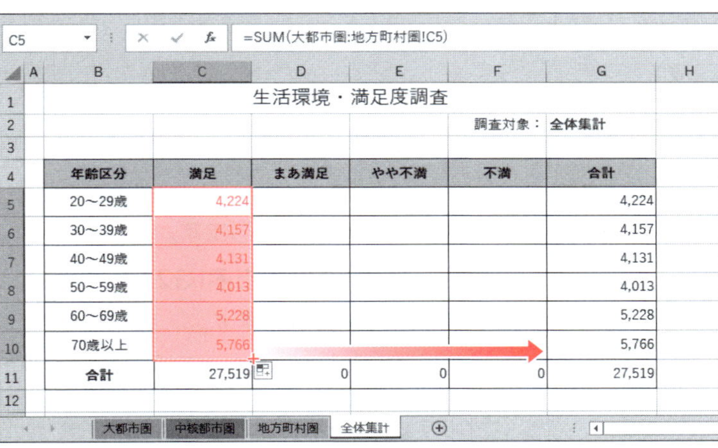

数式がコピーされます。

②セル範囲【C5:C10】を選択し、セル範囲右下の■（フィルハンドル）をセル【F10】までドラッグします。

C5 =SUM(大都市圏:地方町村圏!C5)

生活環境・満足度調査

調査対象：全体集計

年齢区分	満足	まあ満足	やや不満	不満	合計
20～29歳	4,224	7,004	3,345	2,160	16,733
30～39歳	4,157	7,057	3,606	2,523	17,343
40～49歳	4,131	7,129	3,531	2,405	17,196
50～59歳	4,013	7,405	3,573	2,384	17,375
60～69歳	5,228	7,340	2,736	1,590	16,894
70歳以上	5,766	8,375	2,219	926	17,286
合計	27,519	44,310	19,010	11,988	102,827

大都市圏　中核都市圏　地方町村圏　全体集計

数式がコピーされます。

※数式をコピーすると、コピー先に応じて数式のセル参照は自動的に調整されます。コピーされたセルの数式を確認しておきましょう。

※ブックに「複数シートの操作-1完成」と名前を付けて、フォルダー「第5章」に保存し、閉じておきましょう。

参考学習 別シートのセルを参照する

1 数式によるセル参照

異なるシートのセルを参照し、値を表示できます。参照元のセルの値が変更されると、参照先のセルの値も自動的に再計算されます。
シート「**全体集計**」のセル【**B5**】に、シート「**大都市圏**」のセル【**G2**】の値を参照して表示する数式を入力しましょう。

フォルダー「第5章」のブック「複数シートの操作-2」のシート「全体集計」を開いておきましょう。

※アクティブシートを切り替えて、各シートの内容を確認しておきましょう。

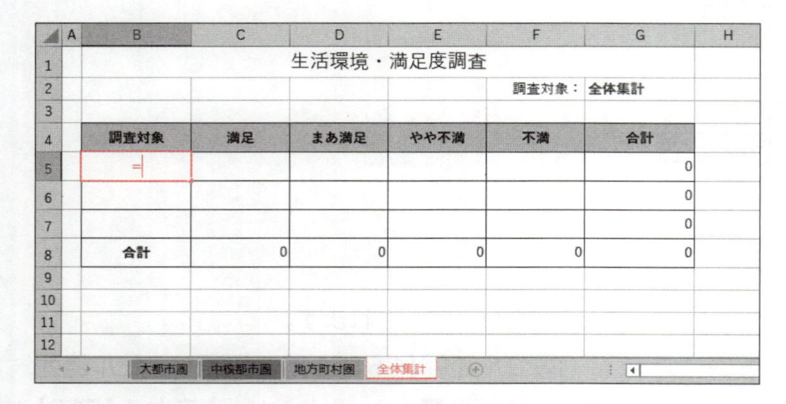

生活環境・満足度調査

調査対象： 全体集計

調査対象	満足	まあ満足	やや不満	不満	合計
=					0
					0
					0
合計	0	0	0	0	0

①シート「**全体集計**」のセル【**B5**】をクリックします。

②「**=**」を入力します。

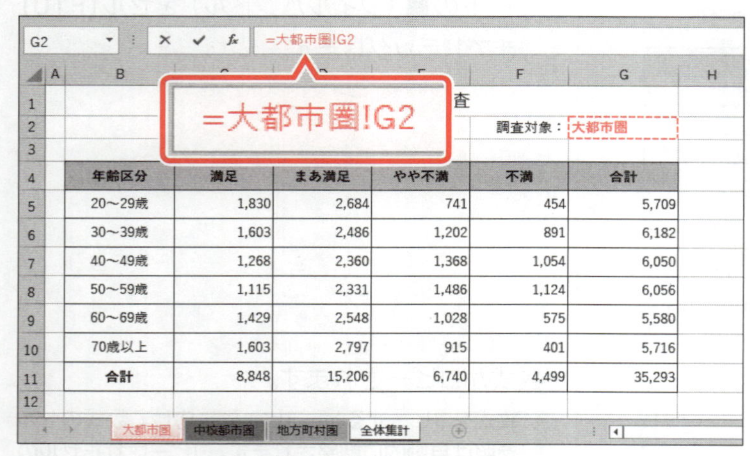

調査対象： 大都市圏

年齢区分	満足	まあ満足	やや不満	不満	合計
20～29歳	1,830	2,684	741	454	5,709
30～39歳	1,603	2,486	1,202	891	6,182
40～49歳	1,268	2,360	1,368	1,054	6,050
50～59歳	1,115	2,331	1,486	1,124	6,056
60～69歳	1,429	2,548	1,028	575	5,580
70歳以上	1,603	2,797	915	401	5,716
合計	8,848	15,206	6,740	4,499	35,293

③シート「**大都市圏**」のシート見出しをクリックします。

④セル【**G2**】をクリックします。

⑤数式バーに「**=大都市圏!G2**」と表示されていることを確認します。

※「=」を入力したあとに、シートを切り替えてセルを選択すると、自動的に「シート名!セル位置」が入力されます。

生活環境・満足度調査

調査対象： 全体集計

調査対象	満足	まあ満足	やや不満	不満	合計
大都市圏					0
					0
					0
合計	0	0	0	0	0

大都市圏　中核都市圏　地方町村圏　全体集計

⑥ Enter を押します。

セルの値を参照する数式が入力され、シート「**大都市圏**」のセル【**G2**】の値が表示されます。

	生活環境・満足度調査				
				調査対象：	全体集計
調査対象	満足	まあ満足	やや不満	不満	合計
大都市圏					0
中核都市圏					0
地方町村圏					0
合計	0	0	0	0	0

=中核都市圏!G2　=地方町村圏!G2

大都市圏　中核都市圏　地方町村圏　全体集計

⑦同様に、シート「**全体集計**」のセル【**B6**】に、シート「**中核都市圏**」のセル【**G2**】の値を参照して表示する数式を入力します。

⑧同様に、シート「**全体集計**」のセル【**B7**】に、シート「**地方町村圏**」のセル【**G2**】の値を参照して表示する数式を入力します。

POINT　セルの値を参照する数式

「同じシート内」「同じブック内の別シート」「別ブック」のセルの値を参照する数式は、次のとおりです。

セル参照	数式	例
同じシート内のセルの値	=セル位置	=A1
同じブック内の別シートのセルの値	=シート名!セル位置	=Sheet1!A1 ='4月度'!G2
別ブックのセルの値	=[ブック名]シート名!セル位置	=[URIAGE.xlsx]Sheet1!$A$1 ='[URIAGE.xlsx]4月度'!$G$2

2　リンク貼り付けによるセル参照

「**リンク貼り付け**」を使うと、コピー元のセルの値を参照できます。コピー元のセルの値が変更されると、コピー先の値も自動的に再計算されます。

シート「**大都市圏**」のセル範囲【**C11:F11**】を、シート「**全体集計**」のセル【**C5**】を開始位置としてリンク貼り付けしましょう。

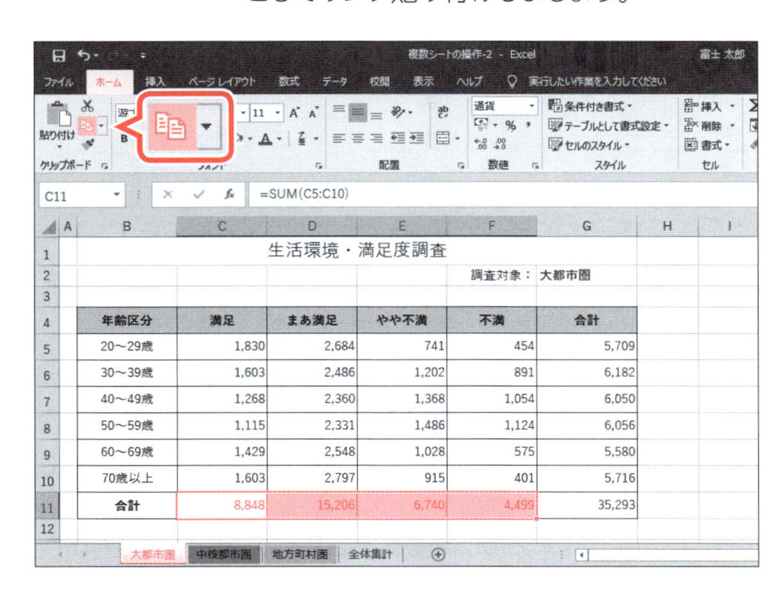

年齢区分	満足	まあ満足	やや不満	不満	合計
20～29歳	1,830	2,684	741	454	5,709
30～39歳	1,603	2,486	1,202	891	6,182
40～49歳	1,268	2,360	1,368	1,054	6,050
50～59歳	1,115	2,331	1,486	1,124	6,056
60～69歳	1,429	2,548	1,028	575	5,580
70歳以上	1,603	2,797	915	401	5,716
合計	8,848	15,206	6,740	4,499	35,293

①シート「**大都市圏**」のシート見出しをクリックします。

②セル範囲【**C11:F11**】を選択します。

③《**ホーム**》タブを選択します。

④《**クリップボード**》グループの（コピー）をクリックします。

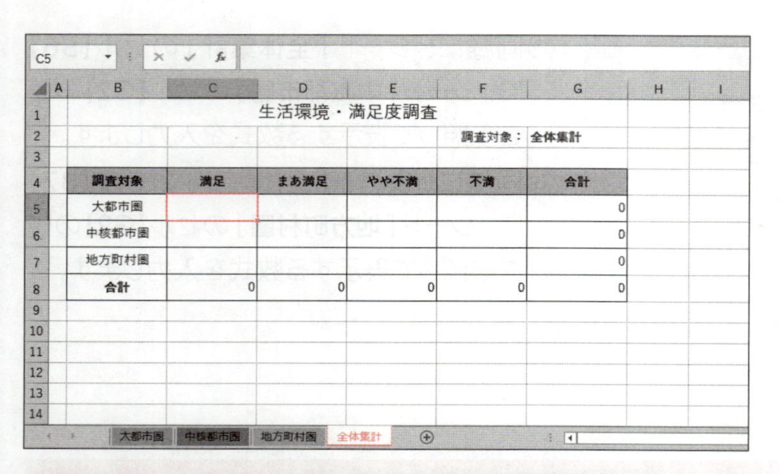

⑤シート「**全体集計**」のシート見出しをクリックします。

⑥セル【**C5**】をクリックします。

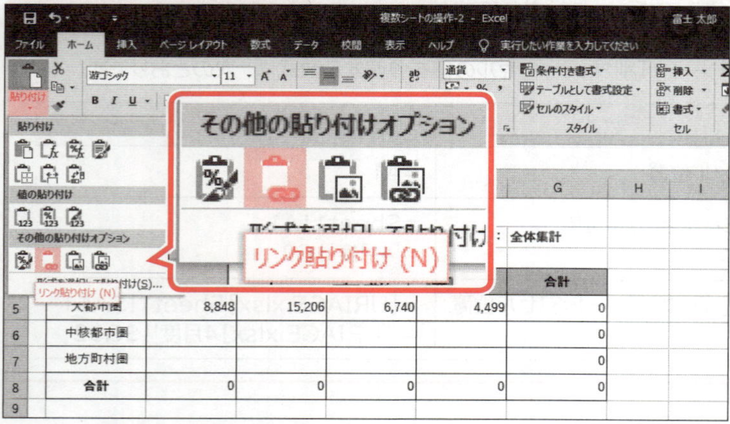

⑦《**クリップボード**》グループの（貼り付け）のをクリックします。

⑧《**その他の貼り付けオプション**》の（リンク貼り付け）をポイントします。

※ボタンをポイントすると、コピー結果をシートで確認できます。

⑨クリックします。

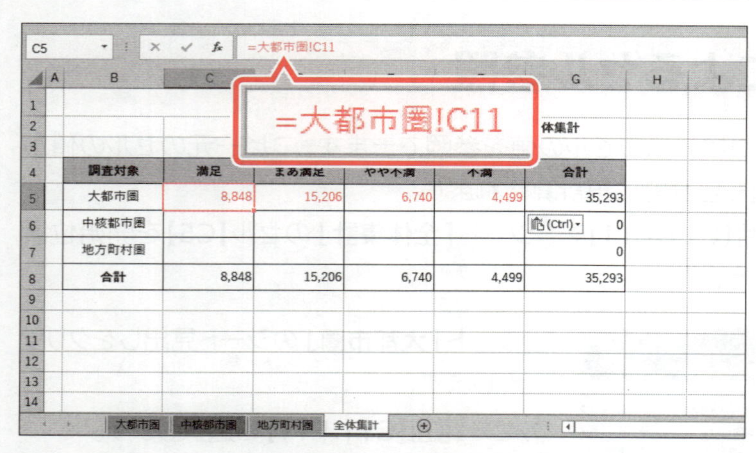

リンク貼り付けされます。

数式を確認します。

⑩シート「**全体集計**」のセル【**C5**】をクリックします。

⑪数式バーに「**=大都市圏!C11**」と表示されていることを確認します。

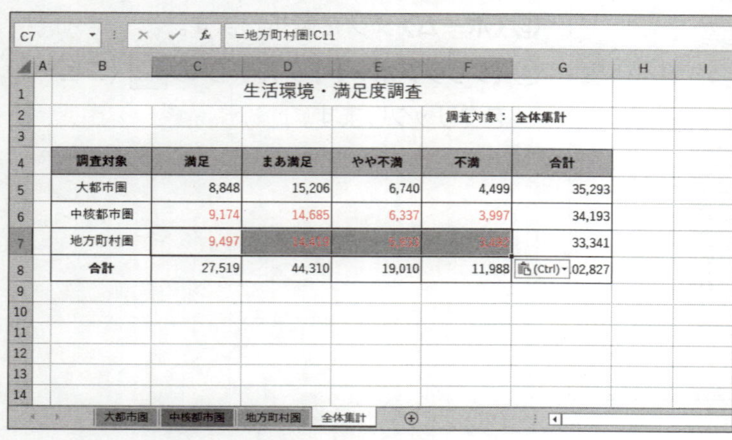

⑫同様に、シート「**中核都市圏**」のセル範囲【**C11:F11**】を、シート「**全体集計**」のセル【**C6**】を開始位置としてリンク貼り付けします。

⑬同様に、シート「**地方町村圏**」のセル範囲【**C11:F11**】を、シート「**全体集計**」のセル【**C7**】を開始位置としてリンク貼り付けします。

※ブックに「複数シートの操作-2完成」と名前を付けて、フォルダー「第5章」に保存し、閉じておきましょう。

STEP UP その他の方法（リンク貼り付けによるセル参照）

◆コピー元のセルを右クリック→《コピー》→コピー先を右クリック→《貼り付けのオプション》の（リンク貼り付け）

練習問題

解答 ► 別冊P.3

完成図のような表を作成しましょう。

フォルダー「第5章」のブック「第5章練習問題」のシート「Sheet1」を開いておきましょう。

※アクティブシートを切り替えて、各シートの内容を確認しておきましょう。

●完成図

売上管理表

単位：万円

支店名	上期合計	下期合計	年間合計
札幌支店	23,693	20,420	**44,113**
仙台支店	33,957	31,810	**65,767**
大宮支店	15,623	15,170	**30,793**
千葉支店	21,607	21,408	**43,015**
東京本社	225,186	210,006	**435,192**
横浜支店	70,141	70,369	**140,510**
静岡支店	23,180	20,232	**43,412**
名古屋支店	44,657	37,745	**82,402**
金沢支店	16,588	18,832	**35,420**
大阪支店	138,563	146,442	**285,005**
神戸支店	13,575	19,113	**32,688**
広島支店	24,127	24,266	**48,393**
高松支店	15,945	12,927	**28,872**
博多支店	29,466	28,047	**57,513**
合計	**696,308**	**676,787**	**1,373,095**

年間 上期 下期

売上管理表

単位：万円

支店名	4月度	5月度	6月度	7月度	8月度	9月度	合計
札幌支店	4,289	4,140	4,418	3,688	3,654	3,504	**23,693**
仙台支店	5,183	6,840	5,189	7,438	3,845	5,462	**33,957**
大宮支店	2,189	2,394	2,774	2,789	2,829	2,648	**15,623**
千葉支店	3,839	3,645	3,539	3,540	3,360	3,684	**21,607**
東京本社	38,519	36,838	42,899	36,748	33,239	36,943	**225,186**
横浜支店	12,966	11,842	11,352	10,506	11,679	11,796	**70,141**
静岡支店	3,884	3,702	3,893	3,845	3,684	4,172	**23,180**
名古屋支店	8,429	8,280	7,289	6,682	7,301	6,676	**44,657**
金沢支店	2,343	2,524	3,014	2,788	2,940	2,979	**16,588**
大阪支店	23,471	21,990	23,939	25,177	21,843	22,143	**138,563**
神戸支店	2,189	2,338	2,183	2,338	2,183	2,344	**13,575**
広島支店	4,281	3,900	4,076	4,070	3,978	3,822	**24,127**
高松支店	2,384	2,518	2,678	2,680	2,768	2,917	**15,945**
博多支店	5,280	4,932	4,743	4,931	4,875	4,705	**29,466**
合計	**119,246**	**115,883**	**121,986**	**117,220**	**108,178**	**113,795**	**696,308**

年間 上期 下期

売上管理表

単位：万円

支店名	10月度	11月度	12月度	1月度	2月度	3月度	合計
札幌支店	3,234	3,840	3,069	3,233	3,279	3,765	**20,420**
仙台支店	4,823	4,296	5,046	6,845	5,340	5,460	**31,810**
大宮支店	2,480	2,346	2,202	2,670	2,952	2,520	**15,170**
千葉支店	3,654	3,395	3,840	3,842	3,443	3,234	**21,408**
東京本社	36,839	33,193	37,034	32,338	32,189	38,413	**210,006**
横浜支店	12,684	11,933	11,184	11,115	12,188	11,265	**70,369**
静岡支店	3,020	3,218	3,690	3,384	3,695	3,225	**20,232**
名古屋支店	5,339	6,838	6,683	5,341	6,839	6,705	**37,745**
金沢支店	3,323	2,934	3,017	3,354	3,234	2,970	**18,832**
大阪支店	22,025	20,391	28,041	25,295	26,795	23,895	**146,442**
神戸支店	3,239	3,322	3,083	3,000	3,237	3,232	**19,113**
広島支店	3,978	4,063	4,011	4,228	4,105	3,881	**24,266**
高松支店	1,853	2,002	2,196	2,383	2,327	2,166	**12,927**
博多支店	4,928	4,826	4,728	4,660	4,477	4,428	**28,047**
合計	**111,419**	**106,597**	**117,824**	**111,688**	**114,100**	**115,159**	**676,787**

年間 上期 下期

① シート「**Sheet1**」の名前を「**上期**」、シート「**Sheet2**」の名前を「**下期**」、シート「**Sheet3**」の名前を「**年間**」にそれぞれ変更しましょう。

② シート「**上期**」「**下期**」「**年間**」をグループに設定しましょう。

③ グループとして設定した3枚のシートに、次の操作を一括して行いましょう。

●セル【B1】に「売上管理表」と入力する
●セル【B1】のフォントサイズを16ポイントに変更する
●セル【B1】に太字を設定する
●セル【B1】のフォントの色を「濃い青」に変更する

④ シートのグループを解除しましょう。

⑤ シート「**年間**」のセル【**C4**】に、シート「**上期**」のセル【**I4**】を参照する数式を入力しましょう。
次に、シート「**年間**」のセル【**C4**】の数式を、セル範囲【**C5：C17**】にコピーしましょう。

⑥ シート「**年間**」のセル【**D4**】に、シート「**下期**」のセル【**I4**】を参照する数式を入力しましょう。
次に、シート「**年間**」のセル【**D4**】の数式を、セル範囲【**D5：D17**】にコピーしましょう。

⑦ シートを「**年間**」「**上期**」「**下期**」の順番に並べましょう。

※ブックに「第5章練習問題完成」と名前を付けて、フォルダー「第5章」に保存し、閉じておきましょう。

第6章

表の印刷

第6章 この章で学ぶこと

学習前に習得すべきポイントを理解しておき、
学習後には確実に習得できたかどうかを振り返りましょう。

1	表を印刷するときの手順を理解する。	→ P.150
2	表示モードをページレイアウトに切り替えることができる。	→ P.151
3	用紙サイズと用紙の向きを設定できる。	→ P.152
4	ヘッダーとフッターを設定できる。	→ P.154
5	複数ページに分かれた表に共通の見出しを付けて印刷できる。	→ P.157
6	ブックを印刷できる。	→ P.159
7	表示モードを改ページプレビューに切り替えることができる。	→ P.160
8	印刷範囲やページ区切りを調整できる。	→ P.161

Step 1 印刷する表を確認する

1 印刷する表の確認

次のような表を印刷しましょう。

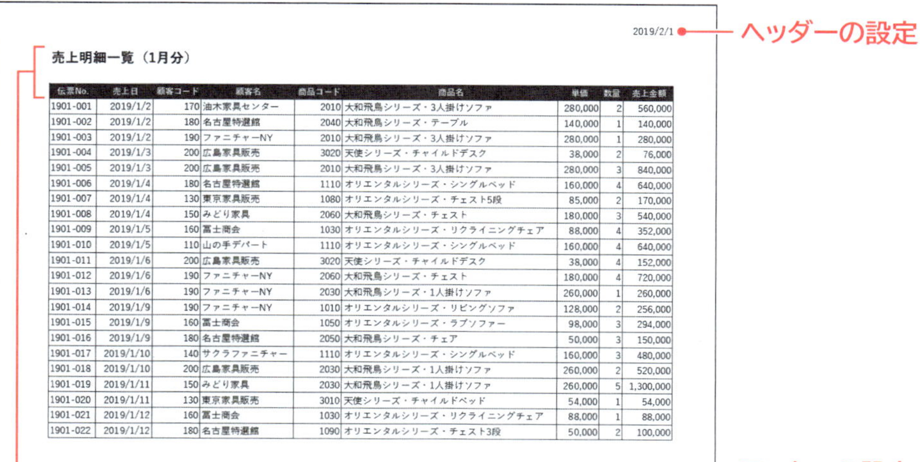

2019/2/1

売上明細一覧（1月分）

伝票No.	売上日	顧客コード	顧客名	商品コード	商品名	単価	数量	売上金額
1901-001	2019/1/2	170	油木家具センター	2010	大和飛鳥シリーズ・3人掛けソファ	280,000	2	560,000
1901-002	2019/1/2	180	名古屋特選館	2040	大和飛鳥シリーズ・テーブル	140,000	1	140,000
1901-003	2019/1/2	190	ファニチャーNY	2010	大和飛鳥シリーズ・3人掛けソファ	280,000	1	280,000
1901-004	2019/1/3	200	広島家具販売	3020	天使シリーズ・チャイルドデスク	38,000	2	76,000
1901-005	2019/1/3	200	広島家具販売	2010	大和飛鳥シリーズ・3人掛けソファ	280,000	3	840,000
1901-006	2019/1/4	180	名古屋特選館	1110	オリエンタルシリーズ・シングルベッド	160,000	4	640,000
1901-007	2019/1/4	130	東京家具販売	1080	オリエンタルシリーズ・チェスト5段	85,000	2	170,000
1901-008	2019/1/4	150	みどり家具	2060	大和飛鳥シリーズ・チェスト	180,000	3	540,000
1901-009	2019/1/5	160	冨士商会	1030	オリエンタルシリーズ・リクライニングチェア	88,000	4	352,000
1901-010	2019/1/5	110	山の手デパート	1110	オリエンタルシリーズ・シングルベッド	160,000	4	640,000
1901-011	2019/1/6	200	広島家具販売	3020	天使シリーズ・チャイルドデスク	38,000	4	152,000
1901-012	2019/1/6	190	ファニチャーNY	2060	大和飛鳥シリーズ・チェスト	180,000	4	720,000
1901-013	2019/1/6	190	ファニチャーNY	2030	大和飛鳥シリーズ・1人掛けソファ	260,000	1	260,000
1901-014	2019/1/9	190	ファニチャーNY	1010	オリエンタルシリーズ・リビングソファ	128,000	2	256,000
1901-015	2019/1/9	160	冨士商会	1050	オリエンタルシリーズ・ラブソファー	98,000	3	294,000
1901-016	2019/1/9	180	名古屋特選館	2050	大和飛鳥シリーズ・チェア	50,000	3	150,000
1901-017	2019/1/10	140	サクラファニチャー	1110	オリエンタルシリーズ・シングルベッド	160,000	3	480,000
1901-018	2019/1/10	200	広島家具販売	2030	大和飛鳥シリーズ・1人掛けソファ	260,000	2	520,000
1901-019	2019/1/11	150	みどり家具	2030	大和飛鳥シリーズ・1人掛けソファ	260,000	5	1,300,000
1901-020	2019/1/11	130	東京家具販売	3010	天使シリーズ・チャイルドベッド	54,000	1	54,000
1901-021	2019/1/12	160	冨士商会	1030	オリエンタルシリーズ・リクライニングチェア	88,000	1	88,000
1901-022	2019/1/12	180	名古屋特選館	1090	オリエンタルシリーズ・チェスト3段	50,000	2	100,000

1

ヘッダーの設定

フッターの設定

2019/2/1

売上明細一覧（1月分）

伝票No.	売上日	顧客コード	顧客名	商品コード	商品名	単価	数量	売上金額
1901-023	2019/1/12	180	名古屋特選館	2040	大和飛鳥シリーズ・テーブル	140,000	3	420,000
1901-024	2019/1/16	170	油木家具センター	3020	天使シリーズ・チャイルドデスク	38,000	5	190,000
1901-025	2019/1/16	130	東京家具販売	1110	オリエンタルシリーズ・シングルベッド	160,000	4	640,000
1901-026	2019/1/16	140	サクラファニチャー	2060	大和飛鳥シリーズ・チェスト	180,000	4	720,000
1901-027	2019/1/16	160	冨士商会	2060	大和飛鳥シリーズ・チェスト	180,000	5	900,000
1901-028	2019/1/17	190	ファニチャーNY	1030	オリエンタルシリーズ・リクライニングチェア	88,000	5	440,000
1901-029	2019/1/17	170	油木家具センター	1040	オリエンタルシリーズ・ロッキングチェア	65,000	3	195,000
1901-030	2019/1/17	180	名古屋特選館	1040	オリエンタルシリーズ・ロッキングチェア	65,000	2	130,000
1901-031	2019/1/18	130	東京家具販売	2070	大和飛鳥シリーズ・スクリーン	80,000	4	320,000
1901-032	2019/1/18	110	山の手デパート	2030	大和飛鳥シリーズ・1人掛けソファ	260,000	1	260,000
1901-033	2019/1/18	160	冨士商会	1020	オリエンタルシリーズ・リビングテーブル	58,000	5	290,000
1901-034	2019/1/19	190	ファニチャーNY	1040	オリエンタルシリーズ・ロッキングチェア	65,000	2	130,000
1901-035	2019/1/19	160	冨士商会	3010	天使シリーズ・チャイルドベッド	54,000	3	162,000
1901-036	2019/1/20	200	広島家具販売	2060	大和飛鳥シリーズ・チェスト	180,000	4	720,000
1901-037	2019/1/20	200	広島家具販売	2010	大和飛鳥シリーズ・3人掛けソファ	280,000	3	840,000
1901-038	2019/1/20	150	みどり家具	2070	大和飛鳥シリーズ・スクリーン	80,000	1	80,000
1901-039	2019/1/23	170	油木家具センター	1040	オリエンタルシリーズ・ロッキングチェア	65,000	2	130,000
1901-040	2019/1/23	190	ファニチャーNY	1010	オリエンタルシリーズ・リビングソファ	128,000	1	128,000
1901-041	2019/1/23	110	山の手デパート	1040	オリエンタルシリーズ・ロッキングチェア	65,000	4	260,000
1901-042	2019/1/23	110	山の手デパート	2030	大和飛鳥シリーズ・1人掛けソファ	260,000	3	780,000
1901-043	2019/1/24	130	東京家具販売	1050	オリエンタルシリーズ・ラブソファー	98,000	1	98,000
1901-044	2019/1/24	140	サクラファニチャー	2050	大和飛鳥シリーズ・チェア	50,000	2	100,000

2

2019/2/1

売上明細一覧（1月分）

伝票No.	売上日	顧客コード	顧客名	商品コード	商品名	単価	数量	売上金額
1901-045	2019/1/24	170	油木家具センター	3020	天使シリーズ・チャイルドデスク	38,000	2	76,000
1901-046	2019/1/24	160	冨士商会	1050	オリエンタルシリーズ・ラブソファー	98,000	3	294,000
1901-047	2019/1/25	180	名古屋特選館	1030	オリエンタルシリーズ・リクライニングチェア	88,000	3	264,000
1901-048	2019/1/25	180	名古屋特選館	2030	大和飛鳥シリーズ・1人掛けソファ	260,000	1	260,000
1901-049	2019/1/25	180	名古屋特選館	1010	オリエンタルシリーズ・リビングソファ	128,000	1	128,000
1901-050	2019/1/25	190	ファニチャーNY	3020	天使シリーズ・チャイルドデスク	38,000	2	76,000
1901-051	2019/1/26	160	冨士商会	2010	大和飛鳥シリーズ・3人掛けソファ	280,000	4	1,120,000
1901-052	2019/1/27	170	油木家具センター	2030	大和飛鳥シリーズ・1人掛けソファ	260,000	1	260,000
1901-053	2019/1/27	180	名古屋特選館	2040	大和飛鳥シリーズ・テーブル	140,000	1	140,000
1901-054	2019/1/30	190	ファニチャーNY	2010	大和飛鳥シリーズ・3人掛けソファ	280,000	2	560,000
1901-055	2019/1/30	200	広島家具販売	3020	天使シリーズ・チャイルドデスク	38,000	2	76,000
1901-056	2019/1/31	200	広島家具販売	2030	大和飛鳥シリーズ・1人掛けソファ	260,000	1	260,000
1901-057	2019/1/31	180	名古屋特選館	2040	大和飛鳥シリーズ・テーブル	140,000	4	560,000

3

印刷タイトルの設定

用紙サイズの設定
用紙の向きの設定

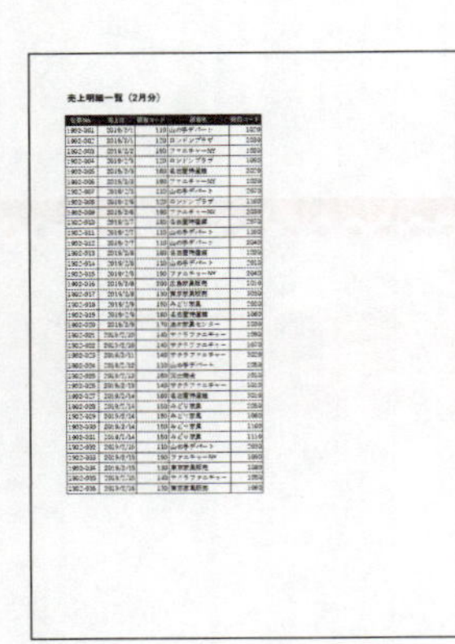

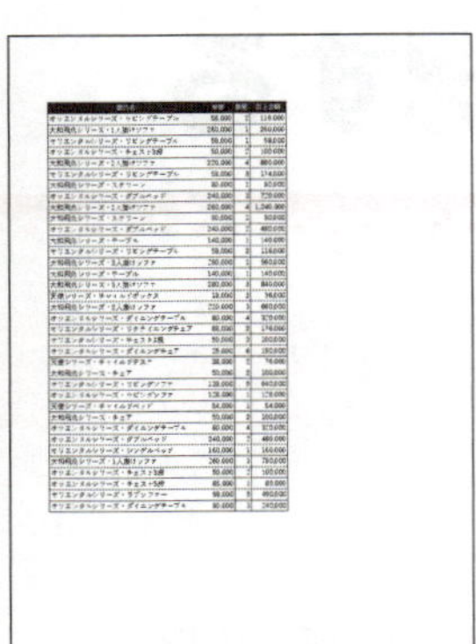

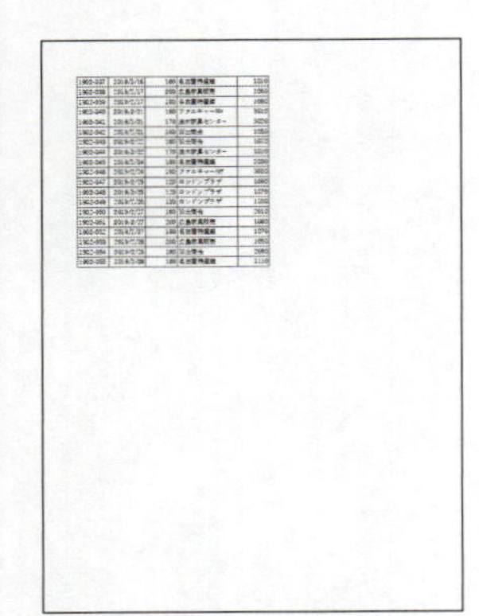

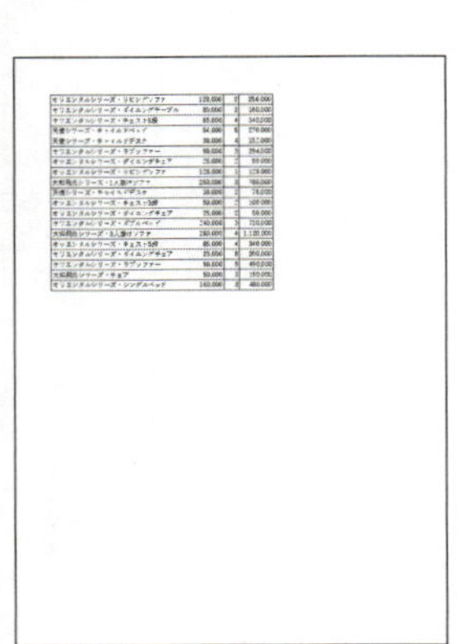

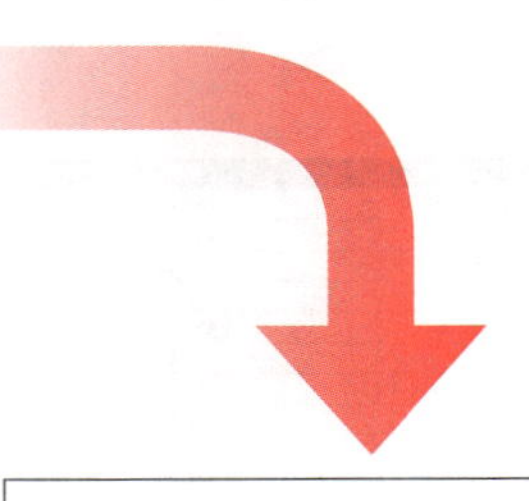

改ページプレビューを利用して
1ページに収めて印刷する

売上明細一覧（2月分）

伝票No.	売上日	顧客コード	顧客名	商品コード	商品名	単価	数量	売上金額
1902-001	2019/2/1	110	山の手デパート	1020	オリエンタルシリーズ・リビングテーブル	58,000	2	116,000
1902-002	2019/2/1	120	ロンドンプラザ	2030	大和飛鳥シリーズ・1人掛けソファ	260,000	1	260,000
1902-003	2019/2/2	190	ファニチャーNY	1020	オリエンタルシリーズ・リビングテーブル	58,000	1	58,000
1902-004	2019/2/3	120	ロンドンプラザ	1090	オリエンタルシリーズ・チェスト3段	50,000	2	100,000
1902-005	2019/2/3	180	名古屋特選館	2020	大和飛鳥シリーズ・2人掛けソファ	220,000	4	880,000
1902-006	2019/2/3	190	ファニチャーNY	1020	オリエンタルシリーズ・リビングテーブル	58,000	3	174,000
1902-007	2019/2/3	110	山の手デパート	2070	大和飛鳥シリーズ・スクリーン	80,000	1	80,000
1902-008	2019/2/6	120	ロンドンプラザ	1100	オリエンタルシリーズ・ダブルベッド	240,000	3	720,000
1902-009	2019/2/6	190	ファニチャーNY	2030	大和飛鳥シリーズ・1人掛けソファ	260,000	4	1,040,000
1902-010	2019/2/7	180	名古屋特選館	2070	大和飛鳥シリーズ・スクリーン	80,000	1	80,000
1902-011	2019/2/7	110	山の手デパート	1100	オリエンタルシリーズ・ダブルベッド	240,000	2	480,000
1902-012	2019/2/7	110	山の手デパート	2040	大和飛鳥シリーズ・テーブル	140,000	1	140,000
1902-013	2019/2/8	180	名古屋特選館	1020	オリエンタルシリーズ・リビングテーブル	58,000	2	116,000
1902-014	2019/2/8	110	山の手デパート	2010	大和飛鳥シリーズ・3人掛けソファ	280,000	2	560,000
1902-015	2019/2/8	190	ファニチャーNY	2040	大和飛鳥シリーズ・テーブル	140,000	1	140,000
1902-016	2019/2/8	200	広島家具販売	2010	大和飛鳥シリーズ・3人掛けソファ	280,000	3	840,000
1902-017	2019/2/8	130	東京家具販売	3030	天使シリーズ・チャイルドボックス	18,000	2	36,000
1902-018	2019/2/9	150	みどり家具	2020	大和飛鳥シリーズ・2人掛けソファ	220,000	3	660,000
1902-019	2019/2/9	180	名古屋特選館	1060	オリエンタルシリーズ・ダイニングテーブル	80,000	4	320,000
1902-020	2019/2/9	170	油木家具センター	1030	オリエンタルシリーズ・リクライニングチェア	88,000	2	176,000
1902-021	2019/2/10	140	サクラファニチャー	1090	オリエンタルシリーズ・チェスト3段	50,000	2	100,000
1902-022	2019/2/10	140	サクラファニチャー	1070	オリエンタルシリーズ・ダイニングチェア	25,000	6	150,000
1902-023	2019/2/11	140	サクラファニチャー	3020	天使シリーズ・チャイルドデスク	38,000	2	76,000
1902-024	2019/2/12	110	山の手デパート	2050	大和飛鳥シリーズ・チェア	50,000	2	100,000
1902-025	2019/2/13	160	冨士商会	1010	オリエンタルシリーズ・リビングソファ	128,000	5	640,000
1902-026	2019/2/13	140	サクラファニチャー	1010	オリエンタルシリーズ・リビングソファ	128,000	1	128,000
1902-027	2019/2/14	180	名古屋特選館	3010	天使シリーズ・チャイルドベッド	54,000	1	54,000
1902-028	2019/2/14	150	みどり家具	2050	大和飛鳥シリーズ・チェア	50,000	2	100,000
1902-029	2019/2/14	150	みどり家具	1060	オリエンタルシリーズ・ダイニングテーブル	80,000	4	320,000
1902-030	2019/2/14	150	みどり家具	1100	オリエンタルシリーズ・ダブルベッド	240,000	2	480,000
1902-031	2019/2/14	150	みどり家具	1110	オリエンタルシリーズ・シングルベッド	160,000	1	160,000
1902-032	2019/2/15	110	山の手デパート	2030	大和飛鳥シリーズ・1人掛けソファ	260,000	3	780,000
1902-033	2019/2/15	190	ファニチャーNY	1090	オリエンタルシリーズ・チェスト3段	50,000	2	100,000
1902-034	2019/2/15	130	東京家具販売	1080	オリエンタルシリーズ・チェスト5段	85,000	1	85,000
1902-035	2019/2/15	140	サクラファニチャー	1050	オリエンタルシリーズ・ラブソファー	98,000	5	490,000
1902-036	2019/2/16	130	東京家具販売	1060	オリエンタルシリーズ・ダイニングテーブル	80,000	3	240,000
1902-037	2019/2/16	180	名古屋特選館	1010	オリエンタルシリーズ・リビングソファ	128,000	2	256,000
1902-038	2019/2/17	200	広島家具販売	1060	オリエンタルシリーズ・ダイニングテーブル	80,000	2	160,000
1902-039	2019/2/17	180	名古屋特選館	1080	オリエンタルシリーズ・チェスト5段	85,000	4	340,000
1902-040	2019/2/21	190	ファニチャーNY	3010	天使シリーズ・チャイルドベッド	54,000	5	270,000
1902-041	2019/2/21	170	油木家具センター	3020	天使シリーズ・チャイルドデスク	38,000	4	152,000
1902-042	2019/2/21	160	冨士商会	1050	オリエンタルシリーズ・ラブソファー	98,000	3	294,000
1902-043	2019/2/22	160	冨士商会	1070	オリエンタルシリーズ・ダイニングチェア	25,000	2	50,000
1902-044	2019/2/22	170	油木家具センター	1010	オリエンタルシリーズ・リビングソファ	128,000	1	128,000
1902-045	2019/2/24	180	名古屋特選館	2030	大和飛鳥シリーズ・1人掛けソファ	260,000	3	780,000
1902-046	2019/2/24	190	ファニチャーNY	3020	天使シリーズ・チャイルドデスク	38,000	2	76,000
1902-047	2019/2/25	120	ロンドンプラザ	1090	オリエンタルシリーズ・チェスト3段	50,000	2	100,000
1902-048	2019/2/25	120	ロンドンプラザ	1070	オリエンタルシリーズ・ダイニングチェア	25,000	2	50,000
1902-049	2019/2/26	120	ロンドンプラザ	1100	オリエンタルシリーズ・ダブルベッド	240,000	3	720,000
1902-050	2019/2/27	160	冨士商会	2010	大和飛鳥シリーズ・3人掛けソファ	280,000	4	1,120,000
1902-051	2019/2/27	200	広島家具販売	1080	オリエンタルシリーズ・チェスト5段	85,000	4	340,000
1902-052	2019/2/27	180	名古屋特選館	1070	オリエンタルシリーズ・ダイニングチェア	25,000	8	200,000
1902-053	2019/2/28	200	広島家具販売	1050	オリエンタルシリーズ・ラブソファー	98,000	5	490,000
1902-054	2019/2/28	160	冨士商会	2050	大和飛鳥シリーズ・チェア	50,000	3	150,000
1902-055	2019/2/28	180	名古屋特選館	1110	オリエンタルシリーズ・シングルベッド	160,000	3	480,000

Step2 表を印刷する

1 印刷手順

表を印刷する手順は、次のとおりです。

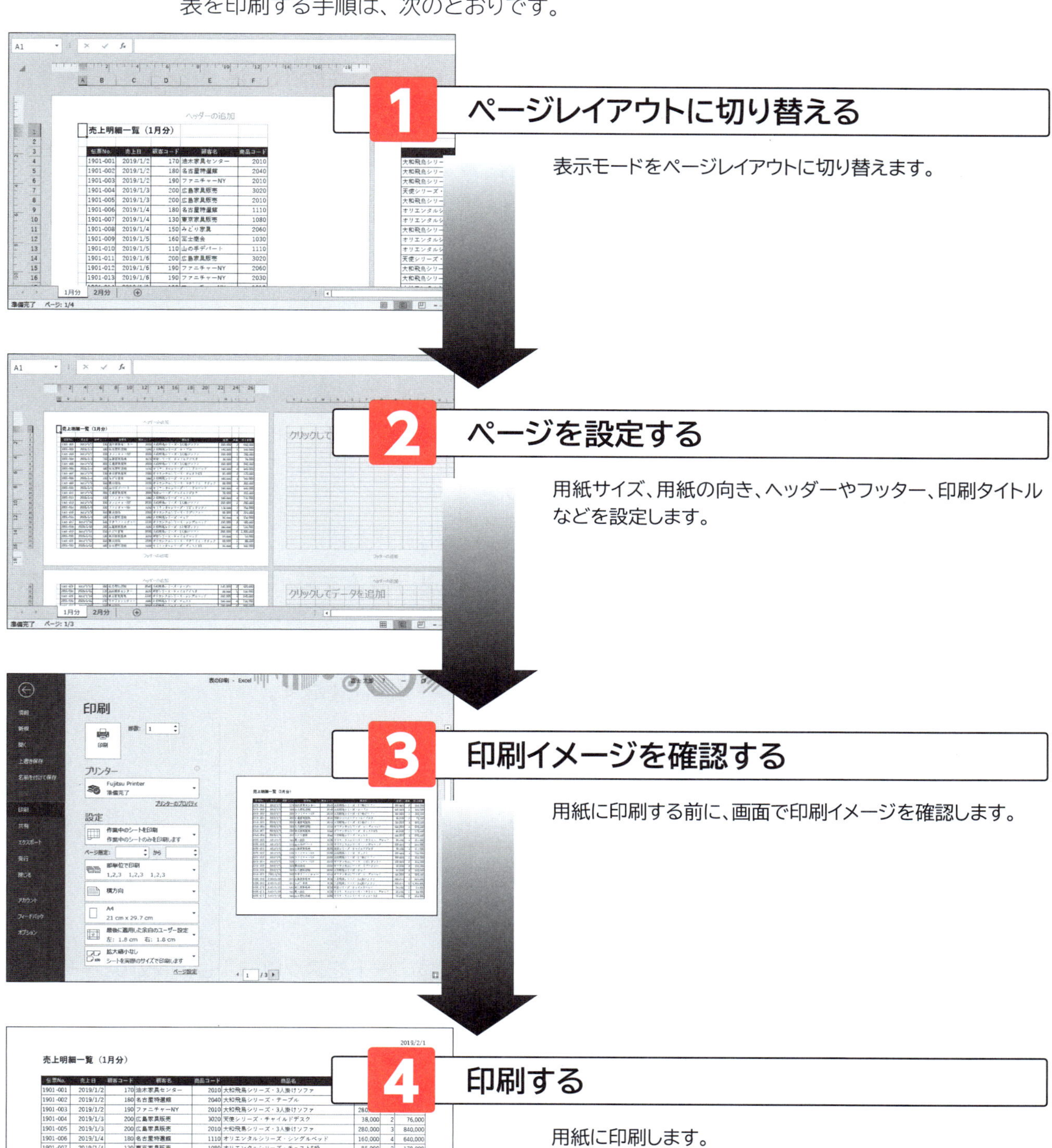

1 ページレイアウトに切り替える
表示モードをページレイアウトに切り替えます。
2 ページを設定する
用紙サイズ、用紙の向き、ヘッダーやフッター、印刷タイトルなどを設定します。
3 印刷イメージを確認する
用紙に印刷する前に、画面で印刷イメージを確認します。
4 印刷する
用紙に印刷します。

1
2
3
4
5
6
7
8
9
総合問題
付録
索引

2 ページレイアウト

「ページレイアウト」は、印刷結果に近いイメージを確認できる表示モードです。ページレイアウトに切り替えると、用紙1ページにデータがどのように印刷されるかを確認したり、余白やヘッダー/フッターを直接設定したりできます。
「標準」の表示モード同様に、データを入力したり表の書式を設定したりすることもできます。
表示モードをページレイアウトに切り替えましょう。

File OPEN フォルダー「第6章」のブック「表の印刷」のシート「1月分」を開いておきましょう。

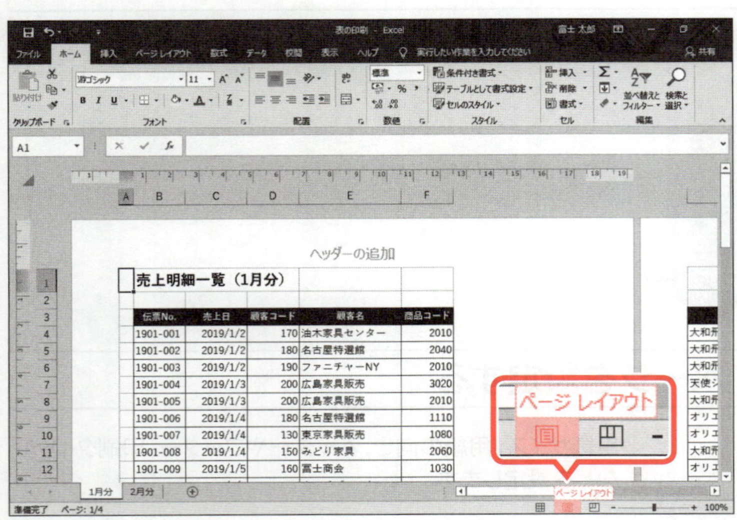

① (ページレイアウト)をクリックします。
※ボタンが濃い灰色になります。
表示モードがページレイアウトになります。

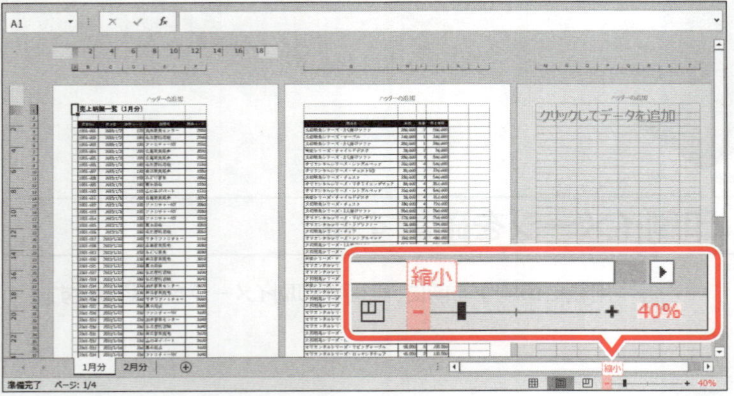

表示倍率を縮小して、ページ全体を確認します。
② (縮小)を6回クリックし、表示倍率を40%にします。

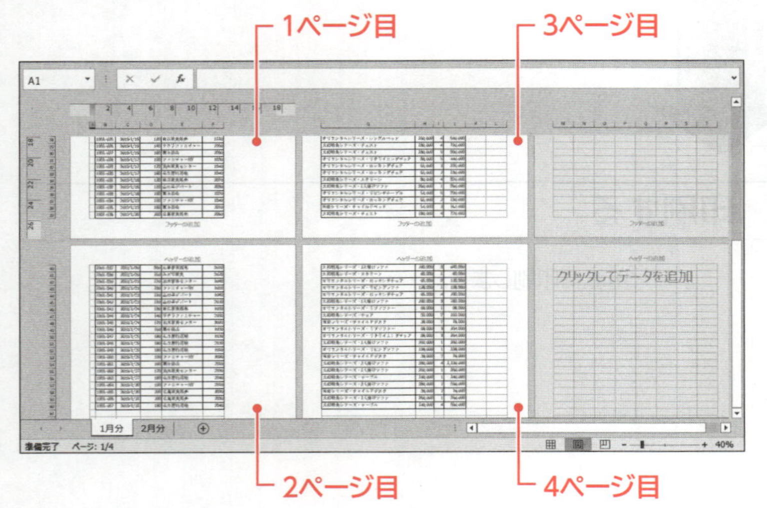

③シートをスクロールし、1枚のシートが複数のページに分かれて印刷されることを確認します。
※確認できたら、シートの先頭を表示しておきましょう。

STEP UP ルーラーの表示・非表示

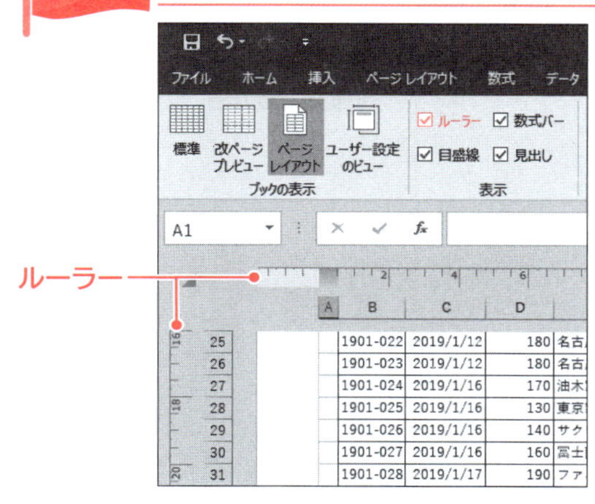

ページレイアウトに切り替えると、ルーラーが表示されます。ルーラーの表示・非表示は切り替えることができます。
ルーラーの表示・非表示を切り替える方法は、次のとおりです。

◆《表示》タブ→《表示》グループの《☑ルーラー》／《□ルーラー》

3 用紙サイズと用紙の向きの設定

次のようにページを設定しましょう。

用紙サイズ　：A4
用紙の向き　：横

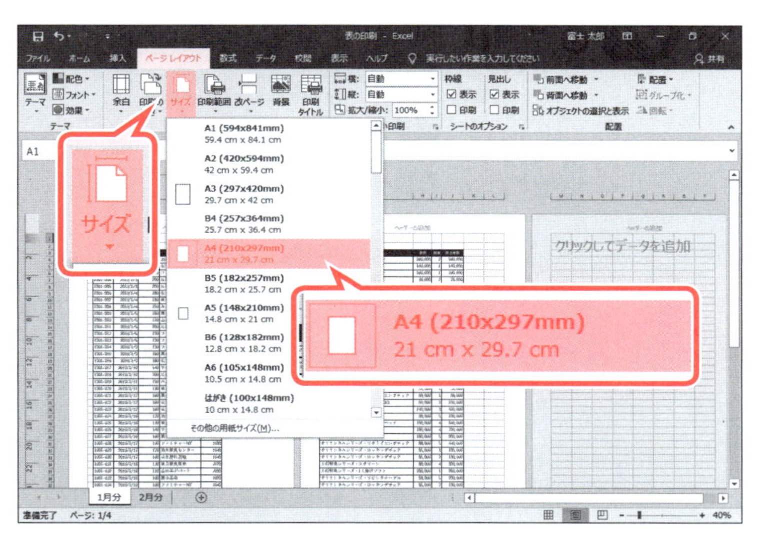

①《**ページレイアウト**》タブを選択します。

②《**ページ設定**》グループの（ページサイズの選択）をクリックします。

③《**A4**》をクリックします。

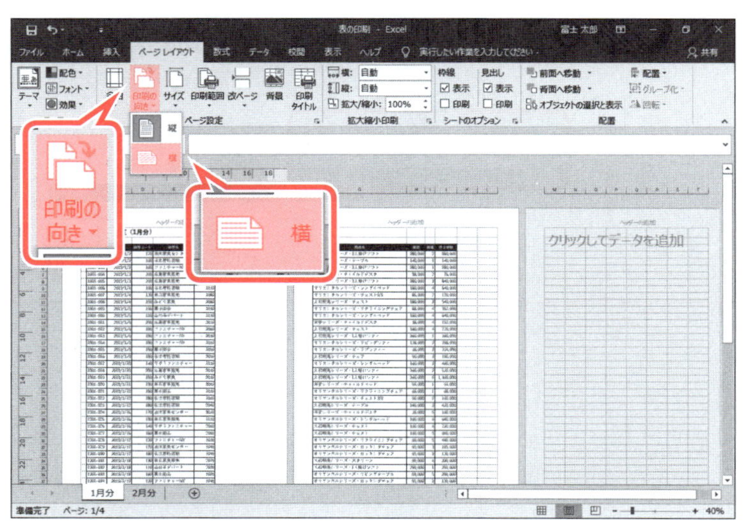

④《**ページ設定**》グループの（ページの向きを変更）をクリックします。

⑤《**横**》をクリックします。

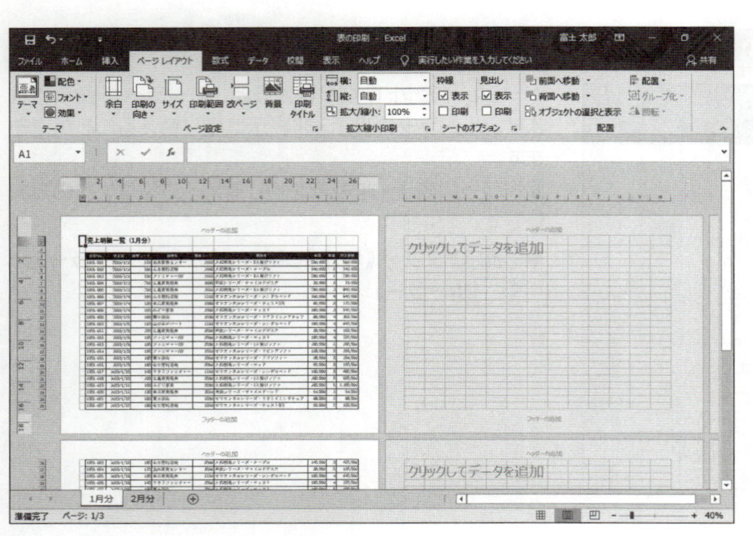

A4用紙の横方向に設定されます。

※シートをスクロールし、ページのレイアウトを確認しておきましょう。

※確認できたら、シートの先頭を表示しておきましょう。

POINT 余白の変更

初期の設定で余白は、上下「1.91cm」、左右「約1.78cm」に設定されていますが、変更することができます。余白を変更するには、次のような方法があります。

余白の調整

《ページ設定》グループの（余白の調整）を使うと、用紙の余白を設定できます。《広い》《狭い》から選択したり、上下左右の余白を個々に指定したりできます。

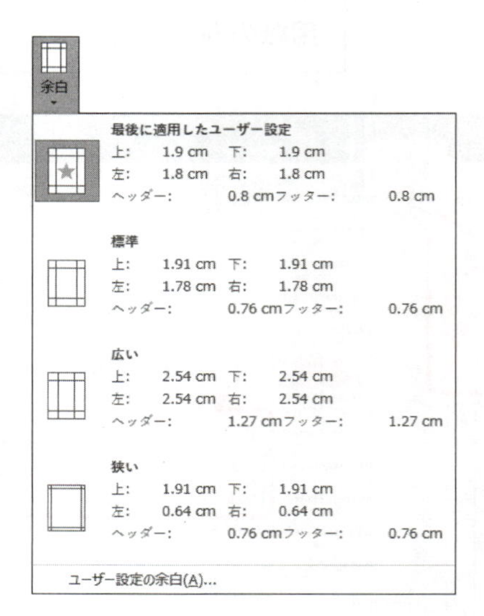

ルーラー

ページレイアウトでルーラーの境界部分をドラッグすると余白を調整できます。

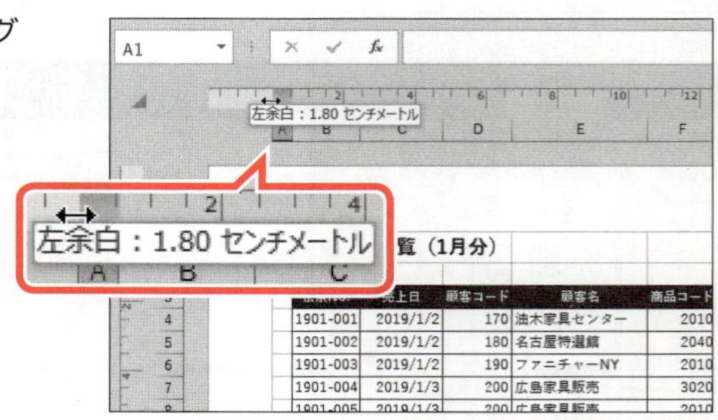

4 ヘッダーとフッターの設定

ページ上部の余白の領域を**「ヘッダー」**、ページ下部の余白の領域を**「フッター」**といいます。ヘッダーやフッターを設定すると、すべてのページに共通のデータを印刷できます。ページ番号や日付、ブック名などをヘッダーやフッターとして設定しておくと、印刷結果を配布したり、分類したりするときに便利です。
ヘッダーとフッターを設定しましょう。

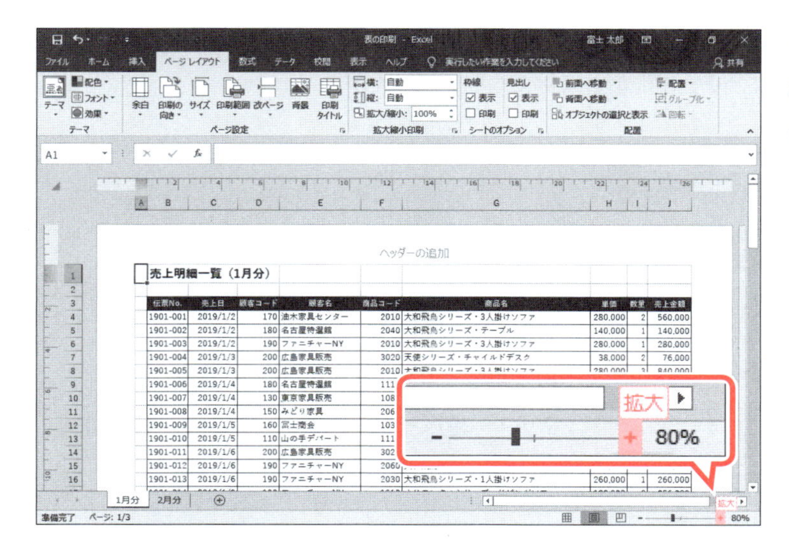

ヘッダーとフッターを確認しやすいように、表示倍率を拡大します。

① ＋（拡大）を4回クリックし、表示倍率を80%にします。

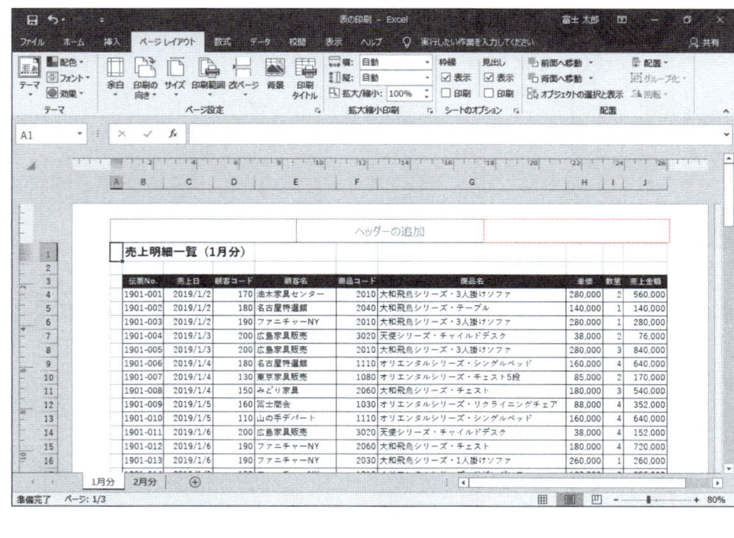

ヘッダーの右側に現在の日付を挿入します。

②ヘッダーの右側をポイントします。

ヘッダーをポイントすると、枠に色が付きます。

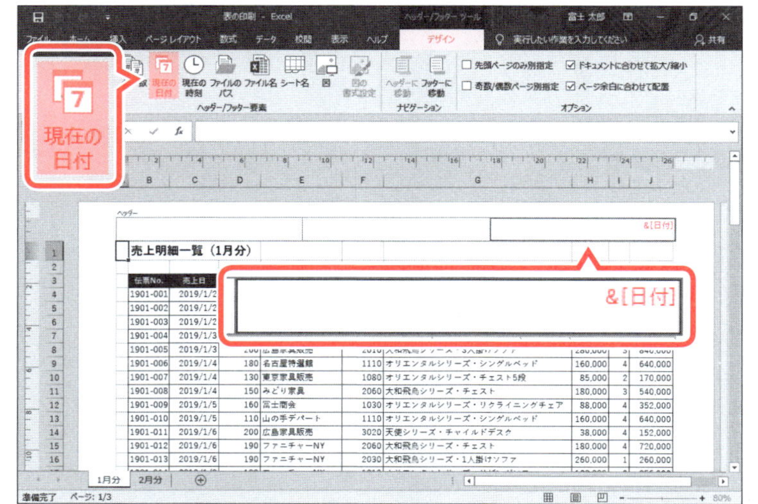

③クリックします。

リボンに**《ヘッダー/フッターツール》**の**《デザイン》**タブが表示されます。

④**《デザイン》**タブを選択します。

⑤**《ヘッダー/フッター要素》**グループの（現在の日付）をクリックします。

ヘッダーの右側に**「&[日付]」**と表示されます。

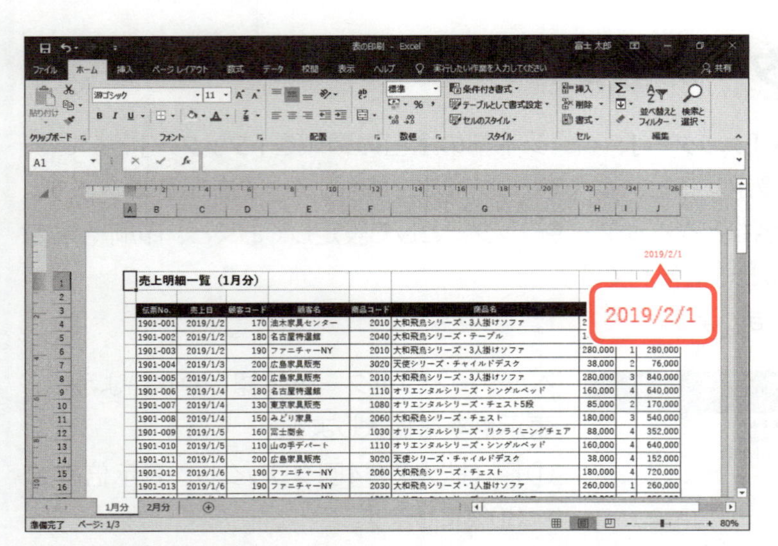

ヘッダーを確定します。

⑥ヘッダー以外の場所をクリックします。

ヘッダーの右側に現在の日付が表示されます。

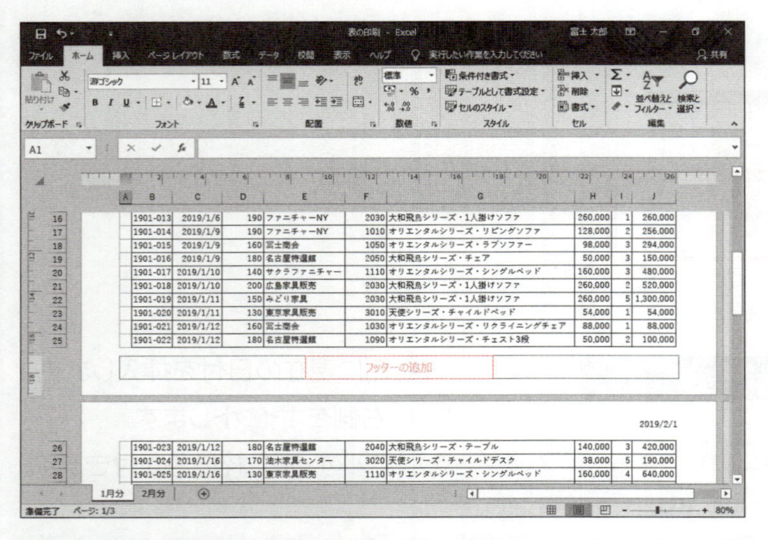

フッターの中央にページ番号を挿入します。

⑦シートをスクロールし、フッターを表示します。

⑧フッターの中央をポイントします。

フッターをポイントすると、枠に色が付きます。

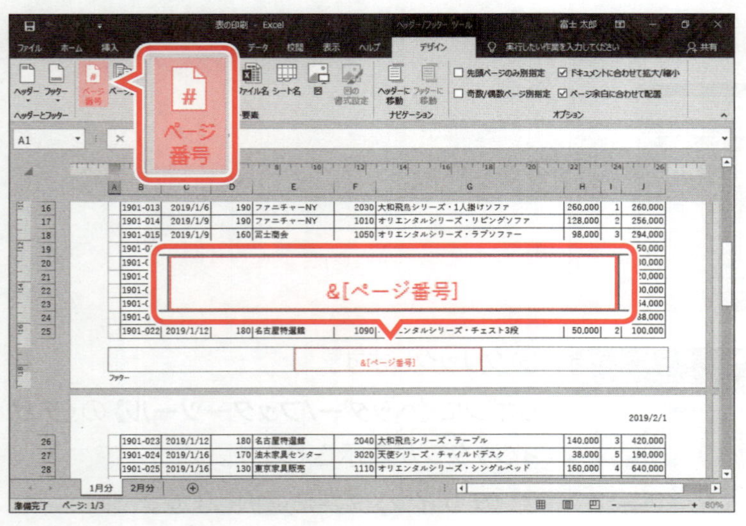

⑨クリックします。

⑩**《デザイン》**タブを選択します。

⑪**《ヘッダー/フッター要素》**グループの（ページ番号）をクリックします。

フッターの中央に**「&[ページ番号]」**と表示されます。

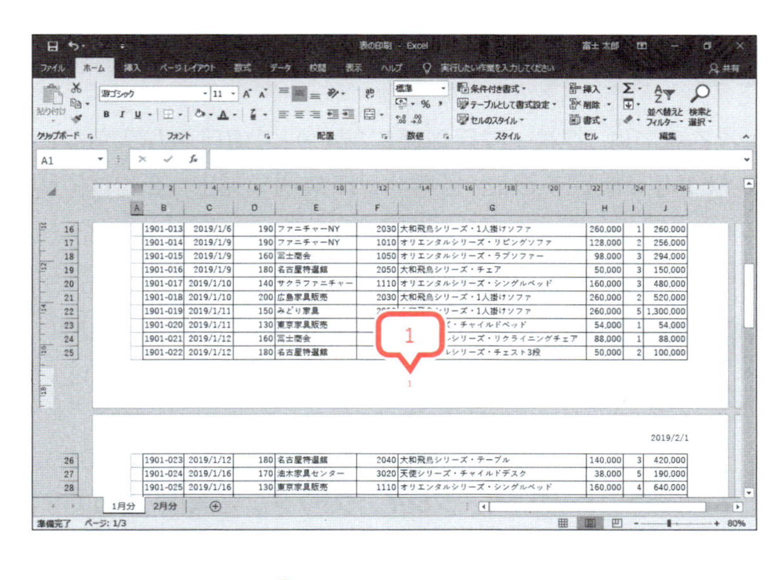

フッターを確定します。

⑫フッター以外の場所をクリックします。

フッターの中央にページ番号が表示されます。

※シートをスクロールし、2ページ目以降にヘッダーとフッターが表示されていることを確認しておきましょう。

※確認できたら、シートの先頭を表示しておきましょう。

POINT 《ヘッダー/フッターツール》の《デザイン》タブ

ページレイアウトでヘッダーやフッターが選択されているとき、リボンに《ヘッダー/フッターツール》の《デザイン》タブが表示され、ヘッダーやフッターに関するコマンドが使用できる状態になります。

STEP UP ヘッダー/フッター要素

《デザイン》タブの《ヘッダー/フッター要素》グループのボタンを使うと、ヘッダーやフッターに様々な要素を挿入できます。

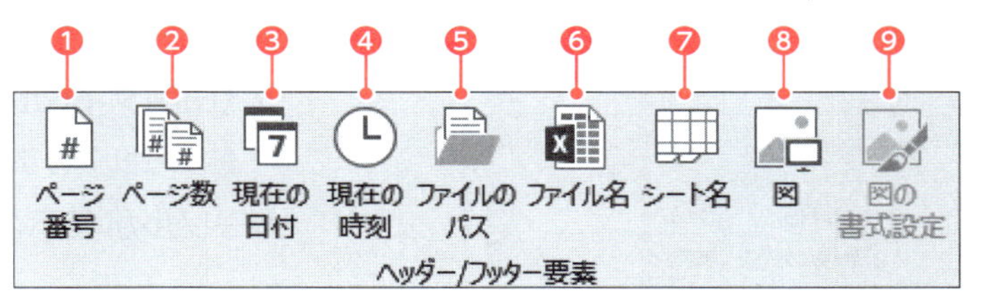

❶ページ番号を挿入します。
❷総ページ数を挿入します。
❸現在の日付を挿入します。
❹現在の時刻を挿入します。
❺保存場所のパスを含めてブック名を挿入します。
❻ブック名を挿入します。
❼シート名を挿入します。
❽図（画像）を挿入します。
❾図を挿入した場合、図のサイズや明るさなどを設定します。

POINT ヘッダー/フッターへの文字列の入力

ページレイアウトでは、ヘッダーとフッターに文字列を直接入力できます。

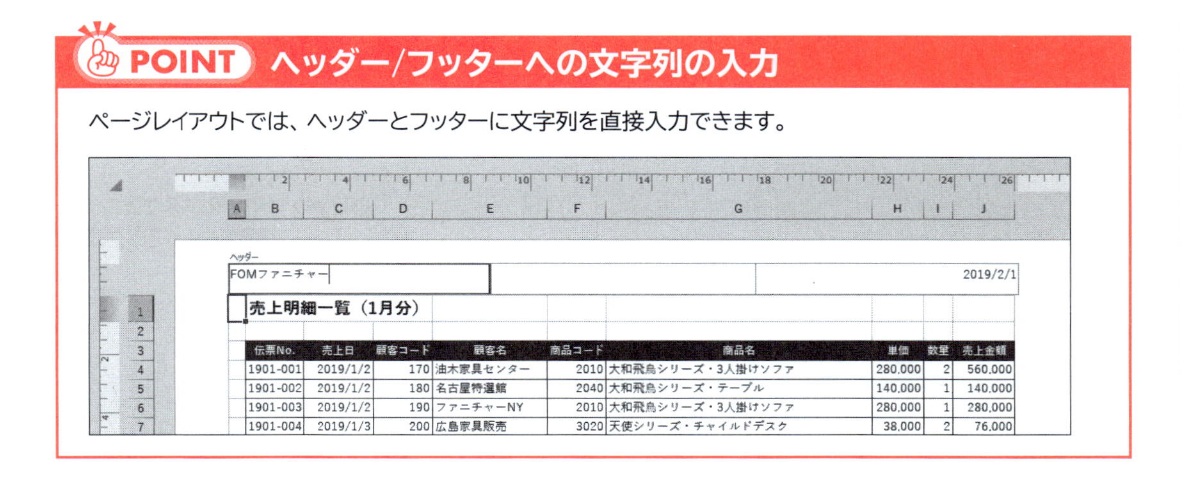

1
2
3
4
5
6
7
8
9
総合問題
付録
索引

5 印刷タイトルの設定

複数ページに分かれて印刷される表では、2ページ目以降に行や列の項目名が入らない状態で印刷されます。**「印刷タイトル」**を設定すると、各ページに共通の見出しを付けて印刷できます。

1～3行目を印刷タイトルとして設定しましょう。

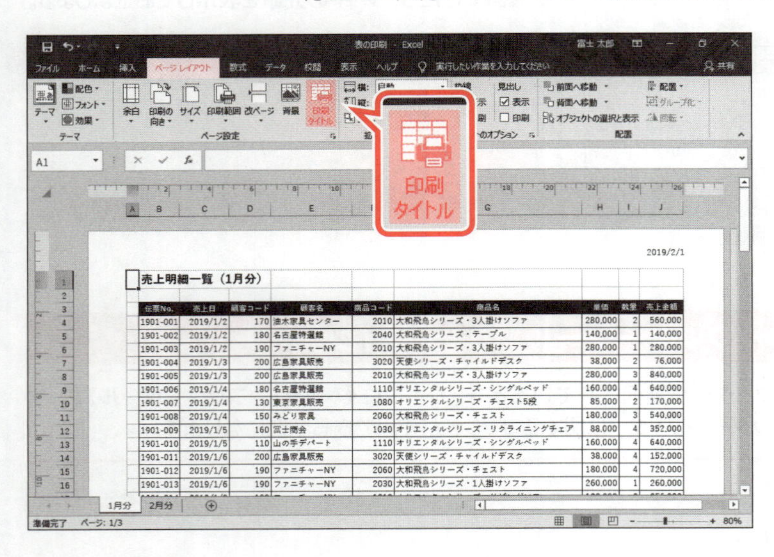

①シートをスクロールし、2ページ目以降にタイトルや項目名が表示されていないことを確認します。

※確認できたら、シートの先頭を表示しておきましょう。

②**《ページレイアウト》**タブを選択します。

③**《ページ設定》**グループの（印刷タイトル）をクリックします。

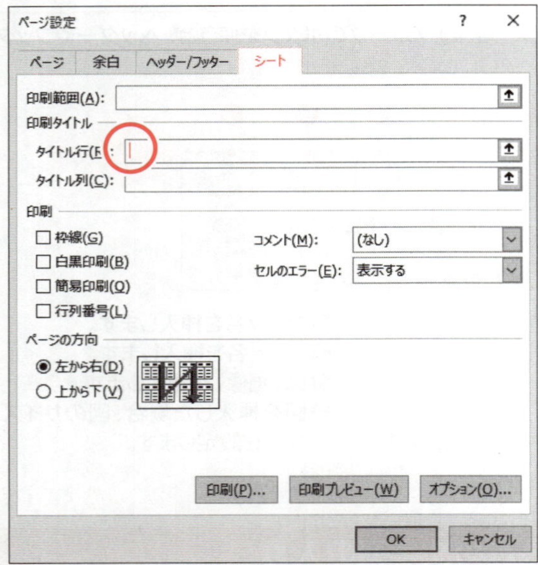

《ページ設定》ダイアログボックスが表示されます。

④**《シート》**タブを選択します。

⑤**《印刷タイトル》**の**《タイトル行》**のボックスをクリックします。

カーソルが表示されます。

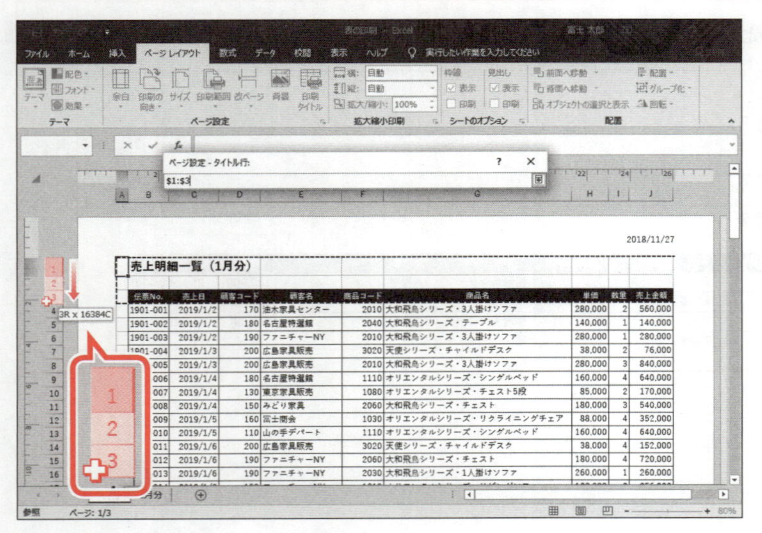

⑥行番号**【1】**から行番号**【3】**までドラッグします。

※ドラッグ中、マウスポインターの形が✚に変わり、《ページ設定》ダイアログボックスのサイズが縮小されます。

《印刷タイトル》の《タイトル行》に「$1:$3」と表示されます。

⑦《OK》をクリックします。

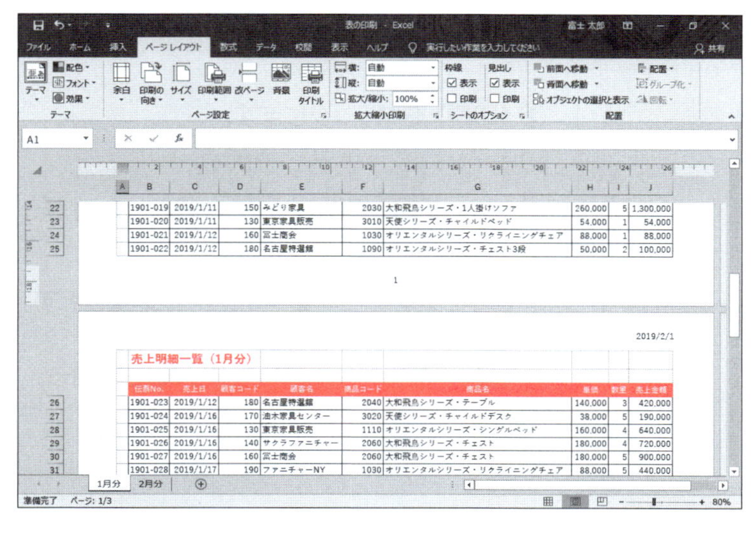

印刷タイトルが設定されます。

※シートをスクロールし、2ページ目以降にタイトルと項目名が表示されていることを確認しておきましょう。

※確認できたら、シートの先頭を表示しておきましょう。

STEP UP 改ページの挿入

改ページを挿入すると、指定の位置でページを区切ることができます。

改ページを挿入する方法は、次のとおりです。

◆改ページを挿入する行番号または列番号を選択→《ページレイアウト》タブ→《ページ設定》グループの（改ページ）→《改ページの挿入》

STEP UP ページ設定

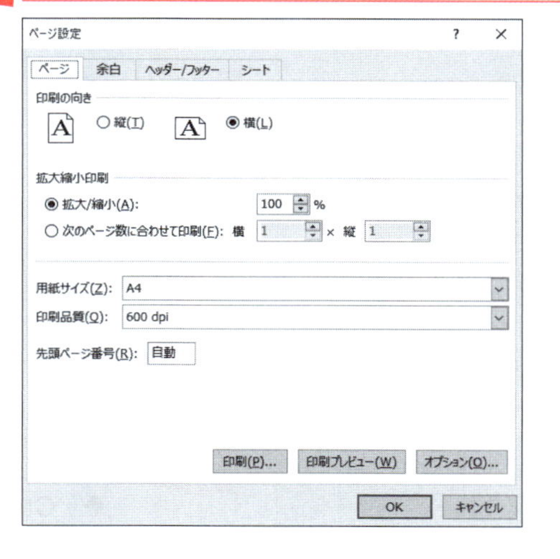

《ページレイアウト》タブ→《ページ設定》グループの（ページ設定）をクリックすると、《ページ設定》ダイアログボックスが表示されます。《ページ設定》ダイアログボックスの各タブで、用紙サイズ、用紙の向き、余白のサイズ、ヘッダーやフッター、印刷タイトルなどを設定することができます。

6 印刷イメージの確認

印刷前に印刷イメージを確認しましょう。

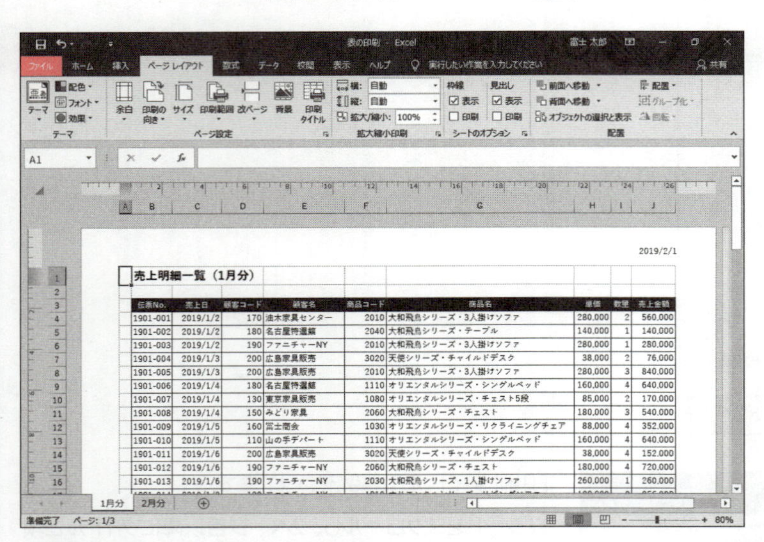

①《**ファイル**》タブを選択します。

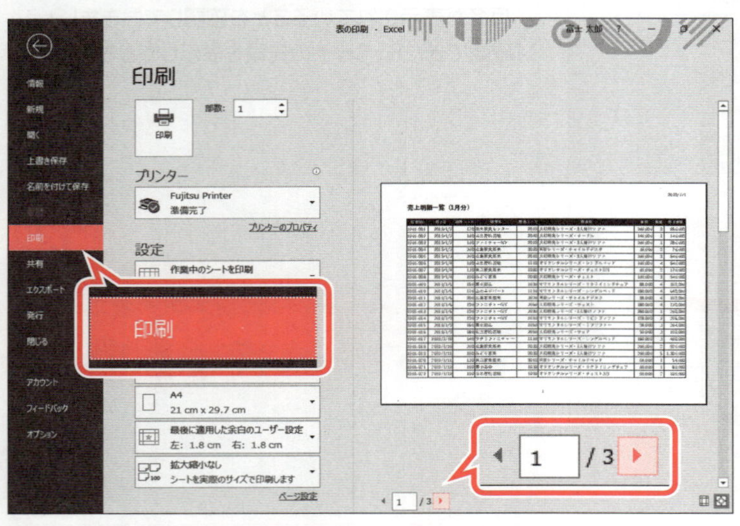

②《**印刷**》をクリックします。

印刷イメージが表示されます。

③1ページ目が表示されていることを確認します。

④ ▶ をクリックし、2ページ目を確認します。

※同様に、3ページ目を確認しておきましょう。

※確認できたら、1ページ目を表示しておきましょう。

7 印刷

表を1部印刷しましょう。

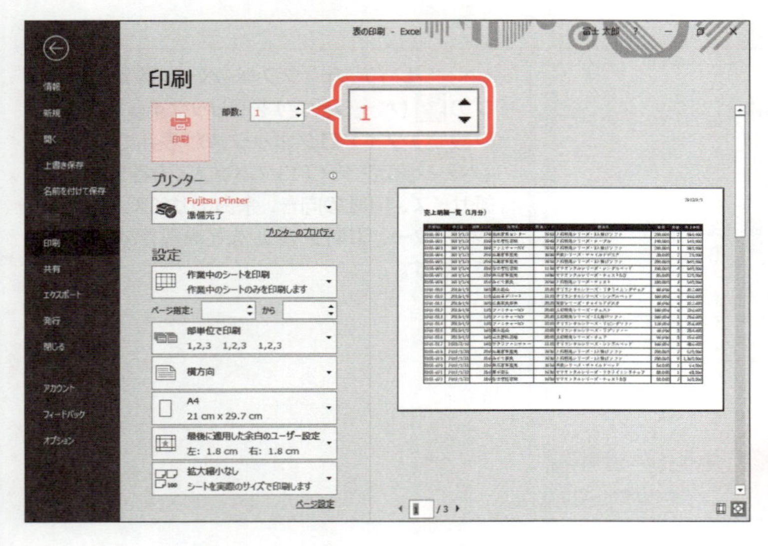

①《**印刷**》の《**部数**》が「**1**」になっていることを確認します。

②《**プリンター**》に印刷するプリンターの名前が表示されていることを確認します。

※表示されていない場合は、▾をクリックし、一覧から選択します。

③《**印刷**》をクリックします。

その他の方法（印刷）

◆ Ctrl + P

Step3 改ページプレビューを利用する

1 改ページプレビュー

「改ページプレビュー」は、印刷範囲や改ページ位置をひと目で確認できる表示モードです。大きな表を1ページに収めて印刷したり、各ページに印刷する領域を個々に設定したりする場合に利用します。

「標準」や**「ページレイアウト」**と同様に、データを入力したり表の書式を設定したりすることもできます。

表示モードを改ページプレビューに切り替えましょう。

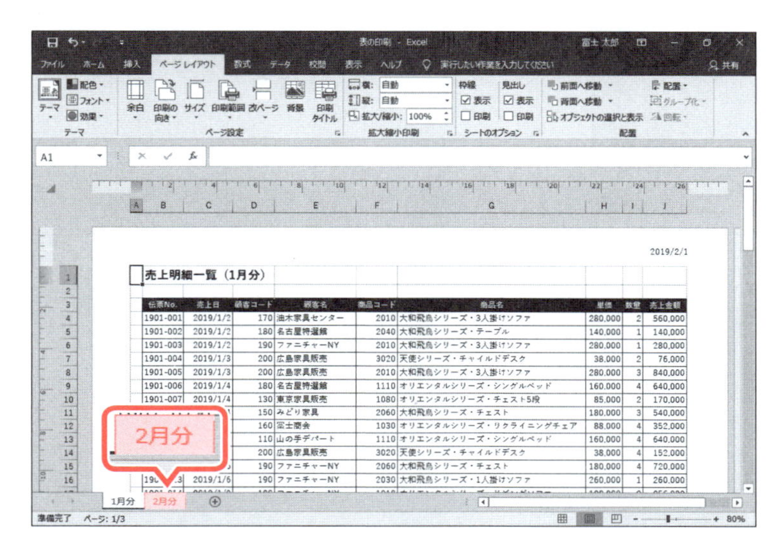

シート**「2月分」**に切り替えます。

①シート**「2月分」**のシート見出しをクリックします。

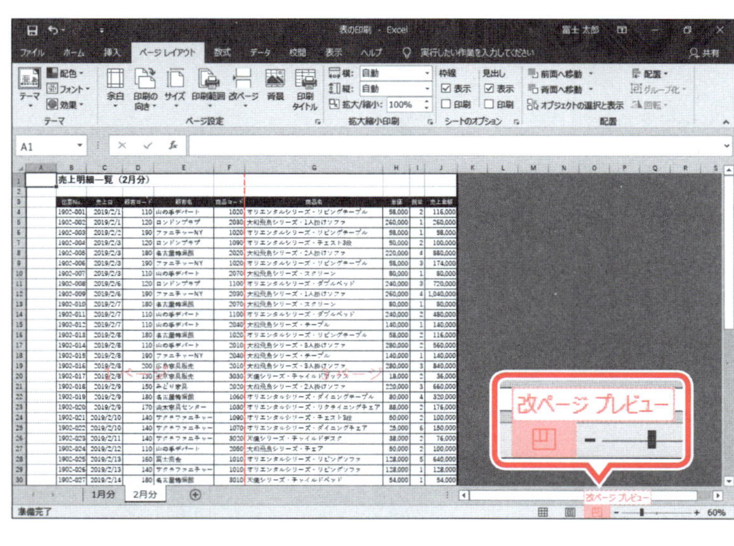

②（改ページプレビュー）をクリックします。

※ボタンが濃い灰色になります。

表示モードが改ページプレビューになります。

シート上に、ページ番号とページ区切りが青い点線で表示されます。印刷される領域は白色の背景色、印刷されない領域は灰色の背景色で表示されます。

2 印刷範囲と改ページ位置の調整

改ページプレビューに表示されるページ区切りや印刷範囲をドラッグすると、1ページに印刷する領域を自由に設定できます。
データが入力されているセル範囲が、1ページにすべて印刷されるように設定しましょう。

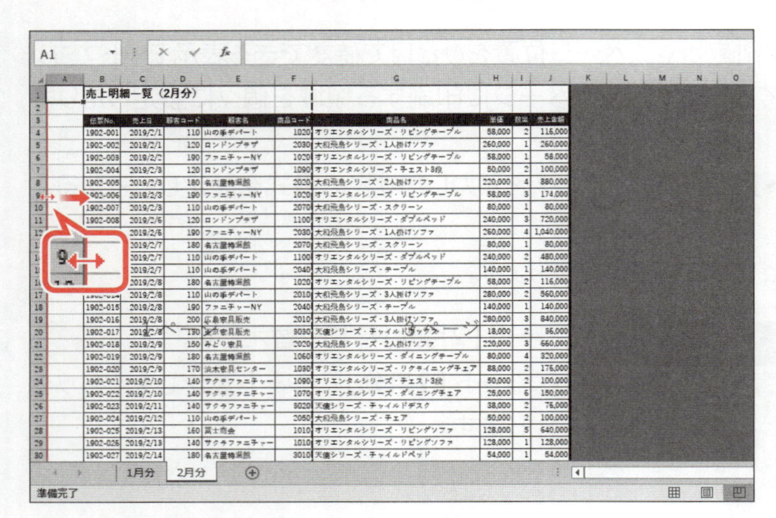

A列を印刷範囲から除外します。

①A列の左側の青い太線上をポイントします。

マウスポインターの形が↔に変わります。

②B列の左側までドラッグします。

※ドラッグすると、B列の左側に緑の太線が表示されます。

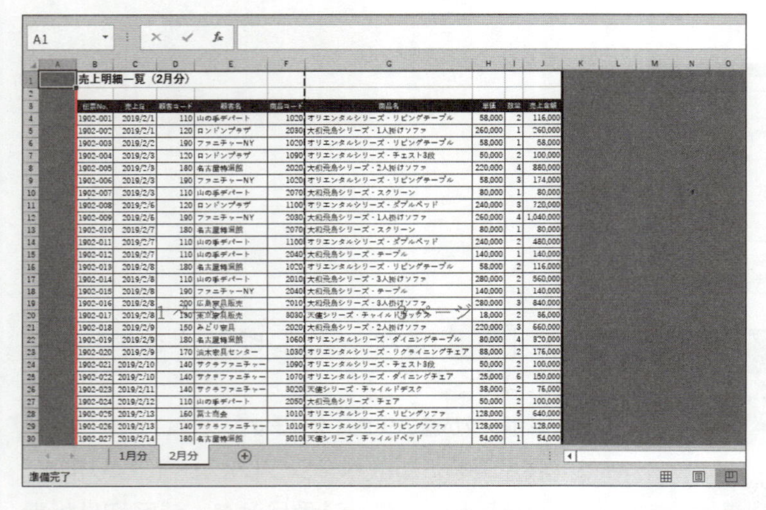

A列が印刷範囲から除かれます。

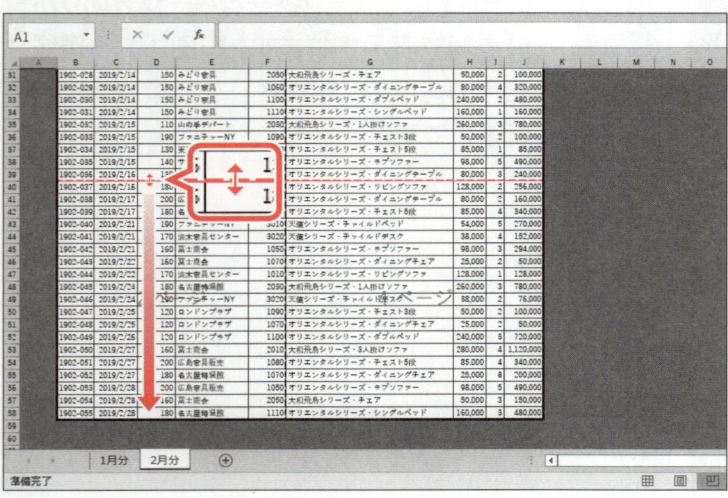

ページ区切りを変更します。

③シートをスクロールし、データが入力されている最終行（58行目）を表示します。

④図の青い点線上をポイントします。

マウスポインターの形が↕に変わります。

⑤58行目の下側までドラッグします。

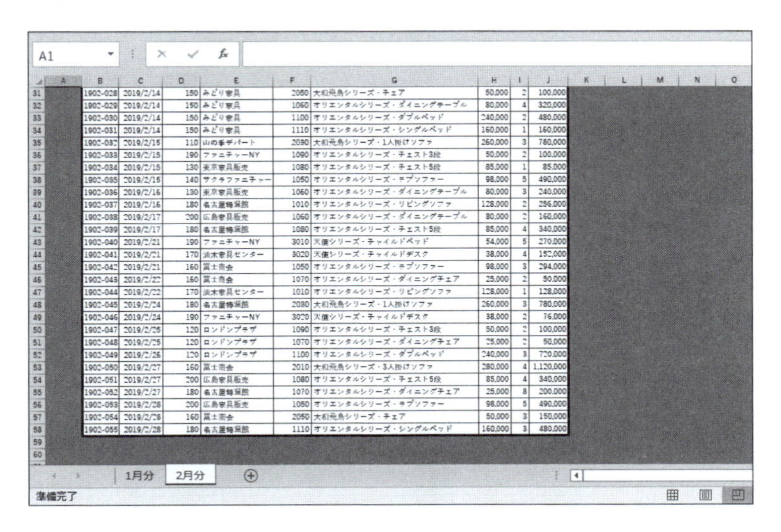

1ページにすべて印刷されるように設定されます。

POINT 拡大/縮小率

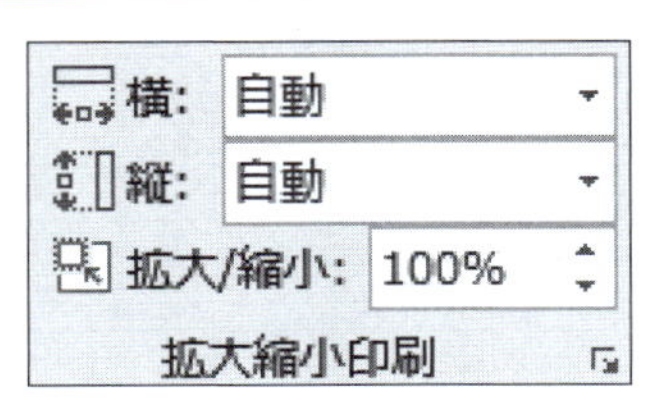

改ページプレビューで印刷範囲や改ページ位置を設定すると、用紙に合わせて拡大/縮小率が自動的に設定されます。
拡大/縮小率を確認する方法は、次のとおりです。

◆《ページレイアウト》タブ→《拡大縮小印刷》グループの 拡大/縮小: （拡大/縮小）

POINT ページ数に合わせて印刷

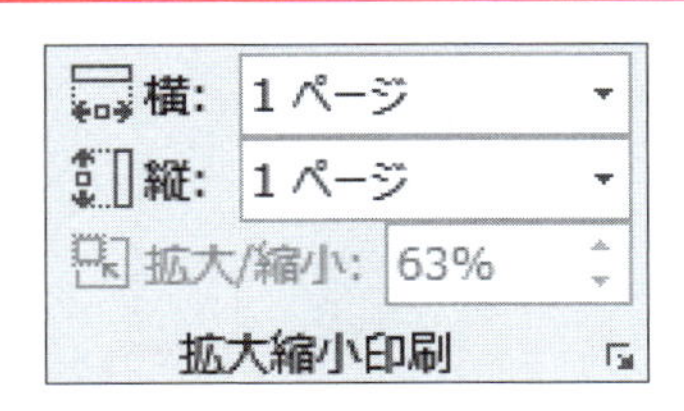

横や縦のページ数を設定すると、そのページ数に収まるように拡大/縮小率が自動的に調整されます。例えば、横1ページ、縦1ページと設定すると、1ページにすべてを印刷するように縮小されます。
横や縦のページ数を設定する方法は、次のとおりです。

◆《ページレイアウト》タブ→《拡大縮小印刷》グループの 横: （横）／ 縦: （縦）

POINT 印刷範囲や改ページ位置の解除

設定した印刷範囲を解除する方法は、次のとおりです。

◆改ページプレビューで任意のセルを右クリック→《印刷範囲の解除》

設定した改ページ位置を解除する方法は、次のとおりです。

◆改ページプレビューで任意のセルを右クリック→《すべての改ページを解除》

Let's Try ためしてみよう

印刷イメージを確認し、表を印刷しましょう。

Let's Try Answer

①《ファイル》タブを選択
②《印刷》をクリック
③印刷イメージを確認
④《印刷》をクリック

※ブックに「表の印刷完成」と名前を付けて、フォルダー「第6章」に保存し、閉じておきましょう。

練習問題

解答 ▶ 別冊P.4

完成図のような表を作成しましょう。

フォルダー「第6章」のブック「第6章練習問題」を開いておきましょう。

●完成図

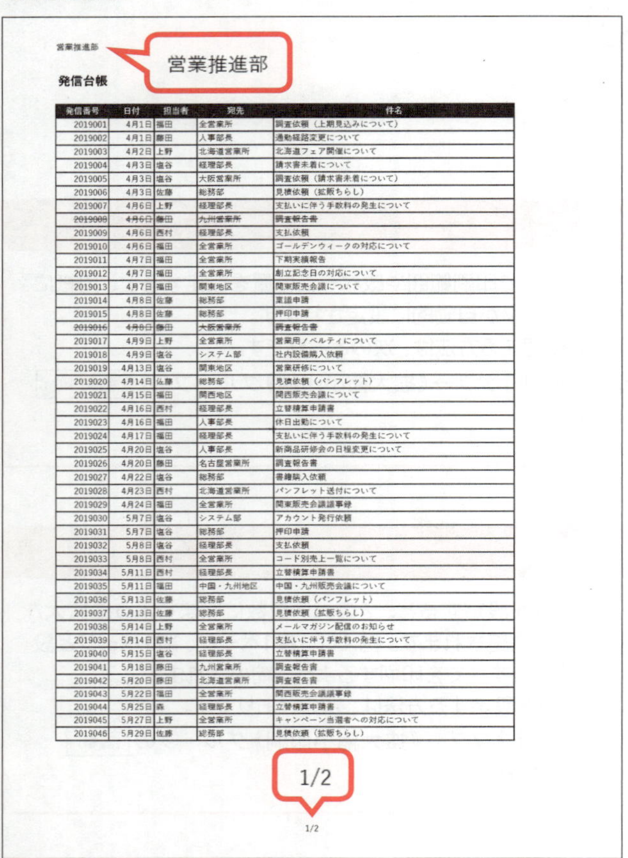

営業推進部

発信台帳

発信番号	日付	担当者	宛先	件名
2019001	4月1日	福田	全営業所	調査依頼（上期見込みについて）
2019002	4月1日	藤田	人事部長	通勤経路変更について
2019003	4月2日	上野	北海道営業所	北海道フェア開催について
2019004	4月3日	塩谷	経理部長	請求書未着について
2019005	4月3日	塩谷	大阪営業所	調査依頼（請求書未着について）
2019006	4月3日	佐藤	総務部	見積依頼（拡販ちらし）
2019007	4月6日	上野	経理部長	支払いに伴う手数料の発生について
~~2019008~~	~~4月6日~~	~~藤田~~	~~九州営業所~~	~~調査報告書~~
2019009	4月6日	西村	経理部長	支払依頼
2019010	4月6日	福田	全営業所	ゴールデンウィークの対応について
2019011	4月7日	福田	全営業所	下期実績報告
2019012	4月7日	福田	全営業所	創立記念日の対応について
2019013	4月7日	福田	関東地区	関東販売会議について
2019014	4月8日	佐藤	総務部	稟議申請
2019015	4月8日	佐藤	総務部	押印申請
~~2019016~~	~~4月8日~~	~~藤田~~	~~大阪営業所~~	~~調査報告書~~
2019017	4月9日	上野	全営業所	営業用ノベルティについて
2019018	4月9日	塩谷	システム部	社内設備購入依頼
2019019	4月13日	塩谷	関東地区	営業研修について
2019020	4月14日	佐藤	総務部	見積依頼（パンフレット）
2019021	4月15日	福田	関西地区	関西販売会議について
2019022	4月16日	西村	経理部長	立替精算申請書
2019023	4月16日	福田	人事部長	休日出勤について
2019024	4月17日	福田	経理部長	支払いに伴う手数料の発生について
2019025	4月20日	塩谷	人事部長	新商品研修会の日程変更について
2019026	4月20日	藤田	名古屋営業所	調査報告書
2019027	4月22日	塩谷	総務部	書籍購入依頼
2019028	4月23日	西村	北海道営業所	パンフレット送付について
2019029	4月24日	福田	全営業所	関東販売会議議事録
2019030	5月7日	塩谷	システム部	アカウント発行依頼
2019031	5月7日	塩谷	総務部	押印申請
2019032	5月8日	塩谷	経理部長	支払依頼
2019033	5月8日	西村	全営業所	コード別売上一覧について
2019034	5月11日	西村	経理部長	立替精算申請書
2019035	5月11日	福田	中国・九州地区	中国・九州販売会議について
2019036	5月13日	佐藤	総務部	見積依頼（パンフレット）
2019037	5月13日	佐藤	総務部	見積依頼（拡販ちらし）
2019038	5月14日	上野	全営業所	メールマガジン配信のお知らせ
2019039	5月14日	西村	経理部長	支払いに伴う手数料の発生について
2019040	5月15日	塩谷	経理部長	立替精算申請書
2019041	5月18日	藤田	九州営業所	調査報告書
2019042	5月20日	藤田	北海道営業所	調査報告書
2019043	5月22日	福田	全営業所	関西販売会議議事録
2019044	5月25日	森	経理部長	立替精算申請書
2019045	5月27日	上野	全営業所	キャンペーン当選者への対応について
2019046	5月29日	佐藤	総務部	見積依頼（拡販ちらし）

1/2

営業推進部

発信台帳

発信番号	日付	担当者	宛先	件名
2019047	6月1日	西村	広島営業所	パンフレット送付について
2019048	6月2日	福田	中部地区	中部販売会議について
~~2019049~~	~~6月2日~~	~~森~~	~~経理部長~~	~~支払依頼~~
2019050	6月3日	塩谷	システム部	設備利用報告書
2019051	6月4日	福田	全営業所	調査依頼（見込みの修正について）
2019052	6月4日	佐藤	総務部	見積依頼（拡販ちらし）
2019053	6月5日	西村	経理部長	雑費予算枠の変更について
2019054	6月5日	佐藤	経理部長	支払いに伴う手数料の発生について
2019055	6月8日	西村	経理部長	支払依頼
2019056	6月8日	福田	関西地区	営業研修について
2019057	6月10日	西村	総務部	書籍購入依頼
2019058	6月10日	上野	関西地区	サマーキャンペーン支援について
2019059	6月12日	西村	経理部長	支払いに伴う手数料の発生について
2019060	6月15日	藤田	横浜営業所	調査報告書
2019061	6月16日	上野	経理部長	立替精算申請書
2019062	6月17日	福田	関越・東北地区	関越・東北販売会議について
2019063	6月18日	塩谷	システム部	アカウント発行依頼
2019064	6月19日	上野	全営業所	サマーキャンペーンについて
2019065	6月19日	上野	経理部長	サマーキャンペーン拡販費用について
2019066	6月22日	上野	経理部長	支払依頼
2019067	6月23日	福田	全営業所	中国・九州販売会議議事録
2019068	6月24日	福田	全営業所	中部販売会議議事録
2019069	6月26日	福田	人事部長	休日出勤について
~~2019070~~	~~6月29日~~	~~藤田~~	~~大阪営業所~~	~~調査報告書~~
2019071	7月1日	福田	全営業所	調査依頼（見込みの修正について）
2019072	7月3日	塩谷	経理部長	立替精算申請書
2019073	7月6日	西村	千葉営業所	パンフレット送付について
2019074	7月8日	塩谷	総務部	書籍購入依頼
2019075	7月8日	西村	経理部長	支払いに伴う手数料の発生について
2019076	7月9日	上野	全営業所	メールマガジン配信のお知らせ
2019077	7月10日	福田	北海道地区	北海道販売会議について
2019078	7月13日	西村	経理部長	支払依頼
2019079	7月14日	塩谷	経理部長	立替精算申請書
2019080	7月15日	佐藤	総務部	見積依頼（パンフレット）
2019081	7月15日	福田	全営業所	関越・東北販売会議議事録

2/2

2/2

①　表示モードをページレイアウトに切り替えて、表示倍率を70%にしましょう。

②　A4用紙の縦方向に印刷されるように、ページを設定しましょう。

③　ヘッダーの左側に**「営業推進部」**という文字列が印刷されるように設定しましょう。
次に、フッターの中央に**「ページ番号/総ページ数」**が印刷されるように設定しましょう。

④　4～6行目を印刷タイトルとして設定しましょう。

⑤　表示モードを改ページプレビューに切り替えましょう。

⑥　A列と1～3行目を印刷範囲から除きましょう。

⑦　1ページ目に4・5月分のデータ、2ページ目に6・7月分のデータが印刷されるように、改ページ位置を変更しましょう。

⑧　印刷イメージを確認し、表を1部印刷しましょう。

※ブックに「第6章練習問題完成」と名前を付けて、フォルダー「第6章」に保存し、閉じておきましょう。

第7章

グラフの作成

第7章 この章で学ぶこと

学習前に習得すべきポイントを理解しておき、
学習後には確実に習得できたかどうかを振り返りましょう。

1	グラフの作成手順を説明できる。	→ P.167
2	円グラフを作成できる。	→ P.168
3	円グラフの構成要素を説明できる。	→ P.171
4	グラフにタイトルを入力できる。	→ P.172
5	グラフの位置やサイズを調整できる。	→ P.173
6	グラフにスタイルを設定して、グラフ全体のデザインを変更できる。	→ P.175
7	グラフの色を変更できる。	→ P.176
8	円グラフから要素を切り離して強調できる。	→ P.177
9	縦棒グラフを作成できる。	→ P.180
10	縦棒グラフの構成要素を説明できる。	→ P.182
11	グラフの場所を変更できる。	→ P.184
12	グラフの項目とデータ系列を入れ替えることができる。	→ P.185
13	グラフの種類を変更できる。	→ P.186
14	グラフに必要な要素を、個別に配置できる。	→ P.187
15	グラフの要素に対して、書式を設定できる。	→ P.189
16	グラフフィルターを使って、必要なデータに絞り込むことができる。	→ P.192
17	おすすめグラフを作成できる。	→ P.193

Step1 作成するグラフを確認する

1 作成するグラフの確認

次のようなグラフを作成しましょう。

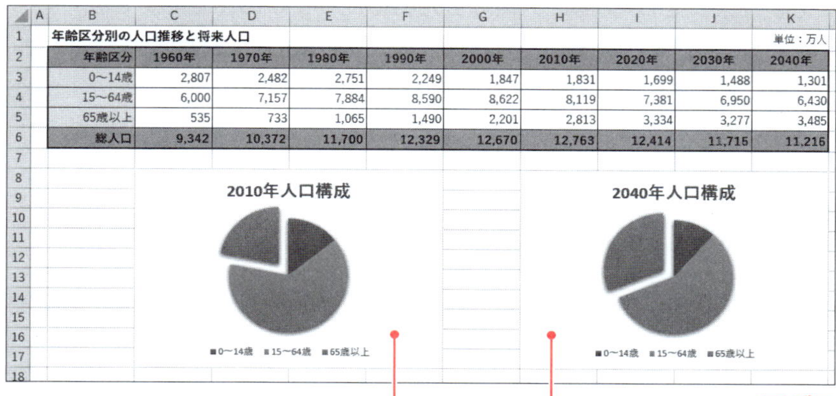

年齢区分別の人口推移と将来人口　　単位：万人

年齢区分	1960年	1970年	1980年	1990年	2000年	2010年	2020年	2030年	2040年
0～14歳	2,807	2,482	2,751	2,249	1,847	1,831	1,699	1,488	1,301
15～64歳	6,000	7,157	7,884	8,590	8,622	8,119	7,381	6,950	6,430
65歳以上	535	733	1,065	1,490	2,201	2,813	3,334	3,277	3,485
総人口	9,342	10,372	11,700	12,329	12,670	12,763	12,414	11,715	11,216

円グラフの作成

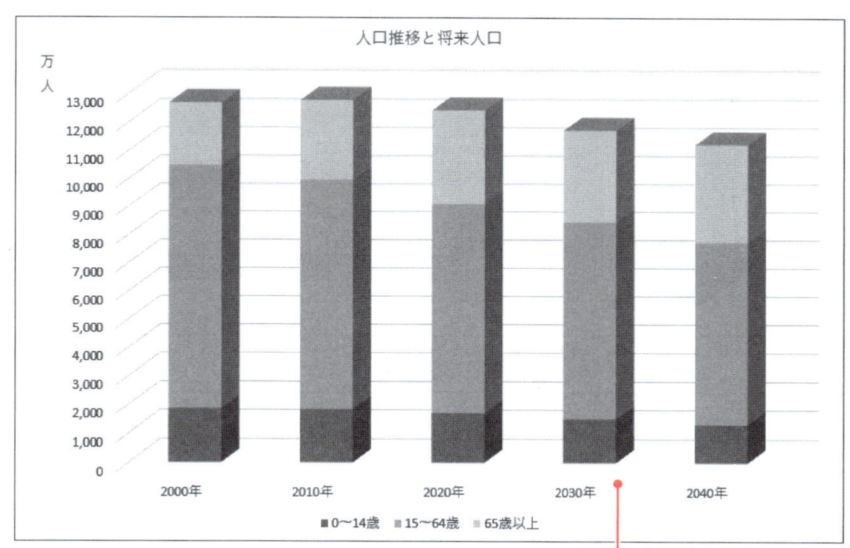

縦棒グラフの作成

男女別の人口推移　　単位：千人

年次	1960年	1970年	1980年	1990年	2000年	2010年
男	46,300	51,369	57,594	60,697	62,111	62,328
女	48,001	53,296	59,467	62,914	64,815	65,730
総人口	94,301	104,665	117,061	123,611	126,926	128,058

人口推移

2010年 / 2000年 / 1990年 / 1980年 / 1970年 / 1960年

0　20,000　40,000　60,000　80,000　100,000　120,000　140,000

■男 ■女

横棒グラフの作成

Step2 グラフ機能の概要

1 グラフ機能

表のデータをもとに、簡単にグラフを作成できます。グラフはデータを視覚的に表現できるため、データを比較したり傾向を分析したりするのに適しています。
Excelには、縦棒・横棒・折れ線・円などの基本のグラフが用意されています。さらに、基本の各グラフには、形状をアレンジしたパターンが複数用意されています。

2 グラフの作成手順

グラフのもとになるセル範囲とグラフの種類を選択するだけで、グラフは簡単に作成できます。
グラフを作成する基本的な手順は、次のとおりです。

1 もとになるセル範囲を選択する

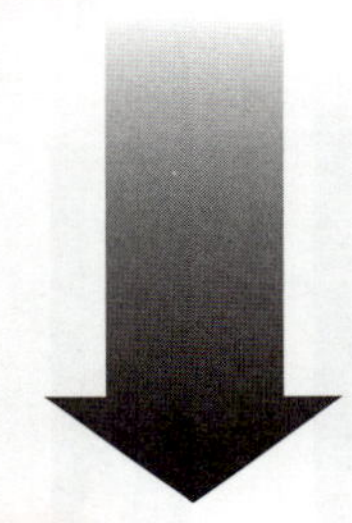

グラフのもとになるデータが入力されているセル範囲を選択します。

	A	B	C	D	E	F	G	H
1		年齢区分別の人口推移と将来人口						
2		年齢区分	1960年	1970年	1980年	1990年	2000年	2010年
3		0～14歳	2,807	2,482	2,751	2,249	1,847	1,831
4		15～64歳	6,000	7,157	7,884	8,590	8,622	8,119
5		65歳以上	535	733	1,065	1,490	2,201	2,813
6		総人口	9,342	10,372	11,700	12,329	12,670	12,763
7								

2 グラフの種類を選択する

グラフの種類・パターンを選択して、グラフを作成します。

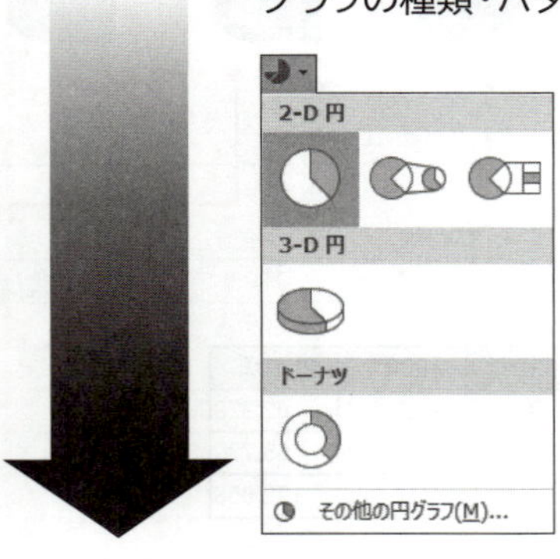

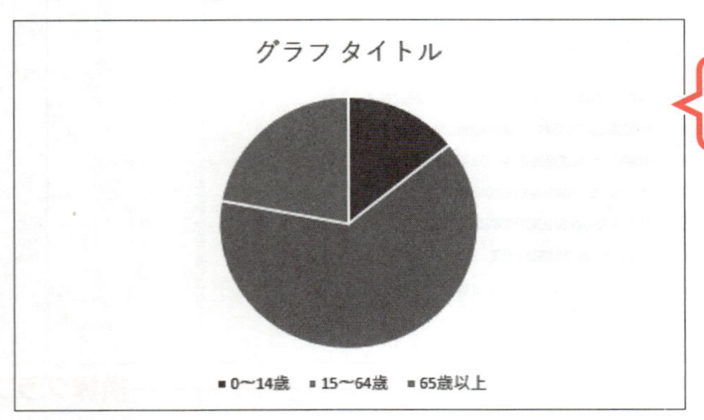

グラフが簡単に作成できる

Step3 円グラフを作成する

1 円グラフの作成

「**円グラフ**」は、全体に対して各項目がどれくらいの割合を占めるかを表現するときに使います。
円グラフを作成しましょう。

1 セル範囲の選択

グラフを作成する場合、まず、グラフのもとになるセル範囲を選択します。
円グラフの場合、次のようにセル範囲を選択します。

●2010年の円グラフを作成する場合

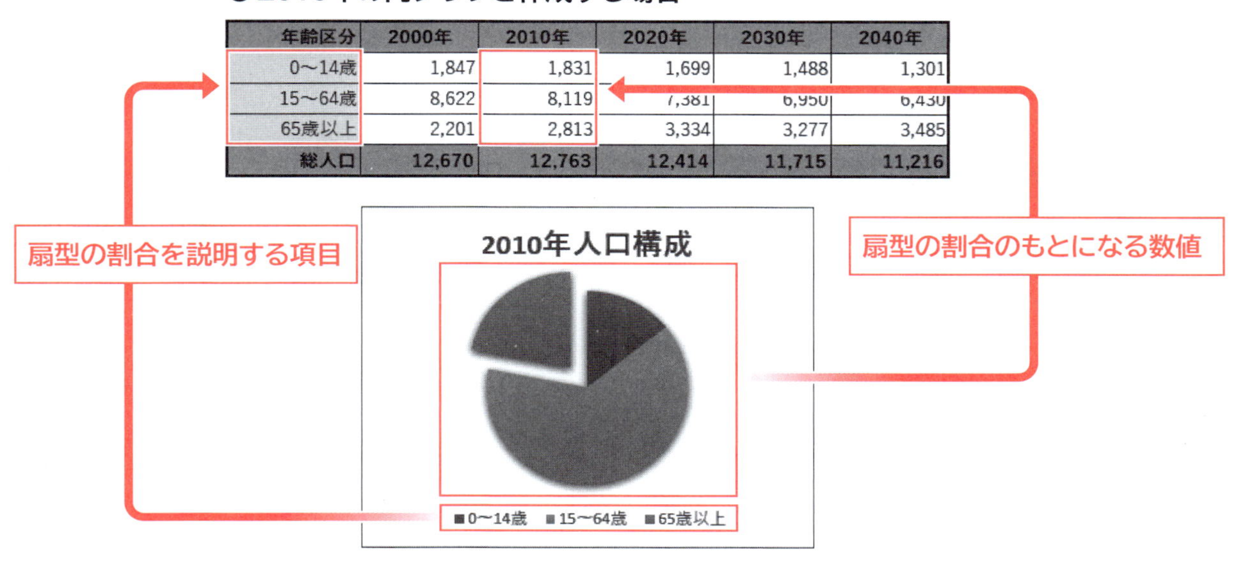

年齢区分	2000年	2010年	2020年	2030年	2040年
0～14歳	1,847	1,831	1,699	1,488	1,301
15～64歳	8,622	8,119	7,381	6,950	6,430
65歳以上	2,201	2,813	3,334	3,277	3,485
総人口	12,670	12,763	12,414	11,715	11,216

●2040年の円グラフを作成する場合

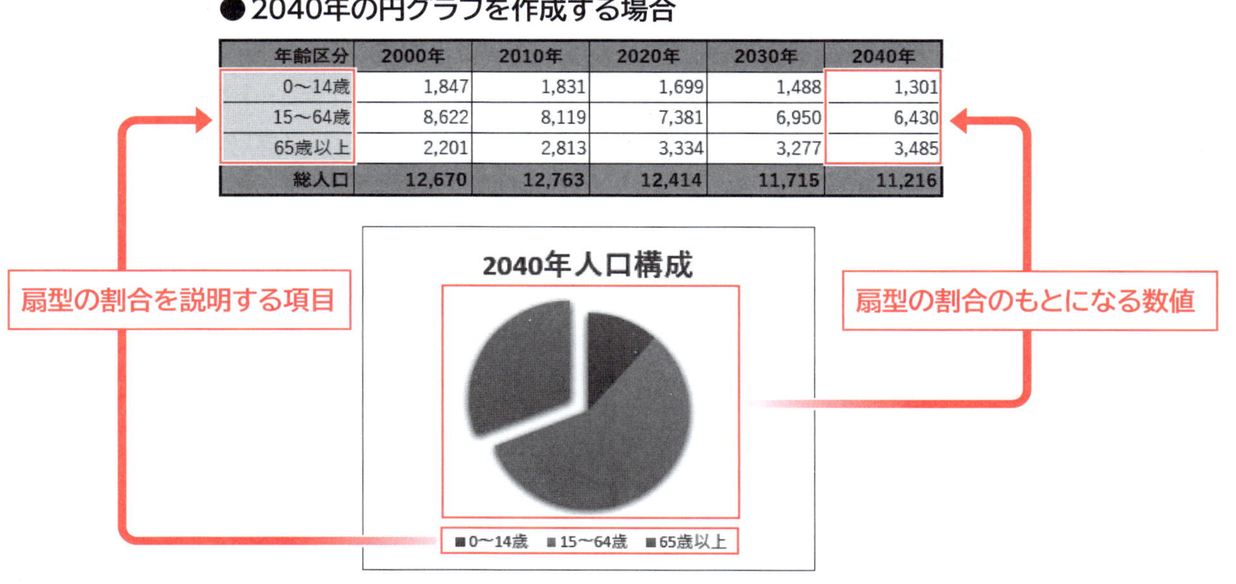

年齢区分	2000年	2010年	2020年	2030年	2040年
0～14歳	1,847	1,831	1,699	1,488	1,301
15～64歳	8,622	8,119	7,381	6,950	6,430
65歳以上	2,201	2,813	3,334	3,277	3,485
総人口	12,670	12,763	12,414	11,715	11,216

2 円グラフの作成

表のデータをもとに、**「年齢区分別の人口構成比」**を表す円グラフを作成しましょう。
「2010年」の数値をもとにグラフを作成します。

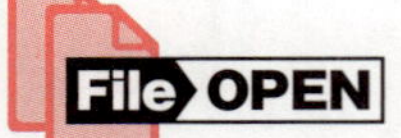

フォルダー「第7章」のブック「グラフの作成-1」を開いておきましょう。

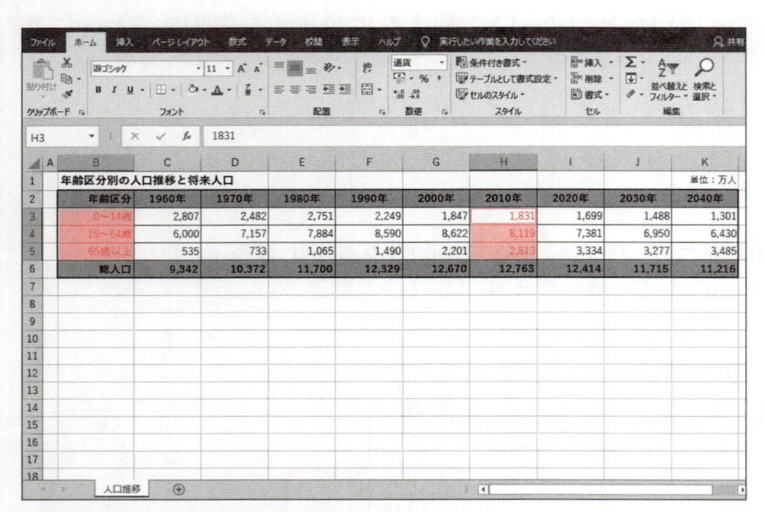

年齢区分	1960年	1970年	1980年	1990年	2000年	2010年	2020年	2030年	2040年
0~14歳	2,807	2,482	2,751	2,249	1,847	1,831	1,699	1,488	1,301
15~64歳	6,000	7,157	7,884	8,590	8,622	8,119	7,381	6,950	6,430
65歳以上	535	733	1,065	1,490	2,201	2,813	3,334	3,277	3,485
総人口	9,342	10,372	11,700	12,329	12,670	12,763	12,414	11,715	11,216

①セル範囲【B3:B5】を選択します。
② Ctrl を押しながら、セル範囲【H3:H5】を選択します。

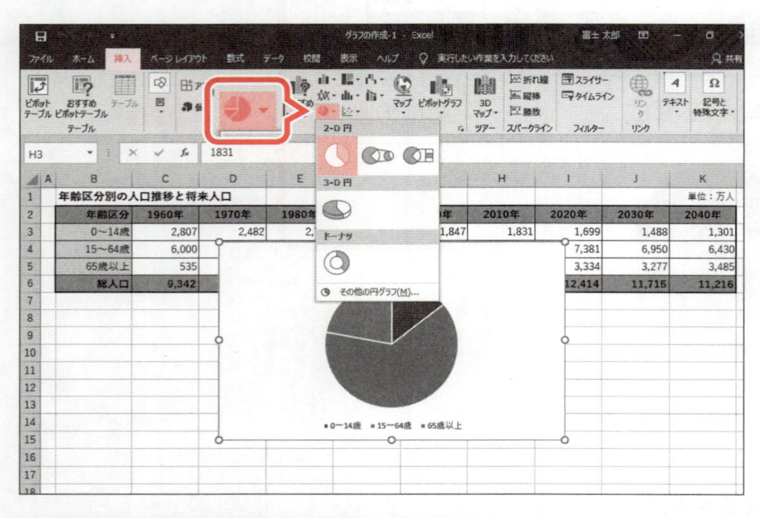

③**《挿入》**タブを選択します。
④**《グラフ》**グループの （円またはドーナツグラフの挿入）をクリックします。
⑤**《2-D円》**の**《円》**をクリックします。

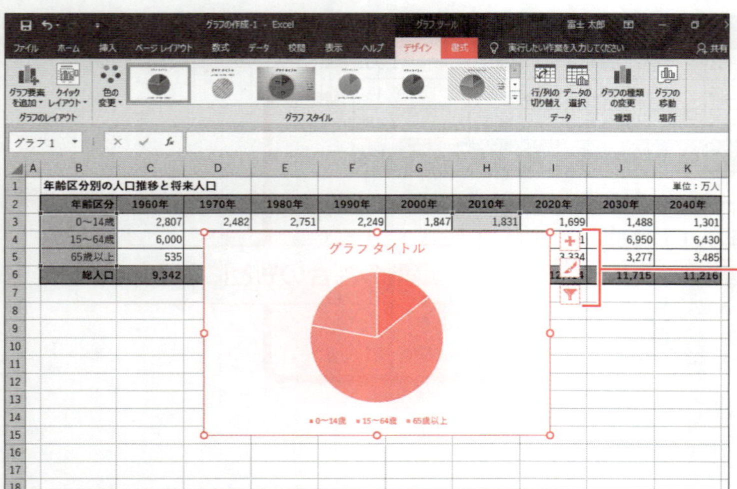

ショートカットツール

円グラフが作成されます。
グラフの右側に**「ショートカットツール」**が表示され、リボンに**《グラフツール》**の**《デザイン》**タブと**《書式》**タブが表示されます。

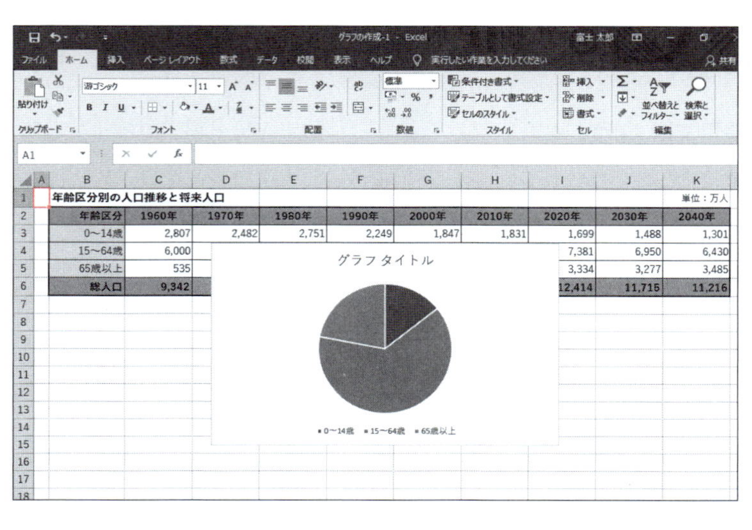

グラフが選択されている状態になっているので、選択を解除します。

⑥任意のセルをクリックします。

グラフの選択が解除されます。

POINT ショートカットツール

グラフを選択すると、グラフの右側に3つのボタンが表示されます。
ボタンの名称と役割は、次のとおりです。

グラフ タイトル

0～14歳　15～64歳　65歳以上

❶グラフ要素

グラフのタイトルや凡例などのグラフ要素の表示・非表示を切り替えたり、表示位置を変更したりします。

❷グラフスタイル

グラフのスタイルや配色を変更します。

❸グラフフィルター

グラフに表示するデータを絞り込みます。

POINT 《グラフツール》の《デザイン》タブと《書式》タブ

グラフを選択すると、リボンに《グラフツール》の《デザイン》タブと《書式》タブが表示され、グラフに関するコマンドが使用できる状態になります。

2 円グラフの構成要素

円グラフを構成する要素を確認しましょう。

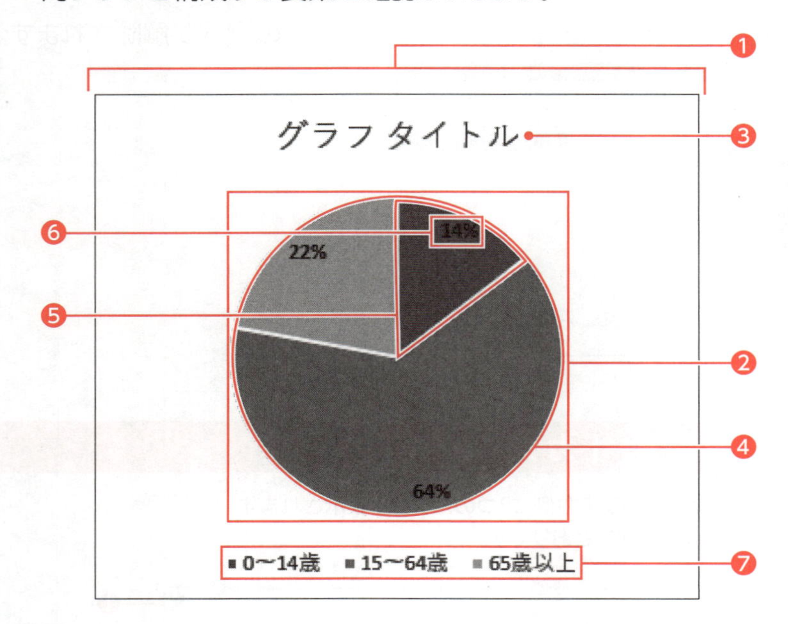

❶グラフエリア

グラフ全体の領域です。すべての要素が含まれます。

❷プロットエリア

円グラフの領域です。

❸グラフタイトル

グラフのタイトルです。

❹データ系列

もとになる数値を視覚的に表すすべての扇型です。

❺データ要素

もとになる数値を視覚的に表す個々の扇型です。

❻データラベル

データ要素を説明する文字列です。

❼凡例

データ要素に割り当てられた色を識別するための情報です。

3 グラフタイトルの入力

グラフタイトルに「**2010年人口構成**」と入力しましょう。

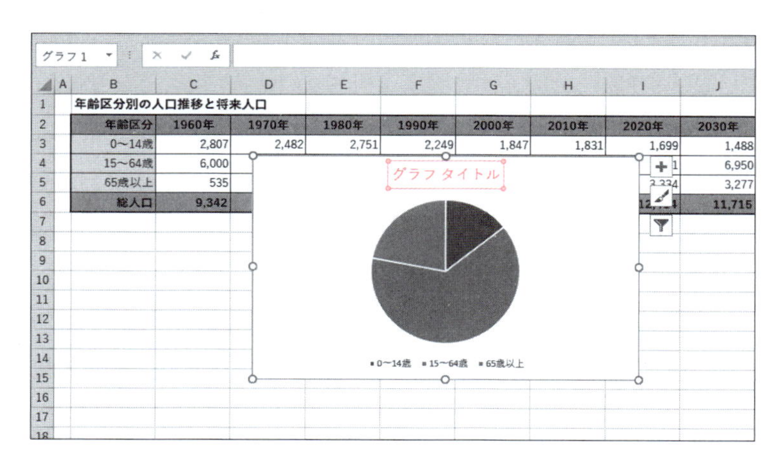

①グラフタイトルをクリックします。

※ポップヒントに《グラフタイトル》と表示されることを確認してクリックしましょう。

グラフタイトルが選択されます。

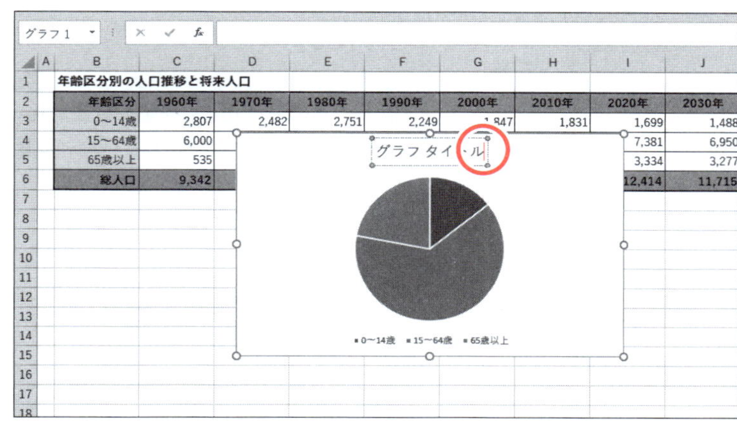

②グラフタイトルを再度クリックします。

グラフタイトルが編集状態になり、カーソルが表示されます。

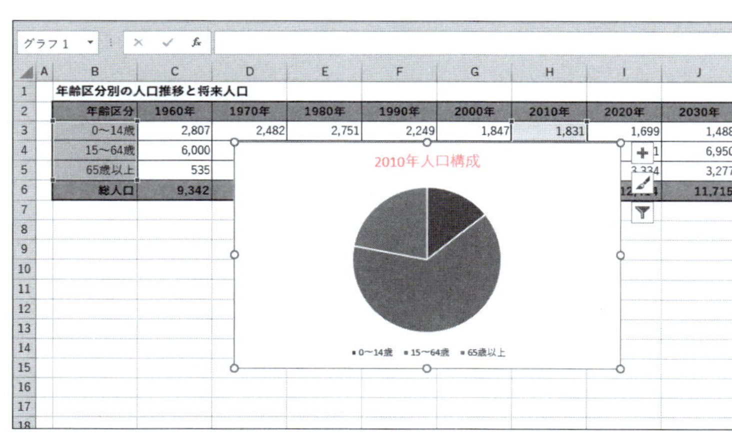

③「**グラフタイトル**」を削除し、「**2010年人口構成**」と入力します。

④グラフタイトル以外の場所をクリックします。

グラフタイトルが確定されます。

POINT グラフ要素の選択

グラフを編集する場合、まず対象となる要素を選択し、次にその要素に対して処理を行います。グラフ上の要素は、クリックすると選択できます。
要素をポイントすると、ポップヒントに要素名が表示されます。複数の要素が重なっている箇所や要素の面積が小さい箇所は、選択するときにポップヒントで確認するようにしましょう。要素の選択ミスを防ぐことができます。

4 グラフの移動とサイズ変更

グラフは、作成後に位置やサイズを調整できます。
グラフの位置とサイズを調整しましょう。

1 グラフの移動

グラフをシート上の適切な場所に移動しましょう。

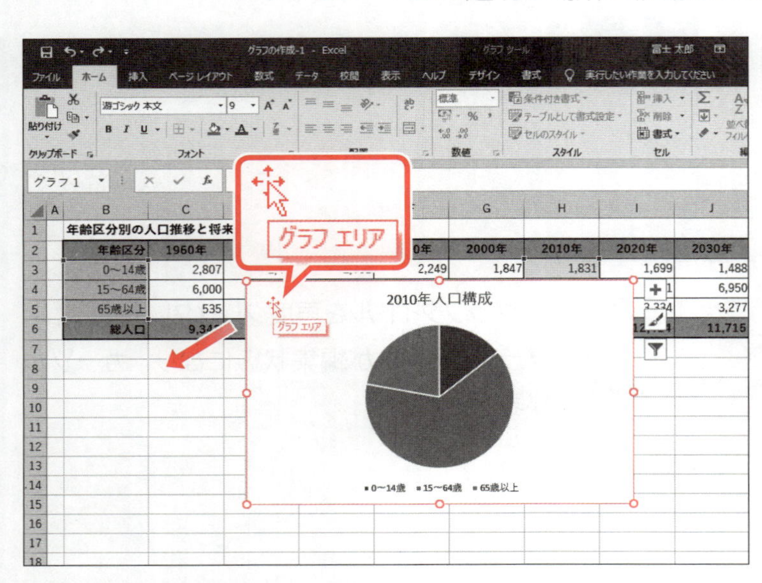

①グラフを選択します。

②グラフエリアをポイントします。

マウスポインターの形が✥に変わります。

③ポップヒントに**《グラフエリア》**と表示されていることを確認します。

④図のようにドラッグします。
（目安：セル**【C8】**）

※ポップヒントが《プロットエリア》や《系列1》など《グラフエリア》以外のものでは正しく移動できません。ポップヒントに《グラフエリア》と表示されることを確認してドラッグしましょう。

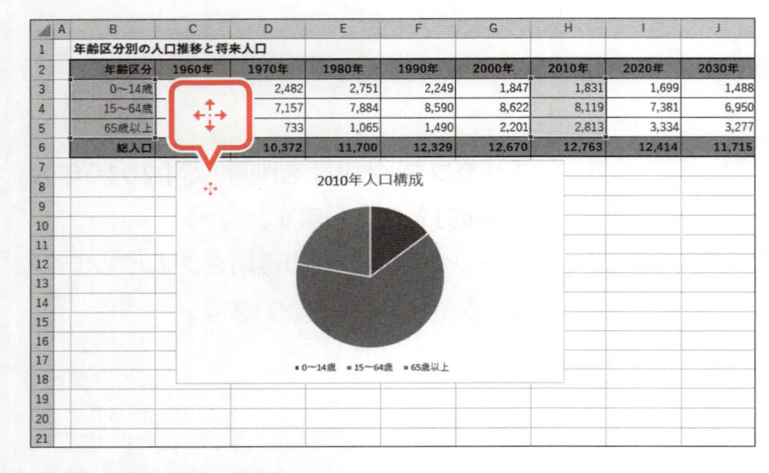

ドラッグ中、マウスポインターの形が✥に変わります。

年齢区分別の人口推移と将来人口

年齢区分	1960年	1970年	1980年	1990年	2000年	2010年	2020年	2030年
0～14歳	2,807	2,482	2,751	2,249	1,847	1,831	1,699	1,488
15～64歳	6,000	7,157	7,884	8,590	8,622	8,119	7,381	6,950
65歳以上	535	733	1,065	1,490	2,201	2,813	3,334	3,277
総人口	9,342	10,372	11,700	12,329	12,670	12,763	12,414	11,715

2010年人口構成

グラフが移動します。

2 グラフのサイズ変更

グラフのサイズを縮小しましょう。

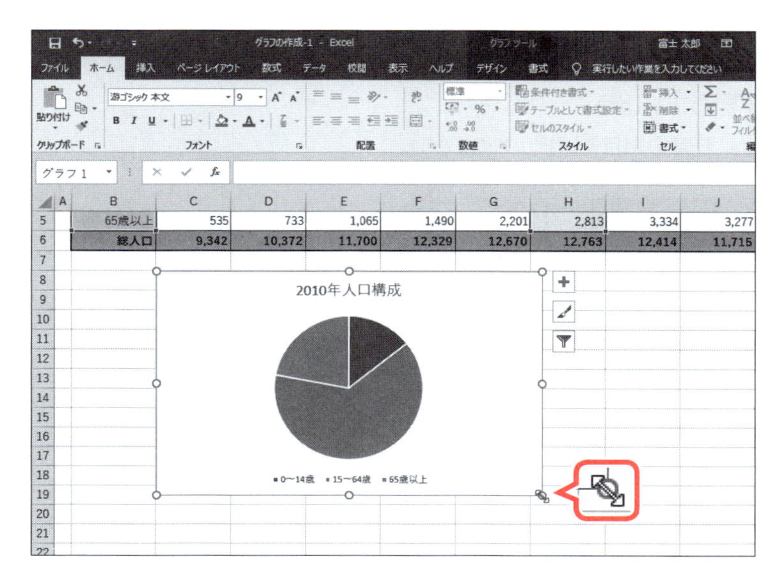

①グラフが選択されていることを確認します。

※グラフがすべて表示されていない場合は、スクロールして調整します。

②グラフエリア右下の○（ハンドル）をポイントします。

マウスポインターの形が⤡に変わります。

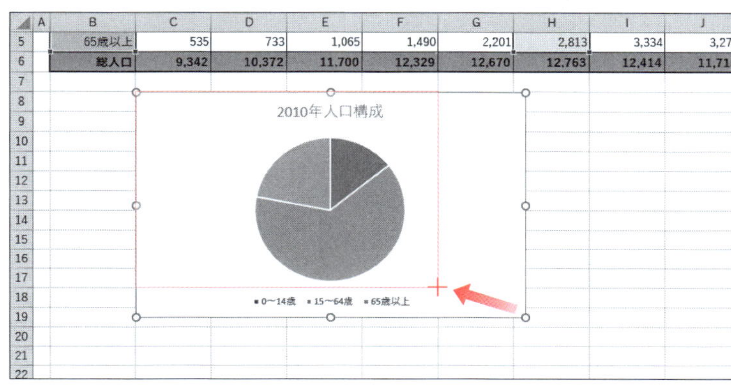

③図のようにドラッグします。
（目安：セル**【F17】**）

ドラッグ中、マウスポインターの形が＋に変わります。

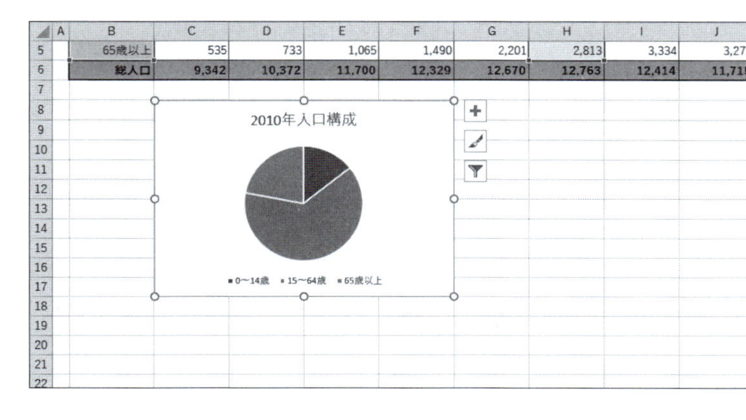

グラフのサイズが縮小されます。

グラフの配置

Alt を押しながら、グラフの移動やサイズ変更を行うと、セルの枠線に合わせて配置されます。

5 グラフのスタイルの変更

Excelのグラフには、グラフ要素の配置や背景の色、効果などの組み合わせが**「スタイル」**として用意されています。一覧から選択するだけで、グラフ全体のデザインを変更できます。

円グラフを**「スタイル12」**に変更しましょう。

※設定する項目名が一覧にない場合は、任意の項目を選択してください。

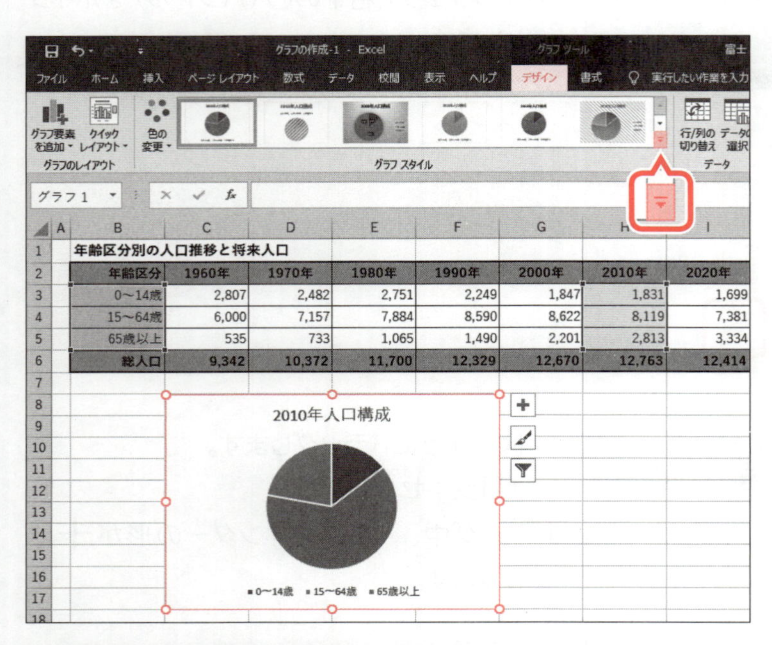

①グラフを選択します。

②**《デザイン》**タブを選択します。

③**《グラフスタイル》**グループの［▼］（その他）をクリックします。

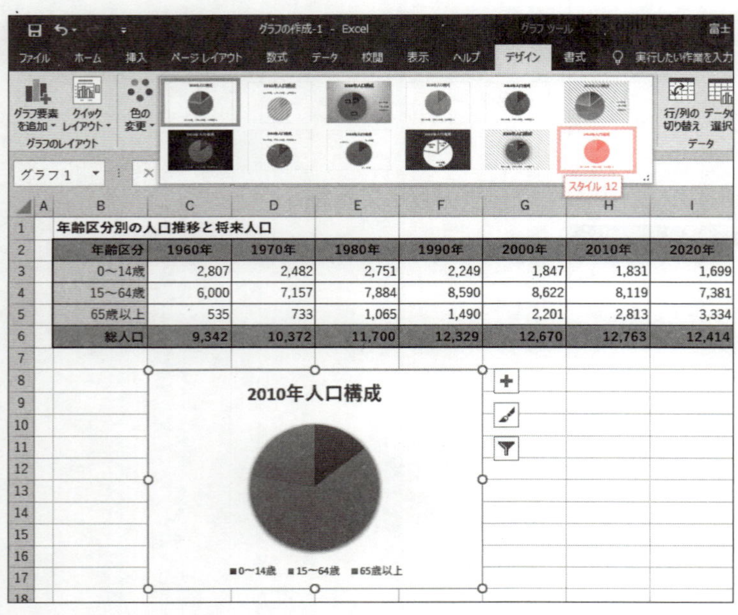

グラフのスタイルが一覧で表示されます。

④**《スタイル12》**をクリックします。

※一覧のスタイルをポイントすると、適用結果を確認できます。

グラフのスタイルが変更されます。

STEP UP その他の方法（グラフのスタイルの変更）

◆グラフを選択→ショートカットツールの［🖌］（グラフスタイル）→《スタイル》→一覧から選択

6 グラフの色の変更

Excelのグラフには、データ要素ごとの配色がいくつか用意されています。この配色を使うと、グラフの色を瞬時に変更できます。
グラフの色を「**カラフルなパレット2**」に変更しましょう。
※設定する項目名が一覧にない場合は、任意の項目を選択してください。

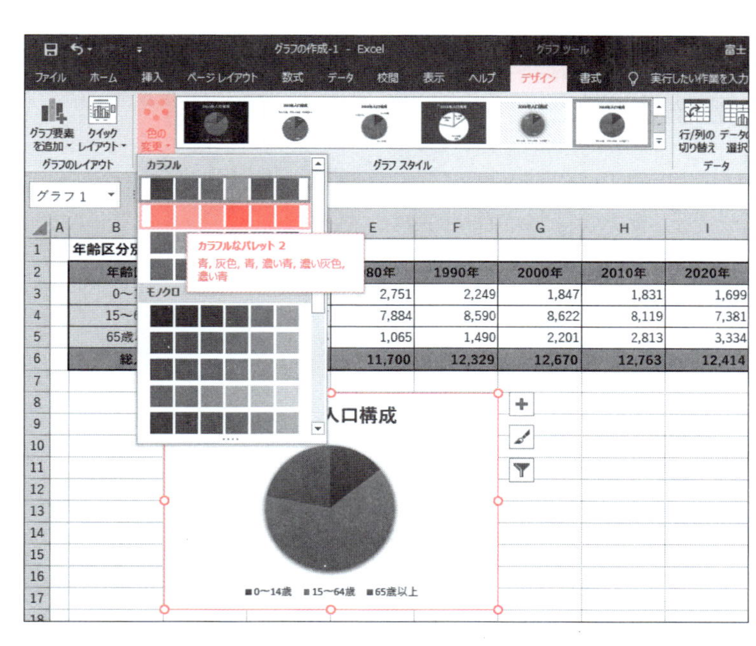

①グラフを選択します。
②《**デザイン**》タブを選択します。
③《**グラフスタイル**》グループの（グラフクイックカラー）をクリックします。
④《**カラフル**》の《**カラフルなパレット2**》をクリックします。
※一覧の配色をポイントすると、適用結果を確認できます。

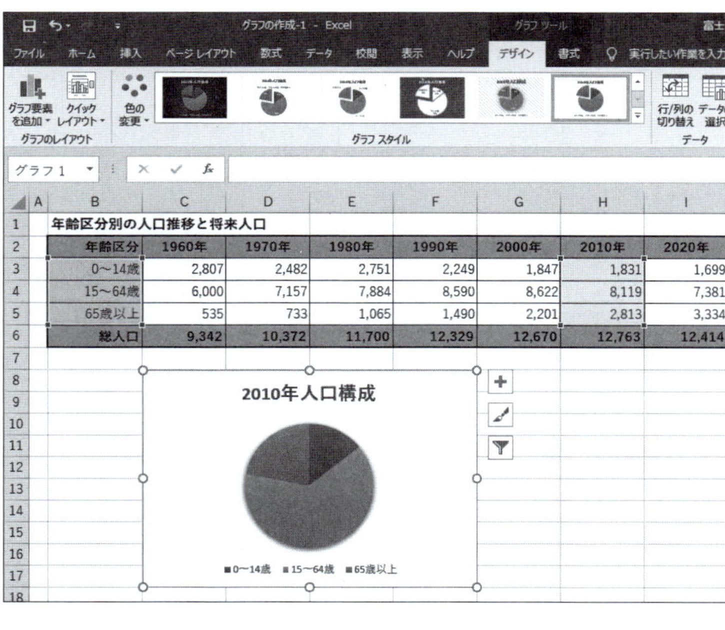

グラフの色が変更されます。

STEP UP その他の方法（グラフの色の変更）

◆グラフを選択→ショートカットツールの（グラフスタイル）→《色》→一覧から選択

STEP UP グラフ要素の色の変更

グラフエリアやデータ要素の色を個別に設定する方法は、次のとおりです。
◆グラフ要素を選択→《書式》タブ→《図形のスタイル》グループの（図形の塗りつぶし）の

7 切り離し円の作成

円グラフの一部を切り離すことで、円グラフの中で特定のデータ要素を強調できます。
データ要素**「65歳以上」**を切り離して、強調しましょう。

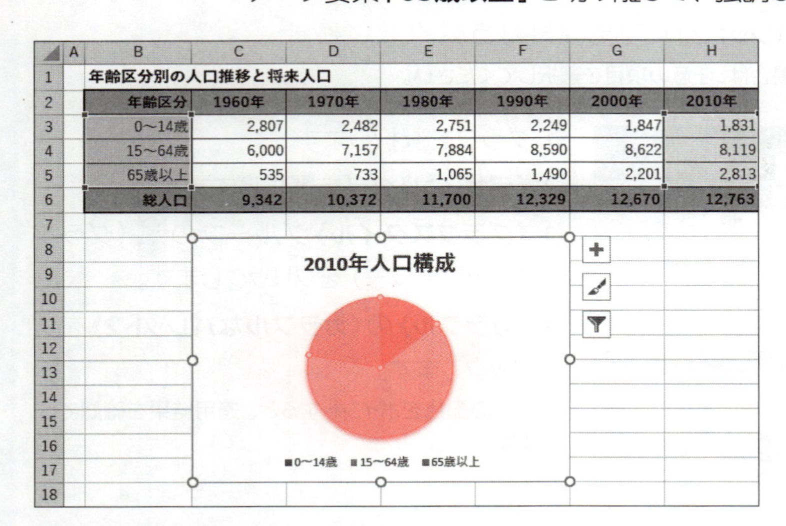

年齢区分	1960年	1970年	1980年	1990年	2000年	2010年
0～14歳	2,807	2,482	2,751	2,249	1,847	1,831
15～64歳	6,000	7,157	7,884	8,590	8,622	8,119
65歳以上	535	733	1,065	1,490	2,201	2,813
総人口	9,342	10,372	11,700	12,329	12,670	12,763

①円の部分をクリックします。

データ系列が選択されます。

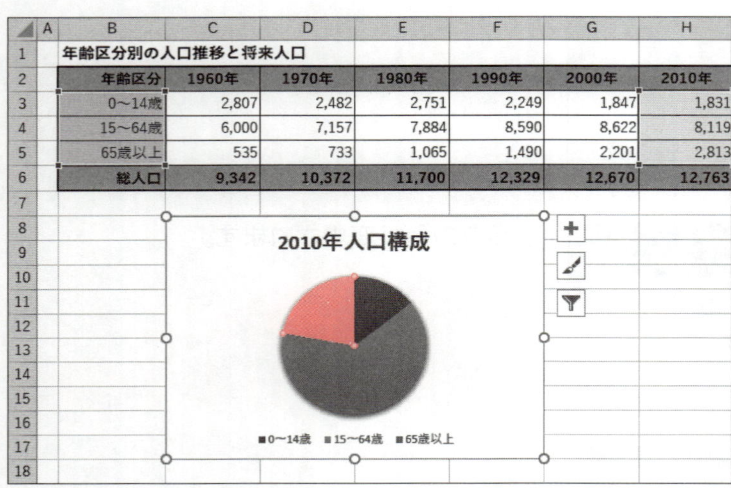

年齢区分	1960年	1970年	1980年	1990年	2000年	2010年
0～14歳	2,807	2,482	2,751	2,249	1,847	1,831
15～64歳	6,000	7,157	7,884	8,590	8,622	8,119
65歳以上	535	733	1,065	1,490	2,201	2,813
総人口	9,342	10,372	11,700	12,329	12,670	12,763

②図の扇型の部分をクリックします。

※ポップヒントに《系列1 要素"65歳以上"…》と表示されることを確認してクリックしましょう。

データ要素**「65歳以上」**が選択されます。

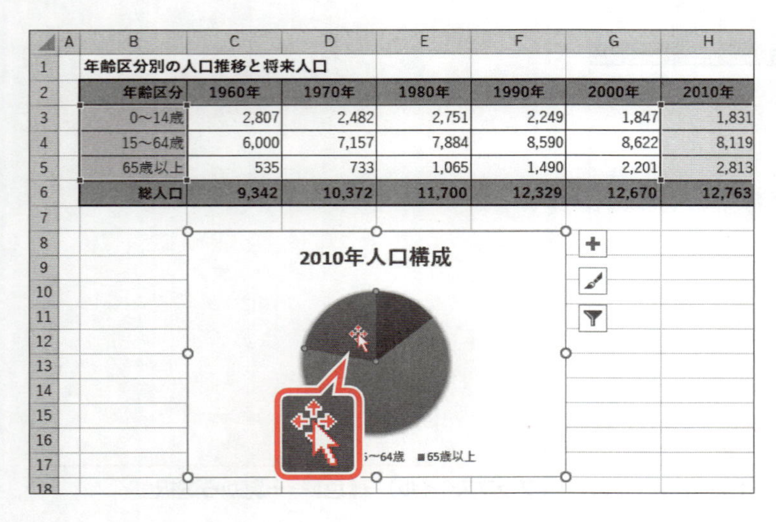

年齢区分	1960年	1970年	1980年	1990年	2000年	2010年
0～14歳	2,807	2,482	2,751	2,249	1,847	1,831
15～64歳	6,000	7,157	7,884	8,590	8,622	8,119
65歳以上	535	733	1,065	1,490	2,201	2,813
総人口	9,342	10,372	11,700	12,329	12,670	12,763

③図の扇形の部分をポイントします。

マウスポインターの形が⁂に変わります。

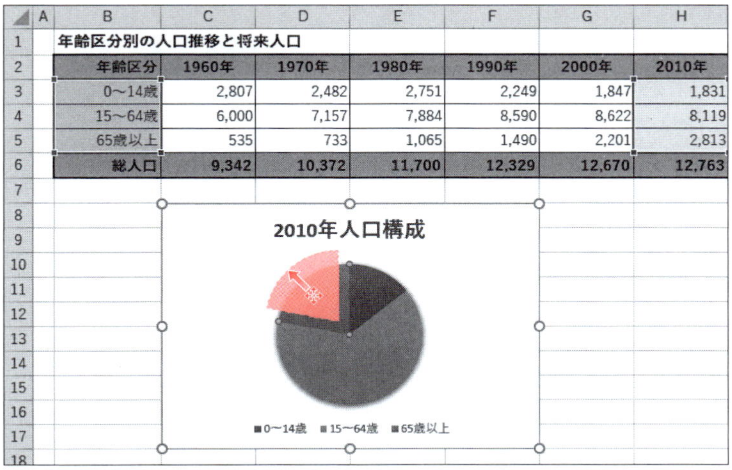

	A	B	C	D	E	F	G	H
1		年齢区分別の人口推移と将来人口						
2		年齢区分	1960年	1970年	1980年	1990年	2000年	2010年
3		0～14歳	2,807	2,482	2,751	2,249	1,847	1,831
4		15～64歳	6,000	7,157	7,884	8,590	8,622	8,119
5		65歳以上	535	733	1,065	1,490	2,201	2,813
6		総人口	9,342	10,372	11,700	12,329	12,670	12,763

2010年人口構成

■0～14歳 ■15～64歳 ■65歳以上

④図のように円の外側にドラッグします。

※ドラッグ中、マウスポインターの形が✥に変わります。

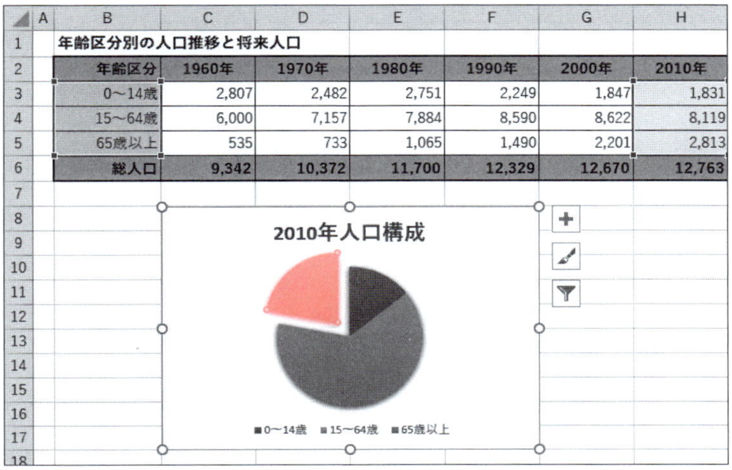

	A	B	C	D	E	F	G	H
1		年齢区分別の人口推移と将来人口						
2		年齢区分	1960年	1970年	1980年	1990年	2000年	2010年
3		0～14歳	2,807	2,482	2,751	2,249	1,847	1,831
4		15～64歳	6,000	7,157	7,884	8,590	8,622	8,119
5		65歳以上	535	733	1,065	1,490	2,201	2,813
6		総人口	9,342	10,372	11,700	12,329	12,670	12,763

2010年人口構成

■0～14歳 ■15～64歳 ■65歳以上

データ要素**「65歳以上」**が切り離されます。

POINT データ要素の選択

円グラフの円の部分をクリックすると、データ系列が選択されます。続けて、円の中の扇型をクリックすると、データ系列の中のデータ要素がひとつだけ選択されます。

POINT グラフの更新・印刷・削除

グラフの更新

グラフは、もとになるセル範囲と連動しています。もとになるデータを変更すると、グラフも自動的に更新されます。

グラフの印刷

グラフを選択した状態で印刷を実行すると、グラフだけが用紙いっぱいに印刷されます。
セルを選択した状態で印刷を実行すると、シート上の表とグラフが印刷されます。

グラフの削除

シート上に作成したグラフを削除するには、グラフを選択して【Delete】を押します。

Let's Try ためしてみよう

①2040年の数値をもとに同様の円グラフを作成しましょう。
②グラフタイトルに「2040年人口構成」と入力しましょう。
③①で作成したグラフをセル範囲【H8:K17】に配置しましょう。
④グラフのスタイルを「スタイル12」に変更しましょう。
⑤グラフの色を「カラフルなパレット2」に変更しましょう。
⑥データ要素「65歳以上」を切り離して、強調しましょう。
※設定する項目名が一覧にない場合は、任意の項目を選択してください。

年齢区分別の人口推移と将来人口　　単位：万人

年齢区分	1960年	1970年	1980年	1990年	2000年	2010年	2020年	2030年	2040年
0～14歳	2,807	2,482	2,751	2,249	1,847	1,831	1,699	1,488	1,301
15～64歳	6,000	7,157	7,884	8,590	8,622	8,119	7,381	6,950	6,430
65歳以上	535	733	1,065	1,490	2,201	2,813	3,334	3,277	3,485
総人口	9,342	10,372	11,700	12,329	12,670	12,763	12,414	11,715	11,216

2010年人口構成
■0～14歳　■15～64歳　■65歳以上

2040年人口構成
■0～14歳　■15～64歳　■65歳以上

Let's Try Answer

①セル範囲【B3:B5】を選択
②Ctrlを押しながら、セル範囲【K3:K5】を選択
③《挿入》タブを選択
④《グラフ》グループの（円またはドーナツグラフの挿入）をクリック
⑤《2-D円》の《円》（左から1番目、上から1番目）をクリック

②

①グラフタイトルをクリック
②グラフタイトルを再度クリック
③「グラフタイトル」を削除し、「2040年人口構成」と入力
④グラフタイトル以外の場所をクリック

③

①グラフエリアをドラッグし、移動（目安：セル【H8】）
②グラフエリア右下の○（ハンドル）をドラッグし、サイズを変更（目安：セル【K17】）

④

①グラフを選択
②《デザイン》タブを選択
③《グラフスタイル》グループの（その他）をクリック
④《スタイル12》（左から6番目、上から2番目）をクリック

⑤

①グラフを選択
②《デザイン》タブを選択
③《グラフスタイル》グループの（グラフクイックカラー）をクリック
④《カラフル》の《カラフルなパレット2》（上から2番目）をクリック

⑥

①円の部分をクリック
②「65歳以上」の扇型の部分をクリック
③円の外側にドラッグ

Step4 縦棒グラフを作成する

1 縦棒グラフの作成

「縦棒グラフ」は、ある期間におけるデータの推移を大小関係で表現するときに使います。
縦棒グラフを作成しましょう。

1 セル範囲の選択

グラフを作成する場合、まず、グラフのもとになるセル範囲を選択します。
縦棒グラフの場合、次のようにセル範囲を選択します。

●縦棒の種類がひとつの場合

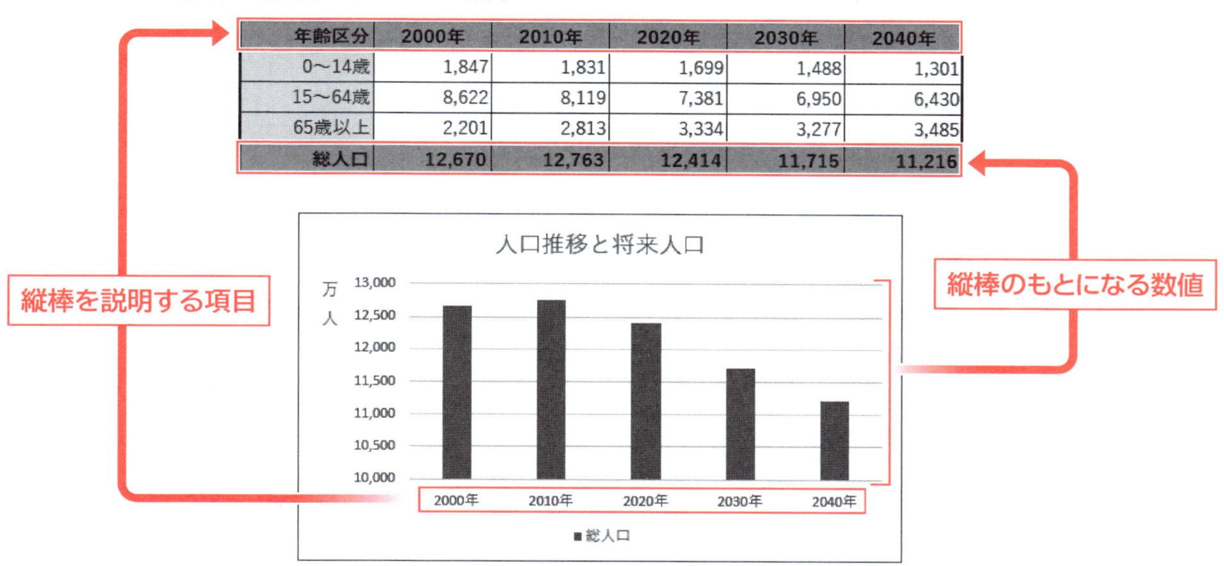

年齢区分	2000年	2010年	2020年	2030年	2040年
0～14歳	1,847	1,831	1,699	1,488	1,301
15～64歳	8,622	8,119	7,381	6,950	6,430
65歳以上	2,201	2,813	3,334	3,277	3,485
総人口	12,670	12,763	12,414	11,715	11,216

●縦棒の種類が複数の場合

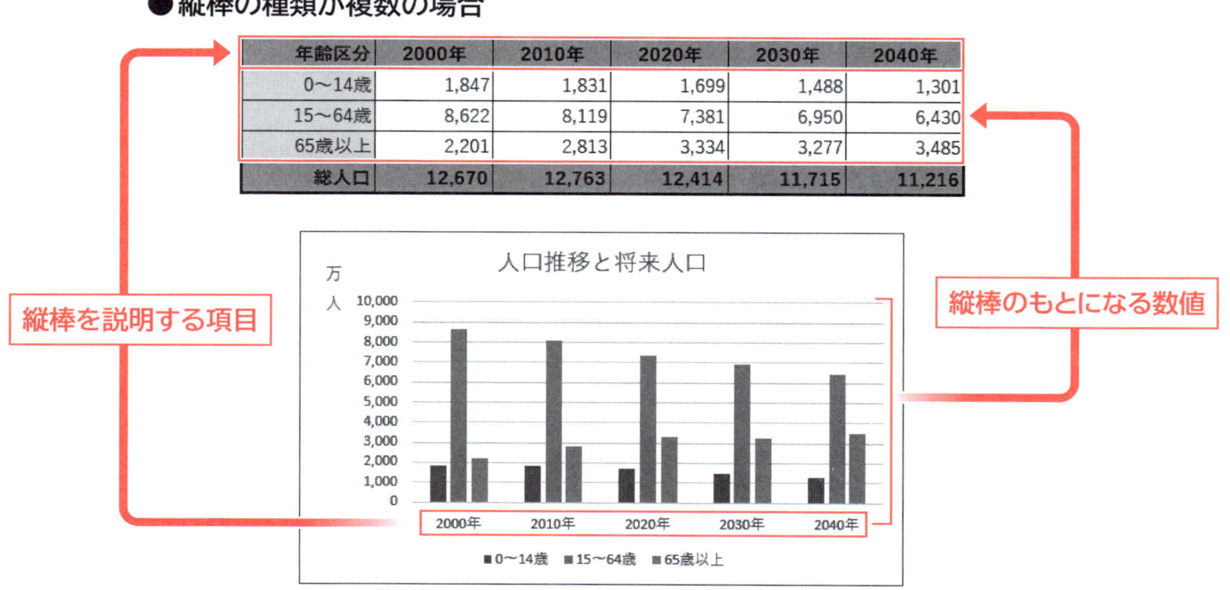

年齢区分	2000年	2010年	2020年	2030年	2040年
0～14歳	1,847	1,831	1,699	1,488	1,301
15～64歳	8,622	8,119	7,381	6,950	6,430
65歳以上	2,201	2,813	3,334	3,277	3,485
総人口	12,670	12,763	12,414	11,715	11,216

2 縦棒グラフの作成

表のデータをもとに、**「年齢区分別の人口構成の推移」**を表す縦棒グラフを作成しましょう。

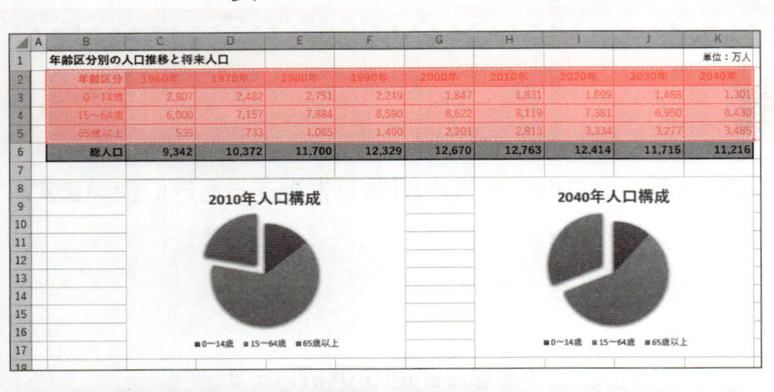

①セル範囲**【B2:K5】**を選択します。

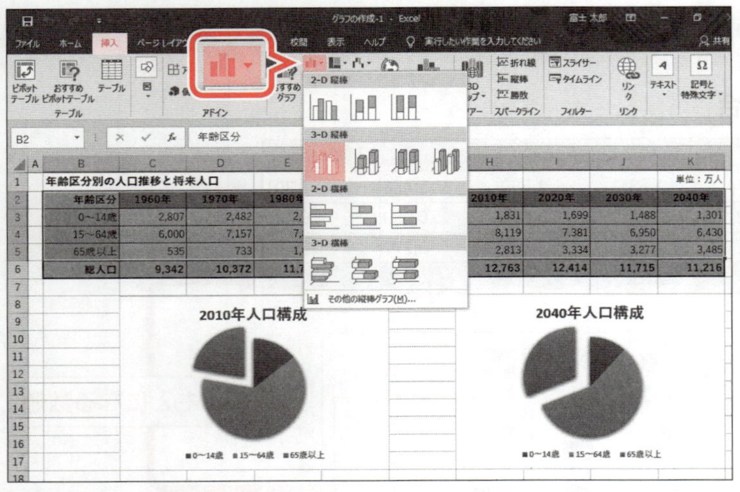

②**《挿入》**タブを選択します。

③**《グラフ》**グループの（縦棒/横棒グラフの挿入）をクリックします。

④**《3-D縦棒》**の**《3-D集合縦棒》**をクリックします。

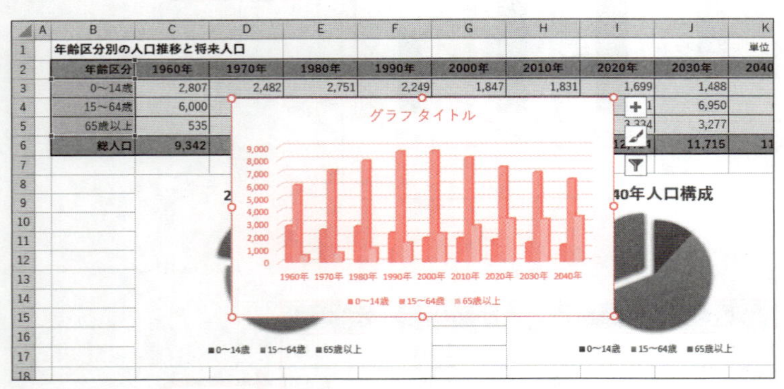

縦棒グラフが作成されます。

STEP UP データ範囲の変更

作成したグラフのデータ範囲をあとから変更できます。
データ範囲を変更する方法は、次のとおりです。

◆グラフを選択→《デザイン》タブ→《データ》グループの（データの選択）→《グラフデータの範囲》が反転していることを確認→セル範囲を選択

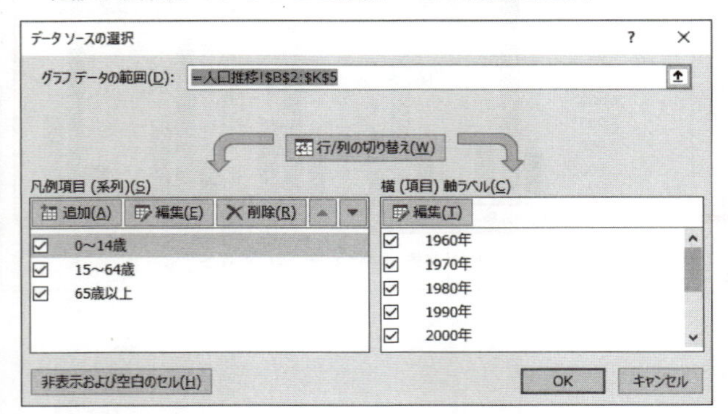

2 縦棒グラフの構成要素

縦棒グラフを構成する要素を確認しましょう。

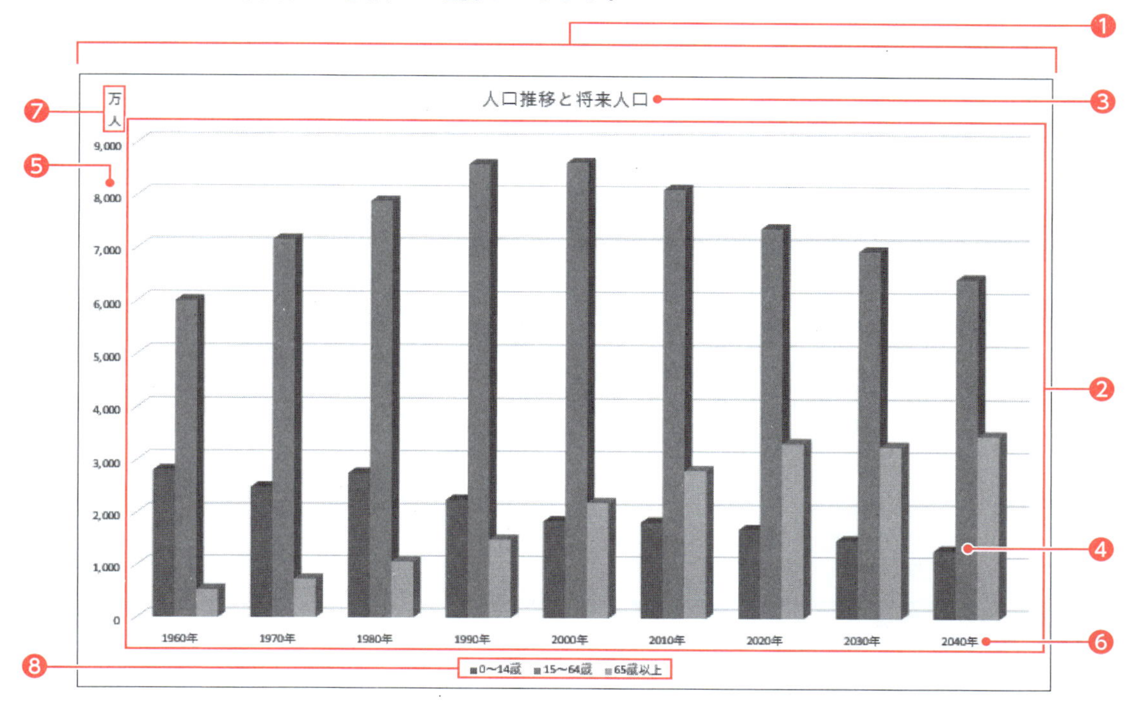

❶グラフエリア
グラフ全体の領域です。すべての要素が含まれます。

❷プロットエリア
縦棒グラフの領域です。

❸グラフタイトル
グラフのタイトルです。

❹データ系列
もとになる数値を視覚的に表す棒です。

❺値軸
データ系列の数値を表す軸です。

❻項目軸
データ系列の項目を表す軸です。

❼軸ラベル
軸を説明する文字列です。

❽凡例
データ系列に割り当てられた色を識別するための情報です。

3 グラフタイトルの入力

グラフタイトルに「**人口推移と将来人口**」と入力しましょう。

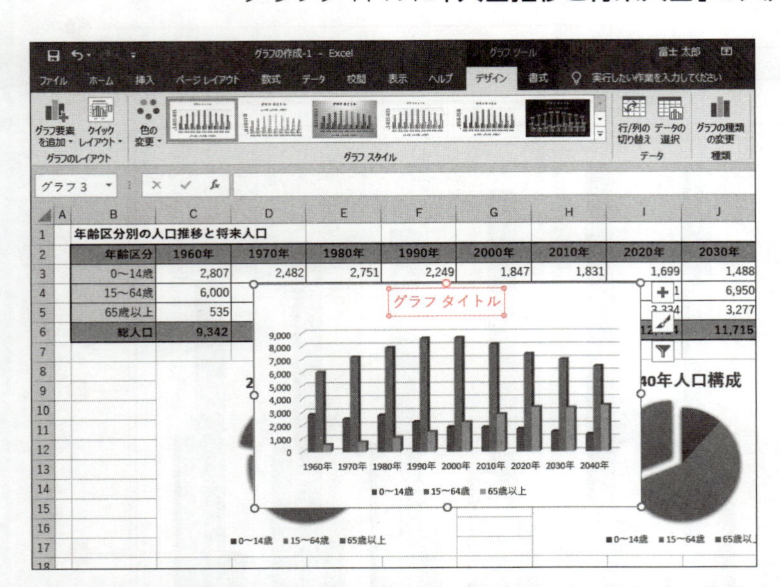

①グラフタイトルをクリックします。

グラフタイトルが選択されます。

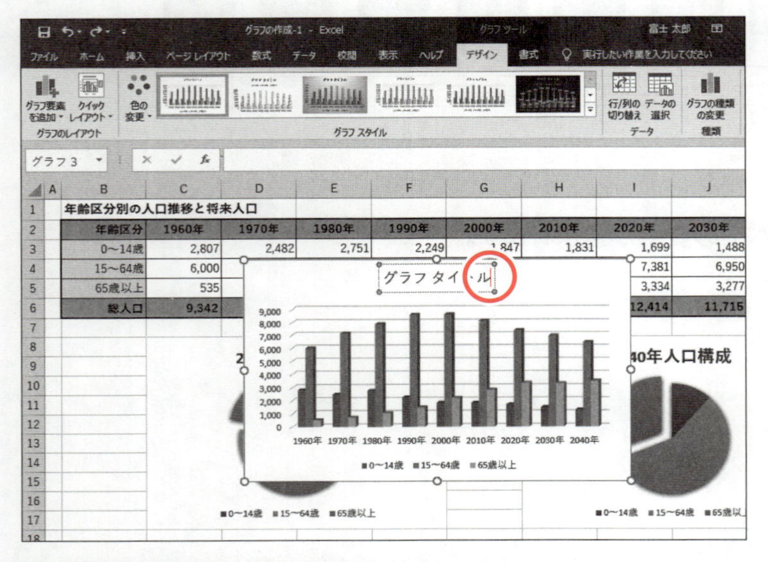

②グラフタイトルを再度クリックします。

グラフタイトルが編集状態になり、カーソルが表示されます。

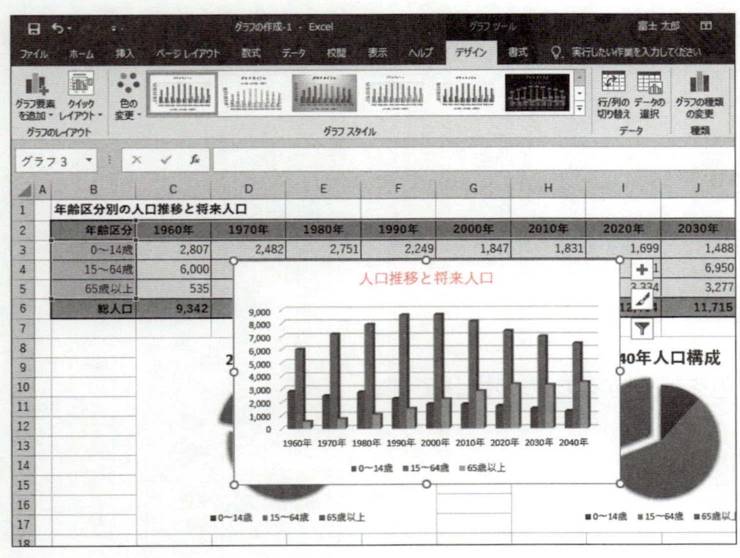

③「**グラフタイトル**」を削除し、「**人口推移と将来人口**」と入力します。

④グラフタイトル以外の場所をクリックします。

グラフタイトルが確定されます。

4 グラフの場所の変更

シート上に作成したグラフを、**「グラフシート」**に移動できます。グラフシートとは、グラフ専用のシートで、シート全体にグラフを表示します。
シート上のグラフをグラフシートに移動しましょう。

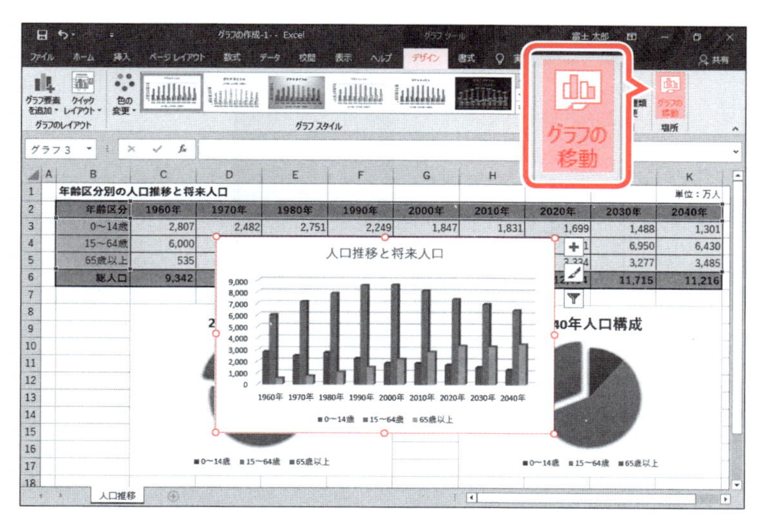

①グラフを選択します。
②**《デザイン》**タブを選択します。
③**《場所》**グループの（グラフの移動）をクリックします。

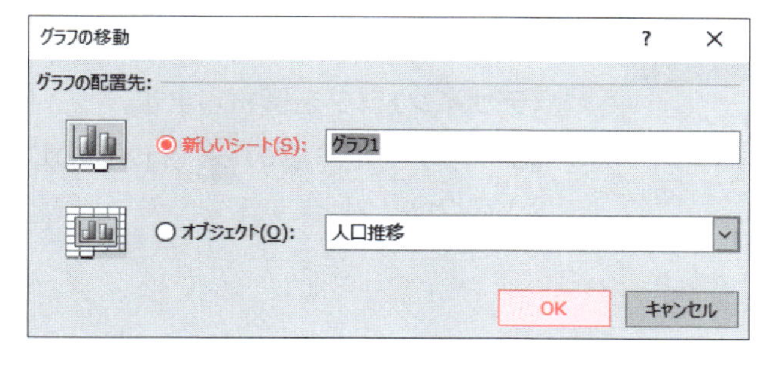

《グラフの移動》ダイアログボックスが表示されます。
④**《新しいシート》**を◉にします。
⑤**《OK》**をクリックします。

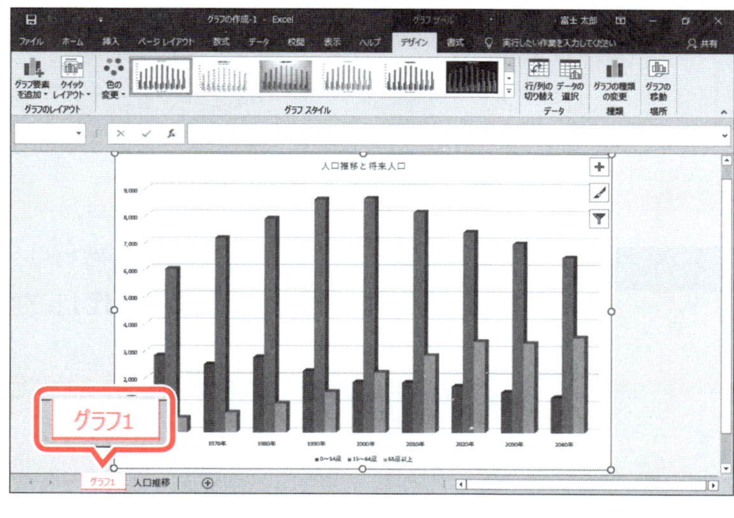

シート**「グラフ1」**が挿入され、グラフの場所が移動します。

その他の方法（グラフの場所の変更）

◆グラフエリアを右クリック→《グラフの移動》

埋め込みグラフ

シート上に作成されるグラフは「埋め込みグラフ」といいます。

5 グラフの項目とデータ系列の入れ替え

グラフの項目軸に表示される項目とデータ系列を入れ替えることができます。

●「年代」を項目軸にする

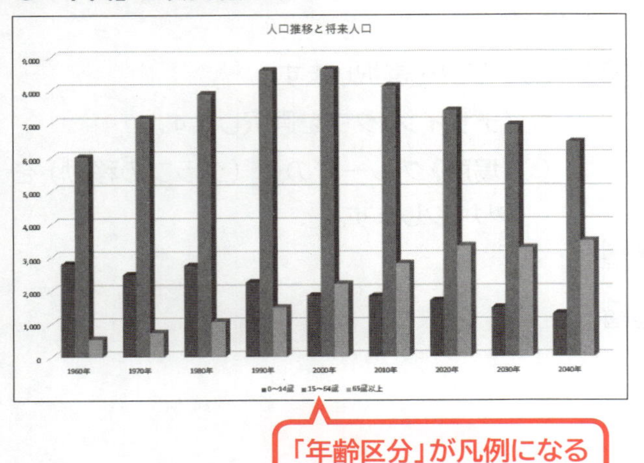

「年齢区分」が凡例になる

●「年齢区分」を項目軸にする

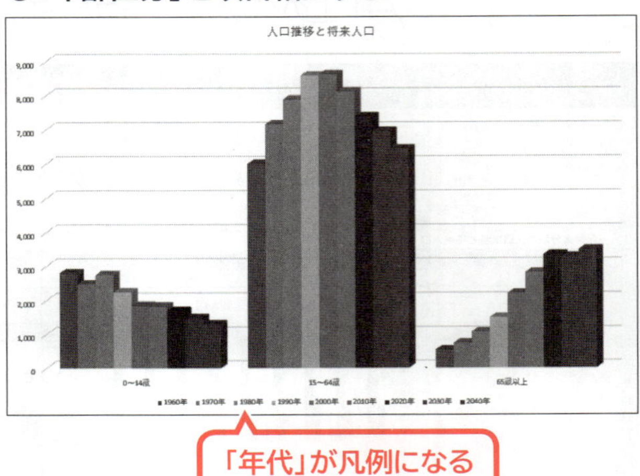

「年代」が凡例になる

グラフの項目とデータ系列を入れ替えましょう。

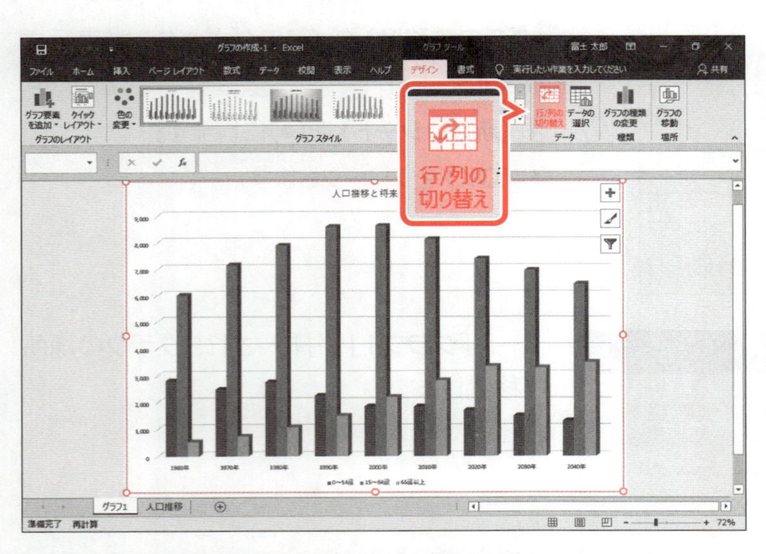

①グラフを選択します。

②《デザイン》タブを選択します。

③《データ》グループの（行/列の切り替え）をクリックします。

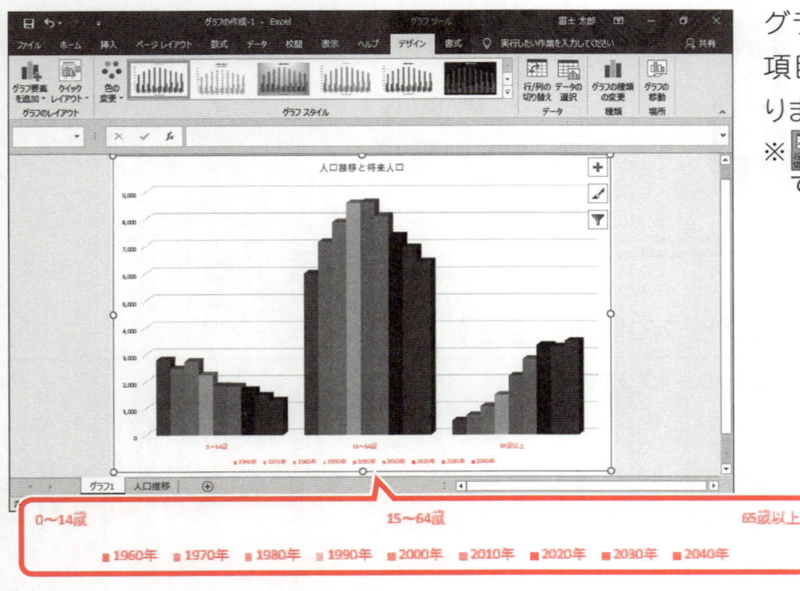

グラフの項目とデータ系列が入れ替わり、項目軸が**「年齢区分」**、凡例が**「年代」**になります。

※（行/列の切り替え）を再度クリックし、元に戻しておきましょう。

6 グラフの種類の変更

グラフを作成したあとに、グラフの種類を変更できます。
グラフの種類を「**3-D積み上げ縦棒**」に変更しましょう。

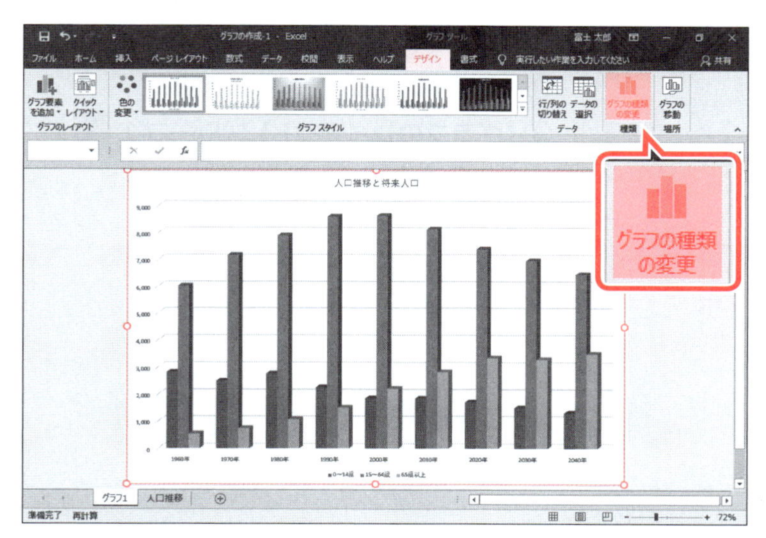

①グラフを選択します。
②**《デザイン》**タブを選択します。
③**《種類》**グループの（グラフの種類の変更）をクリックします。

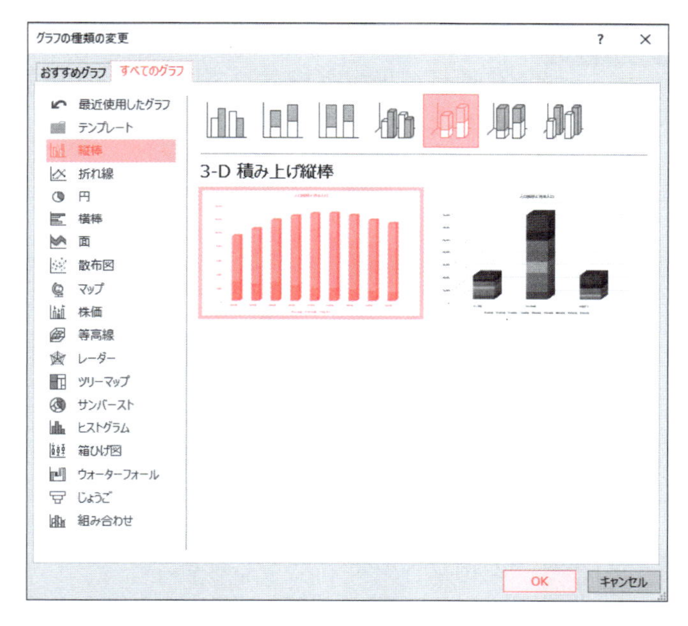

《グラフの種類の変更》ダイアログボックスが表示されます。
④**《すべてのグラフ》**タブを選択します。
⑤左側の一覧から**《縦棒》**が選択されていることを確認します。
⑥右側の一覧から**《3-D積み上げ縦棒》**を選択します。
⑦**《3-D積み上げ縦棒》**の図のグラフが選択されていることを確認します。
⑧**《OK》**をクリックします。

グラフの種類が変更されます。

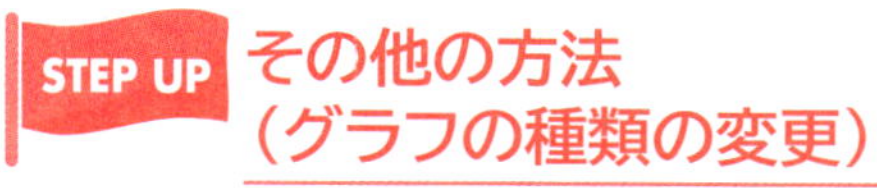

STEP UP
その他の方法
（グラフの種類の変更）

◆グラフエリアを右クリック→《グラフの種類の変更》

7 グラフ要素の表示

グラフに、必要な情報が表示されていない場合は、グラフ要素を追加します。
値軸の軸ラベルを表示しましょう。

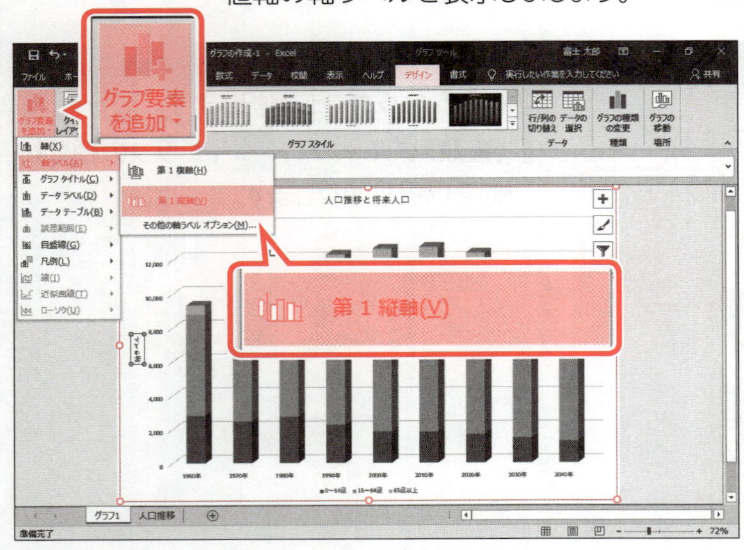

①グラフを選択します。

②**《デザイン》**タブを選択します。

③**《グラフのレイアウト》**グループの（グラフ要素を追加）をクリックします。

④**《軸ラベル》**をポイントします。

⑤**《第1縦軸》**をクリックします。

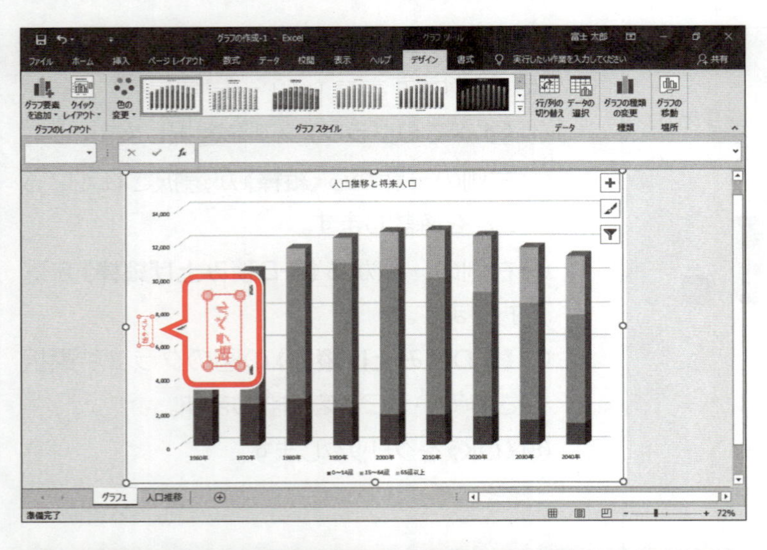

軸ラベルが表示されます。

⑥軸ラベルが選択されていることを確認します。

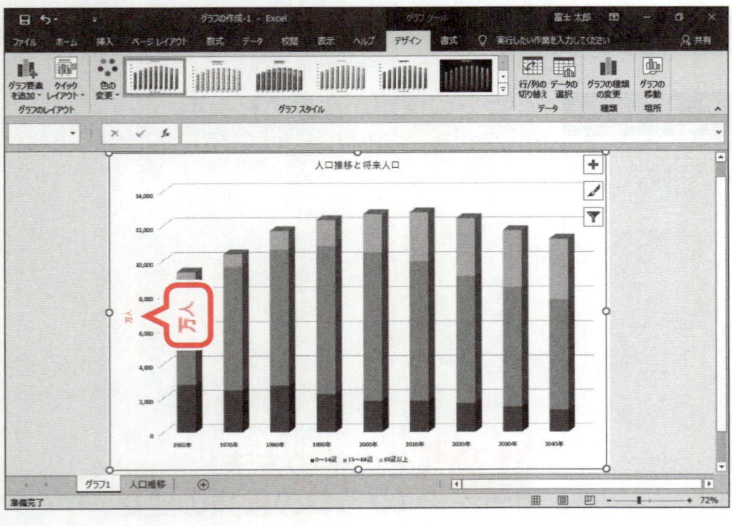

⑦軸ラベルをクリックします。

カーソルが表示されます。

⑧**「軸ラベル」**を削除し、**「万人」**と入力します。

⑨軸ラベル以外の場所をクリックします。

軸ラベルが確定されます。

STEP UP その他の方法（軸ラベルの表示）

◆グラフを選択→ショートカットツールの［＋］（グラフ要素）→《軸ラベル》をポイント→▶をクリック→《☑第1横軸》／《☑第1縦軸》

POINT グラフ要素の非表示

グラフ要素を非表示にする方法は、次のとおりです。

◆グラフを選択→《デザイン》タブ→《グラフのレイアウト》グループの［グラフ要素を追加］（グラフ要素を追加）→グラフ要素名をポイント→一覧から非表示にしたいグラフ要素を選択／《なし》

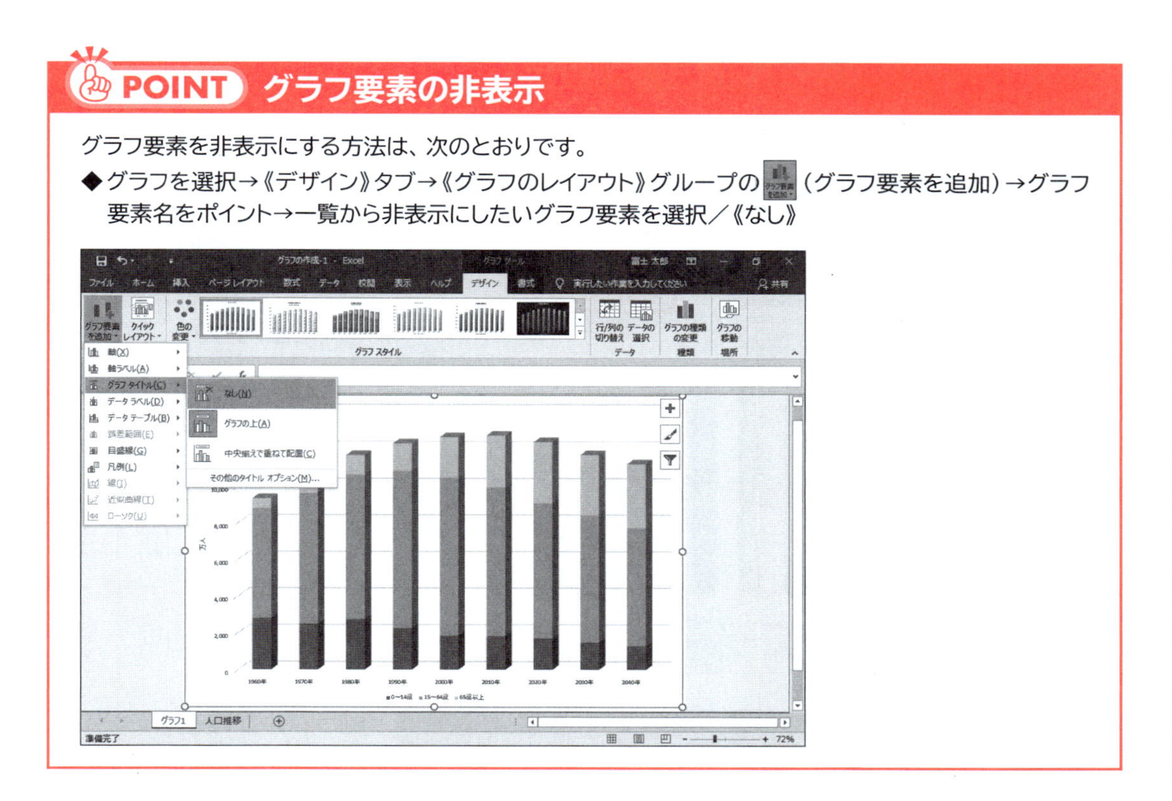

STEP UP グラフのレイアウトの設定

Excelのグラフには、あらかじめいくつかの「レイアウト」が用意されており、それぞれ表示されるグラフ要素やその配置が異なります。

レイアウトを使って、グラフ要素の表示や配置を設定する方法は、次のとおりです。

◆グラフを選択→《デザイン》タブ→《グラフのレイアウト》グループの［クイックレイアウト］（クイックレイアウト）→一覧から選択

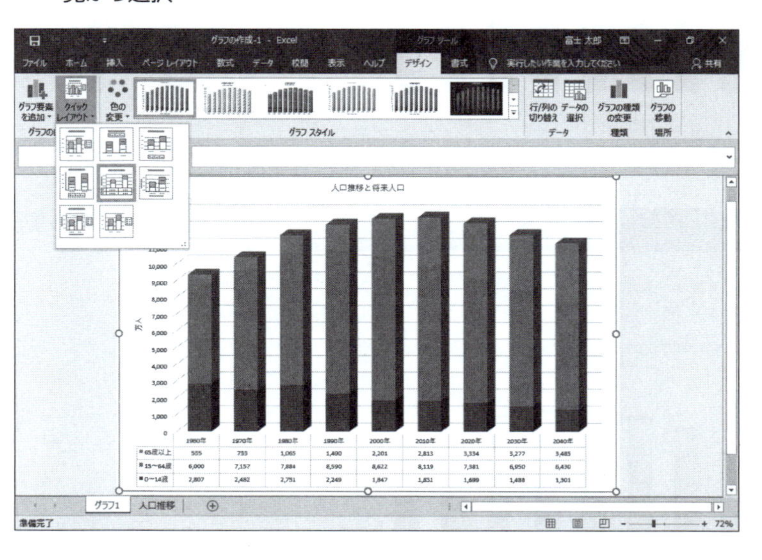

8 グラフ要素の書式設定

グラフの各要素に対して、個々に書式を設定できます。

1 軸ラベルの書式設定

値軸の軸ラベルを縦書きに変更し、移動しましょう。

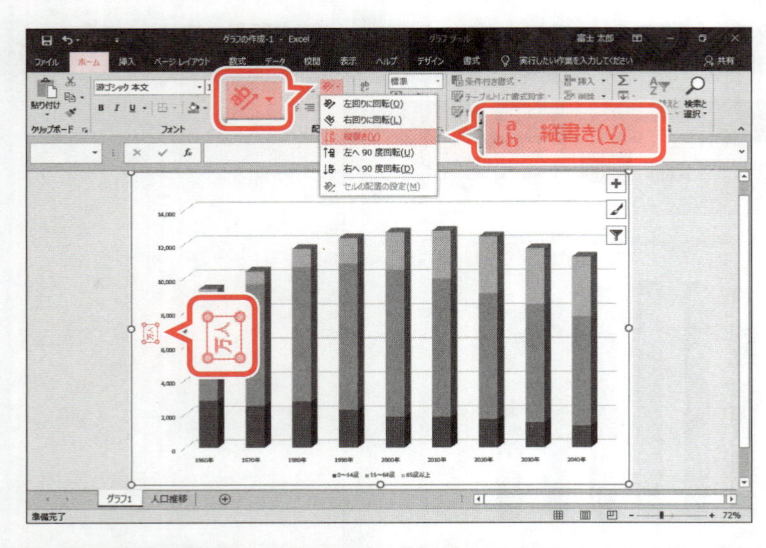

①軸ラベルをクリックします。

軸ラベルが選択されます。

②《ホーム》タブを選択します。

③《配置》グループの (方向)をクリックします。

④《縦書き》をクリックします。

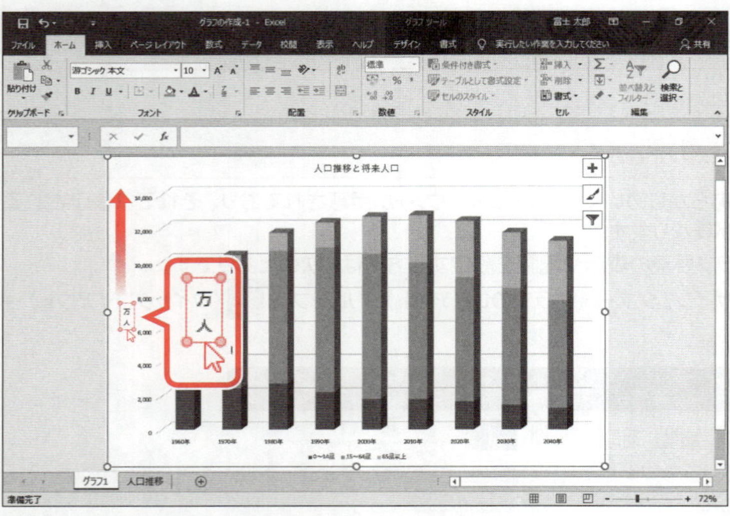

軸ラベルが縦書きに変更されます。

軸ラベルを移動します。

⑤軸ラベルが選択されていることを確認します。

⑥軸ラベルの枠線をポイントします。

マウスポインターの形が に変わります。

※軸ラベルの枠線内をポイントすると、マウスポインターの形が になり、文字列の選択になるので注意しましょう。

⑦図のように、軸ラベルの枠線をドラッグします。

※ドラッグ中、マウスポインターの形が に変わります。

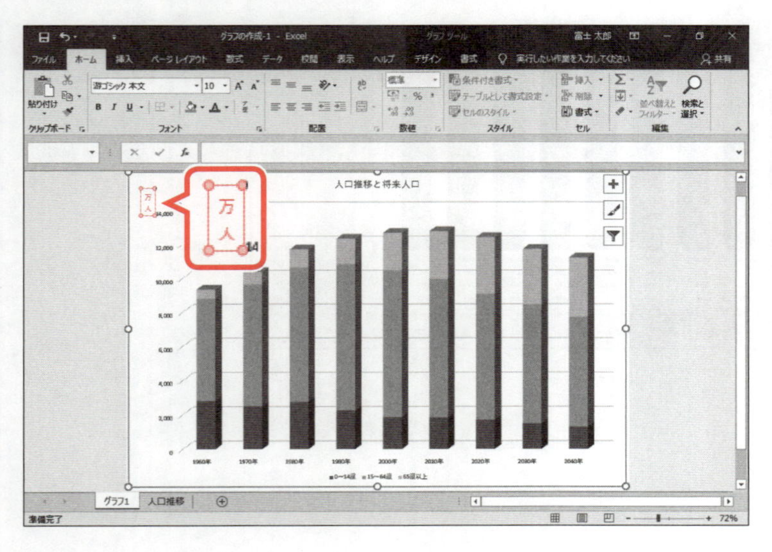

軸ラベルが移動します。

2 グラフエリアの書式設定

グラフエリアのフォントサイズを12ポイントに変更しましょう。
グラフエリアのフォントサイズを変更すると、グラフエリア内の凡例や軸ラベルなどのフォントサイズが変更されます。

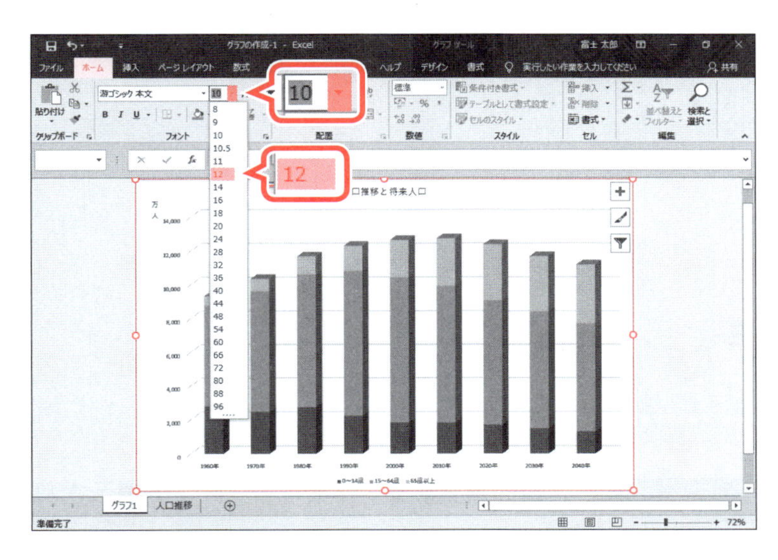

①グラフエリアをクリックします。

※ポップヒントに《グラフエリア》と表示されることを確認してクリックしましょう。

グラフエリアが選択されます。

②《**ホーム**》タブを選択します。

③《**フォント**》グループの 10 ▾ （フォントサイズ）の ▾ をクリックし、一覧から《**12**》を選択します。

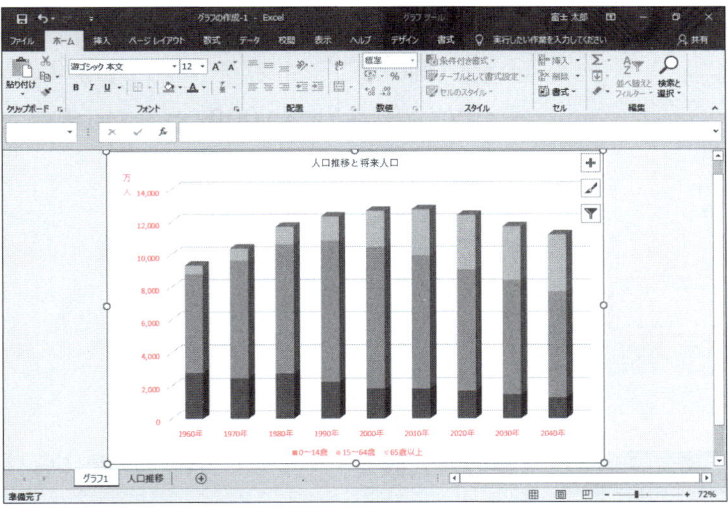

グラフエリアのフォントサイズが変更されます。

Let's Try　ためしてみよう

グラフタイトルのフォントサイズを18ポイントに変更しましょう。

①グラフタイトルをクリック
②《ホーム》タブを選択
③《フォント》グループの 14.4 ▾ （フォントサイズ）の ▾ をクリックし、一覧から《18》を選択

3 値軸の書式設定

値軸の目盛間隔を1,000単位に変更しましょう。

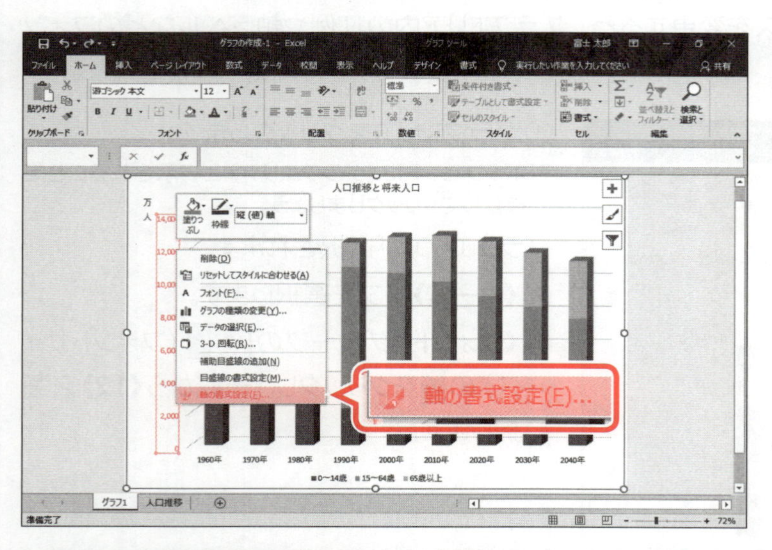

①値軸を右クリックします。

②**《軸の書式設定》**をクリックします。

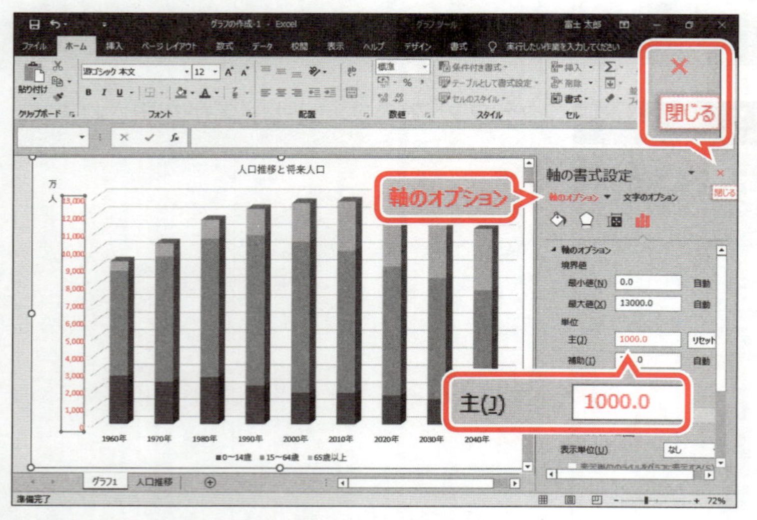

《軸の書式設定》作業ウィンドウが表示されます。

③**《軸のオプション》**をクリックします。

④ (軸のオプション)をクリックします。

⑤**《単位》**の**《主》**に**「1000」**と入力します。

⑥ Enter を押します。

目盛間隔が1,000単位になります。

⑦ × (閉じる)をクリックします。

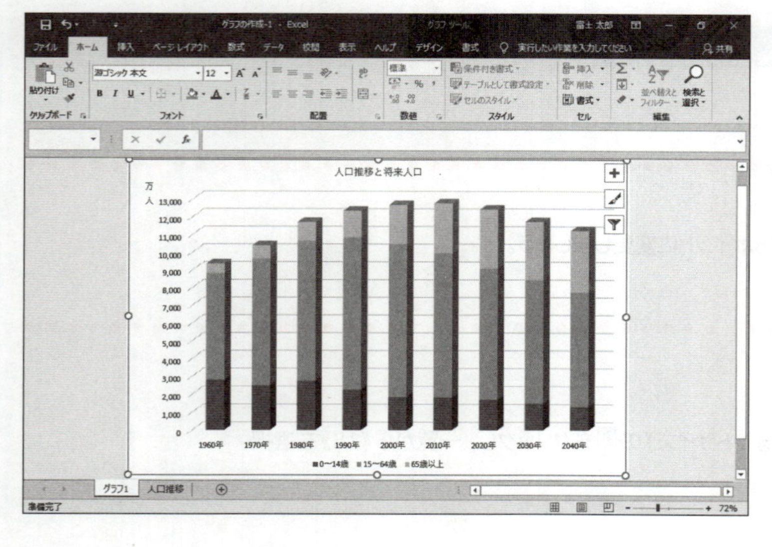

《軸の書式設定》作業ウィンドウが閉じられます。

STEP UP その他の方法(グラフ要素の書式設定)

◆グラフ要素を選択→《書式》タブ→《現在の選択範囲》グループの 選択対象の書式設定 (選択対象の書式設定)

◆グラフ要素をダブルクリック

9 グラフフィルターの利用

「グラフフィルター」を使うと、作成したグラフのデータを絞り込んで表示できます。条件に合わないデータは一時的に非表示になります。
グラフのデータを2000年以降に絞り込みましょう。

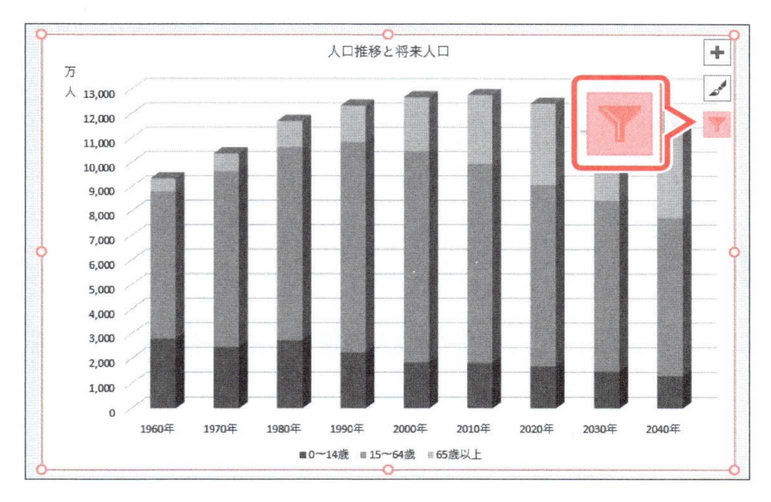

①グラフを選択します。
②ショートカットツールの［フィルター］（グラフフィルター）をクリックします。

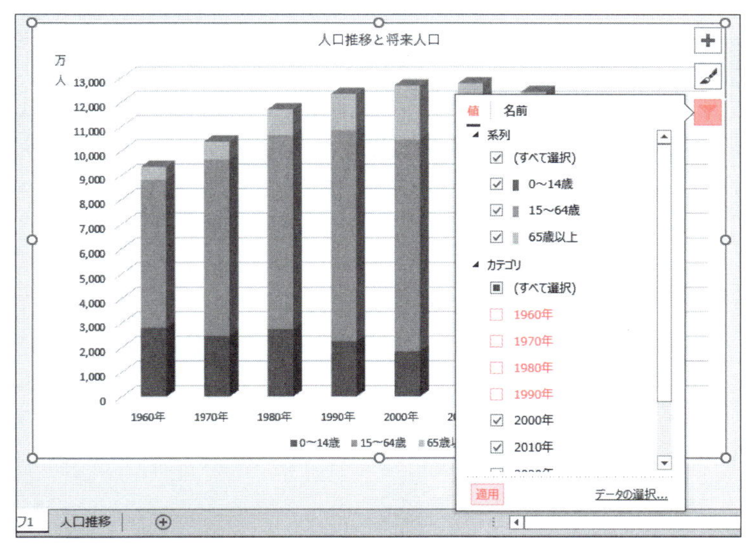

③**《値》**をクリックします。
④**《カテゴリ》**の**「1960年」「1970年」「1980年」「1990年」**を□にします。
⑤**《適用》**をクリックします。
⑥［フィルター］（グラフフィルター）をクリックします。
※［Esc］を押してもかまいません。

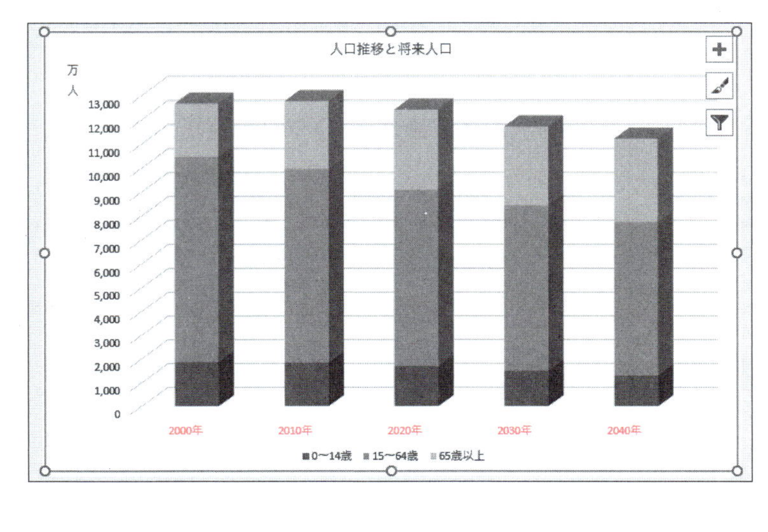

グラフのデータが2000年以降に絞り込まれます。
※ブックに「グラフの作成-1完成」と名前を付けて、フォルダー「第7章」に保存し、閉じておきましょう。

参考学習

おすすめグラフを作成する

1 おすすめグラフ

「おすすめグラフ」を使うと、選択しているデータに適した数種類のグラフが表示されます。選択したデータでどのようなグラフを作成できるか、どのようなグラフが適しているのかを確認できます。一覧からグラフを選択するだけで簡単にグラフを作成できます。

2 横棒グラフの作成

表のデータをもとに、おすすめグラフを使って、**「男女別の人口推移」**を表す横棒グラフを作成しましょう。

File OPEN フォルダー「第7章」のブック「グラフの作成-2」を開いておきましょう。

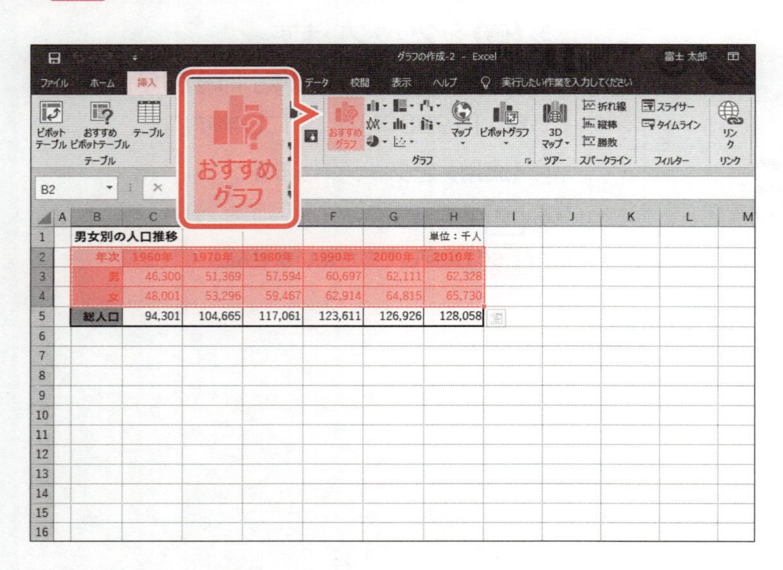

①セル範囲**【B2:H4】**を選択します。

②**《挿入》**タブを選択します。

③**《グラフ》**グループの（おすすめグラフ）をクリックします。

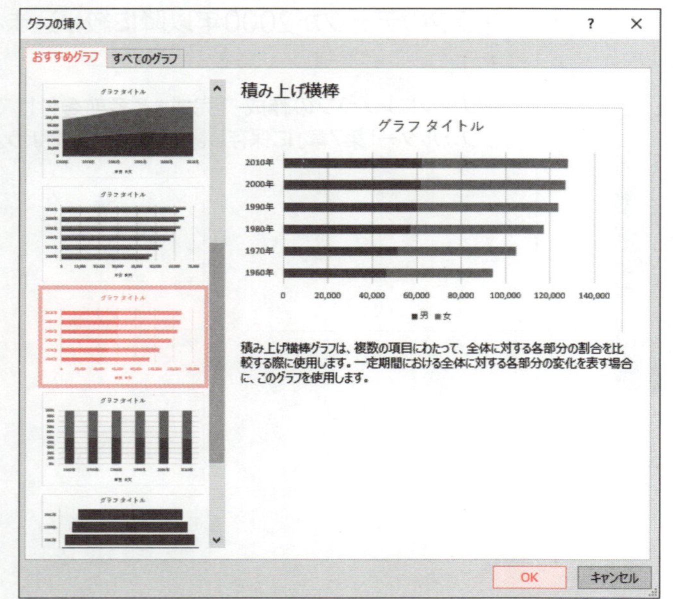

《グラフの挿入》ダイアログボックスが表示されます。

④**《おすすめグラフ》**タブを選択します。

⑤左側の一覧から図のグラフを選択します。

※表示されていない場合は、スクロールして調整します。

⑥**《OK》**をクリックします。

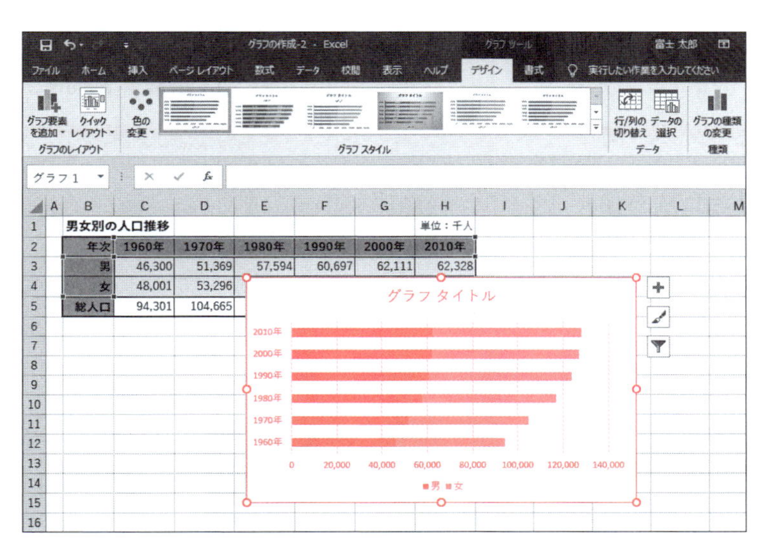

横棒グラフが作成されます。

Let's Try ためしてみよう

次のようにグラフを編集しましょう。

	A	B	C	D	E	F	G	H
1		男女別の人口推移						単位：千人
2		年次	1960年	1970年	1980年	1990年	2000年	2010年
3		男	46,300	51,369	57,594	60,697	62,111	62,328
4		女	48,001	53,296	59,467	62,914	64,815	65,730
5		総人口	94,301	104,665	117,061	123,611	126,926	128,058

人口推移

①グラフタイトルに「人口推移」と入力しましょう。

②上の図を参考に、グラフの位置とサイズを調整しましょう。

Let's Try Answer

①

①グラフタイトルをクリック

②グラフタイトルを再度クリック

③「グラフタイトル」を削除し、「人口推移」と入力

④グラフタイトル以外の場所をクリック

②

①グラフエリアをドラッグし、移動（目安：セル【B7】）

②グラフエリア右下の○（ハンドル）をドラッグし、サイズを変更（目安：セル【H17】）

※ブックに「グラフの作成-2完成」と名前を付けて、フォルダー「第7章」に保存し、閉じておきましょう。

練習問題

解答 ▶ 別冊P.5

完成図のようなグラフを作成しましょう。

※設定する項目名が一覧にない場合は、任意の項目を選択してください。

フォルダー「第7章」のブック「第7章練習問題」を開いておきましょう。

●完成図

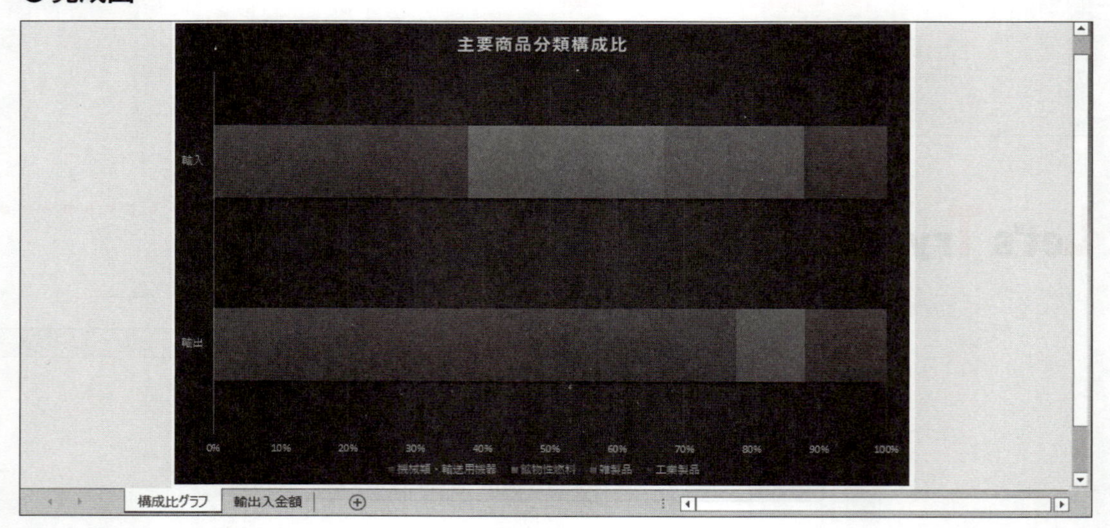

① セル範囲【**B3:D12**】をもとに、100%積み上げ横棒グラフを作成しましょう。

② 作成したグラフをグラフシートに移動しましょう。グラフシートの名前は「**構成比グラフ**」にします。

Hint! グラフシートの名前は、《グラフの移動》ダイアログボックスの《新しいシート》の右側のボックスで変更します。

③ 項目軸に「**輸入**」「**輸出**」と表示されるように項目とデータを入れ替えましょう。

④ グラフタイトルに「**主要商品分類構成比**」と入力しましょう。

⑤ グラフのスタイルを「**スタイル8**」に変更しましょう。

⑥ グラフの色を「**カラフルなパレット4**」に変更しましょう。

⑦ グラフエリアのフォントサイズを11ポイント、グラフタイトルのフォントサイズを18ポイントに変更しましょう。

⑧ グラフのデータを「**機械類・輸送用機器**」「**鉱物性燃料**」「**雑製品**」「**工業製品**」に絞り込みましょう。

※ブックに「第7章練習問題完成」と名前を付けて、フォルダー「第7章」に保存し、閉じておきましょう。

第8章

データベースの利用

第8章 この章で学ぶこと

学習前に習得すべきポイントを理解しておき、
学習後には確実に習得できたかどうかを振り返りましょう。

1 データベース機能を利用するときの表の構成や、表を作成するときの注意点を説明できる。 ☑☑☑ →P.200

2 数値や文字列を条件に指定して、データを並べ替えることができる。 ☑☑☑ →P.202

3 複数の条件を組み合わせて、データを並べ替えることができる。 ☑☑☑ →P.205

4 セルに設定されている色を条件に指定して、データを並べ替えることができる。 ☑☑☑ →P.207

5 条件を指定して、データベースからデータを抽出できる。 ☑☑☑ →P.209

6 セルに設定されている色を条件に指定して、データベースからデータを抽出できる。 ☑☑☑ →P.212

7 詳細な条件を指定して、データベースからデータを抽出できる。 ☑☑☑ →P.213

8 大きな表で常に見出しが表示されるように、表の一部を固定できる。 ☑☑☑ →P.218

9 セルに設定された書式だけを、ほかのセルにコピーできる。 ☑☑☑ →P.220

10 入力操作を軽減する機能を使って、表に繰り返し同じデータを入力できる。 ☑☑☑ →P.221

11 フラッシュフィルを使って、同じ入力パターンのデータをほかのセルにまとめて入力できる。 ☑☑☑ →P.224

Step1 操作するデータベースを確認する

1 操作するデータベースの確認

次のように、データベースを操作しましょう。

FOMビジネスコンサルティング　セミナー開催状況

No.	開催日	セミナー名	区分	定員	受講者数	受講率	受講費	金額
1	2019/4/4	経営者のための経営分析講座	経営	30	33	110.0%	¥20,000	¥660,000
22	2019/6/16	経営者のための経営分析講座	経営	30	30	100.0%	¥20,000	¥600,000
17	2019/6/2	マーケティング講座	経営	30	28	93.3%	¥18,000	¥504,000
2	2019/4/8	マーケティング講座	経営	30	25	83.3%	¥18,000	¥450,000
25	2019/6/23	人材戦略講座	経営	30	25	83.3%	¥18,000	¥450,000
6	2019/4/22	人材戦略講座	経営	30	24	80.0%	¥18,000	¥432,000
20	2019/6/10	個人投資家のための株式投資講座	投資	50	41	82.0%	¥10,000	¥410,000
13	2019/5/23	個人投資家のための株式投資講座	投資	50	36	72.0%	¥10,000	¥360,000
14	2019/5/25	個人投資家のための不動産投資講座	投資	50	44	88.0%	¥6,000	¥264,000
21	2019/6/13	初心者のための資産運用講座	投資	50	44	88.0%	¥6,000	¥264,000
10	2019/5/12	初心者のための資産運用講座	投資	50	42	84.0%	¥6,000	¥252,000
4	2019/4/14	初心者のための資産運用講座	投資	50	40	80.0%	¥6,000	¥240,000
12	2019/5/20	個人投資家のための為替投資講座	投資	50	30	60.0%	¥8,000	¥240,000
3	2019/4/11	初心者のためのインターネット株取引	投資	50	55	110.0%	¥4,000	¥220,000
23	2019/6/17	個人投資家のための不動産投資講座	投資	50	36	72.0%	¥6,000	¥216,000
18	2019/6/6	個人投資家のための為替投資講座	投資	50	26	52.0%	¥8,000	¥208,000
19	2019/6/9	初心者のためのインターネット株取引	投資	50	51	102.0%	¥4,000	¥204,000
9	2019/5/11	初心者のためのインターネット株取引	投資	50	50	100.0%	¥4,000	¥200,000
15	2019/5/26	自己分析・自己表現講座	就職	40	36	90.0%	¥2,000	¥72,000
7	2019/4/25	自己分析・自己表現講座	就職	40	34	85.0%	¥2,000	¥68,000
24	2019/6/20	一般教養攻略講座	就職	40	33	82.5%	¥2,000	¥66,000
8	2019/4/28	面接試験突破講座	就職	20	20	100.0%	¥3,000	¥60,000
26	2019/6/27	自己分析・自己表現講座	就職	40	30	75.0%	¥2,000	¥60,000
16	2019/5/30	面接試験突破講座	就職	20	19	95.0%	¥3,000	¥57,000
5	2019/4/18	一般教養攻略講座	就職	40	25	62.5%	¥2,000	¥50,000
11	2019/5/18	一般教養攻略講座	就職	40	23	57.5%	¥2,000	¥46,000

「金額」が高い順に並べ替え

FOMビジネスコンサルティング　セミナー開催状況

No.	開催日	セミナー名	区分	定員	受講者数	受講率	受講費	金額
1	2019/4/4	経営者のための経営分析講座	経営	30	33	110.0%	¥20,000	¥660,000
3	2019/4/11	初心者のためのインターネット株取引	投資	50	55	110.0%	¥4,000	¥220,000
19	2019/6/9	初心者のためのインターネット株取引	投資	50	51	102.0%	¥4,000	¥204,000
2	2019/4/8	マーケティング講座	経営	30	25	83.3%	¥18,000	¥450,000
4	2019/4/14	初心者のための資産運用講座	投資	50	40	80.0%	¥6,000	¥240,000
5	2019/4/18	一般教養攻略講座	就職	40	25	62.5%	¥2,000	¥50,000
6	2019/4/22	人材戦略講座	経営	30	24	80.0%	¥18,000	¥432,000
7	2019/4/25	自己分析・自己表現講座	就職	40	34	85.0%	¥2,000	¥68,000
8	2019/4/28	面接試験突破講座	就職	20	20	100.0%	¥3,000	¥60,000
9	2019/5/11	初心者のためのインターネット株取引	投資	50	50	100.0%	¥4,000	¥200,000
10	2019/5/12	初心者のための資産運用講座	投資	50	42	84.0%	¥6,000	¥252,000
11	2019/5/18	一般教養攻略講座	就職	40	23	57.5%	¥2,000	¥46,000
12	2019/5/20	個人投資家のための為替投資講座	投資	50	30	60.0%	¥8,000	¥240,000
13	2019/5/23	個人投資家のための株式投資講座	投資	50	36	72.0%	¥10,000	¥360,000
14	2019/5/25	個人投資家のための不動産投資講座	投資	50	44	88.0%	¥6,000	¥264,000
15	2019/5/26	自己分析・自己表現講座	就職	40	36	90.0%	¥2,000	¥72,000
16	2019/5/30	面接試験突破講座	就職	20	19	95.0%	¥3,000	¥57,000
17	2019/6/2	マーケティング講座	経営	30	28	93.3%	¥18,000	¥504,000
18	2019/6/6	個人投資家のための為替投資講座	投資	50	26	52.0%	¥8,000	¥208,000
20	2019/6/10	個人投資家のための株式投資講座	投資	50	41	82.0%	¥10,000	¥410,000
21	2019/6/13	初心者のための資産運用講座	投資	50	44	88.0%	¥6,000	¥264,000
22	2019/6/16	経営者のための経営分析講座	経営	30	30	100.0%	¥20,000	¥600,000
23	2019/6/17	個人投資家のための不動産投資講座	投資	50	36	72.0%	¥6,000	¥216,000
24	2019/6/20	一般教養攻略講座	就職	40	33	82.5%	¥2,000	¥66,000
25	2019/6/23	人材戦略講座	経営	30	25	83.3%	¥18,000	¥450,000
26	2019/6/27	自己分析・自己表現講座	就職	40	30	75.0%	¥2,000	¥60,000

セルがオレンジ色のデータを上部に表示

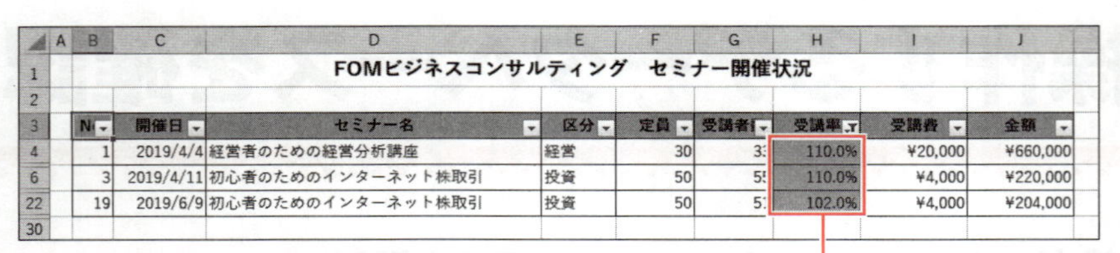

	A	B	C	D	E	F	G	H	I	J
1				FOMビジネスコンサルティング　セミナー開催状況						
2										
3		No.	開催日	セミナー名	区分	定員	受講者数	受講率	受講費	金額
4		1	2019/4/4	経営者のための経営分析講座	経営	30	33	110.0%	¥20,000	¥660,000
6		3	2019/4/11	初心者のためのインターネット株取引	投資	50	55	110.0%	¥4,000	¥220,000
22		19	2019/6/9	初心者のためのインターネット株取引	投資	50	51	102.0%	¥4,000	¥204,000
30										

セルがオレンジ色のデータを抽出

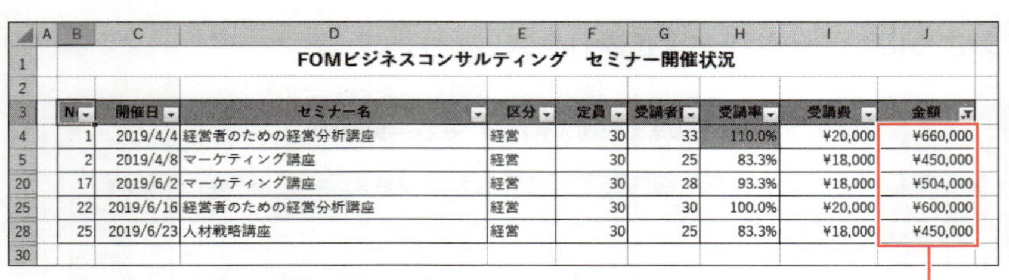

	A	B	C	D	E	F	G	H	I	J
1				FOMビジネスコンサルティング　セミナー開催状況						
2										
3		No.	開催日	セミナー名	区分	定員	受講者数	受講率	受講費	金額
4		1	2019/4/4	経営者のための経営分析講座	経営	30	33	110.0%	¥20,000	¥660,000
5		2	2019/4/8	マーケティング講座	経営	30	25	83.3%	¥18,000	¥450,000
20		17	2019/6/2	マーケティング講座	経営	30	28	93.3%	¥18,000	¥504,000
25		22	2019/6/16	経営者のための経営分析講座	経営	30	30	100.0%	¥20,000	¥600,000
28		25	2019/6/23	人材戦略講座	経営	30	25	83.3%	¥18,000	¥450,000
30										

「金額」が高い上位5件のデータを抽出

1～3行目の見出しを固定

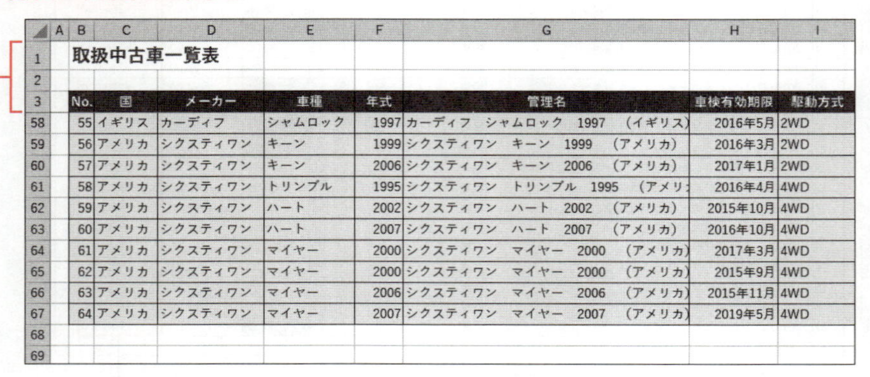

	A	B	C	D	E	F	G	H	I
1		取扱中古車一覧表							
2									
3		No.	国	メーカー	車種	年式	管理名	車検有効期限	駆動方式
58		55	イギリス	カーディフ	シャムロック	1997	カーディフ　シャムロック　1997　（イギリス）	2016年5月	2WD
59		56	アメリカ	シクスティワン	キーン	1999	シクスティワン　キーン　1999　（アメリカ）	2016年3月	2WD
60		57	アメリカ	シクスティワン	キーン	2006	シクスティワン　キーン　2006　（アメリカ）	2017年1月	2WD
61		58	アメリカ	シクスティワン	トリンプル	1995	シクスティワン　トリンプル　1995　（アメリ	2016年4月	4WD
62		59	アメリカ	シクスティワン	ハート	2002	シクスティワン　ハート　2002　（アメリカ）	2015年10月	4WD
63		60	アメリカ	シクスティワン	ハート	2007	シクスティワン　ハート　2007　（アメリカ）	2016年10月	4WD
64		61	アメリカ	シクスティワン	マイヤー	2000	シクスティワン　マイヤー　2000　（アメリカ）	2017年3月	4WD
65		62	アメリカ	シクスティワン	マイヤー	2000	シクスティワン　マイヤー　2000　（アメリカ）	2015年9月	4WD
66		63	アメリカ	シクスティワン	マイヤー	2006	シクスティワン　マイヤー　2006　（アメリカ）	2015年11月	4WD
67		64	アメリカ	シクスティワン	マイヤー	2007	シクスティワン　マイヤー　2007　（アメリカ）	2019年5月	4WD
68									
69									

	A	B	C	D	E	F	G	H	I
1		取扱中古車一覧表							
2									
3		No.	国	メーカー	車種	年式	管理名	車検有効期限	駆動方式
4		1	日本	アカナ	メリッサ	2006	アカナ　メリッサ　2006（日本）	2017年1月	2WD
5		2	日本	ナカマ	カルロ	2003	ナカマ　カルロ　2003（日本）	2016年6月	4WD
6		3	日本	ナカマ	カルロ	2006	ナカマ　カルロ　2006（日本）	2015年11月	4WD
7		4	日本	ナカマ	セレン	2002	ナカマ　セレン　2002（日本）	2015年12月	2WD
8		5	日本	ナカマ	セレン	2005	ナカマ　セレン　2005（日本）	2016年6月	2WD
9		6	日本	ナカマ	セレン	2009	ナカマ　セレン　2009（日本）	2016年9月	2WD
10		7	日本	ナカマ	ルカ	1999	ナカマ　ルカ　1999（日本）	2016年8月	4WD
11		8	日本	イスタ	イヴ	2003	イスタ　イヴ　2003（日本）	2016年12月	2WD
12		9	日本	イスタ	イヴ	2007	イスタ　イヴ　2007（日本）	2016年3月	2WD
13		10	日本	イスタ	イヴ	2008	イスタ　イヴ　2008（日本）	2017年1月	2WD
14		11	日本	イスタ	イヴ	2009	イスタ　イヴ　2009（日本）	2016年10月	2WD
15		12	日本	イスタ	K410	2001	イスタ　K410　2001（日本）	2016年6月	4WD
16		13	日本	イスタ	K410	2008	イスタ　K410　2008（日本）	2017年2月	4WD
17		14	フランス	アンクティル	エイメ	1992	アンクティル　エイメ　1992（フランス）	2015年8月	4WD
18		15	フランス	アンクティル	エイメ	1998	アンクティル　エイメ　1998（フランス）	2017年1月	4WD
19		16	フランス	アンクティル	エイメ	2005	アンクティル　エイメ　2005（フランス）	2016年9月	4WD
20		17	フランス	アンクティル	シルヴァン	2001	アンクティル　シルヴァン　2001（フランス）	2016年9月	4WD
21		18	フランス	アンクティル	シルヴァン	2002	アンクティル　シルヴァン　2002（フランス）	2015年10月	4WD
22		19	フランス	アンクティル	シルヴァン	2004	アンクティル　シルヴァン　2004（フランス）	2017年3月	4WD
23		20	フランス	コラール	アルレッティ	1997	コラール　アルレッティ　1997（フランス）	2016年6月	2WD
24		21	フランス	コラール	アルレッティ	2001	コラール　アルレッティ　2001（フランス）	2016年7月	2WD
25		22	フランス	コラール	アルレッティ	2003	コラール　アルレッティ　2003（フランス）	2016年4月	2WD
26		23	フランス	コラール	ヴェイユ	2000	コラール　ヴェイユ　2000（フランス）	2017年3月	2WD
27		24	フランス	コラール	ヴェイユ	2004	コラール　ヴェイユ　2004（フランス）	2015年9月	2WD
28		25	フランス	コラール	ヴェイユ	2006	コラール　ヴェイユ　2006（フランス）	2017年1月	2WD
29		26	ドイツ	ヴァイトリング	ザビーネ	2001	ヴァイトリング　ザビーネ　2001（ドイツ）	2016年1月	2WD
30		27	ドイツ	ヴァイトリング	ザビーネ	2004	ヴァイトリング　ザビーネ　2004（ドイツ）	2017年2月	2WD

フラッシュフィルを使って、
同じ入力パターンのデータを一括入力

Step2 データベース機能の概要

1 データベース機能

商品台帳、社員名簿、売上台帳などのように関連するデータをまとめたものを**「データベース」**といいます。このデータベースを管理・運用する機能が**「データベース機能」**です。
データベース機能を使うと、大量のデータを効率よく管理できます。
データベース機能には、次のようなものがあります。

●並べ替え

指定した基準に従って、データを並べ替えます。

●フィルター

データベースから条件を満たすデータだけを抽出します。

2 データベース用の表

データベース機能を利用するには、表を**「フィールド」**と**「レコード」**から構成されるデータベースにする必要があります。

1 表の構成

データベース用の表では、1件分のデータを横1行で管理します。

❶

No.	開催日	セミナー名	区分	定員	受講者数	受講率	受講費	金額
1	2019/4/4	経営者のための経営分析講座	経営	30	33	110.0%	¥20,000	¥660,000
2	2019/4/8	マーケティング講座	経営	30	25	83.3%	¥18,000	¥450,000
3	2019/4/11	初心者のためのインターネット株取引	投資	50	55	110.0%	¥4,000	¥220,000
4	2019/4/14	初心者のための資産運用講座	投資	50	40	80.0%	¥6,000	¥240,000
5	2019/4/18	一般教養攻略講座	就職	40	25	62.5%	¥2,000	¥50,000
6	2019/4/22	人材戦略講座	経営	30	24	80.0%	¥18,000	¥432,000
7	2019/4/25	自己分析・自己表現講座	就職	40	34	85.0%	¥2,000	¥68,000
8	2019/4/28	面接試験突破講座	就職	20	20	100.0%	¥3,000	¥60,000
9	2019/5/11	初心者のためのインターネット株取引	投資	50	50	100.0%	¥4,000	¥200,000
10	2019/5/12	初心者のための資産運用講座	投資	50	42	84.0%	¥6,000	¥252,000
11	2019/5/18	一般教養攻略講座	就職	40	23	57.5%	¥2,000	¥46,000
12	2019/5/20	個人投資家のための為替投資講座	投資	50	30	60.0%	¥8,000	¥240,000
13	2019/5/23	個人投資家のための株式投資講座	投資	50	36	72.0%	¥10,000	¥360,000
14	2019/5/25	個人投資家のための不動産投資講座	投資	50	44	88.0%	¥6,000	¥264,000
15	2019/5/26	自己分析・自己表現講座	就職	40	36	90.0%	¥2,000	¥72,000
16	2019/5/30	面接試験突破講座	就職	20	19	95.0%	¥3,000	¥57,000
17	2019/6/2	マーケティング講座	経営	30	28	93.3%	¥18,000	¥504,000
18	2019/6/6	個人投資家のための為替投資講座	投資	50	26	52.0%	¥8,000	¥208,000

❸ ❷

❶列見出し(フィールド名)

データを分類する項目名です。列見出しを必ず設定し、レコード部分と異なる書式にします。

❷フィールド

列単位のデータです。列見出しに対応した同じ種類のデータを入力します。

❸レコード

行単位のデータです。1件分のデータを入力します。

2 表作成時の注意点

データベース用の表を作成するとき、次のような点に注意します。

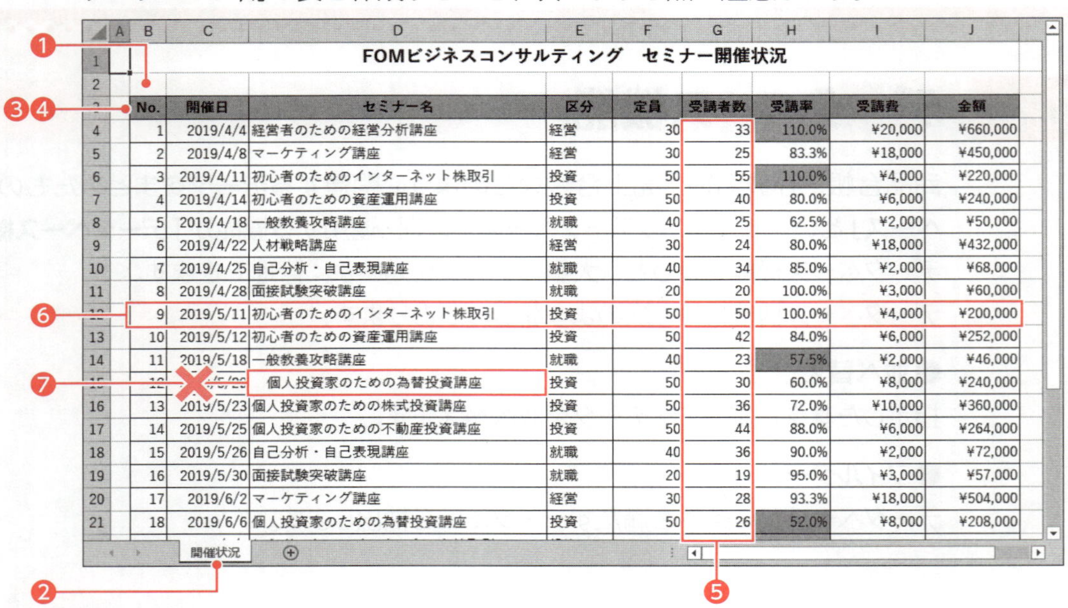

FOMビジネスコンサルティング　セミナー開催状況

No.	開催日	セミナー名	区分	定員	受講者数	受講率	受講費	金額
1	2019/4/4	経営者のための経営分析講座	経営	30	33	110.0%	¥20,000	¥660,000
2	2019/4/8	マーケティング講座	経営	30	25	83.3%	¥18,000	¥450,000
3	2019/4/11	初心者のためのインターネット株取引	投資	50	55	110.0%	¥4,000	¥220,000
4	2019/4/14	初心者のための資産運用講座	投資	50	40	80.0%	¥6,000	¥240,000
5	2019/4/18	一般教養攻略講座	就職	40	25	62.5%	¥2,000	¥50,000
6	2019/4/22	人材戦略講座	経営	30	24	80.0%	¥18,000	¥432,000
7	2019/4/25	自己分析・自己表現講座	就職	40	34	85.0%	¥2,000	¥68,000
8	2019/4/28	面接試験突破講座	就職	20	20	100.0%	¥3,000	¥60,000
9	2019/5/11	初心者のためのインターネット株取引	投資	50	50	100.0%	¥4,000	¥200,000
10	2019/5/12	初心者のための資産運用講座	投資	50	42	84.0%	¥6,000	¥252,000
11	2019/5/18	一般教養攻略講座	就職	40	23	57.5%	¥2,000	¥46,000
12	[illegible]	個人投資家のための為替投資講座	投資	50	30	60.0%	¥8,000	¥240,000
13	2019/5/23	個人投資家のための株式投資講座	投資	50	36	72.0%	¥10,000	¥360,000
14	2019/5/25	個人投資家のための不動産投資講座	投資	50	44	88.0%	¥6,000	¥264,000
15	2019/5/26	自己分析・自己表現講座	就職	40	36	90.0%	¥2,000	¥72,000
16	2019/5/30	面接試験突破講座	就職	20	19	95.0%	¥3,000	¥57,000
17	2019/6/2	マーケティング講座	経営	30	28	93.3%	¥18,000	¥504,000
18	2019/6/6	個人投資家のための為替投資講座	投資	50	26	52.0%	¥8,000	¥208,000

❶表に隣接するセルには、データを入力しない

データベースのセル範囲を自動的に認識させるには、表に隣接するセルを空白にしておきます。セル範囲を手動で選択する手間が省けるので、効率的に操作できます。

❷1枚のシートにひとつの表を作成する

1枚のシートに複数の表が作成されている場合、一方の抽出結果が、もう一方に影響することがあります。できるだけ、1枚のシートにひとつの表を作成するようにしましょう。

❸先頭行は列見出しにする

表の先頭行には、必ず列見出しを入力します。列見出しをもとに、並べ替えやフィルターが実行されます。

❹列見出しは異なる書式にする

列見出しは、太字にしたり塗りつぶしの色を設定したりして、レコードと異なる書式にします。先頭行が列見出しであるかレコードであるかは、書式が異なるかどうかによって認識されます。

❺フィールドには同じ種類のデータを入力する

ひとつのフィールドには、同じ種類のデータを入力します。文字列と数値を混在させないようにしましょう。

❻1件分のデータは横1行で入力する

1件分のデータを横1行に入力します。複数行に分けて入力すると、意図したとおりに並べ替えやフィルターが行われません。

❼セルの先頭に余分な空白は入力しない

セルの先頭に余分な空白を入力してはいけません。余分な空白が入力されていると、意図したとおりに並べ替えやフィルターが行われません。

STEP UP インデント

セルの先頭を字下げする場合、《ホーム》タブ→《配置》グループの（インデントを増やす）を字下げする文字数分クリックします。インデントを設定しても、実際のデータは変わらないので、並べ替えやフィルターに影響しません。

Step3 データを並べ替える

1 並べ替え

「並べ替え」を使うと、レコードを指定したキー（基準）に従って、並べ替えることができます。
並べ替えの順序には、**「昇順」**と**「降順」**があります。

●昇順

データ	順序
数値	0→9
英字	A→Z
日付	古→新
かな	あ→ん
JISコード	小→大

※空白セルは、昇順でも降順でも表の末尾に並びます。

●降順

データ	順序
数値	9→0
英字	Z→A
日付	新→古
かな	ん→あ
JISコード	大→小

2 昇順・降順で並べ替え

キーを指定して、表を並べ替えましょう。

フォルダー「第8章」のブック「データベースの利用-1」を開いておきましょう。

1 数値の並べ替え

並べ替えのキーがひとつの場合には、[昇順ボタン]（昇順）や[降順ボタン]（降順）を使うと簡単です。
「金額」が高い順に並べ替えましょう。

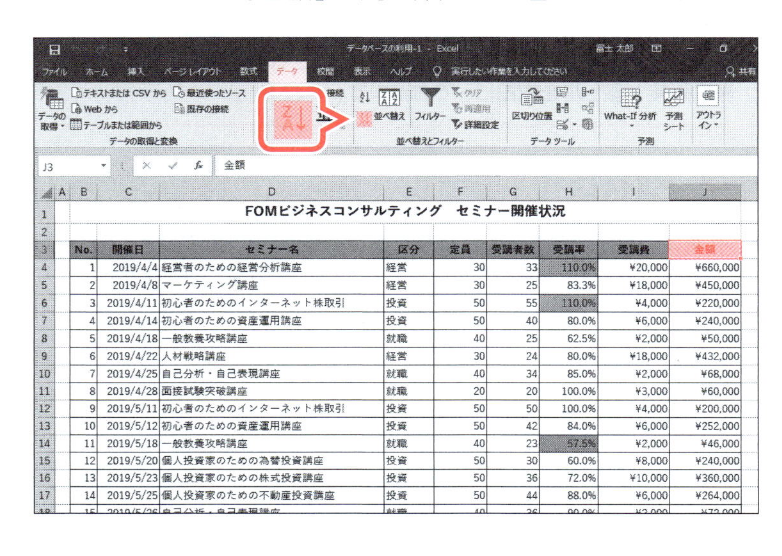

並べ替えのキーとなるセルを選択します。

①セル**【J3】**をクリックします。

※表内のJ列のセルであれば、どこでもかまいません。

②**《データ》**タブを選択します。

③**《並べ替えとフィルター》**グループの[降順ボタン]（降順）をクリックします。

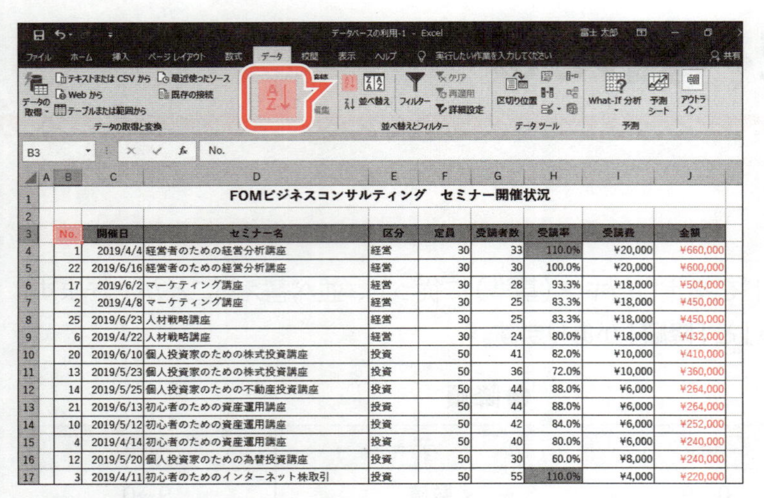

FOMビジネスコンサルティング　セミナー開催状況

No.	開催日	セミナー名	区分	定員	受講者数	受講率	受講費	金額
1	2019/4/4	経営者のための経営分析講座	経営	30	33	110.0%	¥20,000	¥660,000
22	2019/6/16	経営者のための経営分析講座	経営	30	30	100.0%	¥20,000	¥600,000
17	2019/6/2	マーケティング講座	経営	30	28	93.3%	¥18,000	¥504,000
2	2019/4/8	マーケティング講座	経営	30	25	83.3%	¥18,000	¥450,000
25	2019/6/23	人材戦略講座	経営	30	25	83.3%	¥18,000	¥450,000
6	2019/4/22	人材戦略講座	経営	30	24	80.0%	¥18,000	¥432,000
20	2019/6/10	個人投資家のための株式投資講座	投資	50	41	82.0%	¥10,000	¥410,000
13	2019/5/23	個人投資家のための株式投資講座	投資	50	36	72.0%	¥10,000	¥360,000
14	2019/5/25	個人投資家のための不動産投資講座	投資	50	44	88.0%	¥6,000	¥264,000
21	2019/6/13	初心者のための資産運用講座	投資	50	44	88.0%	¥6,000	¥264,000
10	2019/5/12	初心者のための資産運用講座	投資	50	42	84.0%	¥6,000	¥252,000
4	2019/4/14	初心者のための資産運用講座	投資	50	40	80.0%	¥6,000	¥240,000
12	2019/5/20	個人投資家のための為替投資講座	投資	50	30	60.0%	¥8,000	¥240,000
3	2019/4/11	初心者のためのインターネット株取引	投資	50	55	110.0%	¥4,000	¥220,000

「金額」が高い順に並び替わります。

「No.」順に並べ替えます。

④セル【B3】をクリックします。

※表内のB列のセルであれば、どこでもかまいません。

⑤**《並べ替えとフィルター》**グループの［昇順アイコン］（昇順）をクリックします。

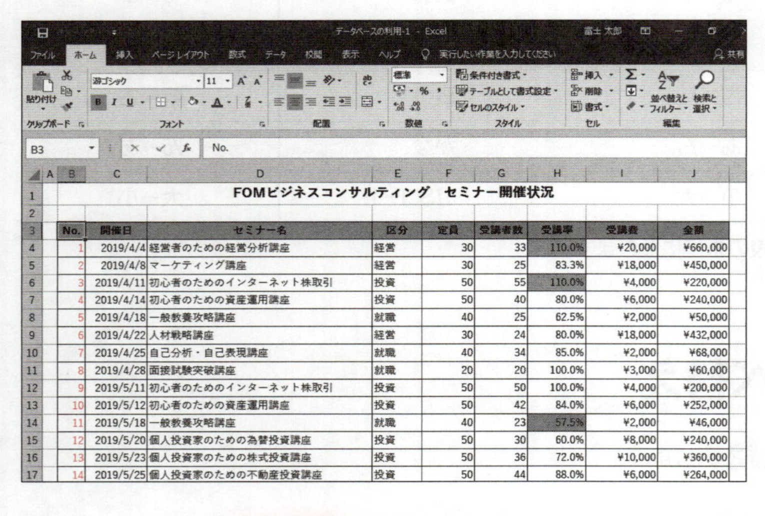

FOMビジネスコンサルティング　セミナー開催状況

No.	開催日	セミナー名	区分	定員	受講者数	受講率	受講費	金額
1	2019/4/4	経営者のための経営分析講座	経営	30	33	110.0%	¥20,000	¥660,000
2	2019/4/8	マーケティング講座	経営	30	25	83.3%	¥18,000	¥450,000
3	2019/4/11	初心者のためのインターネット株取引	投資	50	55	110.0%	¥4,000	¥220,000
4	2019/4/14	初心者のための資産運用講座	投資	50	40	80.0%	¥6,000	¥240,000
5	2019/4/18	一般教養攻略講座	就職	40	25	62.5%	¥2,000	¥50,000
6	2019/4/22	人材戦略講座	経営	30	24	80.0%	¥18,000	¥432,000
7	2019/4/25	自己分析・自己表現講座	就職	40	34	85.0%	¥2,000	¥68,000
8	2019/4/28	面接試験突破講座	就職	20	20	100.0%	¥3,000	¥60,000
9	2019/5/11	初心者のためのインターネット株取引	投資	50	50	100.0%	¥4,000	¥200,000
10	2019/5/12	初心者のための資産運用講座	投資	50	42	84.0%	¥6,000	¥252,000
11	2019/5/18	一般教養攻略講座	就職	40	23	57.5%	¥2,000	¥46,000
12	2019/5/20	個人投資家のための為替投資講座	投資	50	30	60.0%	¥8,000	¥240,000
13	2019/5/23	個人投資家のための株式投資講座	投資	50	36	72.0%	¥10,000	¥360,000
14	2019/5/25	個人投資家のための不動産投資講座	投資	50	44	88.0%	¥6,000	¥264,000

「No.」順に並び替わります。

STEP UP　その他の方法（昇順・降順で並べ替え）

◆キーとなるセルを選択→《ホーム》タブ→《編集》グループの［並べ替えとフィルターアイコン］（並べ替えとフィルター）→《順序》の《昇順》／《降順》

◆キーとなるセルを右クリック→《並べ替え》→《昇順》／《降順》

POINT　表のセル範囲の認識

表内の任意のセルを選択して並べ替えを実行すると、自動的にセル範囲が認識されます。
セル範囲を正しく認識させるには、表に隣接するセルを空白にしておきます。

STEP UP　表を元の順序に戻す

並べ替えを実行したあと、表を元の順序に戻す可能性がある場合、連番を入力したフィールドをあらかじめ用意しておきます。また、並べ替えを実行した直後であれば、［元に戻すアイコン］（元に戻す）で元に戻ります。

Let's Try　ためしてみよう

「受講率」が高い順に並べ替えましょう。

①セル【H3】をクリック

②《データ》タブを選択

③《並べ替えとフィルター》グループの［降順アイコン］（降順）をクリック

※「No.」順に並べ替えておきましょう。

1 日本語の並べ替え

漢字やひらがな、カタカナなどの日本語のフィールドをキーに並べ替えると、五十音順になります。漢字を入力すると、ふりがな情報も一緒にセルに格納されます。漢字は、そのふりがな情報をもとに並び替わります。

「セミナー名」を五十音順（あ→ん）に並べ替えましょう。

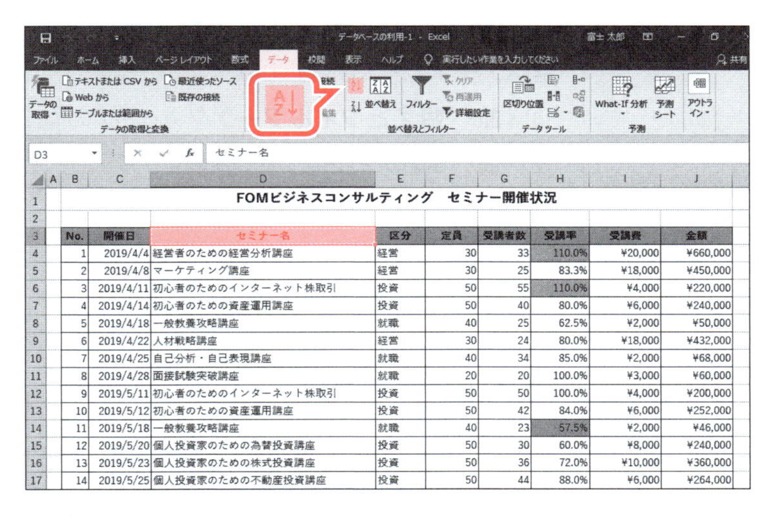

FOMビジネスコンサルティング　セミナー開催状況

No.	開催日	セミナー名	区分	定員	受講者数	受講率	受講費	金額
1	2019/4/4	経営者のための経営分析講座	経営	30	33	110.0%	¥20,000	¥660,000
2	2019/4/8	マーケティング講座	経営	30	25	83.3%	¥18,000	¥450,000
3	2019/4/11	初心者のためのインターネット株取引	投資	50	55	110.0%	¥4,000	¥220,000
4	2019/4/14	初心者のための資産運用講座	投資	50	40	80.0%	¥6,000	¥240,000
5	2019/4/18	一般教養攻略講座	就職	40	25	62.5%	¥2,000	¥50,000
6	2019/4/22	人材戦略講座	経営	30	24	80.0%	¥18,000	¥432,000
7	2019/4/25	自己分析・自己表現講座	就職	40	34	85.0%	¥2,000	¥68,000
8	2019/4/28	面接試験突破講座	就職	20	20	100.0%	¥3,000	¥60,000
9	2019/5/11	初心者のためのインターネット株取引	投資	50	50	100.0%	¥4,000	¥200,000
10	2019/5/12	初心者のための資産運用講座	投資	50	42	84.0%	¥6,000	¥252,000
11	2019/5/18	一般教養攻略講座	就職	40	23	57.5%	¥2,000	¥46,000
12	2019/5/20	個人投資家のための為替投資講座	投資	50	30	60.0%	¥8,000	¥240,000
13	2019/5/23	個人投資家のための株式投資講座	投資	50	36	72.0%	¥10,000	¥360,000
14	2019/5/25	個人投資家のための不動産投資講座	投資	50	44	88.0%	¥6,000	¥264,000

①セル**【D3】**をクリックします。

※表内のD列のセルであれば、どこでもかまいません。

②**《データ》**タブを選択します。

③**《並べ替えとフィルター》**グループの［A↓Z］（昇順）をクリックします。

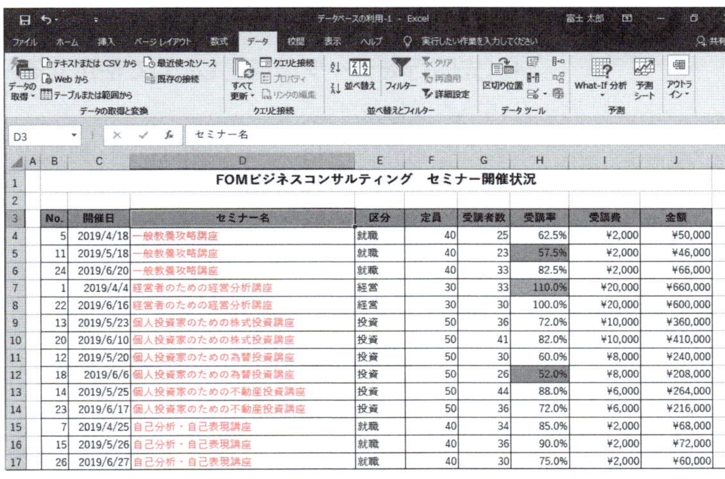

FOMビジネスコンサルティング　セミナー開催状況

No.	開催日	セミナー名	区分	定員	受講者数	受講率	受講費	金額
5	2019/4/18	一般教養攻略講座	就職	40	25	62.5%	¥2,000	¥50,000
11	2019/5/18	一般教養攻略講座	就職	40	23	57.5%	¥2,000	¥46,000
24	2019/6/20	一般教養攻略講座	就職	40	33	82.5%	¥2,000	¥66,000
1	2019/4/4	経営者のための経営分析講座	経営	30	33	110.0%	¥20,000	¥660,000
22	2019/6/16	経営者のための経営分析講座	経営	30	30	100.0%	¥20,000	¥600,000
13	2019/5/23	個人投資家のための株式投資講座	投資	50	36	72.0%	¥10,000	¥360,000
20	2019/6/10	個人投資家のための株式投資講座	投資	50	41	82.0%	¥10,000	¥410,000
12	2019/5/20	個人投資家のための為替投資講座	投資	50	30	60.0%	¥8,000	¥240,000
18	2019/6/6	個人投資家のための為替投資講座	投資	50	26	52.0%	¥8,000	¥208,000
14	2019/5/25	個人投資家のための不動産投資講座	投資	50	44	88.0%	¥6,000	¥264,000
23	2019/6/17	個人投資家のための不動産投資講座	投資	50	36	72.0%	¥6,000	¥216,000
7	2019/4/25	自己分析・自己表現講座	就職	40	34	85.0%	¥2,000	¥68,000
15	2019/5/26	自己分析・自己表現講座	就職	40	36	90.0%	¥2,000	¥72,000
26	2019/6/27	自己分析・自己表現講座	就職	40	30	75.0%	¥2,000	¥60,000

「セミナー名」が五十音順に並び替わります。

※「No.」順に並べ替えておきましょう。

STEP UP ふりがなの表示

No.	開催日	セミナー名	区分
1	2019/4/4	ケイエイシャ　ケイエイブンセキコウザ 経営者のための経営分析講座	経営
2	2019/4/8	コウザ マーケティング講座	経営
3	2019/4/11	ショシンシャ　カブトリヒキ 初心者のためのインターネット株取引	投資
4	2019/4/14	ショシンシャ　シサンウンヨウコウザ 初心者のための資産運用講座	投資

セルに格納されているふりがなを表示するには、セルを選択して、《ホーム》タブ→《フォント》グループの［ア亜］（ふりがなの表示/非表示）をクリックします。

※表示したふりがなを非表示にするには、［ア亜］（ふりがなの表示/非表示）を再度クリックします。

STEP UP ふりがなの編集

No.	開催日	セミナー名	区分
1	2019/4/4	ケイエイシャ　ケイエイブンセキコウザ 経営者のための経営分析講座	経営
2	2019/4/8	コウザ マーケティング講座	経営
3	2019/4/11	ショシンシャ　カブトリヒキ 初心者のためのインターネット株取引	投資
4	2019/4/14	ショシンシャ　シサンウンヨウコウザ 初心者のための資産運用講座	投資

ふりがなを編集するには、セルを選択して、《ホーム》タブ→《フォント》グループの［ア亜▼］（ふりがなの表示/非表示）の［▼］→《ふりがなの編集》をクリックします。ふりがなにカーソルが表示され、編集できる状態になります。

3 複数キーによる並べ替え

複数のキーで並べ替えるには、（並べ替え）を使います。
「定員」が多い順に並べ替え、**「定員」**が同じ場合は**「受講者数」**が多い順に並べ替えましょう。

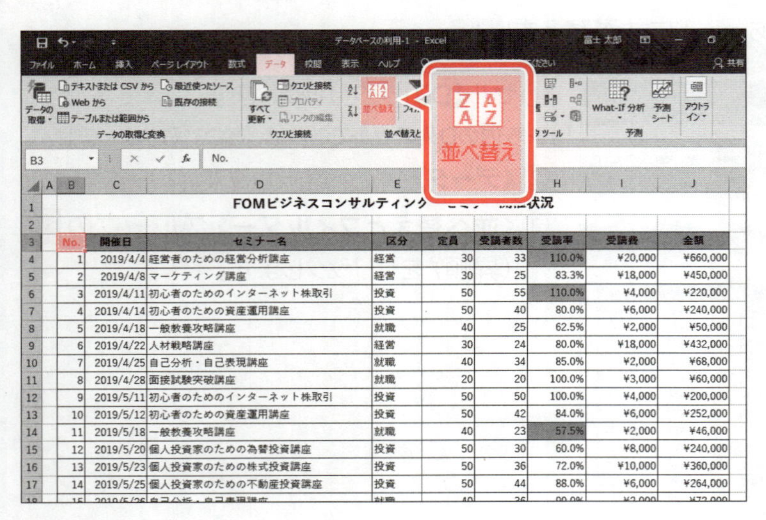

①セル**【B3】**をクリックします。
※表内のセルであれば、どこでもかまいません。
②**《データ》**タブを選択します。
③**《並べ替えとフィルター》**グループの（並べ替え）をクリックします。

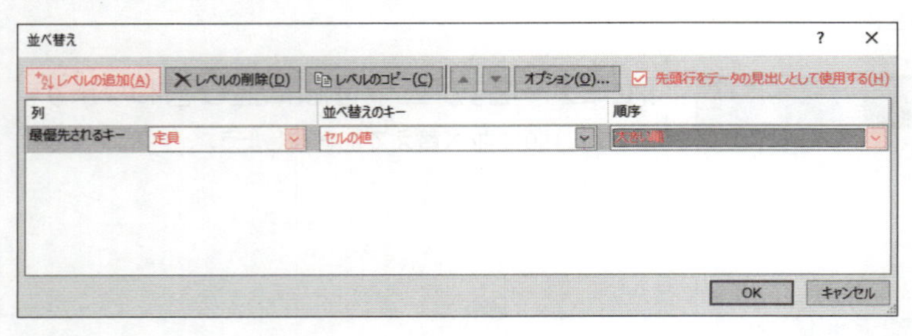

《並べ替え》ダイアログボックスが表示されます。
④**《先頭行をデータの見出しとして使用する》**を☑にします。
※表の先頭行に列見出しがある場合は☑、列見出しがない場合は□にします。
1番目に優先されるキーを設定します。
⑤**《最優先されるキー》**の**《列》**の∨をクリックし、一覧から**「定員」**を選択します。
⑥**《並べ替えのキー》**が**《セルの値》**になっていることを確認します。
⑦**《順序》**の∨をクリックし、一覧から**《大きい順》**を選択します。
2番目に優先されるキーを設定します。
⑧**《レベルの追加》**をクリックします。

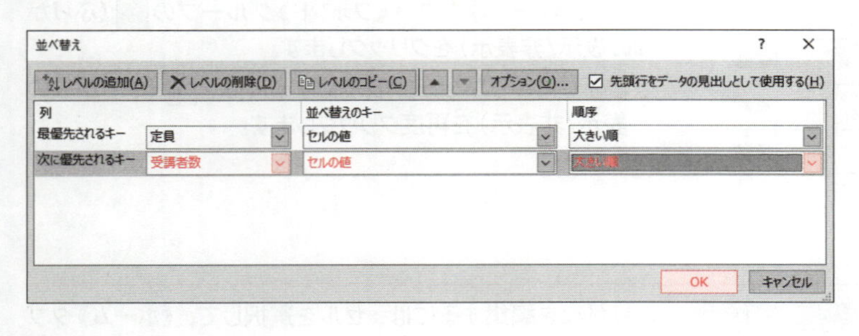

《次に優先されるキー》が表示されます。
⑨**《次に優先されるキー》**の**《列》**の∨をクリックし、一覧から**「受講者数」**を選択します。
⑩**《並べ替えのキー》**が**《セルの値》**になっていることを確認します。
⑪**《順序》**の∨をクリックし、一覧から**《大きい順》**を選択します。
⑫**《OK》**をクリックします。

FOMビジネスコンサルティング　セミナー開催状況

No.	開催日	セミナー名	区分	定員	受講者数	受講率	受講費	金額
3	2019/4/11	初心者のためのインターネット株取引	投資	50	55	110.0%	¥4,000	¥220,000
19	2019/6/9	初心者のためのインターネット株取引	投資	50	51	102.0%	¥4,000	¥204,000
9	2019/5/11	初心者のためのインターネット株取引	投資	50	50	100.0%	¥4,000	¥200,000
14	2019/5/25	個人投資家のための不動産投資講座	投資	50	44	88.0%	¥6,000	¥264,000
21	2019/6/13	初心者のための資産運用講座	投資	50	44	88.0%	¥6,000	¥264,000
10	2019/5/12	初心者のための資産運用講座	投資	50	42	84.0%	¥6,000	¥252,000
20	2019/6/10	個人投資家のための株式投資講座	投資	50	41	82.0%	¥10,000	¥410,000
4	2019/4/14	初心者のための資産運用講座	投資	50	40	80.0%	¥6,000	¥240,000
13	2019/5/23	個人投資家のための株式投資講座	投資	50	36	72.0%	¥10,000	¥360,000
23	2019/6/17	個人投資家のための不動産投資講座	投資	50	36	72.0%	¥6,000	¥216,000
12	2019/5/20	個人投資家のための為替投資講座	投資	50	30	60.0%	¥8,000	¥240,000
18	2019/6/6	個人投資家のための為替投資講座	投資	50	26	52.0%	¥8,000	¥208,000
15	2019/5/26	自己分析・自己表現講座	就職	40	36	90.0%	¥2,000	¥72,000
7	2019/4/25	自己分析・自己表現講座	就職	40	34	85.0%	¥2,000	¥68,000

「定員」が多い順に並び替わり、**「定員」**が同じ場合は**「受験者数」**が多い順に並び替わります。

※「No.」順に並べ替えておきましょう。

POINT　並べ替えのキー

1回の並べ替えで指定できるキーは、最大64レベルです。

STEP UP　その他の方法（複数キーによる並べ替え）

◆表内のセルを選択→《ホーム》タブ→《編集》グループの（並べ替えとフィルター）→《ユーザー設定の並べ替え》

◆表内のセルを右クリック→《並べ替え》→《ユーザー設定の並べ替え》

ためしてみよう

「区分」を昇順で並べ替え、「区分」が同じ場合は「金額」が少ない順に並べ替えましょう。

FOMビジネスコンサルティング　セミナー開催状況

No.	開催日	セミナー名	区分	定員	受講者数	受講率	受講費	金額
6	2019/4/22	人材戦略講座	経営	30	24	80.0%	¥18,000	¥432,000
2	2019/4/8	マーケティング講座	経営	30	25	83.3%	¥18,000	¥450,000
25	2019/6/23	人材戦略講座	経営	30	25	83.3%	¥18,000	¥450,000
17	2019/6/2	マーケティング講座	経営	30	28	93.3%	¥18,000	¥504,000
22	2019/6/16	経営者のための経営分析講座	経営	30	30	100.0%	¥20,000	¥600,000
1	2019/4/4	経営者のための経営分析講座	経営	30	33	110.0%	¥20,000	¥660,000
11	2019/5/18	一般教養攻略講座	就職	40	23	57.5%	¥2,000	¥46,000
5	2019/4/18	一般教養攻略講座	就職	40	25	62.5%	¥2,000	¥50,000
16	2019/5/30	面接試験突破講座	就職	20	19	95.0%	¥3,000	¥57,000
8	2019/4/28	面接試験突破講座	就職	20	20	100.0%	¥3,000	¥60,000
26	2019/6/27	自己分析・自己表現講座	就職	40	30	75.0%	¥2,000	¥60,000
24	2019/6/20	一般教養攻略講座	就職	40	33	82.5%	¥2,000	¥66,000
7	2019/4/25	自己分析・自己表現講座	就職	40	34	85.0%	¥2,000	¥68,000
15	2019/5/26	自己分析・自己表現講座	就職	40	36	90.0%	¥2,000	¥72,000

Let's Try Answer

①セル【B3】をクリック
②《データ》タブを選択
③《並べ替えとフィルター》グループの（並べ替え）をクリック
④《先頭行をデータの見出しとして使用する》を☑にする
⑤《最優先されるキー》の《列》のをクリックし、一覧から「区分」を選択
⑥《並べ替えのキー》が《セルの値》になっていることを確認
⑦《順序》が《昇順》になっていることを確認
⑧《レベルの追加》をクリック
⑨《次に優先されるキー》の《列》のをクリックし、一覧から「金額」を選択
⑩《並べ替えのキー》が《セルの値》になっていることを確認
⑪《順序》が《小さい順》になっていることを確認
⑫《OK》をクリック

※「No.」順に並べ替えておきましょう。

4 セルの色で並べ替え

セルにフォントの色や塗りつぶしの色が設定されている場合、その色をキーにデータを並べ替えることができます。

「受講率」が100%より大きいセルは、あらかじめオレンジ色で塗りつぶされています。

「受講率」のセルがオレンジ色のレコードを表の上部に表示しましょう。

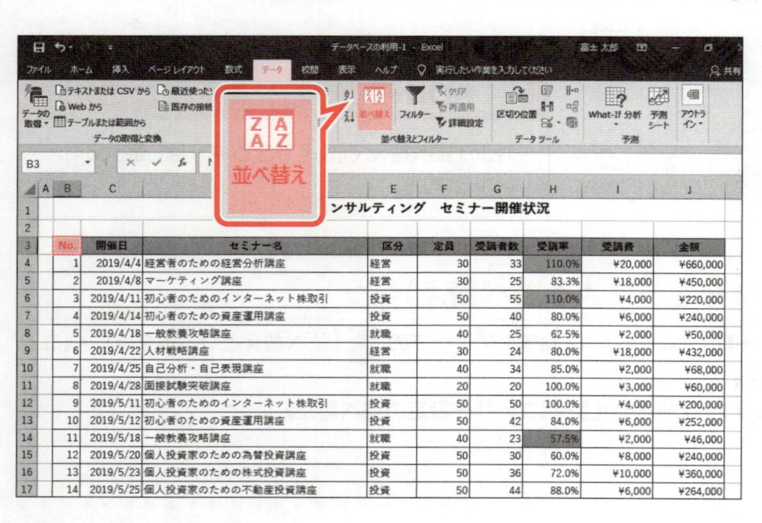

No.	開催日	セミナー名	区分	定員	受講者数	受講率	受講費	金額
1	2019/4/4	経営者のための経営分析講座	経営	30	33	110.0%	¥20,000	¥660,000
2	2019/4/8	マーケティング講座	経営	30	25	83.3%	¥18,000	¥450,000
3	2019/4/11	初心者のためのインターネット株取引	投資	50	55	110.0%	¥4,000	¥220,000
4	2019/4/14	初心者のための資産運用講座	投資	50	40	80.0%	¥6,000	¥240,000
5	2019/4/18	一般教養攻略講座	就職	40	25	62.5%	¥2,000	¥50,000
6	2019/4/22	人材戦略講座	経営	30	24	80.0%	¥18,000	¥432,000
7	2019/4/25	自己分析・自己表現講座	就職	40	34	85.0%	¥2,000	¥68,000
8	2019/4/28	面接試験突破講座	就職	20	20	100.0%	¥3,000	¥60,000
9	2019/5/11	初心者のためのインターネット株取引	投資	50	50	100.0%	¥4,000	¥200,000
10	2019/5/12	初心者のための資産運用講座	投資	50	42	84.0%	¥6,000	¥252,000
11	2019/5/18	一般教養攻略講座	就職	40	23	57.5%	¥2,000	¥46,000
12	2019/5/20	個人投資家のための為替投資講座	投資	50	30	60.0%	¥8,000	¥240,000
13	2019/5/23	個人投資家のための株式投資講座	投資	50	36	72.0%	¥10,000	¥360,000
14	2019/5/25	個人投資家のための不動産投資講座	投資	50	44	88.0%	¥6,000	¥264,000

①セル**【B3】**をクリックします。

※表内のセルであれば、どこでもかまいません。

②**《データ》**タブを選択します。

③**《並べ替えとフィルター》**グループの（並べ替え）をクリックします。

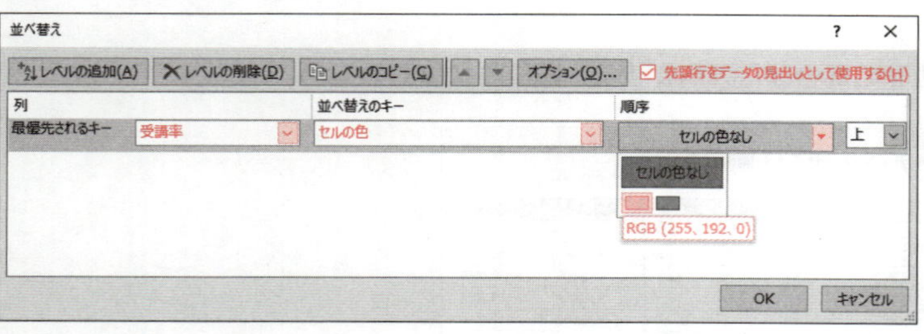

《並べ替え》ダイアログボックスが表示されます。

④**《先頭行をデータの見出しとして使用する》**を✓にします。

⑤**《最優先されるキー》**の**《列》**のをクリックし、一覧から**「受講率」**を選択します。

⑥**《並べ替えのキー》**のをクリックし、一覧から**《セルの色》**を選択します。

⑦**《順序》**のをクリックし、一覧からオレンジ色 RGB（255、192、0）を選択します。

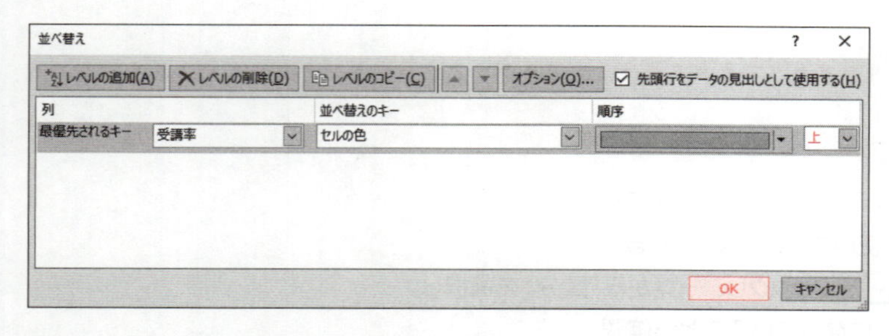

⑧**《順序》**が**《上》**になっていることを確認します。

⑨**《OK》**をクリックします。

FOMビジネスコンサルティング　セミナー開催状況

No.	開催日	セミナー名	区分	定員	受講者数	受講率	受講費	金額
1	2019/4/4	経営者のための経営分析講座	経営	30	33	110.0%	¥20,000	¥660,000
3	2019/4/11	初心者のためのインターネット株取引	投資	50	55	110.0%	¥4,000	¥220,000
19	2019/6/9	初心者のためのインターネット株取引	投資	50	51	102.0%	¥4,000	¥204,000
2	2019/4/8	マーケティング講座	経営	30	25	83.3%	¥18,000	¥450,000
4	2019/4/14	初心者のための資産運用講座	投資	50	40	80.0%	¥6,000	¥240,000
5	2019/4/18	一般教養攻略講座	就職	40	25	62.5%	¥2,000	¥50,000
6	2019/4/22	人材戦略講座	経営	30	24	80.0%	¥18,000	¥432,000
7	2019/4/25	自己分析・自己表現講座	就職	40	34	85.0%	¥2,000	¥68,000
8	2019/4/28	面接試験突破講座	就職	20	20	100.0%	¥3,000	¥60,000
9	2019/5/11	初心者のためのインターネット株取引	投資	50	50	100.0%	¥4,000	¥200,000
10	2019/5/12	初心者のための資産運用講座	投資	50	42	84.0%	¥6,000	¥252,000
11	2019/5/18	一般教養攻略講座	就職	40	23	57.5%	¥2,000	¥46,000
12	2019/5/20	個人投資家のための為替投資講座	投資	50	30	60.0%	¥8,000	¥240,000
13	2019/5/23	個人投資家のための株式投資講座	投資	50	36	72.0%	¥10,000	¥360,000

セルがオレンジ色のレコードが表の上部に表示されます。

STEP UP その他の方法（セルの色で並べ替え）

◆キーとなるセルを右クリック→《並べ替え》→《選択したセルの色を上に表示》

Let's Try ためしてみよう

「受講率」が60%未満のセルは、あらかじめ黄緑色で塗りつぶされています。
「受講率」のセルが黄緑色のレコードを表の下部に表示しましょう。

FOMビジネスコンサルティング　セミナー開催状況

No.	開催日	セミナー名	区分	定員	受講者数	受講率	受講費	金額
1	2019/4/4	経営者のための経営分析講座	経営	30	33	110.0%	¥20,000	¥660,000
3	2019/4/11	初心者のためのインターネット株取引	投資	50	55	110.0%	¥4,000	¥220,000
19	2019/6/9	初心者のためのインターネット株取引	投資	50	51	102.0%	¥4,000	¥204,000
2	2019/4/8	マーケティング講座	経営	30	25	83.3%	¥18,000	¥450,000
4	2019/4/14	初心者のための資産運用講座	投資	50	40	80.0%	¥6,000	¥240,000
5	2019/4/18	一般教養攻略講座	就職	40	25	62.5%	¥2,000	¥50,000
6	2019/4/22	人材戦略講座	経営	30	24	80.0%	¥18,000	¥432,000
7	2019/4/25	自己分析・自己表現講座	就職	40	34	85.0%	¥2,000	¥68,000
8	2019/4/28	面接試験突破講座	就職	20	20	100.0%	¥3,000	¥60,000
9	2019/5/11	初心者のためのインターネット株取引	投資	50	50	100.0%	¥4,000	¥200,000
10	2019/5/12	初心者のための資産運用講座	投資	50	42	84.0%	¥6,000	¥252,000
12	2019/5/20	個人投資家のための為替投資講座	投資	50	30	60.0%	¥8,000	¥240,000
13	2019/5/23	個人投資家のための株式投資講座	投資	50	36	72.0%	¥10,000	¥360,000
14	2019/5/25	個人投資家のための不動産投資講座	投資	50	44	88.0%	¥6,000	¥264,000
15	2019/5/26	自己分析・自己表現講座	就職	40	36	90.0%	¥2,000	¥72,000
16	2019/5/30	面接試験突破講座	就職	20	19	95.0%	¥3,000	¥57,000
17	2019/6/2	マーケティング講座	経営	30	28	93.3%	¥18,000	¥504,000
20	2019/6/10	個人投資家のための株式投資講座	投資	50	41	82.0%	¥10,000	¥410,000
21	2019/6/13	初心者のための資産運用講座	投資	50	44	88.0%	¥6,000	¥264,000
22	2019/6/16	経営者のための経営分析講座	経営	30	30	100.0%	¥20,000	¥600,000
23	2019/6/17	個人投資家のための不動産投資講座	投資	50	36	72.0%	¥6,000	¥216,000
24	2019/6/20	一般教養攻略講座	就職	40	33	82.5%	¥2,000	¥66,000
25	2019/6/23	人材戦略講座	経営	30	25	83.3%	¥18,000	¥450,000
26	2019/6/27	自己分析・自己表現講座	就職	40	30	75.0%	¥2,000	¥60,000
11	2019/5/18	一般教養攻略講座	就職	40	23	57.5%	¥2,000	¥46,000
18	2019/6/6	個人投資家のための為替投資講座	投資	50	26	52.0%	¥8,000	¥208,000

開催状況

①セル【B3】をクリック
②《データ》タブを選択
③《並べ替えとフィルター》グループの（並べ替え）をクリック
④《先頭行をデータの見出しとして使用する》を☑にする
⑤《最優先されるキー》の《列》が「受講率」になっていることを確認
⑥《並べ替えのキー》が《セルの色》になっていることを確認
⑦《順序》の▾をクリックし、一覧から黄緑色 RGB（146、208、80）を選択
⑧《順序》の⌵をクリックし、一覧から《下》を選択
⑨《OK》をクリック

※「No.」順に並べ替えておきましょう。

Step4 データを抽出する

1 フィルター

「フィルター」を使うと、条件を満たすレコードだけを抽出できます。条件を満たすレコードだけが表示され、条件を満たさないレコードは一時的に非表示になります。

2 フィルターの実行

条件を指定して、フィルターを実行しましょう。

1 レコードの抽出

「区分」が「投資」と「経営」のレコードを抽出しましょう。

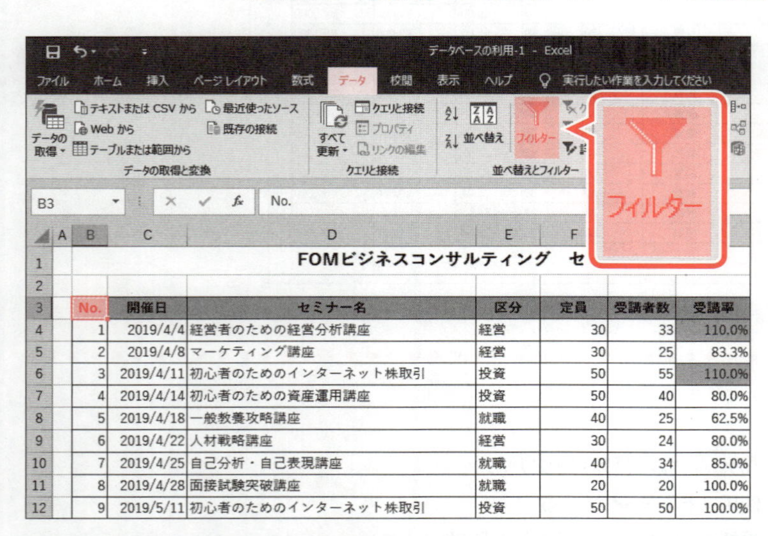

①セル【B3】をクリックします。

※表内のセルであれば、どこでもかまいません。

②《データ》タブを選択します。

③《並べ替えとフィルター》グループの（フィルター）をクリックします。

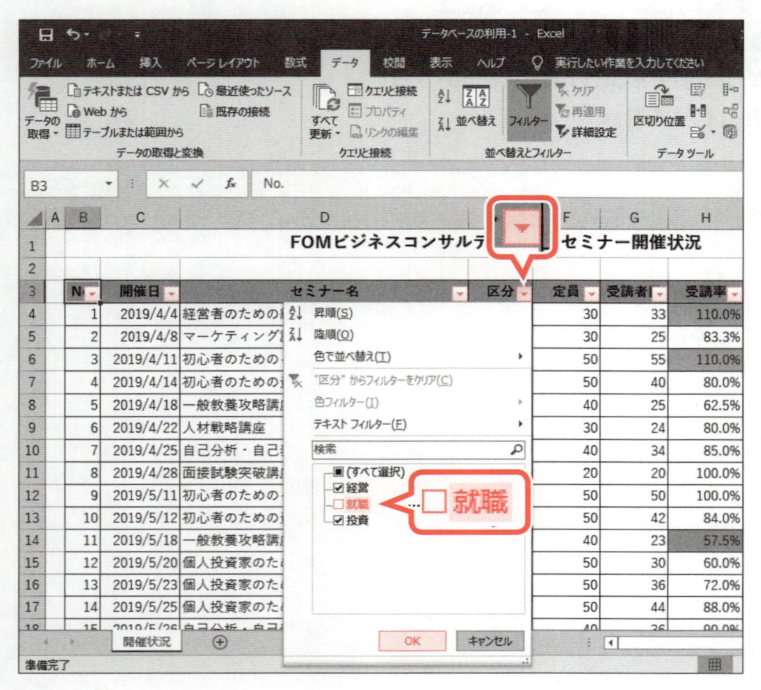

列見出しにが付き、フィルターモードになります。

※ボタンが濃い灰色になります。

④「区分」のをクリックします。

⑤「就職」をにします。

⑥《OK》をクリックします。

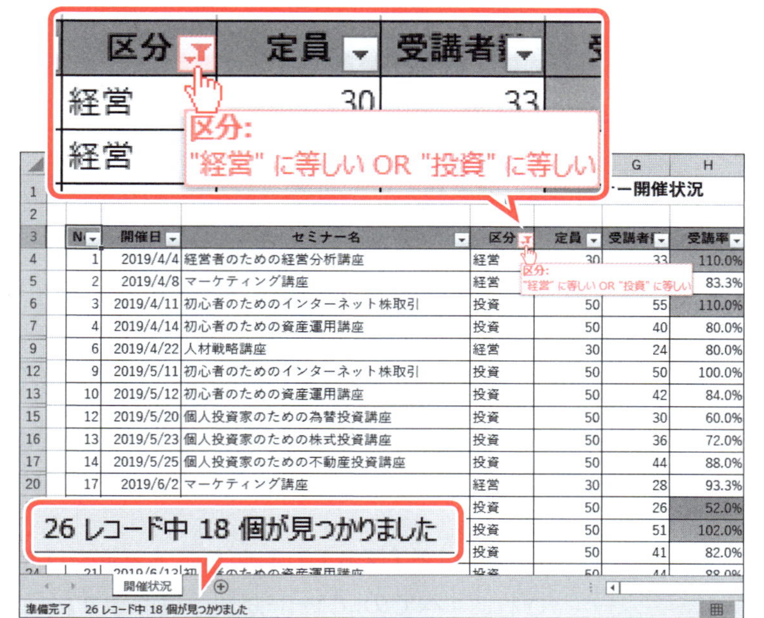

指定した条件でレコードが抽出されます。

※抽出されたレコードの行番号が青色になります。
　また、ステータスバーに、条件を満たすレコードの個数が表示されます。18件のレコードが抽出されます。

⑦「**区分**」の▼が▼になっていることを確認します。

⑧「**区分**」の▼をポイントします。

マウスポインターの形が👆に変わり、ポップヒントに指定した条件が表示されます。

STEP UP その他の方法（フィルターの実行）

- ◆表内のセルを選択→《ホーム》タブ→《編集》グループの（並べ替えとフィルター）→《フィルター》
- ◆Ctrl+Shift+L

2 抽出結果の絞り込み

現在の抽出結果を、さらに「**開催日**」が「**6月**」のレコードに絞り込みましょう。

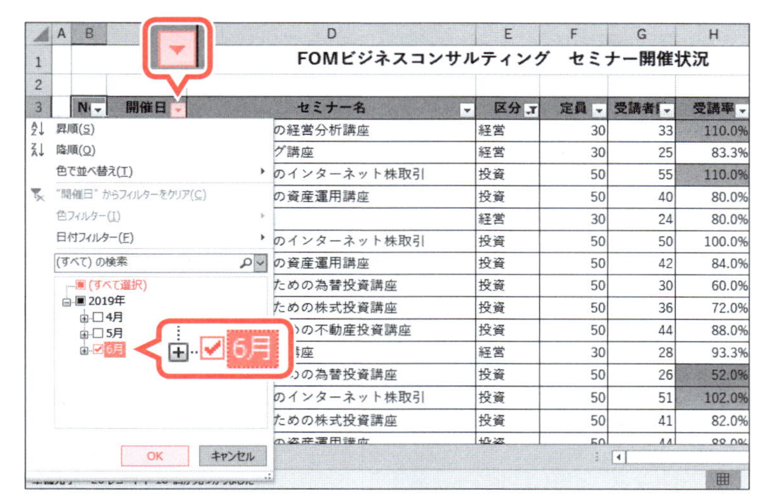

①「**開催日**」の▼をクリックします。

②《**(すべて選択)**》を□にします。

※下位の項目がすべて□になります。

③「**6月**」を☑にします。

④《**OK**》をクリックします。

開催日 / 2019/6/ マーケティング / 開催日: "2019年 6月" に等しい

	No	開催日	セミナー名	区分	定員	受講者数	受講率
20	17	2019/6/2	マーケティング講座	経営	30	28	93.3%
21	18	2019/6/[illegible]	[illegible]めの為替投資講座	投資	50	26	52.0%
22	19	2019/6/9	初心者のためのインターネット株取引	投資	50	51	102.0%
23	20	2019/6/10	個人投資家のための株式投資講座	投資	50	41	82.0%
24	21	2019/6/13	初心者のための資産運用講座	投資	50	44	88.0%
25	22	2019/6/16	経営者のための経営分析講座	経営	30	30	100.0%
26	23	2019/6/17	個人投資家のための不動産投資講座	投資	50	36	72.0%
28	25	2019/6/23	人材戦略講座	経営	30	25	83.3%

準備完了　26 レコード中 8 個が見つかりました

指定した条件でレコードが抽出されます。

※8件のレコードが抽出されます。

⑤「**開催日**」の▼が▼になっていることを確認します。

⑥「**開催日**」の▼をポイントします。

マウスポインターの形が👆に変わり、ポップヒントに指定した条件が表示されます。

3 条件のクリア

フィルターの条件をすべてクリアして、非表示になっているレコードを再表示しましょう。

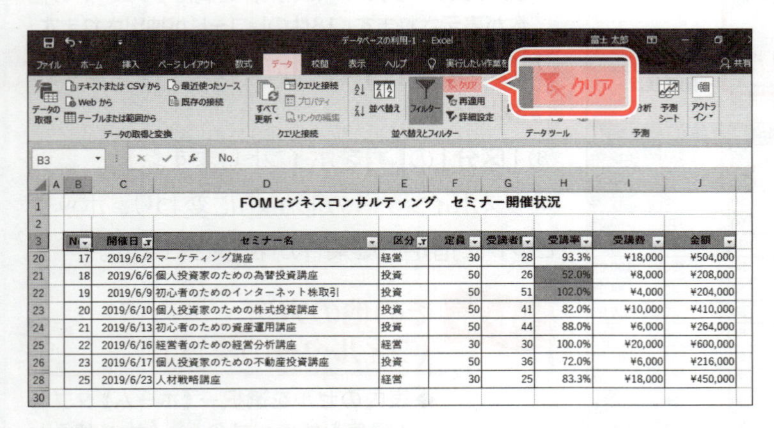

	A	B	C	D	E	F	G	H	I	J
1		FOMビジネスコンサルティング　セミナー開催状況								
2										
3		No.	開催日	セミナー名	区分	定員	受講者数	受講率	受講費	金額
20		17	2019/6/2	マーケティング講座	経営	30	28	93.3%	¥18,000	¥504,000
21		18	2019/6/6	個人投資家のための為替投資講座	投資	50	26	52.0%	¥8,000	¥208,000
22		19	2019/6/9	初心者のためのインターネット株取引	投資	50	51	102.0%	¥4,000	¥204,000
23		20	2019/6/10	個人投資家のための株式投資講座	投資	50	41	82.0%	¥10,000	¥410,000
24		21	2019/6/13	初心者のための資産運用講座	投資	50	44	88.0%	¥6,000	¥264,000
25		22	2019/6/16	経営者のための経営分析講座	経営	30	30	100.0%	¥20,000	¥600,000
26		23	2019/6/17	個人投資家のための不動産投資講座	投資	50	36	72.0%	¥6,000	¥216,000
28		25	2019/6/23	人材戦略講座	経営	30	25	83.3%	¥18,000	¥450,000
30										

①《データ》タブを選択します。

②《並べ替えとフィルター》グループの クリア (クリア)をクリックします。

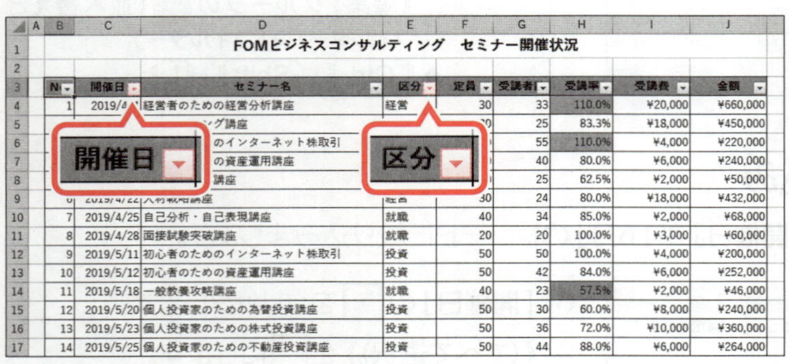

	A	B	C	D	E	F	G	H	I	J
1		FOMビジネスコンサルティング　セミナー開催状況								
2										
3		No.	開催日	セミナー名	区分	定員	受講者数	受講率	受講費	金額
4		1	2019/4/	経営者のための経営分析講座	経営	30	33	110.0%	¥20,000	¥660,000
5				ング講座			25	83.3%	¥18,000	¥450,000
6				のインターネット株取引			55	110.0%	¥4,000	¥220,000
7				の資産運用講座			40	80.0%	¥6,000	¥240,000
8				講座			25	62.5%	¥2,000	¥50,000
9		6	2019/4/22	人材戦略講座	経営	30	24	80.0%	¥18,000	¥432,000
10		7	2019/4/25	自己分析・自己表現講座	就職	40	34	85.0%	¥2,000	¥68,000
11		8	2019/4/28	面接試験突破講座	就職	20	20	100.0%	¥3,000	¥60,000
12		9	2019/5/11	初心者のためのインターネット株取引	投資	50	50	100.0%	¥4,000	¥200,000
13		10	2019/5/12	初心者のための資産運用講座	投資	50	42	84.0%	¥6,000	¥252,000
14		11	2019/5/18	一般教養攻略講座	就職	40	23	57.5%	¥2,000	¥46,000
15		12	2019/5/20	個人投資家のための為替投資講座	投資	50	30	60.0%	¥8,000	¥240,000
16		13	2019/5/23	個人投資家のための株式投資講座	投資	50	36	72.0%	¥10,000	¥360,000
17		14	2019/5/25	個人投資家のための不動産投資講座	投資	50	44	88.0%	¥6,000	¥264,000

「開催日」と**「区分」**の条件が両方ともクリアされ、すべてのレコードが表示されます。

③**「開催日」**と**「区分」**の が になっていることを確認します。

POINT 列見出しごとの条件のクリア

列見出しごとに条件をクリアするには、列見出しの →《"列見出し"からフィルターをクリア》を選択します。

Let's Try ためしてみよう

「セミナー名」が「初心者のためのインターネット株取引」と「初心者のための資産運用講座」のレコードを抽出しましょう。

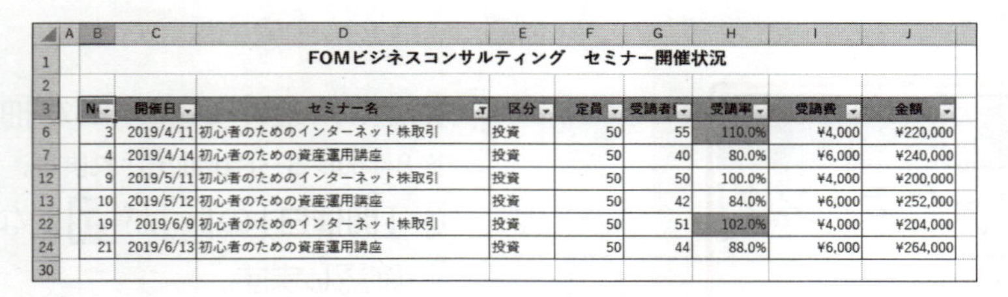

	A	B	C	D	E	F	G	H	I	J
1		FOMビジネスコンサルティング　セミナー開催状況								
2										
3		No.	開催日	セミナー名	区分	定員	受講者数	受講率	受講費	金額
6		3	2019/4/11	初心者のためのインターネット株取引	投資	50	55	110.0%	¥4,000	¥220,000
7		4	2019/4/14	初心者のための資産運用講座	投資	50	40	80.0%	¥6,000	¥240,000
12		9	2019/5/11	初心者のためのインターネット株取引	投資	50	50	100.0%	¥4,000	¥200,000
13		10	2019/5/12	初心者のための資産運用講座	投資	50	42	84.0%	¥6,000	¥252,000
22		19	2019/6/9	初心者のためのインターネット株取引	投資	50	51	102.0%	¥4,000	¥204,000
24		21	2019/6/13	初心者のための資産運用講座	投資	50	44	88.0%	¥6,000	¥264,000
30										

①「セミナー名」の をクリック

②《(すべて選択)》を にする

③「初心者のためのインターネット株取引」を ✓ にする

④「初心者のための資産運用講座」を ✓ にする

⑤《OK》をクリック

※6件のレコードが抽出されます。

※ クリア (クリア)をクリックし、条件をクリアしておきましょう。

3 色フィルターの実行

セルにフォントの色や塗りつぶしの色が設定されている場合、その色を条件にフィルターを実行できます。
「受講率」が100%より大きいセルは、あらかじめオレンジ色で塗りつぶされています。
「受講率」のセルがオレンジ色のレコードを抽出しましょう。

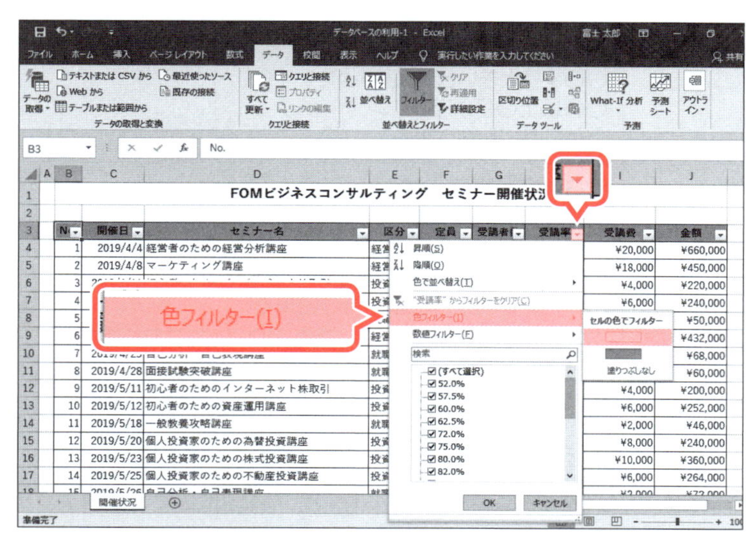

① **「受講率」**の ▼ をクリックします。
② **《色フィルター》**をポイントします。
③ オレンジ色をクリックします。

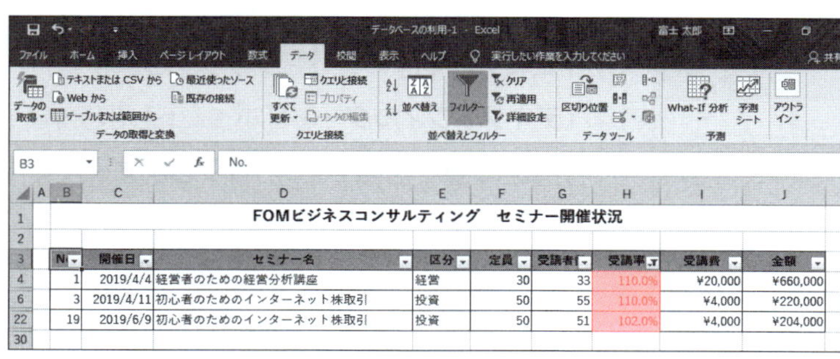

FOMビジネスコンサルティング　セミナー開催状況

No.	開催日	セミナー名	区分	定員	受講者	受講率	受講費	金額
1	2019/4/4	経営者のための経営分析講座	経営	30	33	110.0%	¥20,000	¥660,000
3	2019/4/11	初心者のためのインターネット株取引	投資	50	55	110.0%	¥4,000	¥220,000
19	2019/6/9	初心者のためのインターネット株取引	投資	50	51	102.0%	¥4,000	¥204,000

セルがオレンジ色のレコードが抽出されます。
※3件のレコードが抽出されます。
※ クリア (クリア)をクリックし、条件をクリアしておきましょう。

Let's Try ためしてみよう

「受講率」が60%未満のセルは、あらかじめ黄緑色で塗りつぶされています。
「受講率」のセルが黄緑色のレコードを抽出しましょう。

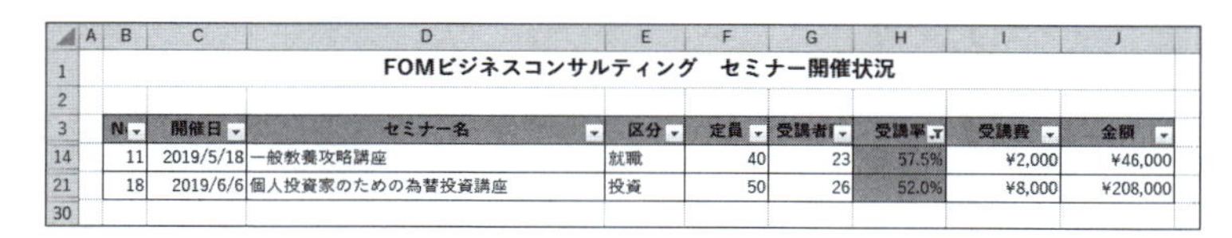

FOMビジネスコンサルティング　セミナー開催状況

No.	開催日	セミナー名	区分	定員	受講者	受講率	受講費	金額
11	2019/5/18	一般教養攻略講座	就職	40	23	57.5%	¥2,000	¥46,000
18	2019/6/6	個人投資家のための為替投資講座	投資	50	26	52.0%	¥8,000	¥208,000

①「受講率」の ▼ をクリック
②《色フィルター》をポイント
③黄緑色をクリック
※2件のレコードが抽出されます。

※ クリア (クリア)をクリックし、条件をクリアしておきましょう。

4 詳細なフィルターの実行

フィールドに入力されているデータの種類に応じて、詳細なフィルターを実行できます。

フィールドのデータの種類	詳細なフィルター	抽出条件の例
文字列	テキストフィルター	○○○で始まる、○○○で終わる ○○○を含む、○○○を含まない　など
数値	数値フィルター	○○以上、○○以下 ○○より大きい、○○より小さい ○○以上○○以下 上位○件、下位○件　など
日付	日付フィルター	昨日、今日、明日 先月、今月、来月 昨年、今年、来年 ○年○月○日より前、○年○月○日より後 ○年○月○日から○年○月○日まで　など

1 テキストフィルター

データの種類が文字列のフィールドでは、**「テキストフィルター」**が用意されています。
特定の文字列で始まるレコードや特定の文字列を一部に含むレコードを抽出できます。
「セミナー名」に**「株」**が含まれるレコードを抽出しましょう。

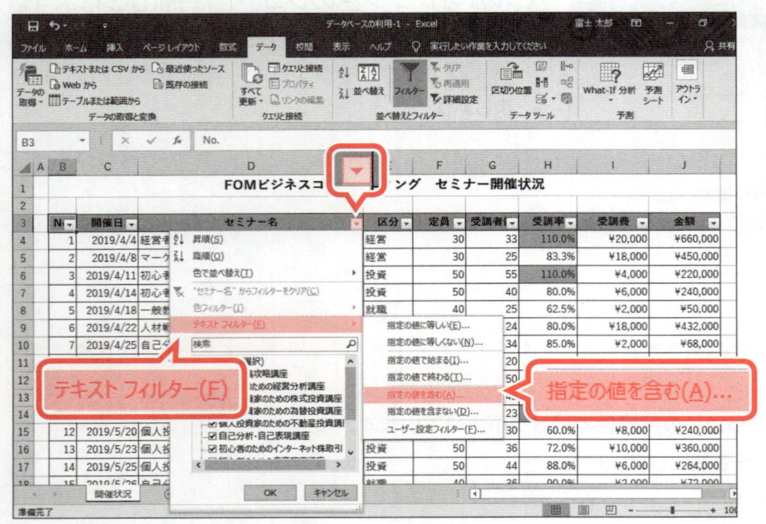

①**「セミナー名」**の▼をクリックします。
②**《テキストフィルター》**をポイントします。
③**《指定の値を含む》**をクリックします。

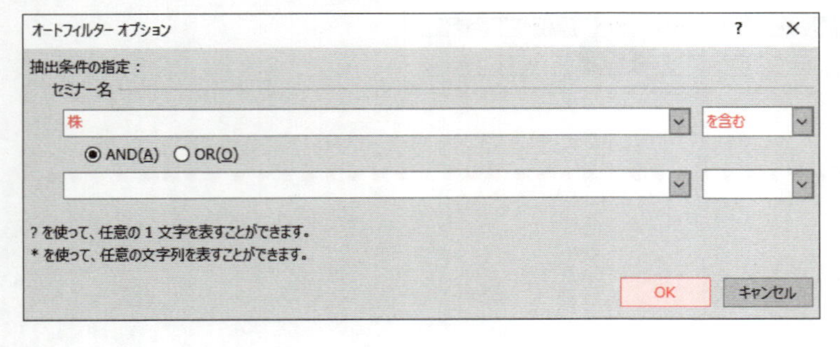

《オートフィルターオプション》ダイアログボックスが表示されます。
④左上のボックスに**「株」**と入力します。
⑤右上のボックスが**《を含む》**になっていることを確認します。
⑥**《OK》**をクリックします。

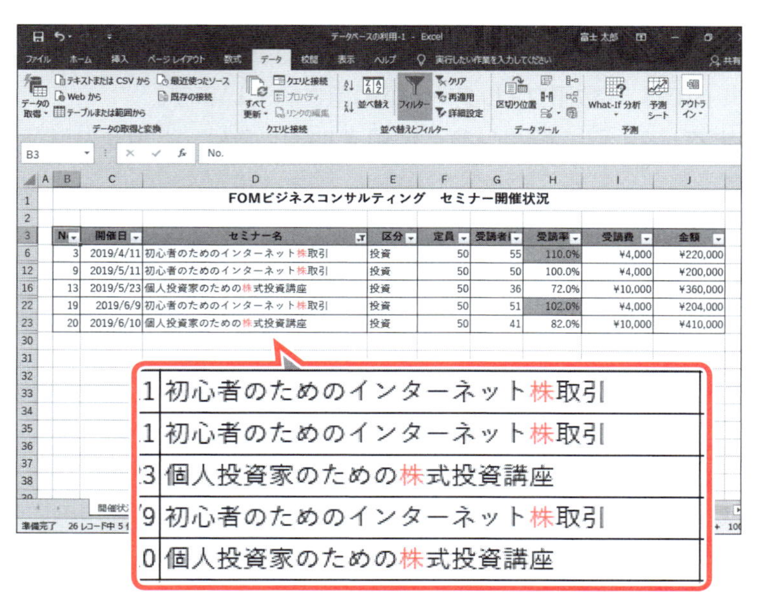

「**セミナー名**」に「**株**」が含まれるレコードが抽出されます。

※5件のレコードが抽出されます。

※ クリア（クリア）をクリックし、条件をクリアしておきましょう。

STEP UP 《検索》ボックスを使ったフィルター

列見出しの ▼ をクリックすると表示される《検索》ボックスを使って、特定の文字列を一部に含むレコードを抽出できます。

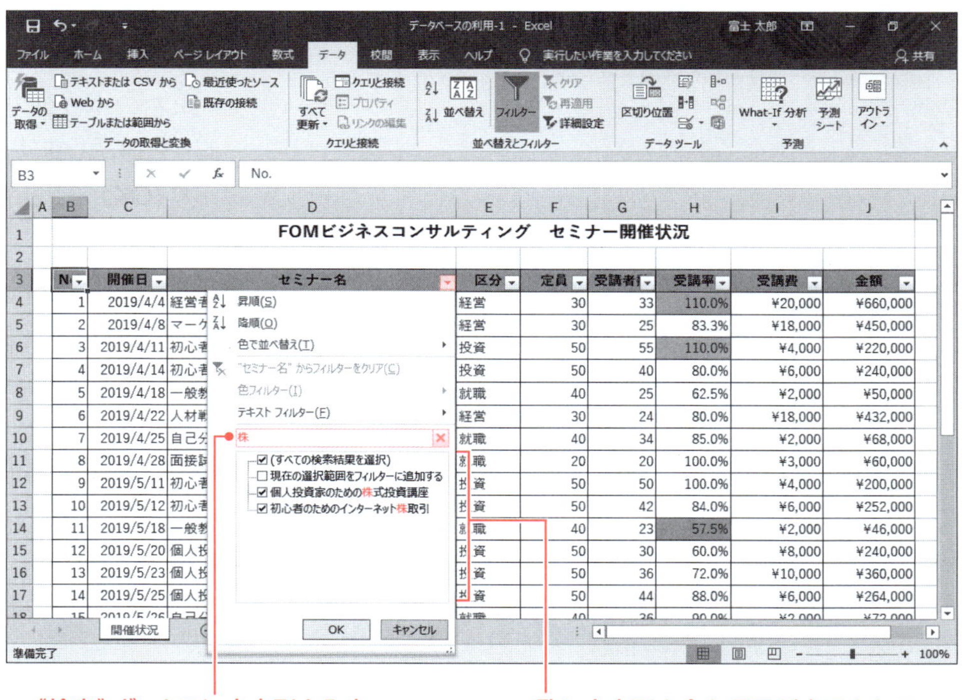

2 数値フィルター

データの種類が数値のフィールドでは、**「数値フィルター」**が用意されています。
「～以上」「～未満」「～から～まで」のように範囲のある数値を抽出したり、上位または下位の数値を抽出したりできます。
「金額」が高いレコードの上位5件を抽出しましょう。

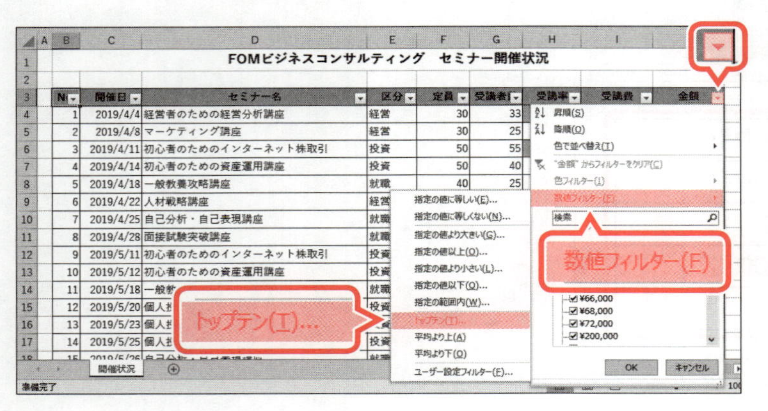

①**「金額」**の▼をクリックします。
②**《数値フィルター》**をポイントします。
③**《トップテン》**をクリックします。

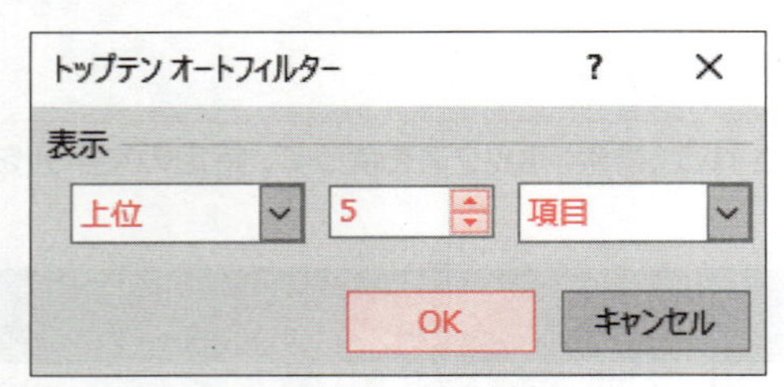

《トップテンオートフィルター》ダイアログボックスが表示されます。
④左のボックスが**《上位》**になっていることを確認します。
⑤中央のボックスを**「5」**に設定します。
⑥右のボックスが**《項目》**になっていることを確認します。
⑦**《OK》**をクリックします。

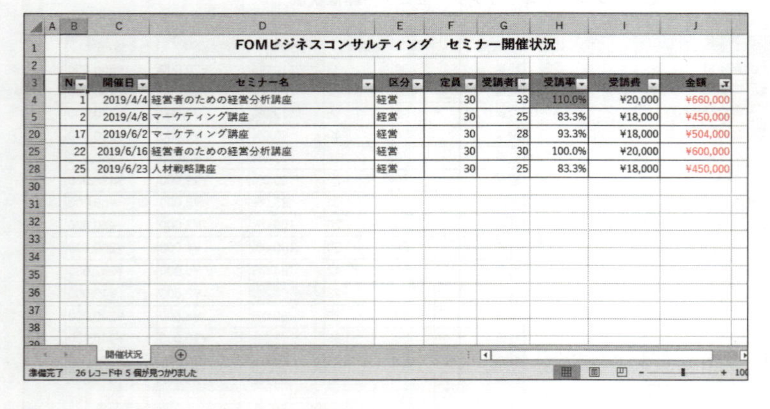

No.	開催日	セミナー名	区分	定員	受講者数	受講率	受講費	金額
1	2019/4/4	経営者のための経営分析講座	経営	30	33	110.0%	¥20,000	¥660,000
2	2019/4/8	マーケティング講座	経営	30	25	83.3%	¥18,000	¥450,000
17	2019/6/2	マーケティング講座	経営	30	28	93.3%	¥18,000	¥504,000
22	2019/6/16	経営者のための経営分析講座	経営	30	30	100.0%	¥20,000	¥600,000
25	2019/6/23	人材戦略講座	経営	30	25	83.3%	¥18,000	¥450,000

「金額」が高いレコードの上位5件が抽出されます。
※ クリア（クリア）をクリックし、条件をクリアしておきましょう。

STEP UP パーセントを使った抽出

《トップテンオートフィルター》ダイアログボックスを使って、上位○%に含まれる項目、下位○%に含まれる項目を抽出することもできます。

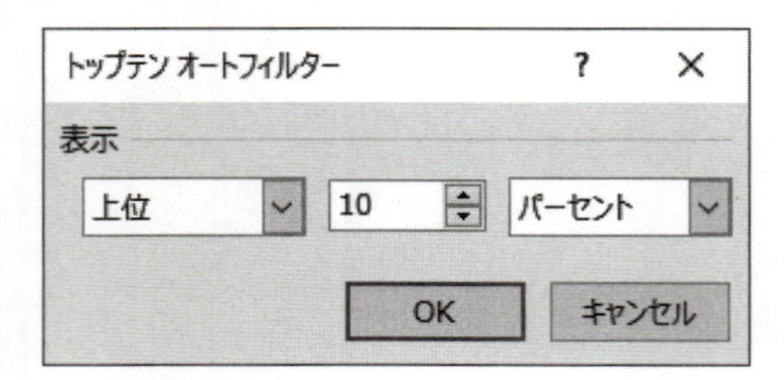

3 日付フィルター

データの種類が日付のフィールドでは、**「日付フィルター」**が用意されています。
パソコンの日付をもとに**「今日」**や**「昨日」**、**「今年」**や**「昨年」**のようなレコードを抽出できます。また、ある日付からある日付までのように期間を指定して抽出することもできます。
「開催日」が**「2019/5/16」**から**「2019/5/31」**までのレコードを抽出しましょう。

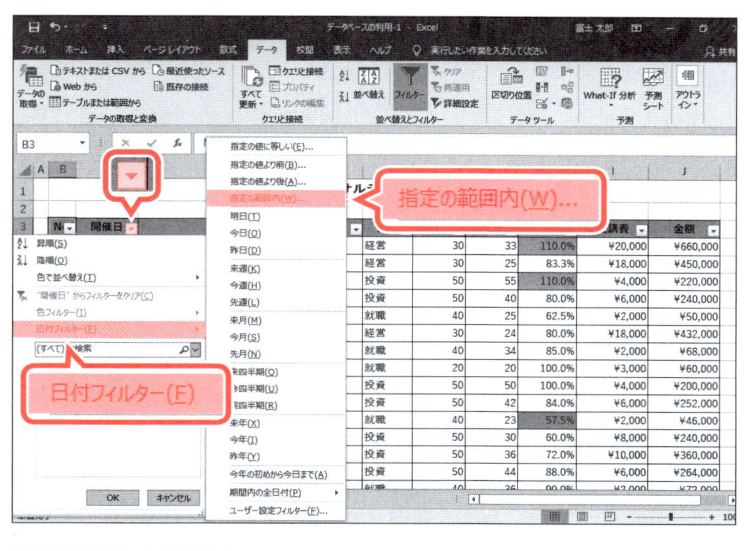

①**「開催日」**の［▼］をクリックします。
②**《日付フィルター》**をポイントします。
③**《指定の範囲内》**をクリックします。

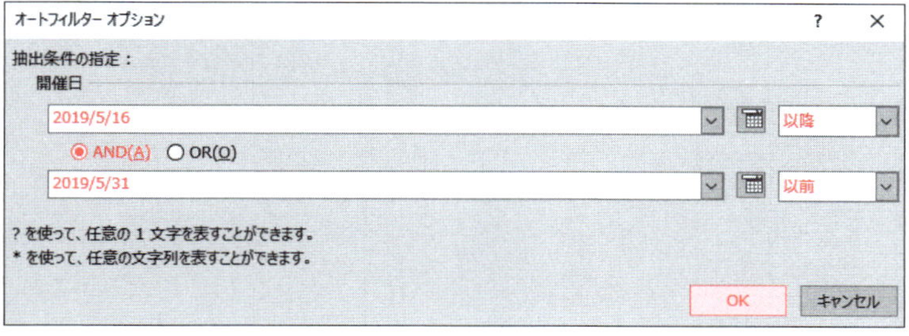

《オートフィルターオプション》ダイアログボックスが表示されます。
④左上のボックスに**「2019/5/16」**と入力します。
※「5/16」のように西暦年を省略して入力すると、現在の西暦年として認識します。
⑤右上のボックスが**《以降》**になっていることを確認します。
⑥**《AND》**が◉になっていることを確認します。
⑦左下のボックスに**「2019/5/31」**と入力します。
⑧右下のボックスが**《以前》**になっていることを確認します。
⑨**《OK》**をクリックします。

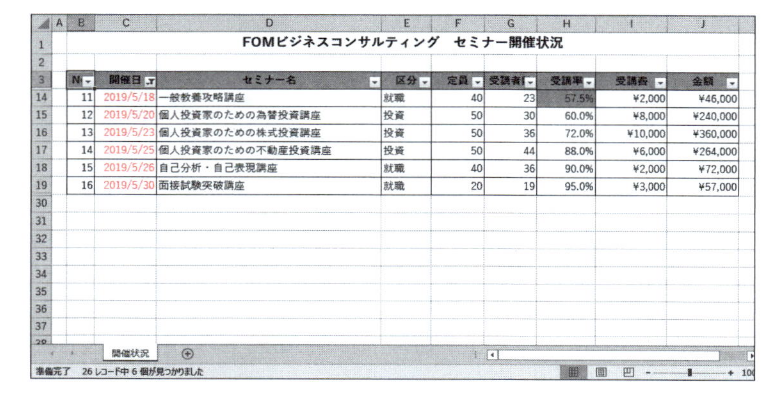

FOMビジネスコンサルティング　セミナー開催状況

No	開催日	セミナー名	区分	定員	受講者数	受講率	受講費	金額
11	2019/5/18	一般教養攻略講座	就職	40	23	57.5%	¥2,000	¥46,000
12	2019/5/20	個人投資家のための為替投資講座	投資	50	30	60.0%	¥8,000	¥240,000
13	2019/5/23	個人投資家のための株式投資講座	投資	50	36	72.0%	¥10,000	¥360,000
14	2019/5/25	個人投資家のための不動産投資講座	投資	50	44	88.0%	¥6,000	¥264,000
15	2019/5/26	自己分析・自己表現講座	就職	40	36	90.0%	¥2,000	¥72,000
16	2019/5/30	面接試験突破講座	就職	20	19	95.0%	¥3,000	¥57,000

「2019/5/16」から**「2019/5/31」**までのレコードが抽出されます。
※6件のレコードが抽出されます。
※［クリア］（クリア）をクリックし、条件をクリアしておきましょう。

STEP UP 日付の選択

《オートフィルターオプション》ダイアログボックスの［▦］（日付の選択）をクリックすると、カレンダーが表示されます。
カレンダーの日付を選択して、抽出条件に指定することもできます。

5 フィルターの解除

フィルターモードを解除しましょう。

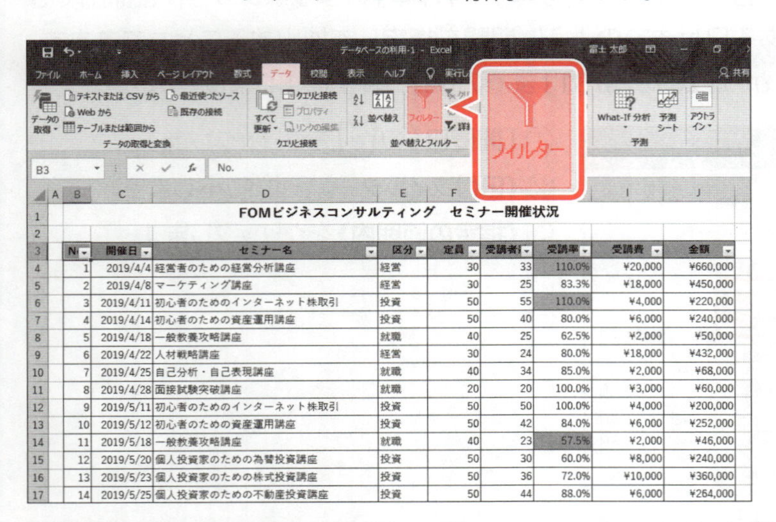

①《**データ**》タブを選択します。

②《**並べ替えとフィルター**》グループの （フィルター）をクリックします。

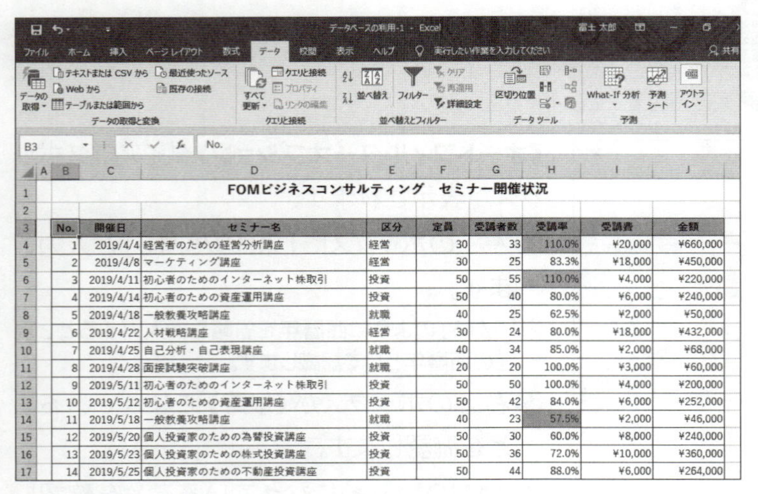

フィルターモードが解除されます。

※ボタンが標準の色に戻ります。

※ブックを保存せずに閉じておきましょう。

STEP UP フィルターモードの並べ替え

フィルターモードで並べ替えを実行できます。

並べ替えのキーになる列見出しの をクリックし、《昇順》または《降順》を選択します。

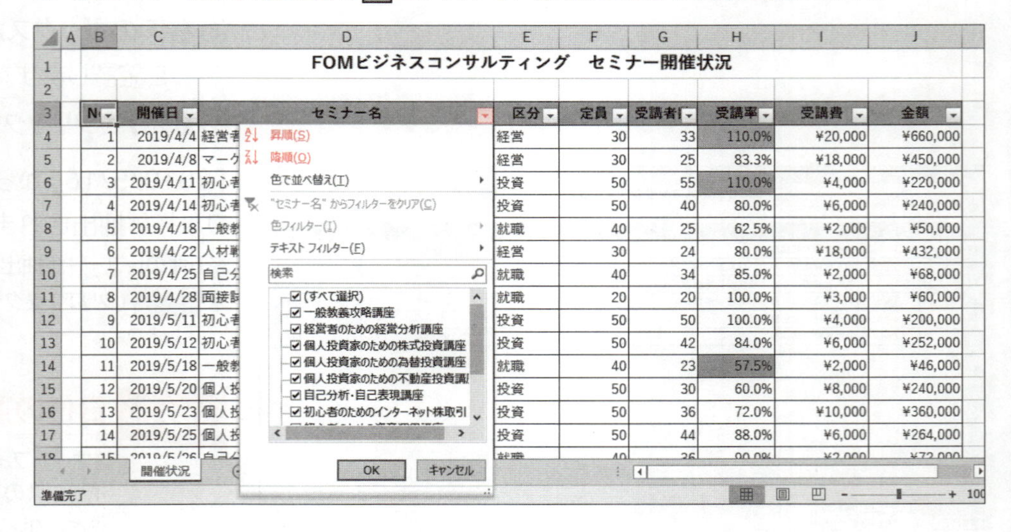

Step5 データベースを効率的に操作する

1 ウィンドウ枠の固定

大きな表で、表の下側や右側を確認するために画面をスクロールすると、表の見出しが見えなくなることがあります。
ウィンドウ枠を固定すると、スクロールしても常に見出しが表示されます。
1～3行目の見出しを固定しましょう。

File OPEN　フォルダー「第8章」のブック「データベースの利用-2」を開いておきましょう。

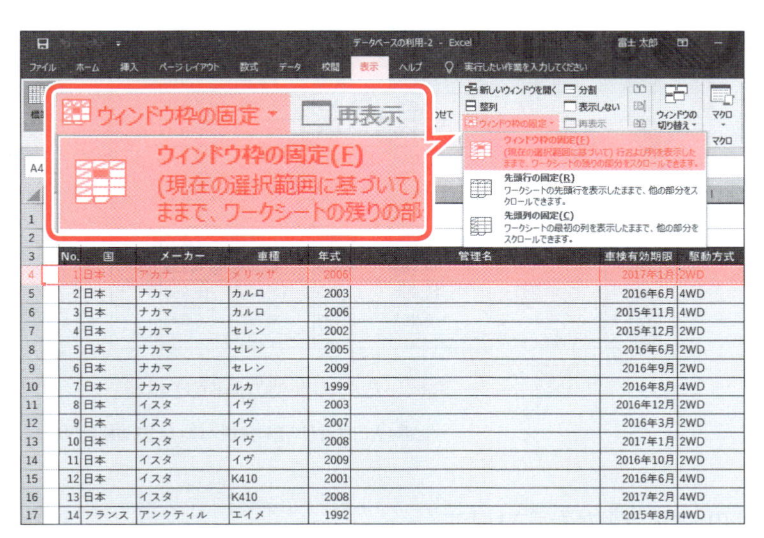

①1～3行目が表示されていることを確認します。
※固定する見出しを画面に表示しておく必要があります。
②行番号【4】をクリックします。
※固定する行の下の行を選択します。
③《表示》タブを選択します。
④《ウィンドウ》グループの ウィンドウ枠の固定 （ウィンドウ枠の固定）をクリックします。
⑤《ウィンドウ枠の固定》をクリックします。

取扱中古車一覧表

No.	国	メーカー	車種	年式	管理名	車検有効期限	駆動方式
55	イギリス	カーディフ	シャムロック	1997		2016年5月	2WD
56	アメリカ	シクスティワン	キーン	1999		2016年3月	2WD
57	アメリカ	シクスティワン	キーン	2006		2017年1月	2WD
58	アメリカ	シクスティワン	トリンプル	1995		2016年4月	4WD
59	アメリカ	シクスティワン	ハート	2002		2015年10月	4WD
60	アメリカ	シクスティワン	ハート	2007		2016年10月	4WD
61	アメリカ	シクスティワン	マイヤー	2000		2017年3月	4WD
62	アメリカ	シクスティワン	マイヤー	2000		2015年9月	4WD
63	アメリカ	シクスティワン	マイヤー	2006		2015年11月	4WD

1～3行目が固定されます。
⑥シートを下方向にスクロールし、1～3行目が固定されていることを確認します。

POINT ウィンドウ枠固定の解除

固定したウィンドウ枠を解除する方法は、次のとおりです。
◆《表示》タブ→《ウィンドウ》グループの ウィンドウ枠の固定 （ウィンドウ枠の固定）→《ウィンドウ枠固定の解除》

POINT 行と列の固定

列を固定したり、行と列を同時に固定したりできます。
あらかじめ選択しておく場所によって、見出しとして固定される部分が異なります。

列の固定

列を選択してウィンドウ枠を固定すると、選択した列の左側が固定されます。
例えば、A～C列の見出しを固定する場合は、D列を選択して、コマンドを実行します。

◆固定する列の右側の列を選択→《表示》タブ→《ウィンドウ》グループの ウィンドウ枠の固定 (ウィンドウ枠の固定)→《ウィンドウ枠の固定》

	A	B	C	D	E	F	G
1		人口統計					
2							
3		No.	都道府県名	1929年	19…		…4年
4		1	北海道	2,730	3,015	3,205	3,256
5		2	青森県	861	949	984	1,009
6		3	岩手県	957	1,027	1,071	1,104
7		4	宮城県	1,118	1,233	1,236	1,276
8		5	秋田県	966	1,030	1,046	1,049
9		6	山形県	1,070	1,115	1,098	1,084
10		7	福島県	1,497	1,568	1,606	1,599
11		8	茨城県	1,467	1,533	1,567	1,657
12		9	栃木県	1,125	1,184	1,179	1,204
13		10	群馬県	1,190	1,230	1,271	1,320
14		11	埼玉県	1,447	1,512	1,553	1,648
15		12	千葉県	1,447	1,532	1,557	1,659
16		13	東京都	5,300	6,177	7,082	7,271
17		14	神奈川県	1,581	1,774	2,074	2,474

D列を選択

	A	B	C	Q	R	S	T	U
1		人口統計				(単位：千人)		
2								
3		No.	都道府県名	1994年	1999年	2004年	2009年	
4		1	北海道	5,681	5,689	5,644	5,507	
5		2	青森県	1,480	1,477	1,452	1,379	
6		3	岩手県	1,418	1,417	1,395	1,340	
7		4	宮城県	2,313	2,360	2,371	2,336	
8		5	秋田県	1,216	1,195	1,159	1,096	
9		6	山形県	1,256	1,247	1,223	1,179	
10		7	福島県	2,129	2,129	2,106	2,040	
11		8	茨城県	2,940	2,981	2,989	2,960	
12		9	栃木県	1,977	2,003	2,013	2,006	
13		10	群馬県	1,996	2,020	2,033	2,007	
14		11	埼玉県	6,703	6,906	7,047	7,130	
15		12	千葉県	5,767	5,893	6,039	6,139	
16		13	東京都	11,796	11,983	12,378	12,868	
17		14	神奈川県	8,207	8,432	8,732	8,943	

選択した列の左側が固定される

出典：人口推計「都道府県別人口」(総務省統計局)

行と列の固定

セルを選択してウィンドウ枠を固定すると、選択したセルの上側と左側が固定されます。
例えば、A～C列および1～3行目の見出しを固定する場合は、固定する見出し部分が交わるセル【D4】を選択して、コマンドを実行します。

◆固定する見出しが交わる右下のセルを選択→《表示》タブ→《ウィンドウ》グループの ウィンドウ枠の固定 (ウィンドウ枠の固定)→《ウィンドウ枠の固定》

	A	B	C	D	E	F	G
1		人口統計					
2							
3		No.	都道府県名	1929年	1934年	1939年	1944年
4		1	北海道	2,730			
5		2	青森県	861			
6		3	岩手県	957			
7		4	宮城県	1,118	1,233	1,236	1,276
8		5	秋田県	966	1,030	1,046	1,049
9		6	山形県	1,070	1,115	1,098	1,084
10		7	福島県	1,497	1,568	1,606	1,599
11		8	茨城県	1,467	1,533	1,567	1,657
12		9	栃木県	1,125	1,184	1,179	1,204
13		10	群馬県	1,190	1,230	1,271	1,320
14		11	埼玉県	1,447	1,512	1,553	1,648
15		12	千葉県	1,447	1,532	1,557	1,659
16		13	東京都	5,300	6,177	7,082	7,271
17		14	神奈川県	1,581	1,774	2,074	2,474

セル【D4】を選択

	A	B	C	Q	R	S	T
1		人口統計				(単位：千人)	
2							
3		No.	都道府県名	1994年	1999年	2004年	2009年
37		34	広島県	2,877	2,881	2,878	2,863
38		35	山口県	1,559	1,535	1,504	1,455
39		36	徳島県	830	827	813	789
40		37	香川県	1,026	1,025	1,018	999
41		38	愛媛県	1,508	1,496	1,477	1,436
42		39	高知県	817	815	803	766
43		40	福岡県	4,909	5,002	5,058	5,053
44		41	佐賀県	883	879	870	852
45		42	長崎県	1,549	1,520	1,495	1,430
46		43	熊本県	1,855	1,861	1,852	1,814
47		44	大分県	1,232	1,224	1,215	1,195
48		45	宮崎県	1,174	1,172	1,162	1,132
49		46	鹿児島県	1,791	1,788	1,769	1,708
50		47	沖縄県	1,262	1,308	1,359	1,382

選択したセルの上側と
左側が固定される

出典：人口推計「都道府県別人口」(総務省統計局)

2 書式のコピー/貼り付け

「書式のコピー/貼り付け」を使うと、書式だけを簡単にコピーできます。
表の最終行の書式を下の行にコピーしましょう。

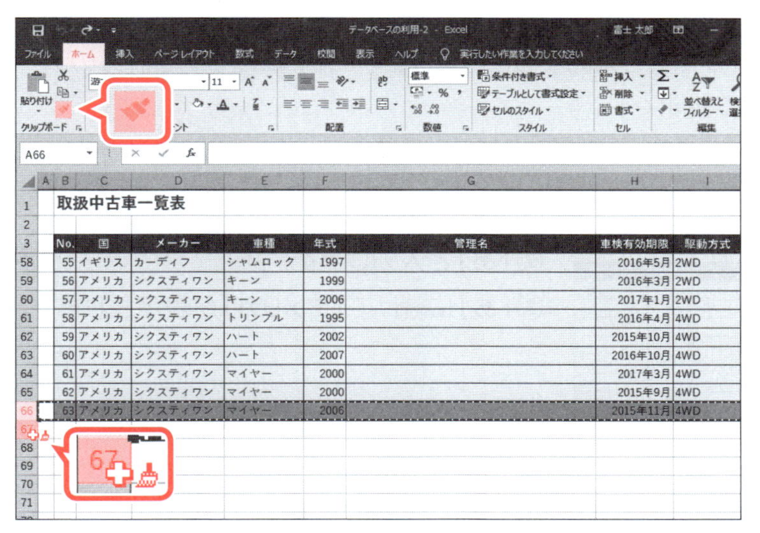

①行番号**【66】**をクリックします。
②**《ホーム》**タブを選択します。
③**《クリップボード》**グループの （書式のコピー/貼り付け）をクリックします。
マウスポインターの形が に変わります。
④行番号**【67】**をクリックします。

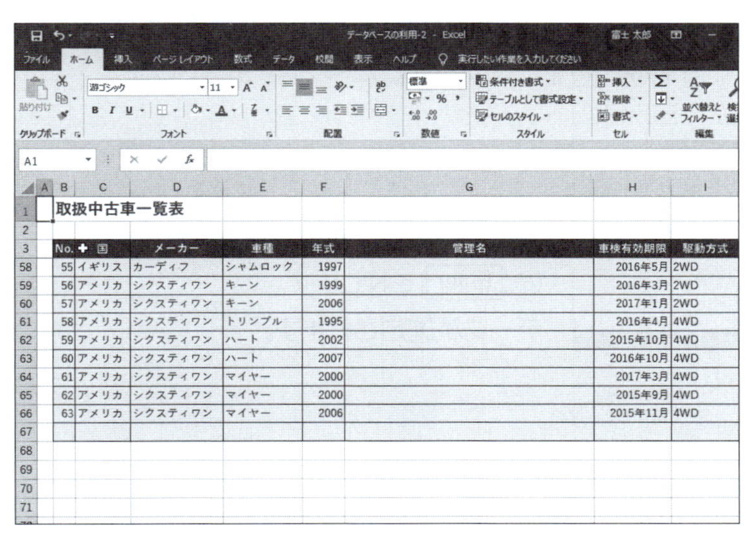

書式だけがコピーされます。
※行の選択を解除して、罫線や塗りつぶしの色が設定されていることを確認しておきましょう。

POINT 書式のコピー/貼り付けの連続処理

ひとつの書式を複数の箇所に連続してコピーできます。
コピー元のセルを選択し、 （書式のコピー/貼り付け）をダブルクリックして、貼り付け先のセルを選択する操作を繰り返します。書式のコピーを終了するには、 （書式のコピー/貼り付け）を再度クリックするか Esc を押します。

3 レコードの追加

表に繰り返し同じデータを入力する場合、入力操作を軽減する機能があります。

1 オートコンプリート

「オートコンプリート」は、先頭の文字を入力すると、同じフィールドにある同じ読みのデータを自動的に認識し、表示する機能です。
オートコンプリートを使って、セル**【C67】**に**「アメリカ」**と入力しましょう。

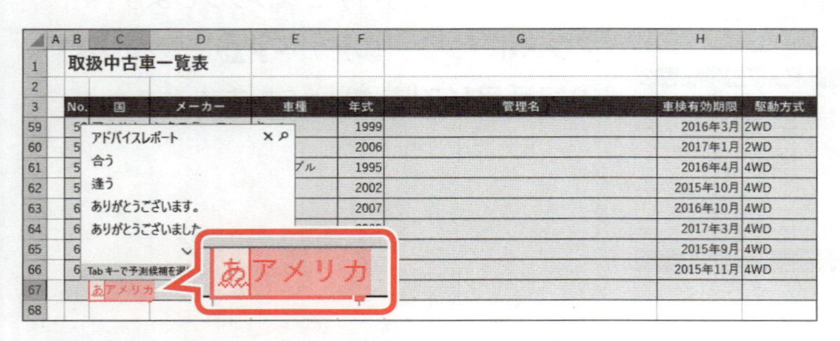

①セル**【C67】**をクリックします。
②**「あ」**と入力します。
③**「あ」**に続けて**「アメリカ」**が表示されます。

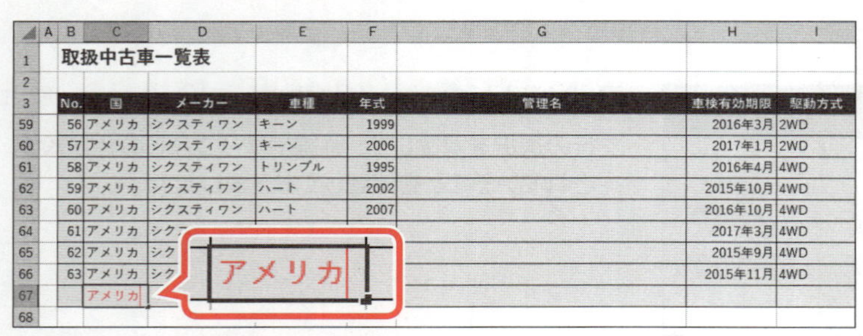

④ Enter を押します。
⑤**「アメリカ」**が入力され、カーソルが表示されます。

⑥ Enter を押します。
データが確定されます。

取扱中古車一覧表

No.	国	メーカー	車種	年式	管理名	車検有効期限	駆動方式	走行距離(km)	ミッション
56	アメリカ	シクスティワン	キーン	1999		2016年3月	2WD	5,000	AT
57	アメリカ	シクスティワン	キーン	2006		2017年1月	2WD	2,000	MT
58	アメリカ	シクスティワン	トリンブル	1995		2016年4月	4WD	10,000	AT
59	アメリカ	シクスティワン	ハート	2002		2015年10月	4WD	8,000	AT
60	アメリカ	シクスティワン	ハート	2007		2016年10月	4WD	6,000	MT
61	アメリカ	シクスティワン	マイヤー	2000		2017年3月	4WD	9,000	AT
62	アメリカ	シクスティワン	マイヤー	2000		2015年9月	4WD	7,000	MT
63	アメリカ	シクスティワン	マイヤー	2006		2015年11月	4WD	6,000	AT
64	アメリカ	シクスティワン	マイヤー	2007		2019年5月	4WD	5,000	AT

⑦セル**【B67】**、セル範囲**【D67:F67】**、セル範囲**【H67:K67】**に次のようにデータを入力します。

セル【B67】	：64
セル【D67】	：シクスティワン
セル【E67】	：マイヤー
セル【F67】	：2007
セル【H67】	：2019/5/10
セル【I67】	：4WD
セル【J67】	：5000
セル【K67】	：AT

※H列には、あらかじめ日付の表示形式が設定されています。

※G列とセル【L67:O67】にはあとからデータを入力します。

STEP UP オートコンプリート

同じ読みで始まるデータが複数ある場合は、異なる読みが入力された時点で自動的に表示されます。

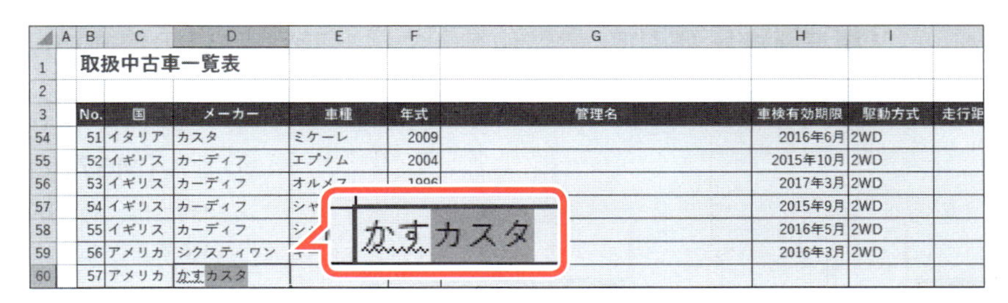

2 ドロップダウンリストから選択

フィールドのデータが文字列の場合、**「ドロップダウンリストから選択」**を使うと、フィールドのデータが一覧で表示されます。この一覧から選択するだけで、効率的にデータを入力できます。

ドロップダウンリストから選択して、セル**【L67】**に**「ホワイト系」**と入力しましょう。

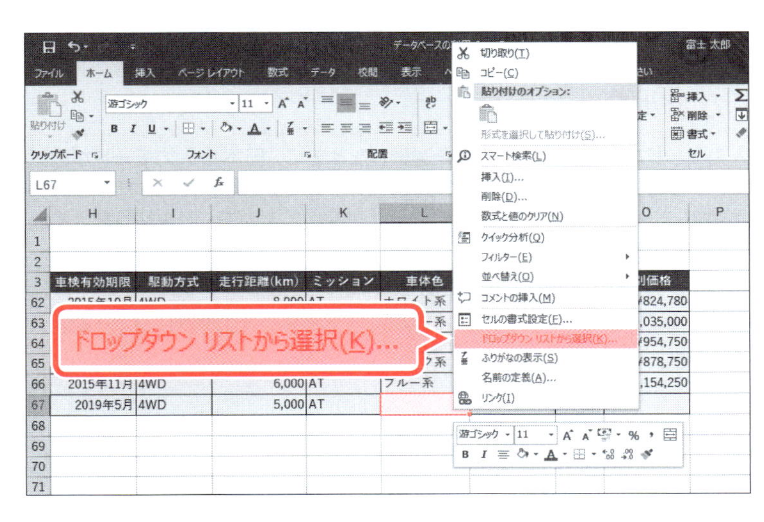

①セル**【L67】**を右クリックします。

②**《ドロップダウンリストから選択》**をクリックします。

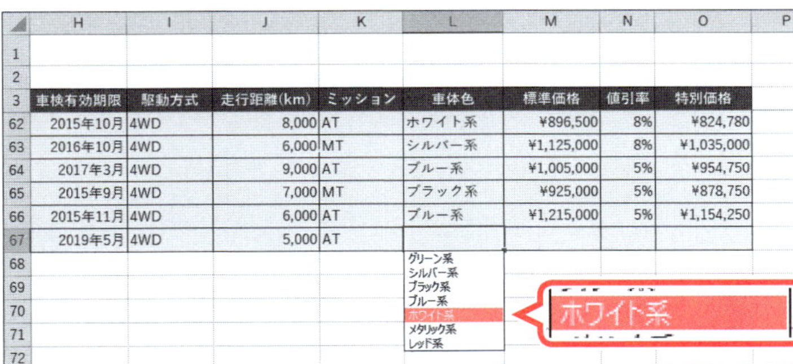

セル**【L67】**にフィールドのデータが一覧で表示されます。

③一覧から**「ホワイト系」**を選択します。

	車検有効期限	駆動方式	走行距離(km)	ミッション	車体色	標準価格	値引率	特別価格
62	2015年10月	4WD	8,000	AT	ホワイト系	¥896,500	8%	¥824,780
63	2016年10月	4WD	6,000	MT	シルバー系	¥1,125,000	8%	¥1,035,000
64	2017年3月	4WD	9,000	AT	ブルー系	¥1,005,000	5%	¥954,750
65	2015年9月	4WD	7,000	MT	ブラック系	¥925,000	5%	¥878,750
66	2015年11月	4WD	6,000	AT	ブルー系	¥1,215,000	5%	¥1,154,250
67	2019年5月	4WD	5,000	AT	ホワイト系			

データが入力されます。

STEP UP その他の方法(ドロップダウンリストから選択)

◆セルを選択→Alt+↓

3 数式の自動入力

表にレコードを新しく追加すると、上の行に設定されている数式が自動的に入力されます。
「標準価格」「値引率」の数値を入力し、**「特別価格」**の数式が自動的に入力されることを確認しましょう。

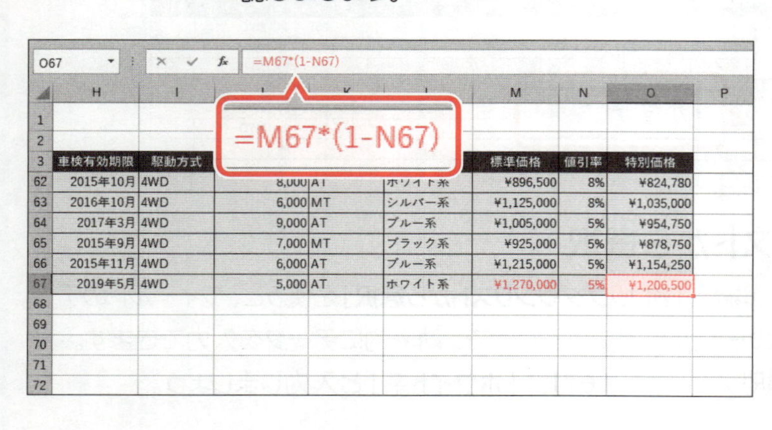

①セル【M67】に「1270000」と入力します。

※M列には、あらかじめ通貨の表示形式が設定されています。

②セル【N67】に「5」と入力します。

※N列には、あらかじめパーセントの表示形式が設定されています。

セル【O67】に「¥1,206,500」と表示されます。

③セル【O67】をクリックします。

④数式バーに「=M67*(1-N67)」と表示されていることを確認します。

STEP UP 日本語入力モードの切り替え

Excelは通常、日本語入力モードがオフですが、セルを選択したときに、日本語入力モードが自動的にオンになるように設定することができます。数値を入力したり、日本語を入力したりと入力モードを頻繁に切り替えながらデータを入力する場合は、【半角/全角 漢字】を押して入力モードを切り替える必要がないので効率的にデータを入力できます。

自動的に日本語入力モードを切り替える方法は、次のとおりです。

◆セルを選択→《データ》タブ→《データツール》グループの（データの入力規則）→《日本語入力》タブ→《日本語入力》の→《オン》

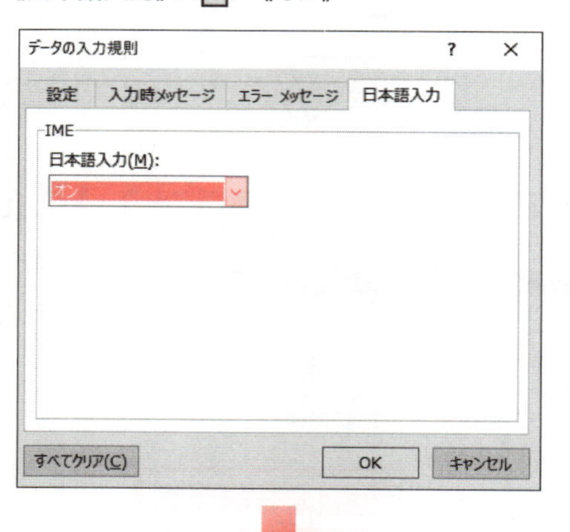

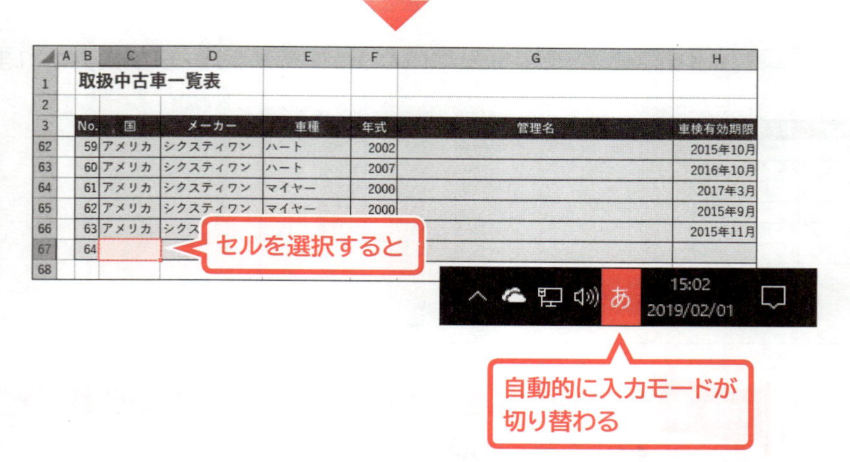

4 フラッシュフィルの利用

「フラッシュフィル」とは、入力済みのデータをもとに、Excelが入力パターンを読み取り、まだ入力されていない残りのセルに、入力パターンに合わせてデータを自動で埋め込む機能のことです。
例えば、英字の小文字をすべて大文字にしたり、電話番号に**「-(ハイフン)」**を付けたり、姓と名を1つのセルに結合して氏名を表示したり、メールアドレスの**「@」**より前の部分を取り出したりといったことなどが簡単に行えます。
複雑な関数やマクロを使わなくても自動入力できるため、大量のデータを加工したい場合などに効率的に作業できます。

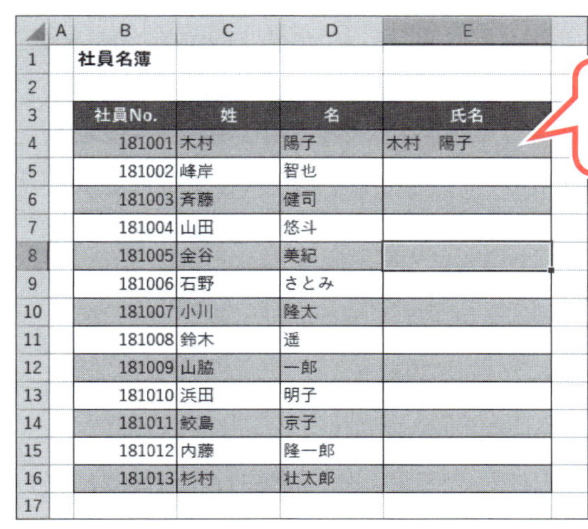

	A	B	C	D	E
1		社員名簿			
2					
3		社員No.	姓	名	氏名
4		181001	木村	陽子	木村　陽子
5		181002	峰岸	智也	
6		181003	斉藤	健司	
7		181004	山田	悠斗	
8		181005	金谷	美紀	
9		181006	石野	さとみ	
10		181007	小川	隆太	
11		181008	鈴木	遥	
12		181009	山脇	一郎	
13		181010	浜田	明子	
14		181011	鮫島	京子	
15		181012	内藤	隆一郎	
16		181013	杉村	壮太郎	
17					

最初のセルだけ入力して、
（フラッシュフィル）をクリック！

	A	B	C	D	E
1		社員名簿			
2					
3		社員No.	姓	名	氏名
4		181001	木村	陽子	木村　陽子
5		181002	峰岸	智也	峰岸　智也
6		181003	斉藤	健司	斉藤　健司
7		181004	山田	悠斗	山田　悠斗
8		181005	金谷	美紀	金谷　美紀
9		181006	石野	さとみ	石野　さとみ
10		181007	小川	隆太	小川　隆太
11		181008	鈴木	遥	鈴木　遥
12		181009	山脇	一郎	山脇　一郎
13		181010	浜田	明子	浜田　明子
14		181011	鮫島	京子	鮫島　京子
15		181012	内藤	隆一郎	内藤　隆一郎
16		181013	杉村	壮太郎	杉村　壮太郎
17					

入力パターン（「姓」と「名」の間に空白を1文字分入れて結合）を認識し、ほかのセルにも同じパターンでデータが自動入力される！

フラッシュフィルを使って、セル範囲【G4:G67】に次のような入力パターンの**「管理名」**を入力しましょう。

●セル【G4】

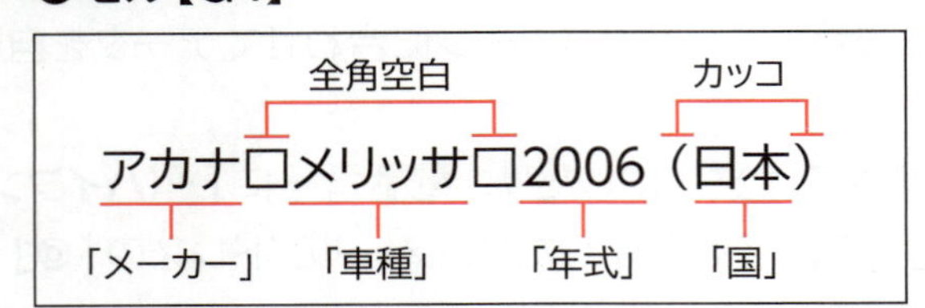

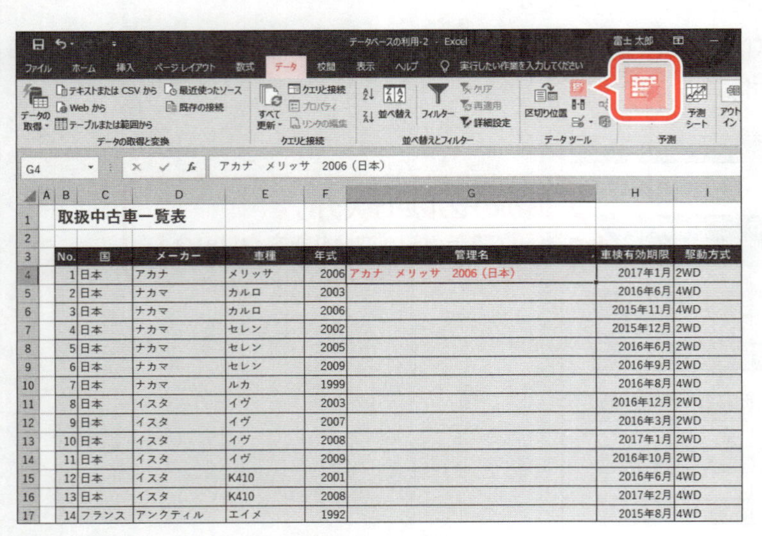

①セル**【G4】**に**「アカナ□メリッサ□2006（日本）」**と入力します。

※□は全角空白を表します。

※「2006」は半角で入力します。

②セル**【G4】**をクリックします。

※表内のG列のセルであれば、どこでもかまいません。

③**《データ》**タブを選択します。

④**《データツール》**グループの（フラッシュフィル）をクリックします。

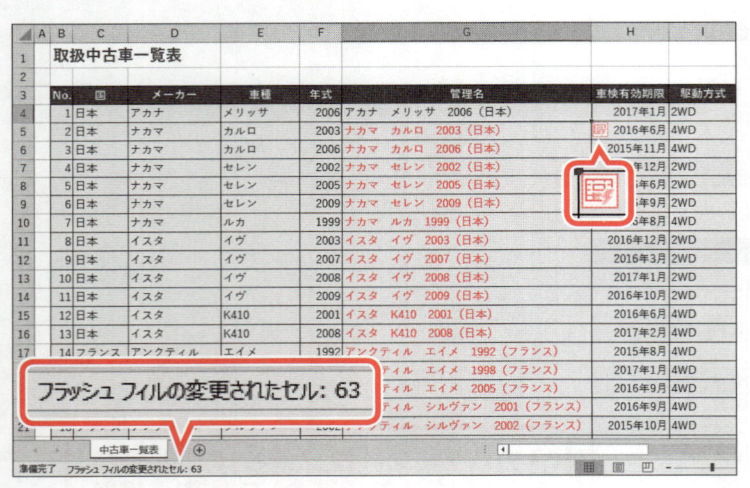

セル範囲**【G5:G67】**に同じ入力パターンでデータが入力され、（フラッシュフィルオプション）が表示されます。

※ステータスバーに、フラッシュフィルで入力されたセルの数が表示されます。

※ブックに「データベースの利用-2完成」と名前を付けて、フォルダー「第8章」に保存し、閉じておきましょう。

STEP UP その他の方法（フラッシュフィル）

◆1つ目のセルに入力→セルを選択→《ホーム》タブ→《編集》グループの（フィル）→《フラッシュフィル》

◆1つ目のセルに入力→セルを選択→セル右下の■（フィルハンドル）をダブルクリック→（オートフィルオプション）→《フラッシュフィル》

◆1つ目のセルに入力→ Ctrl + E

POINT フラッシュフィル利用時の注意点

●列内のデータは同じ規則性にする

列内のデータはすべて同じ規則で入力されている必要があります。例えば、姓と名の間に半角スペースと全角スペースが混在していたり、電話番号の数値に半角と全角が混在していたりする場合は、パターンを読み取れず正しく実行することができません。

●表に隣接する列で操作する

フラッシュフィルは離れた列で実行することはできません。必ず表に隣接する列で操作します。

●1列ずつ操作する

複数の列のセルを選択してフラッシュフィルを実行することはできません。必ず1列ずつ操作します。

POINT フラッシュフィルの候補の一覧

1つ目のセルに入力後、2つ目のセルに続けて入力し始めると、自動的にパターンを読み取り、候補の一覧が表示されます。Enter を押すと、自動でほかのセルに入力できます。

取扱中古車一覧表

No.	国	メーカー	車種	年式	管理名	車検有効期限	駆動方式
1	日本	アカナ	メリッサ	2006	アカナ　メリッサ　2006（日本）	2017年1月	2WD
2	日本	ナカマ	カルロ	2003	ナカマナカマ　カルロ　2003（日本）	2016年6月	4WD
3	日本	ナカマ	カルロ	2006	ナカマ　カルロ　2006（日本）	2015年11月	4WD
4	日本	ナカマ	セレン	2002	ナカマ　セレン　2002（日本）	2015年12月	2WD
5	日本	ナカマ	セレン	2005	ナカマ　セレン　2005（日本）	2016年6月	2WD
6	日本	ナカマ	セレン	2009	ナカマ　セレン　2009（日本）	2016年9月	2WD
7	日本	ナカマ	ルカ	1999	ナカマ　ルカ　1999（日本）	2016年8月	4WD
8	日本	イスタ	イヴ	2003	イスタ　イヴ　2003（日本）	2016年12月	2WD
9	日本	イスタ	イヴ	2007	イスタ　イヴ　2007（日本）	2016年3月	2WD
10	日本	イスタ	イヴ	2008	イスタ　イヴ　2008（日本）	2017年1月	2WD
11	日本	イスタ	イヴ	2009	イスタ　イヴ　2009（日本）	2016年10月	2WD
12	日本	イスタ	K410	2001	イスタ　K410　2001（日本）	2016年6月	4WD
13	日本	イスタ	K410	2008	イスタ　K410　2008（日本）	2017年2月	4WD
14	フランス	アンクティル	エイメ	1992	アンクティル　エイメ　1992（フランス）	2015年8月	4WD

POINT フラッシュフィルオプション

フラッシュフィルを実行したあとに表示される を「フラッシュフィルオプション」といいます。ボタンをクリックするとフラッシュフィルを元に戻すか、候補を反映するかなどを選択できます。（フラッシュフィルオプション）を使わない場合は、Esc を押します。

- フラッシュ フィルを元に戻す(U)
- ✓ 候補の反映(A)
- 0 個のすべての空白セルを選択(B)
- 63 個のすべての変更されたセルを選択(C)

練習問題

解答 ► 別冊P.6

次の表をもとに、データベースを操作しましょう。

フォルダー「第8章」のブック「第8章練習問題」を開いておきましょう。

● 完成図

	A	B	C	D	E	F	G	H	I	J	K
1		横浜市沿線別住宅情報									
2											
3		管理No.	沿線	最寄駅	徒歩(分)	賃料	管理費	毎月支払額	間取り	築年月	アクセス
4		1	市営地下鉄	中川	5	¥78,000	¥3,000	¥81,000	1LDK	2010年4月	市営地下鉄　中川駅　徒歩5分
5		2	田園都市線	青葉台	13	¥175,000	¥0	¥175,000	4LDK	2015年10月	田園都市線　青葉台駅　徒歩13分
6		3	市営地下鉄	センター南	10	¥90,000	¥0	¥90,000	1LDK	2009年4月	市営地下鉄　センター南駅　徒歩10分
7		4	市営地下鉄	新横浜	15	¥79,000	¥9,000	¥88,000	1DK	2007年8月	市営地下鉄　新横浜駅　徒歩15分
8		5	田園都市線	あざみ野	10	¥69,000	¥0	¥69,000	1DK	2010年5月	田園都市線　あざみ野駅　徒歩10分
9		6	根岸線	関内	20	¥72,000	¥1,500	¥73,500	1DK	2015年1月	根岸線　関内駅　徒歩20分
10		7	東横線	日吉	5	¥120,000	¥6,000	¥126,000	2LDK	2008年8月	東横線　日吉駅　徒歩5分
11		8	東横線	菊名	2	¥130,000	¥6,000	¥136,000	3LDK	2011年5月	東横線　菊名駅　徒歩2分
12		9	東横線	大倉山	8	¥65,000	¥8,000	¥73,000	2DK	2005年8月	東横線　大倉山駅　徒歩8分
13		10	根岸線	石川町	7	¥99,000	¥5,000	¥104,000	2DK	2012年7月	根岸線　石川町駅　徒歩7分
14		11	東横線	綱島	4	¥200,000	¥15,000	¥215,000	3DK	2000年9月	東横線　綱島駅　徒歩4分
15		12	田園都市線	青葉台	4	¥150,000	¥9,000	¥159,000	3LDK	2005年6月	田園都市線　青葉台駅　徒歩4分
16		13	市営地下鉄	センター南	1	¥100,000	¥0	¥100,000	3LDK	2008年7月	市営地下鉄　センター南駅　徒歩1分
17		14	市営地下鉄	新横浜	3	¥100,000	¥12,000	¥112,000	3LDK	2007年9月	市営地下鉄　新横浜駅　徒歩3分
18		15	田園都市線	あざみ野	18	¥130,000	¥9,000	¥139,000	4LDK	2010年12月	田園都市線　あざみ野駅　徒歩18分
19		16	東横線	菊名	6	¥80,000	¥5,500	¥85,500	2LDK	2005年9月	東横線　菊名駅　徒歩6分
20		17	市営地下鉄	中川	15	¥55,000	¥3,000	¥58,000	2DK	2009年2月	市営地下鉄　中川駅　徒歩15分

① 完成図を参考に、フラッシュフィルを使って、セル範囲【K4:K30】に次のような入力パターンのデータを入力しましょう。

● セル【K4】

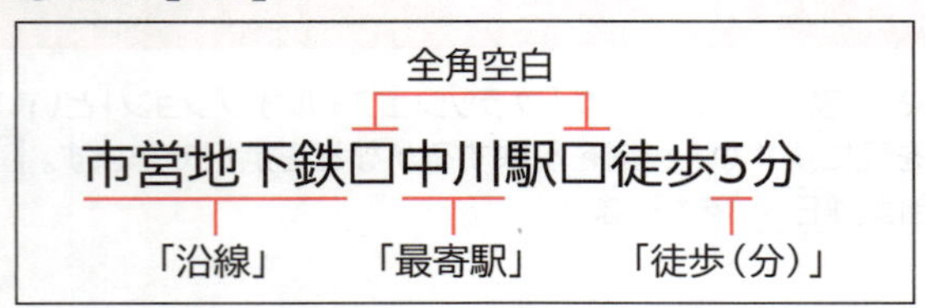

② **「築年月」**を日付の新しい順に並べ替えましょう。

③ **「間取り」**を昇順で並べ替え、さらに**「間取り」**が同じ場合は、**「毎月支払額」**を降順で並べ替えましょう。

④ **「管理No.」**順に並べ替えましょう。

⑤ **「賃料」**が安いレコード5件を抽出しましょう。

※抽出できたら、フィルターの条件をクリアしておきましょう。

⑥ **「築年月」**が2015年1月1日から2018年12月31日までのレコードを抽出しましょう。

※抽出できたら、フィルターの条件をクリアしておきましょう。

⑦ **「賃料」**が150,000円以内で、**「間取り」**が3LDKまたは4LDKのレコードを抽出しましょう。

※抽出できたら、フィルターモードを解除しておきましょう。

※ブックに「第8章練習問題完成」と名前を付けて、フォルダー「第8章」に保存し、閉じておきましょう。

第9章

便利な機能

第9章 この章で学ぶこと

学習前に習得すべきポイントを理解しておき、
学習後には確実に習得できたかどうかを振り返りましょう。

1 シート内のデータを検索できる。 →P.230

2 シート内のデータを別のデータに置換できる。 →P.232

3 シート内の書式を別の書式に置換できる。 →P.233

4 ブックをPDFファイルとして保存できる。 →P.237

Step 1 検索・置換する

1 検索

「**検索**」を使うと、シート内やブック内から目的のデータをすばやく探すことができます。
文字列「**リラックス効果**」を検索しましょう。

File OPEN フォルダー「第9章」のブック「便利な機能」を開いておきましょう。

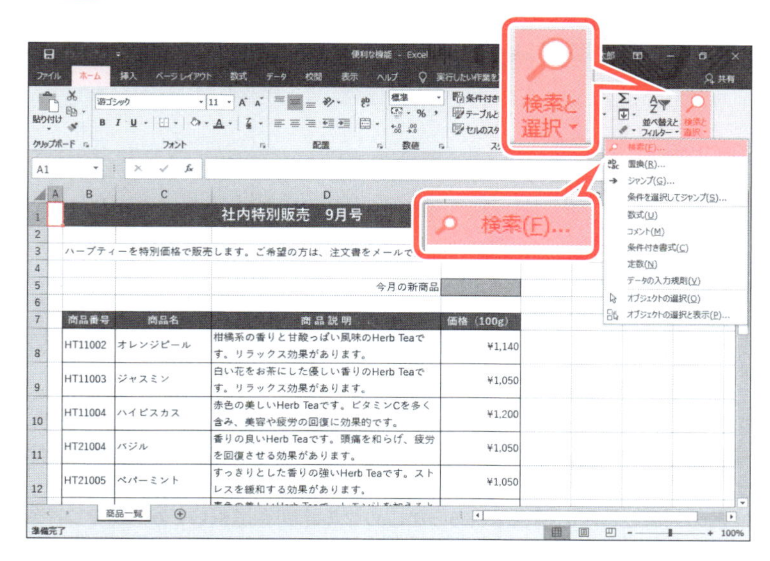

①セル【**A1**】をクリックします。
※アクティブセルから検索を開始します。
②《**ホーム**》タブを選択します。
③《**編集**》グループの（検索と選択）をクリックします。
④《**検索**》をクリックします。

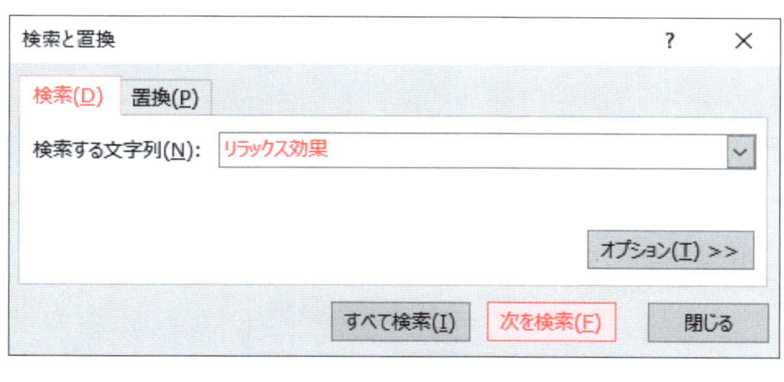

《**検索と置換**》ダイアログボックスが表示されます。
⑤《**検索**》タブを選択します。
⑥《**検索する文字列**》に「**リラックス効果**」と入力します。
⑦《**次を検索**》をクリックします。

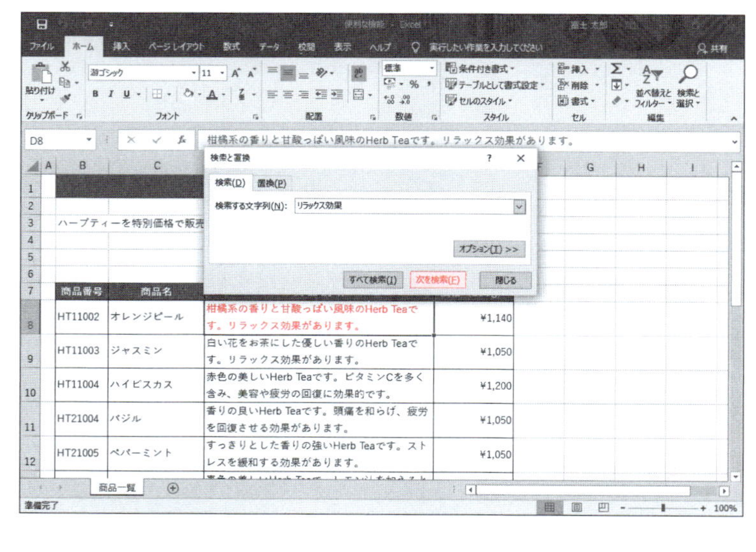

文字列「**リラックス効果**」を含むセルが検索されます。
⑧《**次を検索**》を数回クリックし、検索結果をすべて確認します。
※4件検索されます。
⑨《**閉じる**》をクリックします。

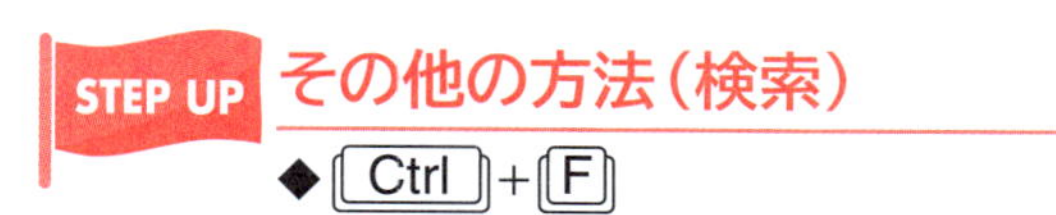

1
2
3
4
5
6
7
8
9
総合問題
付録
索引

STEP UP すべて検索

《検索と置換》ダイアログボックスの《すべて検索》をクリックすると、検索結果が一覧で表示されます。すべての検索結果を選択すると、シート上のセルがすべて選択されます。検索結果をまとめて選択するには、先頭の検索結果をクリックし、Shift を押しながら最終の検索結果をクリックします。

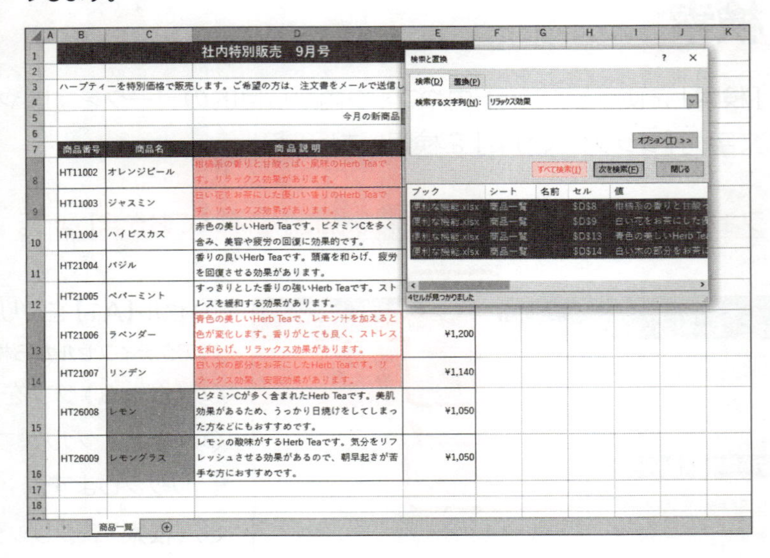

STEP UP 検索場所

《検索と置換》ダイアログボックスの《オプション》をクリックすると、検索の詳細な設定ができます。《検索場所》から《シート》または《ブック》を選択すると、現在選択しているシートまたはブック全体を対象に検索を行うことができます。
特定のセル範囲だけを検索の対象としたい場合は、あらかじめセル範囲を選択してからコマンドを実行します。

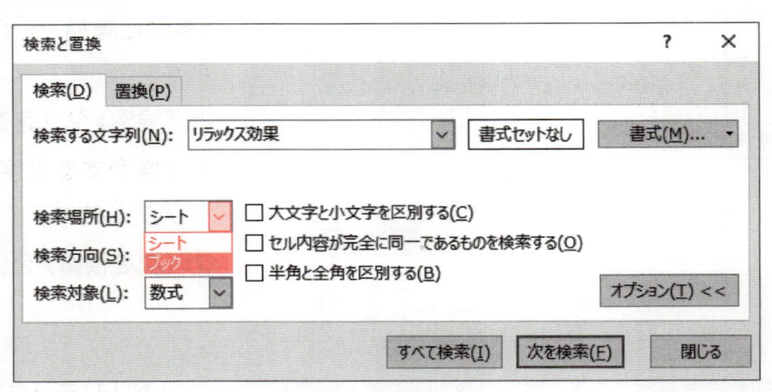

2 置換

「置換」を使うと、データを検索して別のデータに置き換えることができます。また、設定されている書式を別の書式に置き換えることもできます。

1 文字列の置換

「Herb Tea」を「ハーブティー」に置換しましょう。

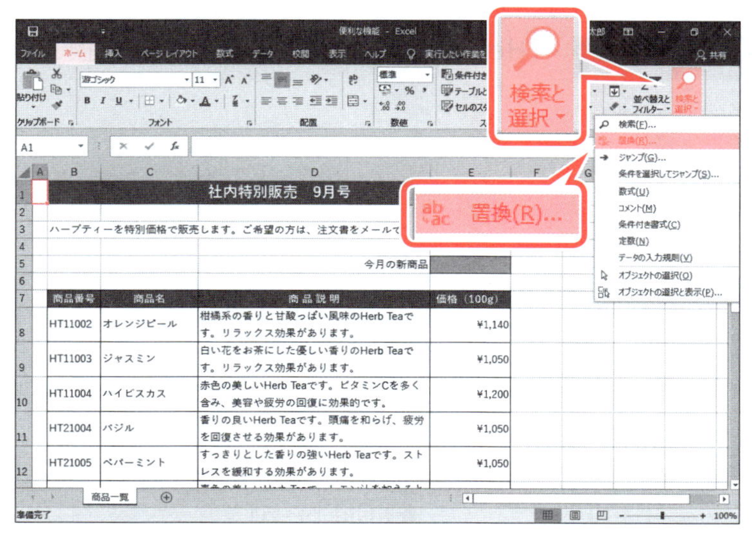

①セル**【A1】**をクリックします。

※ブック内のセルであれば、どこでもかまいません。

②**《ホーム》**タブを選択します。

③**《編集》**グループの（検索と選択）をクリックします。

④**《置換》**をクリックします。

検索と置換　?　×

検索(D)　置換(P)

検索する文字列(N):　Herb Tea

置換後の文字列(E):　ハーブティー

オプション(T) >>

すべて置換(A)　置換(R)　すべて検索(I)　次を検索(F)　閉じる

《検索と置換》ダイアログボックスが表示されます。

⑤**《置換》**タブを選択します。

⑥**《検索する文字列》**に**「Herb Tea」**と入力します。

※Excelを終了するまで、《検索と置換》ダイアログボックスには直前に指定した内容が表示されます。

※初期の設定では、英字の大文字・小文字、英字や空白の全角・半角は区別されません。

⑦**《置換後の文字列》**に**「ハーブティー」**と入力します。

⑧**《すべて置換》**をクリックします。

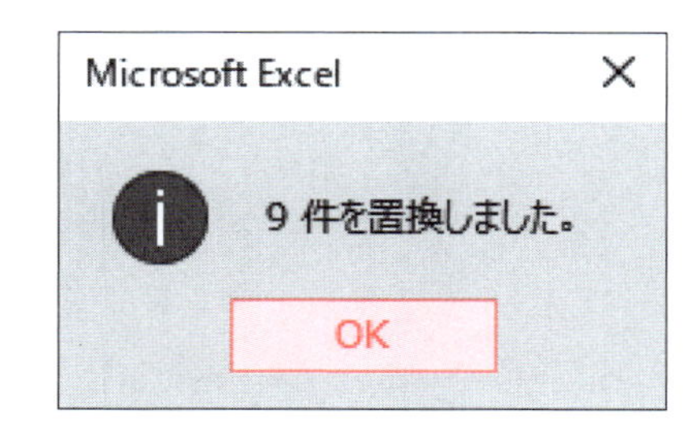

図のようなメッセージが表示されます。

※9件置換されます。

⑨**《OK》**をクリックします。

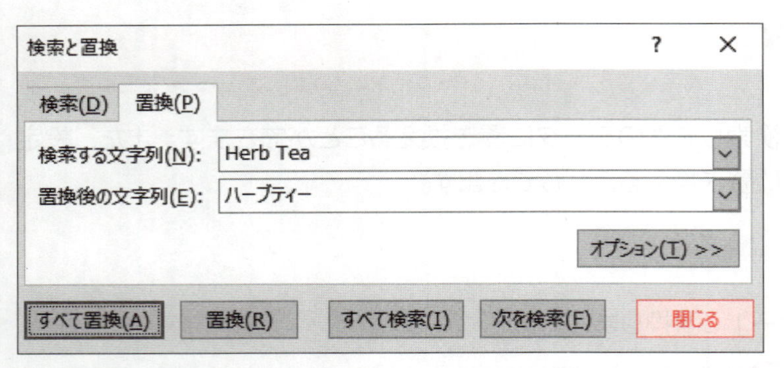

⑩《**閉じる**》をクリックします。

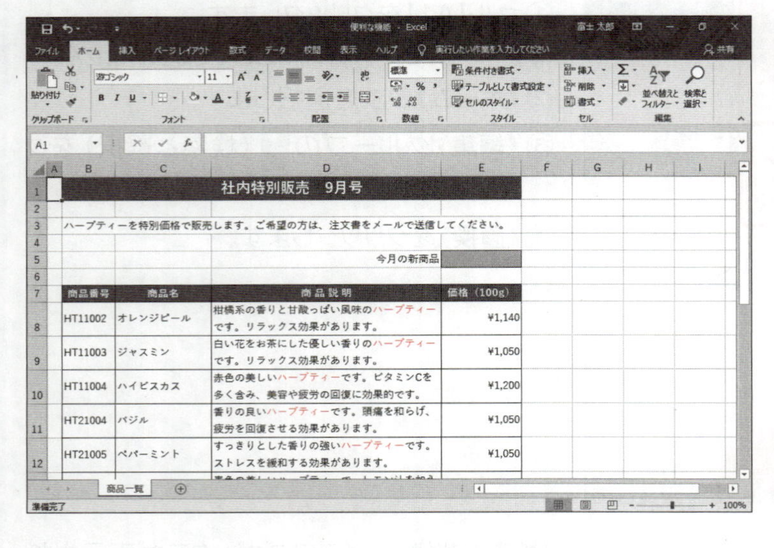

「Herb Tea」が「**ハーブティー**」に置換されます。

その他の方法（置換）

◆ Ctrl + H

2 書式の置換

「**今月の新商品**」の書式を、次の書式に置換しましょう。

> 太字
> 塗りつぶしの色：黄色

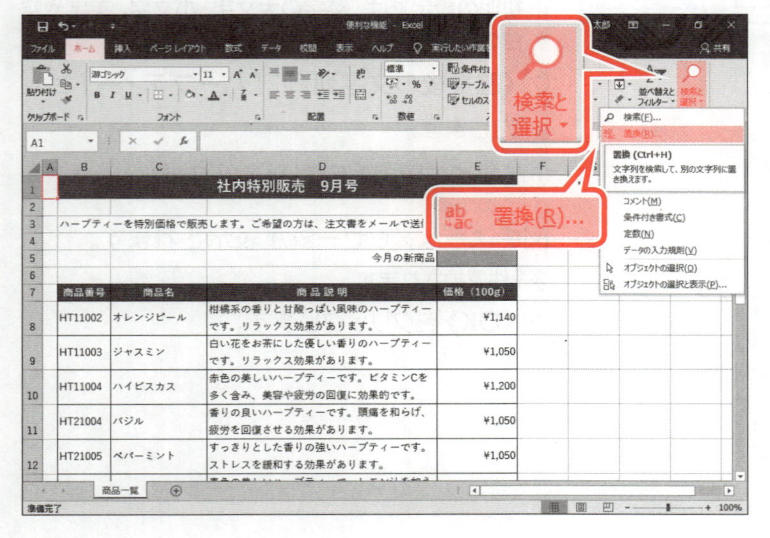

①セル【**A1**】をクリックします。

※ブック内のセルであれば、どこでもかまいません。

②《**ホーム**》タブを選択します。

③《**編集**》グループの（検索と選択）をクリックします。

④《**置換**》をクリックします。

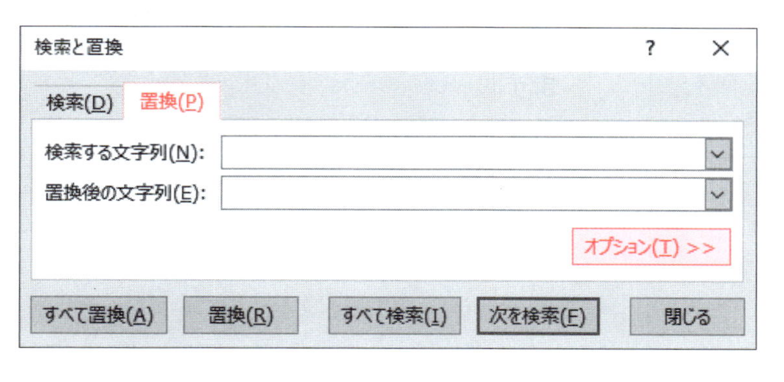

《検索と置換》ダイアログボックスが表示されます。

⑤《置換》タブを選択します。

⑥《検索する文字列》の内容を削除します。

⑦《置換後の文字列》の内容を削除します。

⑧《オプション》をクリックします。

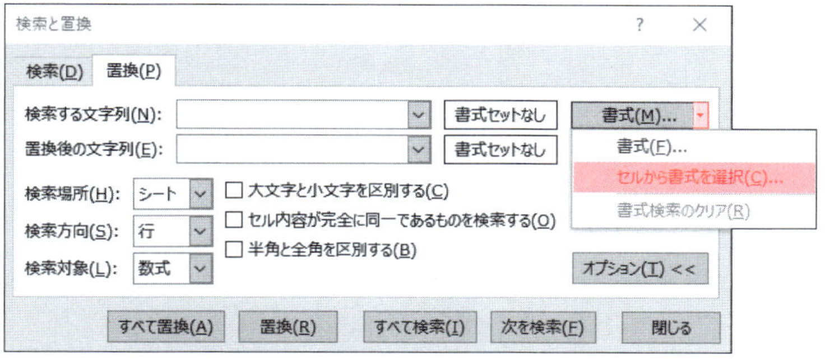

置換の詳細が設定できるようになります。

⑨《検索する文字列》の《書式》の ▾ をクリックします。

⑩《セルから書式を選択》をクリックします。

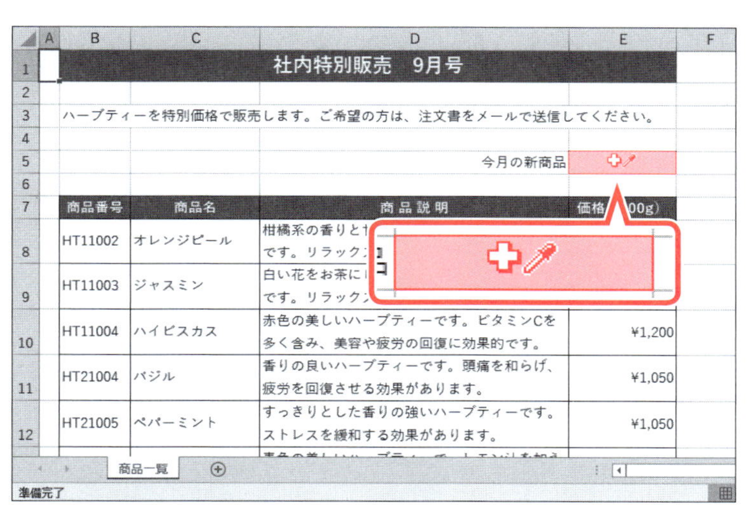

《検索と置換》ダイアログボックスが非表示になります。

マウスポインターの形が ✚🖉 に変わります。

⑪セル【E5】をクリックします。

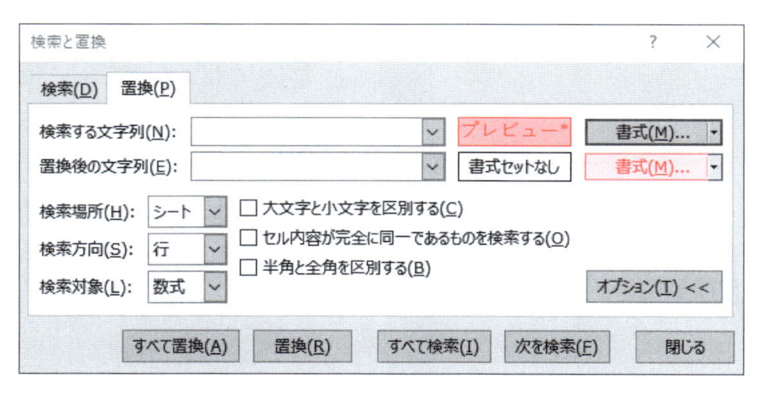

《検索と置換》ダイアログボックスが再表示されます。

《検索する文字列》の《プレビュー》に書式が表示されます。

※選択したセルに設定されている書式が検索する対象として認識されます。

⑫《置換後の文字列》の《書式》をクリックします。

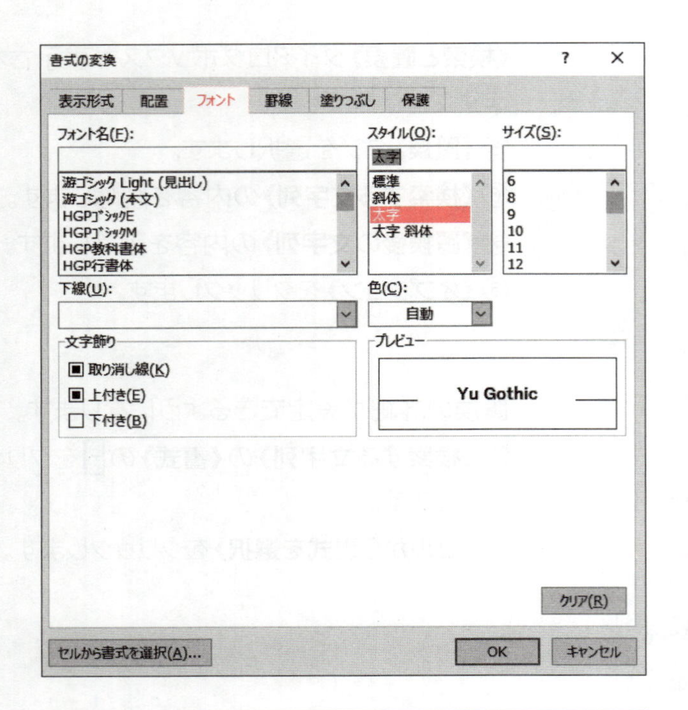

《書式の変換》ダイアログボックスが表示されます。

⑬**《フォント》**タブを選択します。

⑭**《スタイル》**の一覧から**《太字》**を選択します。

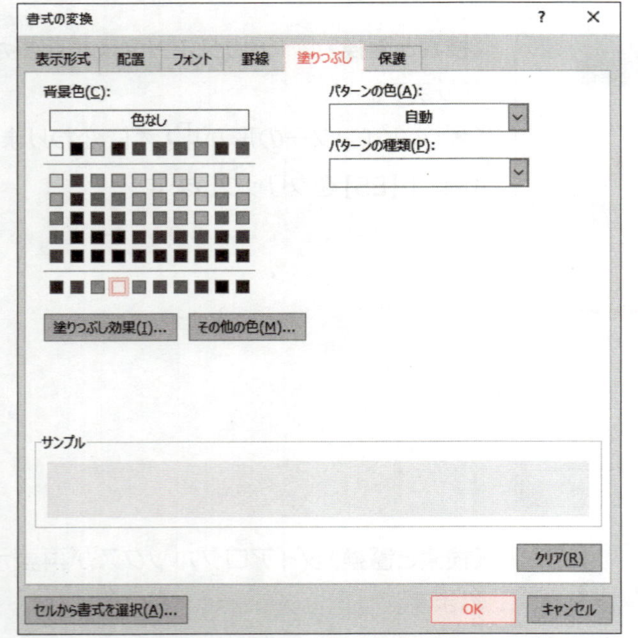

⑮**《塗りつぶし》**タブを選択します。

⑯**《背景色》**の一覧から図の黄色を選択します。

⑰**《OK》**をクリックします。

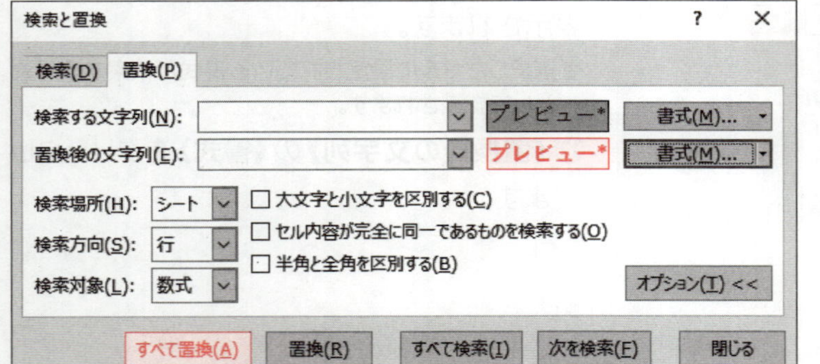

《検索と置換》ダイアログボックスに戻ります。**《置換後の文字列》**の**《プレビュー》**に書式が表示されます。

⑱**《すべて置換》**をクリックします。

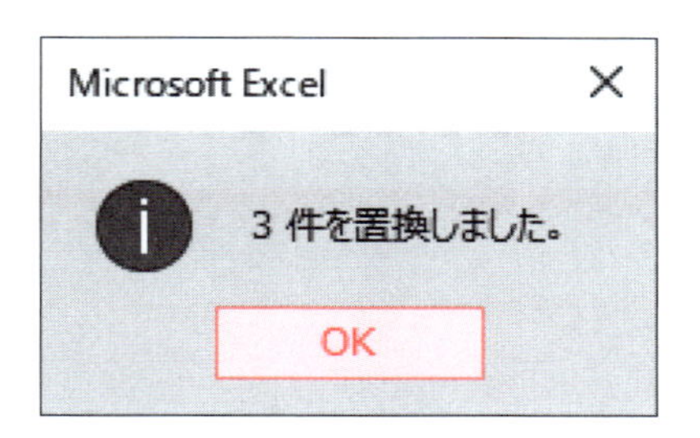

図のようなメッセージが表示されます。

※3件置換されます。

⑲《OK》をクリックします。

検索と置換
検索(D)　置換(P)
検索する文字列(N):　プレビュー*　書式(M)...
置換後の文字列(E):　プレビュー*　書式(M)...
検索場所(H): シート　□大文字と小文字を区別する(C)
検索方向(S): 行　□セル内容が完全に同一であるものを検索する(O)
検索対象(L): 数式　□半角と全角を区別する(B)
オプション(T) <<
すべて置換(A)　置換(R)　すべて検索(I)　次を検索(F)　閉じる

⑳《閉じる》をクリックします。

	A	B	C	D	E	F
10		HT11004	ハイビスカス	赤色の美しいハーブティーです。ビタミンCを多く含み、美容や疲労の回復に効果的です。	¥1,200	
11		HT21004	バジル	香りの良いハーブティーです。頭痛を和らげ、疲労を回復させる効果があります。	¥1,050	
12		HT21005	ペパーミント	すっきりとした香りの強いハーブティーです。ストレスを緩和する効果があります。	¥1,050	
13		HT21006	ラベンダー	青色の美しいハーブティーで、レモン汁を加えると色が変化します。香りがとても良く、ストレスを和らげ、リラックス効果があります。	¥1,200	
14		HT21007	リンデン	白い木の部分をお茶にしたハーブティーです。リラックス効果、安眠効果があります。	¥1,140	
15		HT26008	レモン	ビタミンCが多く含まれたハーブティーです。美肌効果があるため、うっかり日焼けをしてしまった方などにもおすすめです。	¥1,050	
16		HT26009	レモングラス	レモンの酸味がするハーブティーです。気分をリフレッシュさせる効果があるので、朝早起きが苦手な方におすすめです。	¥1,050	
17						

書式が置換されます。

㉑シートをスクロールして、書式を確認します。

※ブックに「便利な機能完成」と名前を付けて、フォルダー「第9章」に保存しておきましょう。次の操作のために、ブックは開いたままにしておきましょう。

STEP UP 書式のクリア

書式の検索や書式の置換を行うと、《検索と置換》ダイアログボックスには直前に指定した書式の内容が表示されます。書式を削除するには、《書式》の▾→《書式検索のクリア》または《書式置換のクリア》を選択します。

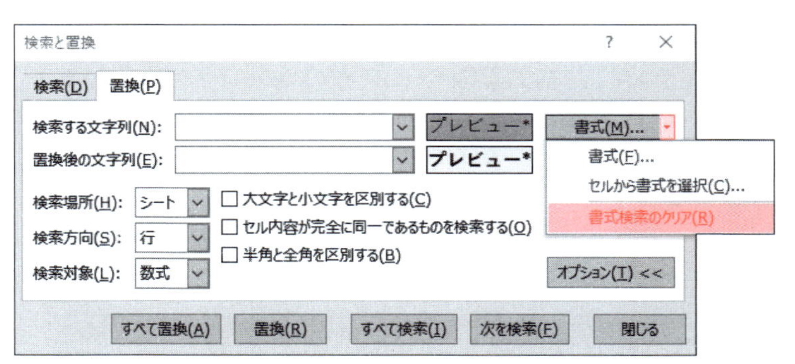

Step2 PDFファイルとして保存する

1 PDFファイル

「**PDFファイル**」とは、パソコンの機種や環境にかかわらず、もとのアプリで作成したとおりに正確に表示できるファイル形式です。作成したアプリがなくても表示用のアプリがあればファイルを表示できるので、閲覧用によく利用されています。
Excelでは、ファイル形式を指定するだけで、PDFファイルを作成できます。

2 PDFファイルとして保存

ブックに「**社内販売(配布用)**」と名前を付けて、PDFファイルとしてフォルダー「**第9章**」に保存しましょう。

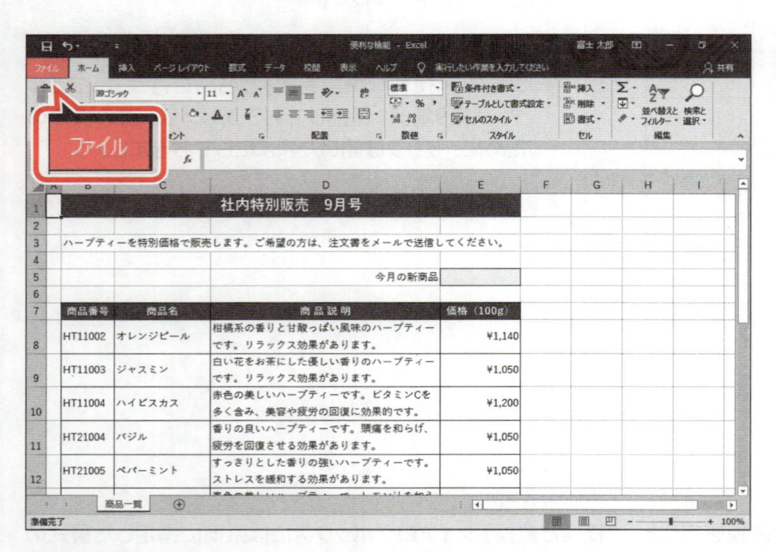

①《**ファイル**》タブを選択します。

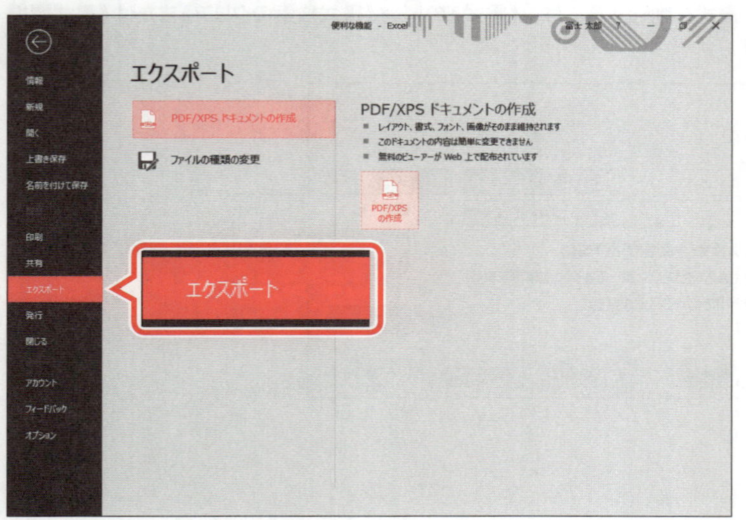

②《**エクスポート**》をクリックします。
③《**PDF/XPSドキュメントの作成**》をクリックします。
④《**PDF/XPSの作成**》をクリックします。

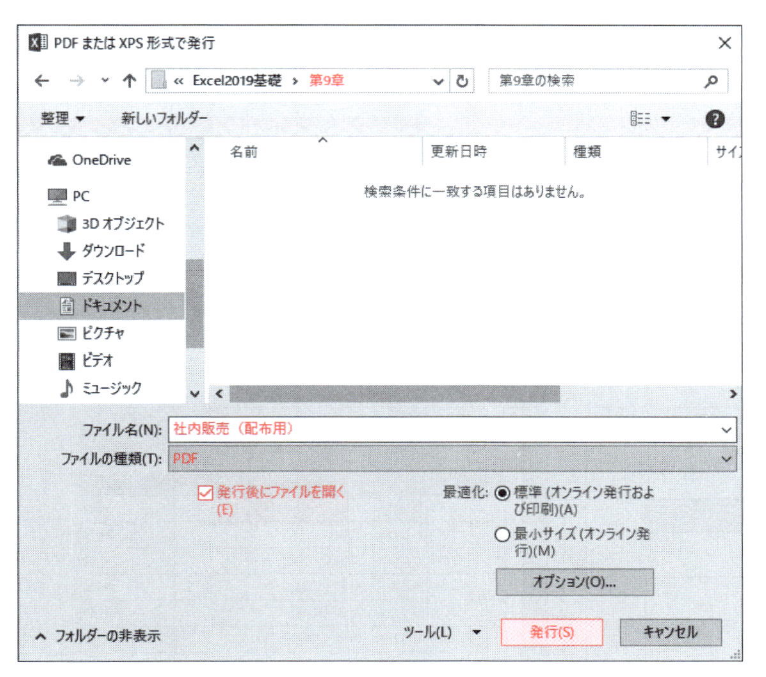

《**PDFまたはXPS形式で発行**》ダイアログボックスが表示されます。

PDFファイルを保存する場所を指定します。

⑤フォルダー「**第9章**」が開かれていることを確認します。

※開かれていない場合は、《PC》→《ドキュメント》→「Excel2019基礎」→「第9章」を選択します。

⑥《**ファイル名**》に「**社内販売（配布用）**」と入力します。

⑦《**ファイルの種類**》が《**PDF**》になっていることを確認します。

⑧《**発行後にファイルを開く**》を☑にします。

⑨《**発行**》をクリックします。

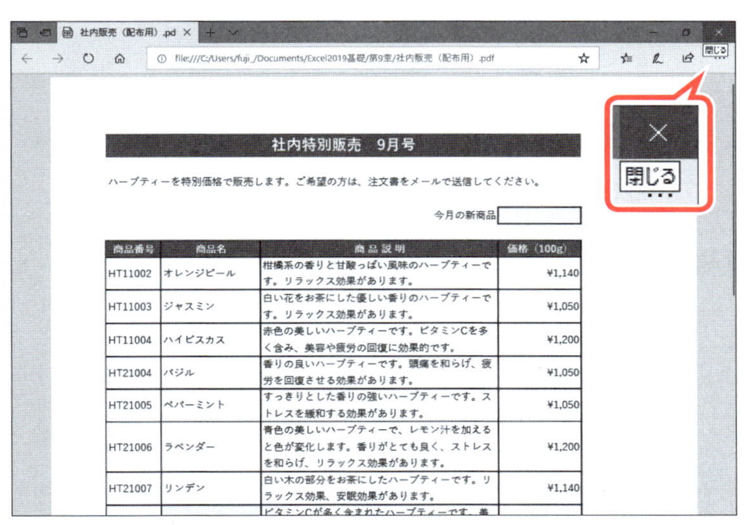

社内特別販売　9月号

ハーブティーを特別価格で販売します。ご希望の方は、注文書をメールで送信してください。

今月の新商品

商品番号	商品名	商品説明	価格（100g）
HT11002	オレンジピール	柑橘系の香りと甘酸っぱい風味のハーブティーです。リラックス効果があります。	¥1,140
HT11003	ジャスミン	白い花をお茶にした優しい香りのハーブティーです。リラックス効果があります。	¥1,050
HT11004	ハイビスカス	赤色の美しいハーブティーです。ビタミンCを多く含み、美容や疲労の回復に効果的です。	¥1,200
HT21004	バジル	香りの良いハーブティーです。頭痛を和らげ、疲労を回復させる効果があります。	¥1,050
HT21005	ペパーミント	すっきりとした香りの強いハーブティーです。ストレスを緩和する効果があります。	¥1,050
HT21006	ラベンダー	青色の美しいハーブティーで、レモン汁を加えると色が変化します。香りがとても良く、ストレスを和らげ、リラックス効果があります。	¥1,200
HT21007	リンデン	白い木の部分をお茶にしたハーブティーです。リラックス効果、安眠効果があります。	¥1,140

PDFファイルが作成されます。

PDFファイルを表示するアプリが起動し、PDFファイルが開かれます。

PDFファイルを閉じます。

⑩ × (閉じる）をクリックします。

※ブック「便利な機能完成」を閉じておきましょう。

STEP UP　PDFファイルの発行対象

PDFファイルとして保存すると、選択したシートが発行対象になります。複数のシートを保存したり、シート上の選択した部分だけを保存したりするには、《PDFまたはXPS形式で発行》ダイアログボックスの《オプション》をクリックし、《発行対象》で保存したい内容を設定します。

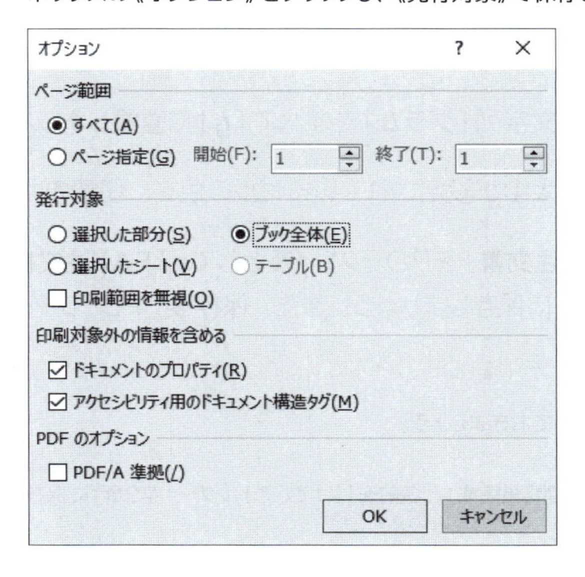

練習問題

解答 ▶ 別冊P.7

完成図のような表を作成しましょう。

フォルダー「第9章」のブック「第9章練習問題」のシート「FAX注文書」を開いておきましょう。

※アクティブシートを切り替えて、各シートの内容を確認しておきましょう。

●完成図

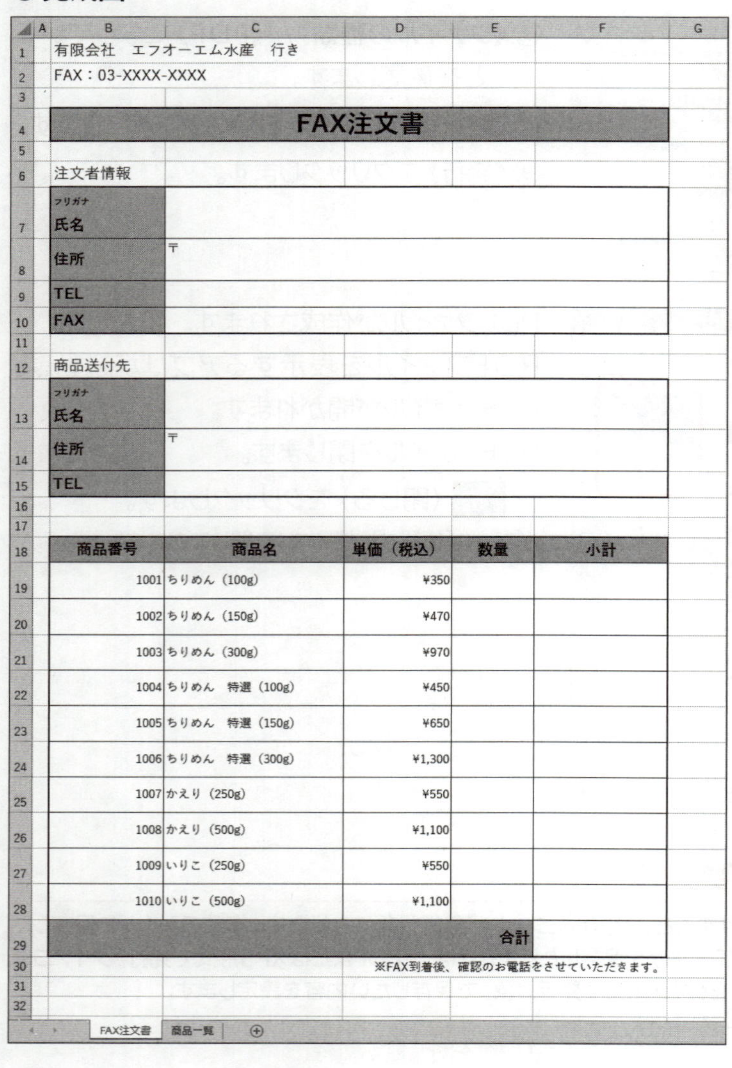

有限会社　エフオーエム水産　行き
FAX：03-XXXX-XXXX

FAX注文書

注文者情報

フリガナ 氏名	
住所	〒
TEL	
FAX	

商品送付先

フリガナ 氏名	
住所	〒
TEL	

商品番号	商品名	単価（税込）	数量	小計
1001	ちりめん（100g）	¥350		
1002	ちりめん（150g）	¥470		
1003	ちりめん（300g）	¥970		
1004	ちりめん　特選（100g）	¥450		
1005	ちりめん　特選（150g）	¥650		
1006	ちりめん　特選（300g）	¥1,300		
1007	かえり（250g）	¥550		
1008	かえり（500g）	¥1,100		
1009	いりこ（250g）	¥550		
1010	いりこ（500g）	¥1,100		
			合計	

※FAX到着後、確認のお電話をさせていただきます。

FAX注文書　商品一覧

海産物商品一覧

単位：円

商品番号	商品名	単価（税込）
1001	ちりめん（100g）	¥350
1002	ちりめん（150g）	¥470
1003	ちりめん（300g）	¥970
1004	ちりめん　特選（100g）	¥450
1005	ちりめん　特選（150g）	¥650
1006	ちりめん　特選（300g）	¥1,300
1007	かえり（250g）	¥550
1008	かえり（500g）	¥1,100
1009	いりこ（250g）	¥550
1010	いりこ（500g）	¥1,100

FAX注文書　商品一覧

① ブック全体の文字列「**グラム**」をすべて「**g**」に置換しましょう。

② ブック全体で太字が設定されているセルの色を、任意のオレンジ色に置換しましょう。

③ シート「**FAX注文書**」をPDFファイルとして、「**FAX注文書**」と名前を付けて、フォルダー「**第9章**」に保存しましょう。また、保存後、PDFファイルを表示しましょう。

Hint! 選択したシートをPDFファイルにするには、《オプション》から《◉選択したシート》を設定します。

※PDFファイルを閉じておきましょう。

※ブックに「第9章練習問題完成」と名前を付けて、フォルダー「第9章」に保存し、閉じておきましょう。

総合問題

Exercise

総合問題1

解答 ► 別冊P.8

完成図のような表を作成しましょう。

フォルダー「総合問題」のブック「総合問題1」を開いておきましょう。

●完成図

	B	C	D	E	F	G	H	I
1	週間行動予定表					2019/7/1	～	2019/7/7
2								
3	月日	7月1日	7月2日	7月3日	7月4日	7月5日	7月6日	7月7日
4	曜日	月	火	水	木	金	土	日
5-6	田中							
7-8	井上							
9-10	大野							
11-12	吉野							
13-14	近藤							

第1週　第2週

	B	C	D	E	F	G	H	I
1	週間行動予定表					2019/7/8	～	2019/7/14
2								
3	月日	7月8日	7月9日	7月10日	7月11日	7月12日	7月13日	7月14日
4	曜日	月	火	水	木	金	土	日
5-6	田中							
7-8	井上							
9-10	大野							
11-12	吉野							
13-14	近藤							

第1週　第2週

① セル【**B1**】のタイトルを「**行動予定**」から「**週間行動予定表**」に修正しましょう。

② オートフィルを使って、「**月日**」欄と「**曜日**」欄を完成させましょう。

③ セル範囲【**H5：H14**】を「**青、アクセント1、白+基本色80%**」、セル範囲【**I5：I14**】を「**オレンジ、アクセント2、白+基本色80%**」でそれぞれ塗りつぶしましょう。

④ 完成図を参考に、表内のセルを結合し、文字列を結合したセルの中央に配置しましょう。

⑤ 完成図を参考に、表内に点線の罫線を引きましょう。

⑥ セル【**G1**】に、セル範囲【**C3：I3**】の最小値を求める数式を入力しましょう。

⑦ セル【**I1**】に、セル範囲【**C3：I3**】の最大値を求める数式を入力しましょう。

⑧ セル【**G1**】とセル【**I1**】の日付が「**2019/7/1**」や「**2019/7/7**」と表示されるように、表示形式を設定しましょう。

⑨ C～I列の列幅を「**14**」に設定しましょう。

⑩ 5～14行目の行の高さを「**40**」に設定しましょう。

⑪ シート「**第1週**」をシート「**第1週**」の右側にコピーしましょう。
次に、コピーしたシートの名前を「**第2週**」に変更しましょう。

⑫ シート「**第2週**」のセル【**C3**】の「**7月1日**」を「**7月8日**」に修正しましょう。
次に、オートフィルを使って「**月日**」欄を完成させましょう。

※ブックに「総合問題1完成」と名前を付けて、フォルダー「総合問題」に保存し、閉じておきましょう。

総合問題2

解答 ► 別冊P.9

完成図のような表を作成しましょう。

フォルダー「総合問題」のブック「総合問題2」を開いておきましょう。

●完成図

FOMサッカーリーグ・成績一覧

勝利ポイント	引分ポイント
3	1

順位	チーム名	試合数	勝利数	引分数	敗北数	得点	失点	得失点差	勝率	勝点
1	グリーンイーグルス	30	24	5	1	60	19	41	80.0%	77
2	サンウィニング	30	21	4	5	63	24	39	70.0%	67
3	エンゼルフィッシュ	30	19	6	5	53	22	31	63.3%	63
4	MINAMIイレブン	30	16	8	6	54	29	25	53.3%	56
5	ストリートFC	30	17	5	8	48	30	18	56.7%	56
6	オレンジレンジャー	30	11	11	8	38	34	4	36.7%	44
7	中町ファイアー	30	11	11	8	31	32	-1	36.7%	44
8	サザンクロスFC	30	10	12	8	38	36	2	33.3%	42
9	元町ラビット	30	9	11	10	38	42	-4	30.0%	38
10	ロングドラゴン	30	10	7	13	42	38	4	33.3%	37
11	レッドモンキース	30	8	13	9	31	34	-3	26.7%	37
12	トライスターイレブン	30	9	9	12	34	43	-9	30.0%	36
13	翼ブラザーズ	30	9	8	13	33	48	-15	30.0%	35
14	イエローフロッグ	30	8	9	13	32	43	-11	26.7%	33
15	シャープウォーター	30	8	8	14	29	47	-18	26.7%	32
16	東山ホープ	30	8	7	15	28	44	-16	26.7%	31
17	FCドラゴン	30	5	12	13	27	40	-13	16.7%	27
18	ビックチルドレン	30	7	6	17	30	51	-21	23.3%	27
19	エックスダイヤモンド	30	4	7	19	20	46	-26	13.3%	19
20	アクアマリンFC	30	2	9	19	17	44	-27	6.7%	15

成績一覧

① セル【J5】に「**FCドラゴン**」の「**得失点差**」を求めましょう。
「**得失点差**」は「**得点−失点**」で求めます。
次に、セル【J5】の数式をセル範囲【J6：J24】にコピーしましょう。

② セル【K5】に「**FCドラゴン**」の「**勝率**」を求めましょう。
「**勝率**」は「**勝利数÷試合数**」で求めます。
次に、セル【K5】の数式をセル範囲【K6：K24】にコピーしましょう。

③ セル範囲【K5：K24】を小数第1位までのパーセントで表示しましょう。

④ セル【L5】に「**FCドラゴン**」の「**勝点**」を求めましょう。
「**勝点**」は「**勝利数×勝利ポイント+引分数×引分ポイント**」で求めます。なお、「**勝利ポイント**」はセル【K2】、「**引分ポイント**」はセル【L2】をそれぞれ参照して数式を入力すること。
次に、セル【L5】の数式をセル範囲【L6：L24】にコピーしましょう。

⑤ 表を「**勝点**」が大きい順に並べ替え、さらに「**勝点**」が同じ場合は、「**得失点差**」が大きい順に並べ替えましょう。

⑥ 並べ替え後の表の「**順位**」欄に「**1**」「**2**」「**3**」・・・と連番を入力しましょう。

⑦ シート「**Sheet1**」の名前を「**成績一覧**」に変更しましょう。

※ブックに「総合問題2完成」と名前を付けて、フォルダー「総合問題」に保存し、閉じておきましょう。

総合問題3

解答 ► 別冊P.10

完成図のような表を作成しましょう。

フォルダー「総合問題」のブック「総合問題3」のシート「上期売上」を開いておきましょう。

※アクティブシートを切り替えて、各シートの内容を確認しておきましょう。

●完成図

ひばりレンタカーサービス　上期売上

単位：千円

車種	月	本店	大通り店	港町店	駅前北店	駅前南店	合計
ハイブリッド	4月	132,500	169,800	158,500	114,500	100,200	675,500
	5月	152,500	189,600	110,200	254,100	127,500	833,900
	6月	110,200	254,100	139,000	182,000	125,000	810,300
	7月	375,200	393,700	110,200	302,500	281,000	1,462,600
	8月	365,900	217,500	110,200	254,100	178,500	1,126,200
	9月	221,500	289,000	139,000	159,000	125,100	933,600
小計		1,357,800	1,513,700	767,100	1,266,200	937,300	5,842,100
乗用車	4月	61,500	266,000	112,800	21,000	182,000	643,300
	5月	386,500	139,000	370,000	125,000	186,500	1,207,000
	6月	186,500	247,300	125,300	14,000	247,300	820,400
	7月	221,500	186,500	110,200	302,500	186,500	1,007,200
	8月	139,000	182,000	162,500	289,000	162,000	934,500
	9月	118,600	266,000	114,200	113,000	182,000	793,800
小計		1,113,600	1,286,800	995,000	864,500	1,146,300	5,406,200
SUV	4月	370,000	145,000	158,000	178,500	167,000	1,018,500
	5月	217,500	181,500	112,000	127,500	181,500	820,000
	6月	162,000	158,500	114,500	125,000	250,000	810,000
	7月	365,900	217,500	223,000	281,000	158,500	1,245,900
	8月	370,000	145,000	158,000	178,500	167,000	1,018,500
	9月	218,500	181,500	101,000	96,300	181,500	778,800
小計		1,703,900	1,029,000	866,500	986,800	1,105,500	5,691,700
スポーツ	4月	184,000	225,500	102,300	100,200	225,500	837,500
	5月	247,300	184,000	101,100	100,600	184,000	817,000
	6月	181,500	221,500	104,700	108,000	221,500	837,200
	7月	126,400	79,000	279,100	320,700	266,000	1,071,200
	8月	184,000	225,500	210,200	113,500	225,500	958,700
	9月	247,300	184,000	100,200	100,300	184,000	815,800
小計		1,170,500	1,119,500	897,600	843,300	1,306,500	5,337,400
ミニバン・ワゴン	4月	247,300	184,000	145,000	139,000	158,000	873,300
	5月	113,000	182,000	181,500	118,600	101,000	696,100
	6月	266,000	114,200	158,500	257,600	181,500	977,800
	7月	181,500	221,500	289,000	162,000	218,500	1,072,500
	8月	113,000	103,000	102,000	105,000	118,600	541,600
	9月	184,000	225,500	266,000	182,000	162,500	1,020,000
小計		1,104,800	1,030,200	1,142,000	964,200	940,100	5,181,300
総計		6,450,600	5,979,200	4,668,200	4,925,000	5,435,700	27,458,700

上期売上　車種別集計

ひばりレンタカーサービス　上期車種別集計

単位：千円

車種	本店	大通り店	港町店	駅前北店	駅前南店	合計	構成比
ハイブリッド	1,357,800	1,513,700	767,100	1,266,200	937,300	5,842,100	21.3%
乗用車	1,113,600	1,286,800	995,000	864,500	1,146,300	5,406,200	19.7%
SUV	1,703,900	1,029,000	866,500	986,800	1,105,500	5,691,700	20.7%
スポーツ	1,170,500	1,119,500	897,600	843,300	1,306,500	5,337,400	19.4%
ミニバン・ワゴン	1,104,800	1,030,200	1,142,000	964,200	940,100	5,181,300	18.9%
合計	6,450,600	5,979,200	4,668,200	4,925,000	5,435,700	27,458,700	100.0%

上期売上　車種別集計

① シート**「上期売上」**の1～4行目の見出しを固定しましょう。

② I列の**「合計」**欄、11行目、18行目、25行目、32行目、39行目の**「小計」**欄に合計を求めましょう。

③ セル範囲**【D40：I40】**に**「総計」**を求めましょう。

④ セル範囲**【D5：I40】**に3桁区切りカンマを付けましょう。

⑤ シート**「上期売上」**のシート見出しの色を**「薄い青」**、シート**「車種別集計」**のシート見出しの色を**「薄い緑」**にしましょう。

⑥ シート**「上期売上」**の車種別の小計（D～H列）を、シート**「車種別集計」**の表にリンク貼り付けしましょう。

⑦ シート**「車種別集計」**のセル**【I5】**に**「ハイブリッド」**の**「構成比」**を求める数式を入力しましょう。
「構成比」は**「車種別の合計÷全体の合計」**で求めます。
次に、セル**【I5】**の数式をセル範囲**【I6：I10】**にコピーしましょう。

⑧ **「構成比」**欄を小数第1位までのパーセントで表示しましょう。

※ブックに「総合問題3完成」と名前を付けて、フォルダー「総合問題」に保存し、閉じておきましょう。

総合問題4

解答 ► 別冊P.11

完成図のような表を作成しましょう。

フォルダー「総合問題」のブック「総合問題4」のシート「2017年度」を開いておきましょう。

※アクティブシートを切り替えて、各シートの内容を確認しておきましょう。

●完成図

一般会計内訳（2017年度）

単位：千円

【歳入】				【歳出】			
No.	税目	金額		No.	費目	金額	
1	市税	¥	26,497,700	1	議会費	¥	743,365
2	繰入金	¥	4,356,230	2	総務費	¥	8,337,520
3	地方消費税交付金	¥	932,875	3	民生費	¥	17,352,350
4	地方譲与税	¥	4,988,295	4	衛生費	¥	6,895,269
5	地方交付税	¥	12,667,400	5	労働費	¥	1,123,560
6	交通安全対策特別交付金	¥	13,230	6	農林水産費	¥	613,483
7	分担金および負担金	¥	1,403,500	7	商工費	¥	2,148,630
8	使用料および手数料	¥	3,768,930	8	土木費	¥	19,282,710
9	国庫支出金	¥	4,687,230	9	消防費	¥	1,647,500
10	県支出金	¥	4,232,351	10	教育費	¥	7,965,226
11	財産収入	¥	358,290	11	公債費	¥	9,745,620
12	その他諸収入	¥	5,077,953	12	その他諸支出	¥	739,101
13	市債	¥	7,620,350	13	予備費	¥	10,000
歳入額合計		¥	76,604,334	歳出額合計		¥	76,604,334

2017年度 | 2018年度 | 前年度比較

一般会計内訳（2018年度）

単位：千円

【歳入】				【歳出】			
No.	税目	金額		No.	費目	金額	
1	市税	¥	28,027,654	1	議会費	¥	832,568
2	繰入金	¥	4,138,418	2	総務費	¥	9,617,577
3	地方消費税交付金	¥	1,100,786	3	民生費	¥	17,178,826
4	地方譲与税	¥	5,387,364	4	衛生費	¥	7,998,512
5	地方交付税	¥	13,187,488	5	労働費	¥	1,213,444
6	交通安全対策特別交付金	¥	16,537	6	農林水産費	¥	699,370
7	分担金および負担金	¥	1,347,360	7	商工費	¥	2,335,383
8	使用料および手数料	¥	4,258,890	8	土木費	¥	18,125,747
9	国庫支出金	¥	4,359,123	9	消防費	¥	1,977,575
10	県支出金	¥	3,982,145	10	教育費	¥	7,328,710
11	財産収入	¥	386,953	11	公債費	¥	12,206,025
12	その他諸収入	¥	5,281,071	12	その他諸支出	¥	787,358
13	市債	¥	8,839,606	13	予備費	¥	12,300
歳入額合計		¥	80,313,395	歳出額合計		¥	80,313,395

2017年度 | 2018年度 | 前年度比較

一般会計内訳（前年度比較）

単位：千円

【歳入】				【歳出】			
No.	税目	増減額		No.	費目	増減額	
1	市税	¥	1,529,954	1	議会費	¥	89,203
2	繰入金	¥	-217,812	2	総務費	¥	1,280,057
3	地方消費税交付金	¥	167,911	3	民生費	¥	-173,524
4	地方譲与税	¥	399,069	4	衛生費	¥	1,103,243
5	地方交付税	¥	520,088	5	労働費	¥	89,884
6	交通安全対策特別交付金	¥	3,307	6	農林水産費	¥	85,887
7	分担金および負担金	¥	-56,140	7	商工費	¥	186,753
8	使用料および手数料	¥	489,960	8	土木費	¥	-1,156,963
9	国庫支出金	¥	-328,107	9	消防費	¥	330,075
10	県支出金	¥	-250,206	10	教育費	¥	-636,516
11	財産収入	¥	28,663	11	公債費	¥	2,460,405
12	その他諸収入	¥	203,118	12	その他諸支出	¥	48,257
13	市債	¥	1,219,256	13	予備費	¥	2,300
歳入額合計		¥	3,709,061	歳出額合計		¥	3,709,061

2017年度 | 2018年度 | 前年度比較

① シート「**2018年度**」をシート「**2018年度**」の右側にコピーしましょう。
次に、コピーしたシートの名前を「**前年度比較**」に変更しましょう。

② シート「**前年度比較**」のセル【**B1**】を「**一般会計内訳（前年度比較）**」、セル【**D4**】を「**増減額**」に修正しましょう。
次に、セル【**D4**】の「**増減額**」をセル【**H4**】にコピーしましょう。

③ シート「**前年度比較**」のセル範囲【**D5：D17**】とセル範囲【**H5：H17**】の数値をクリアしましょう。

④ シート「**前年度比較**」のセル【**D5**】に、「**市税**」の「**増減額**」を求める数式を入力しましょう。
「**増減額**」は、シート「**2018年度**」のセル【**D5**】からシート「**2017年度**」のセル【**D5**】を減算して求めます。
次に、シート「**前年度比較**」のセル【**D5**】の数式を、セル範囲【**D6：D17**】にコピーしましょう。

⑤ シート「**前年度比較**」のセル【**H5**】に、「**議会費**」の「**増減額**」を求める数式を入力しましょう。
「**増減額**」は、シート「**2018年度**」のセル【**H5**】からシート「**2017年度**」のセル【**H5**】を減算して求めます。
次に、シート「**前年度比較**」のセル【**H5**】の数式を、セル範囲【**H6：H17**】にコピーしましょう。

⑥ シート「**2017年度**」「**2018年度**」「**前年度比較**」をグループに設定しましょう。

⑦ グループとして設定した3枚のシートに、次の操作を一括して行いましょう。

- **セル【H2】に「単位：千円」と入力する**
- **セル【H2】の「単位：千円」を右揃えにする**
- **セル範囲【D5：D18】とセル範囲【H5：H18】に「会計」の表示形式を設定する**

⑧ グループを解除しましょう。

※ブックに「総合問題4完成」と名前を付けて、フォルダー「総合問題」に保存し、閉じておきましょう。

総合問題5

解答 ► 別冊P.12

完成図のような表とグラフを作成しましょう。

※設定する項目名が一覧にない場合は、任意の項目を選択してください。

フォルダー「総合問題」のブック「総合問題5」を開いておきましょう。

●完成図

世界の年間気温

(℃)

都市名	1月	2月	3月	4月	5月	6月	7月	8月	9月	10月	11月	12月
東京	4.7	5.4	8.4	14.0	18.4	21.5	25.2	26.7	22.9	17.3	12.3	7.4
ニューデリー	14.0	17.2	22.7	18.9	32.8	33.8	31.0	29.6	29.2	26.2	20.5	15.7
ニューヨーク	2.1	3.8	5.1	11.2	16.8	22.0	24.8	23.8	20.2	14.8	8.6	1.9
ホノルル	22.4	22.4	22.8	23.8	24.9	26.1	26.7	27.1	26.9	26.1	24.7	23.2
パリ	3.3	4.0	6.6	9.6	13.3	16.4	18.2	17.8	15.3	11.2	6.6	4.3
シドニー	22.3	22.4	21.5	18.9	15.6	13.4	12.4	13.4	15.3	17.7	19.6	21.5

世界の年間気温

① セル範囲【C3：N3】に「1月」から「12月」までのデータを入力しましょう。

② 表全体に格子の罫線を引きましょう。

③ 表の周囲に太い罫線を引きましょう。

④ セル範囲【B3：N3】の項目名に、次の書式を設定しましょう。

フォントサイズ：10ポイント **太字** **中央揃え**

⑤ 完成図を参考に、表内を1行おきに「**白、背景1、黒+基本色15%**」で塗りつぶしましょう。

⑥ セル範囲【C4：N9】の数値がすべて小数点第1位まで表示されるように、表示形式を設定しましょう。

⑦ セル範囲【B3：N9】をもとに、折れ線グラフを作成しましょう。

⑧ グラフのスタイルを「**スタイル12**」に変更しましょう。

⑨ グラフタイトルを非表示にしましょう。

Hint! 《デザイン》タブ→《グラフのレイアウト》グループの（グラフ要素を追加）を使います。

⑩ 作成したグラフをセル範囲【B11：N25】に配置しましょう。

⑪ グラフエリアを「**白、背景1、黒+基本色5%**」で塗りつぶしましょう。

⑫「**東京**」のデータ系列の上に、データラベルを表示しましょう。

⑬ グラフのデータ系列を「**東京**」「**ニューデリー**」「**ホノルル**」「**シドニー**」に絞り込みましょう。

※ブックに「総合問題5完成」と名前を付けて、フォルダー「総合問題」に保存し、閉じておきましょう。

総合問題6

解答 ► 別冊P.13

完成図のような表とグラフを作成しましょう。

※設定する項目名が一覧にない場合は、任意の項目を選択してください。

フォルダー「総合問題」のブック「総合問題6」を開いておきましょう。

●完成図

生活意識調査

どんなときに充実感を感じますか？（複数回答）

回答	20～29歳	30～39歳	40～49歳	50～59歳	60～69歳	70歳以上	合計
家族団らんのとき	39	70	90	101	104	102	506
ゆっくりと休養しているとき	76	100	86	84	83	75	504
友人や恋人と一緒にいるとき	118	96	77	70	57	66	484
趣味やスポーツをしているとき	98	80	78	72	39	92	459
仕事をしているとき	66	75	70	62	64	35	372
学業や教養を身に付けているとき	44	36	19	22	36	51	208
社会活動に奉仕しているとき	8	10	14	15	12	20	79
合計	449	467	434	426	395	441	2,612

調査結果グラフ　調査結果表

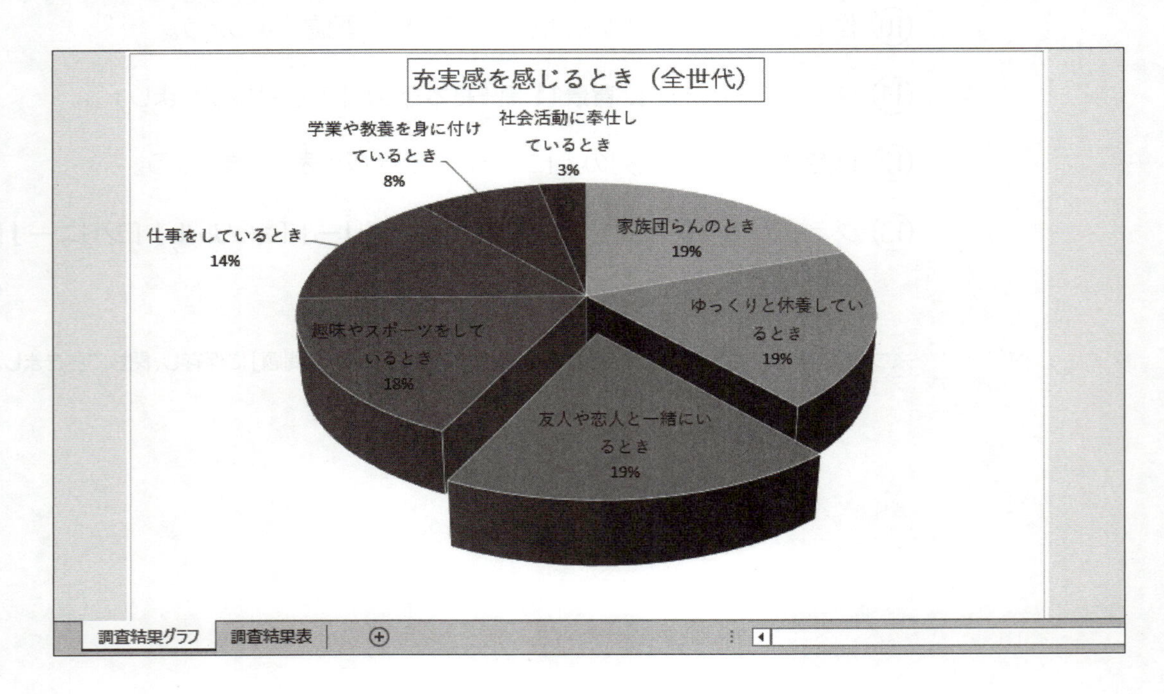

① 表内の「**合計**」のセルに関数を入力して、表を完成させましょう。

② セル範囲【**B5：I11**】のデータを、I列の合計が大きい順に並べ替えましょう。

Hint! 並べ替え対象のセル範囲をあらかじめ選択しておきます。12行目の「合計」は並べ替え対象ではないので、注意しましょう。

③ セル範囲【**B5：B11**】とセル範囲【**I5：I11**】をもとに、3-D円グラフを作成しましょう。

④ シート上のグラフをグラフシートに移動しましょう。シートの名前は「**調査結果グラフ**」にします。

⑤ グラフタイトルに「**充実感を感じるとき（全世代）**」と入力しましょう。

⑥ グラフのレイアウトを「**レイアウト1**」に変更しましょう。

⑦ グラフの色を「**モノクロパレット9**」に変更しましょう。

⑧ グラフタイトルのフォントサイズを20ポイント、データラベルのフォントサイズを14ポイントに変更しましょう。

⑨ グラフタイトルに次の枠線を付けましょう。

枠線の色　：オレンジ、アクセント2 **枠線の太さ：1.5pt**

Hint! 《書式》タブ→《図形のスタイル》グループの（図形の枠線）のを使います。

⑩「**友人や恋人と一緒にいるとき**」のデータ要素を切り離して、強調しましょう。

※ブックに「総合問題6完成」と名前を付けて、フォルダー「総合問題」に保存し、閉じておきましょう。

総合問題7

解答 ▶ 別冊P.14

完成図のような表を作成しましょう。

フォルダー「総合問題」のブック「総合問題7」のシート「会員名簿」を開いておきましょう。

※アクティブシートを切り替えて、各シートの内容を確認しておきましょう。

●完成図

会員名簿

会員No.	氏名	姓	名	郵便番号	住所	電話番号	会員種別	生年月日	誕生月	DM発送
20190011	赤井 桃花	赤井	桃花	150-00XX	東京都渋谷区恵比寿4-6-X	03-3554-XXXX	一般	1978/3/20	3	
20190007	遠藤 みれ	遠藤	みれ	160-00XX	東京都新宿区西新宿2-5-X	03-5635-XXXX	一般	1976/7/23	7	○
20180007	大木 紗枝	大木	紗枝	231-00XX	神奈川県横浜市中区石川町6-4-X	045-213-XXXX	一般	1985/5/2	5	
20180002	大原 友香	大原	友香	222-00XX	神奈川県横浜市港北区篠原東1-8-X	045-331-XXXX	一般	1982/1/7	1	
20190013	小野寺 真由美	小野寺	真由美	100-00XX	東京都千代田区丸の内6-2-X	03-3311-XXXX	一般	1980/1/1	8	
20180008	影山 真子	影山	真子	231-00XX	神奈川県横浜市中区扇町1-2-X	045-355-XXXX	一般	1977/7/24	7	○
20190008	菊池 倫子	菊池	倫子	231-00XX	神奈川県横浜市中区桜木町1-4-X	045-254-XXXX	プレミア	1981/11/21	11	
20190001	北村 容子	北村	容子	107-00XX	東京都港区南青山2-4-X	03-5487-XXXX	一般	1986/4/28	4	
20180004	紀藤 江里	紀藤	江里	160-00XX	東京都新宿区四谷3-4-X	03-3355-XXXX	一般	1975/7/21	7	○
20190004	黒田 英華	黒田	英華	113-00XX	東京都文京区根津2-5-X	03-3443-XXXX	ゴールド	1959/11/27	11	
20190018	河野 愛美	河野	愛美	251-00XX	神奈川県藤沢市辻堂1-3-X	0466-45-XXXX	ゴールド	1977/7/24	7	○
20190016	近藤 真紀	近藤	真紀	231-00XX	神奈川県横浜市中区山下町2-5-X	045-832-XXXX	一般	1965/5/19	5	
20180005	斉藤 順子	斉藤	順子	101-00XX	東京都千代田区外神田8-9-X	03-3425-XXXX	一般	1975/4/5	4	
20180011	桜田 美弥	桜田	美弥	249-00XX	神奈川県逗子市逗子5-4-X	046-866-XXXX	プレミア	1980/10/12	10	
20190003	佐奈 京香	佐奈	京香	223-00XX	神奈川県横浜市港北区日吉1-8-X	045-232-XXXX	一般	1978/8/24	8	
20190019	白石 真知子	白石	真知子	105-00XX	東京都港区芝公園1-1-X	03-3455-XXXX	一般	1977/6/28	6	○
20180003	住吉 奈々	住吉	奈々	220-00XX	神奈川県横浜市西区高島2-16-X	045-535-XXXX	ゴールド	1959/12/20	12	
20190006	高木 沙耶香	高木	沙耶香	220-00XX	神奈川県横浜市西区みなとみらい2-1-X	045-544-XXXX	ゴールド	1981/9/20	9	
20190002	田嶋 あかね	田嶋	あかね	106-00XX	東京都港区麻布十番3-3-X	03-5644-XXXX	一般	1988/2/28	2	
20190005	田中 久仁子	田中	久仁子	100-00XX	東京都千代田区大手町3-1-X	03-3351-XXXX	一般	1967/8/18	8	
20180006	富田 圭子	富田	圭子	241-00XX	神奈川県横浜市旭区柏町1-4-X	045-821-XXXX	一般	1979/11/13	11	
20190017	西村 玲子	西村	玲子	236-00XX	神奈川県横浜市金沢区洲崎町3-4-X	045-772-XXXX	一般	1980/9/23	9	
20190012	野村 せいら	野村	せいら	249-00XX	神奈川県逗子市新宿3-4-X	046-861-XXXX	プレミア	1989/2/2	2	
20190015	花田 亜希子	花田	亜希子	101-00XX	東京都千代田区内神田4-3-X	03-3425-XXXX	一般	1959/6/27	6	○
20180001	浜口 ふみ	浜口	ふみ	105-00XX	東京都港区海岸1-5-X	03-5401-XXXX	ゴールド	1972/5/29	5	
20190014	星乃 恭子	星乃	恭子	166-00XX	東京都杉並区阿佐谷南2-6-X	03-3312-XXXX	ゴールド	1980/5/17	5	
20190009	前原 美智子	前原	美智子	230-00XX	神奈川県横浜市鶴見区鶴見中央5-1-X	045-443-XXXX	一般	1967/6/26	6	○
20180009	保井 美鈴	保井	美鈴	150-00XX	東京都渋谷区広尾5-14-X	03-5563-XXXX	一般	1980/10/21	10	
20180010	吉岡 まり	吉岡	まり	251-00XX	神奈川県藤沢市川名1-5-X	0466-33-XXXX	一般	1969/12/15	12	
20190010	吉田 晴香	吉田	晴香	236-00XX	神奈川県横浜市金沢区釜利谷東2-2-X	045-983-XXXX	一般	1982/9/23	9	

会員名簿 | 特別会員

特別会員

会員No.	氏名	姓	名	郵便番号	住所	電話番号	会員種別	生年月日	誕生月	DM発送
20190008	菊池 倫子	菊池	倫子	231-00XX	神奈川県横浜市中区桜木町1-4-X	045-254-XXXX	プレミア	1981/11/21	11	
20190004	黒田 英華	黒田	英華	113-00XX	東京都文京区根津2-5-X	03-3443-XXXX	ゴールド	1959/11/27	11	
20190018	河野 愛美	河野	愛美	251-00XX	神奈川県藤沢市辻堂1-3-X	0466-45-XXXX	ゴールド	1977/7/24	7	
20180011	桜田 美弥	桜田	美弥	249-00XX	神奈川県逗子市逗子5-4-X	046-866-XXXX	プレミア	1980/10/12	10	
20180003	住吉 奈々	住吉	奈々	220-00XX	神奈川県横浜市西区高島2-16-X	045-535-XXXX	ゴールド	1959/12/20	12	
20190006	高木 沙耶香	高木	沙耶香	220-00XX	神奈川県横浜市西区みなとみらい2-1-X	045-544-XXXX	ゴールド	1981/9/20	9	
20190012	野村 せいら	野村	せいら	249-00XX	神奈川県逗子市新宿3-4-X	046-861-XXXX	プレミア	1989/2/2	2	
20180001	浜口 ふみ	浜口	ふみ	105-00XX	東京都港区海岸1-5-X	03-5401-XXXX	ゴールド	1972/5/29	5	
20190014	星乃 恭子	星乃	恭子	166-00XX	東京都杉並区阿佐谷南2-6-X	03-3312-XXXX	ゴールド	1980/5/17	5	

会員名簿 | 特別会員

①フラッシュフィルを使って、シート「**会員名簿**」のセル範囲【**D4：D33**】に「**氏名**」欄から姓の部分だけを取り出したデータを入力しましょう。
次に、セル範囲【**E4：E33**】に「**氏名**」欄から名の部分だけを取り出したデータを入力しましょう。

②「**氏名**」のふりがなを表示し、五十音順（あ→ん）に並べ替えましょう。

③「**住所**」に「**横浜市**」が含まれるレコードを抽出しましょう。
※抽出後、フィルターの条件をクリアしておきましょう。

④「**生年月日**」が1980年以降のレコードを抽出しましょう。

Hint! 《オートフィルターオプション》ダイアログボックスで《以降》を選択します。

※抽出後、フィルターの条件をクリアしておきましょう。

⑤「**会員種別**」が「**プレミア**」または「**ゴールド**」のレコードを抽出しましょう。
次に、抽出結果のレコードをシート「**特別会員**」のセル【**B4**】を開始位置としてコピーしましょう。
※コピー後、シート「会員名簿」に切り替えて、フィルターの条件をクリアしておきましょう。

⑥シート「**会員名簿**」の「**誕生月**」が「**6**」または「**7**」のレコードを抽出しましょう。
次に、抽出結果の「**DM発送**」のセルに「**○**」を入力しましょう。
※「○」は「まる」と入力して変換します。
※入力後、フィルターモードを解除しておきましょう。

※ブックに「総合問題7完成」と名前を付けて、フォルダー「総合問題」に保存し、閉じておきましょう。

総合問題8

解答 ► 別冊P.15

完成図のような表を作成しましょう。

フォルダー「総合問題」のブック「総合問題8」を開いておきましょう。

●完成図

	A	B	C	D	E	F	G	H	I	J
1		会員名簿								
2										
3		会員総数	31							
4		DM発送人数	8							
5										
6		会員No.	氏名	郵便番号	住所	電話番号	会員種別	生年月日	誕生月	DM発送
7		20180001	浜口　ふみ	105-00XX	東京都港区海岸1-5-X	03-5401-XXXX	ゴールド	1972/5/29	5	
8		20180003	住吉　奈々	220-00XX	神奈川県横浜市西区高島2-16-X	045-535-XXXX	ゴールド	1959/12/20	12	
9		20190004	黒田　英華	113-00XX	東京都文京区根津2-5-X	03-3443-XXXX	ゴールド	1959/11/27	11	
10		20190006	高木　沙耶香	220-00XX	神奈川県横浜市西区みなとみらい2-1-X	045-544-XXXX	ゴールド	1981/9/20	9	
11		20190014	星乃　恭子	166-00XX	東京都杉並区阿佐谷南2-6-X	03-3312-XXXX	ゴールド	1980/5/17	5	
12		20190018	河野　愛美	251-00XX	神奈川県藤沢市辻堂1-3-X	0466-45-XXXX	ゴールド	1977/7/24	7	○
13		20180002	大原　友香	222-00XX	神奈川県横浜市港北区篠原東1-8-X	045-331-XXXX	一般	1982/1/7	1	
14		20180004	紀藤　江里	160-00XX	東京都新宿区四谷3-4-X	03-3355-XXXX	一般	1975/7/21	7	○
15		20180005	斉藤　順子	101-00XX	東京都千代田区外神田8-9-X	03-3425-XXXX	一般	1975/4/5	4	
16		20180006	富田　圭子	241-00XX	神奈川県横浜市旭区柏町1-4-X	045-821-XXXX	一般	1979/11/13	11	
17		20180007	大木　紗枝	231-00XX	神奈川県横浜市中区石川町6-4-X	045-213-XXXX	一般	1985/5/2	5	
18		20180008	影山　真子	231-00XX	神奈川県横浜市中区扇町1-2-X	045-355-XXXX	一般	1977/7/24	7	○
19		20180009	保井　美鈴	150-00XX	東京都渋谷区広尾5-14-X	03-5563-XXXX	一般	1980/10/21	10	
20		20180010	吉岡　まり	251-00XX	神奈川県藤沢市川名1-5-X	0466-33-XXXX	一般	1969/12/15	12	
21		20180011	桜田　美弥	249-00XX	神奈川県逗子市逗子5-4-X	046-866-XXXX	プレミア	1980/10/12	10	
22		20190001	北村　容子	107-00XX	東京都港区南青山2-4-X	03-5487-XXXX	一般	1986/4/28	4	
23		20190002	田嶋　あかね	106-00XX	東京都港区麻布十番3-3-X	03-5644-XXXX	一般	1988/2/28	2	
24		20190003	佐奈　京香	223-00XX	神奈川県横浜市港北区日吉1-8-X	045-232-XXXX	一般	1978/8/24	8	
25		20190005	田中　久仁子	100-00XX	東京都千代田区大手町3-1-X	03-3351-XXXX	一般	1967/8/18	8	
26		20190007	遠藤　みれ	160-00XX	東京都新宿区西新宿2-5-X	03-5635-XXXX	一般	1976/7/23	7	○
27		20190008	菊池　倫子	231-00XX	神奈川県横浜市中区桜木町1-4-X	045-254-XXXX	プレミア	1981/11/21	11	
28		20190009	前原　美智子	230-00XX	神奈川県横浜市鶴見区鶴見中央5-1-X	045-443-XXXX	一般	1967/6/26	6	○
29		20190010	吉田　晴香	236-00XX	神奈川県横浜市金沢区釜利谷東2-2-X	045-983-XXXX	一般	1982/9/23	9	
30		20190011	赤井　桃花	150-00XX	東京都渋谷区恵比寿4-6-X	03-3554-XXXX	一般	1978/3/20	3	
31		20190012	野村　せいら	249-00XX	神奈川県逗子市新宿3-4-X	046-861-XXXX	プレミア	1989/2/2	2	
32		20190013	小野寺　真由美	100-00XX	東京都千代田区丸の内6-2-X	03-3311-XXXX	一般	1980/8/13	8	
33		20190015	花田　亜希子	101-00XX	東京都千代田区内神田4-3-X	03-3425-XXXX	一般	1959/6/27	6	○
34		20190016	近藤　真紀	231-00XX	神奈川県横浜市中区山下町2-5-X	045-832-XXXX	一般	1965/5/19	5	
35		20190017	西村　玲子	236-00XX	神奈川県横浜市金沢区洲崎町3-4-X	045-772-XXXX	一般	1980/9/23	9	
36		20190019	白石　真知子	105-00XX	東京都港区芝公園1-1-X	03-3455-XXXX	一般	1977/6/28	6	○
37		20190020	佐々木　緑	150-00XX	東京都渋谷区神宮前2-1-X	03-3401-XXXX	プレミア	1968/7/10	7	○
38										

会員名簿

① セル【**C3**】に「**会員総数**」を求めましょう。
「**会員総数**」は、「**会員No.**」の個数を数えて求めます。

② セル【**C4**】に「**DM発送人数**」を求めましょう。
「**DM発送人数**」は、「**DM発送**」の「○」の個数を数えて求めます。

③ 表の最終行の書式を下の行にコピーしましょう。

④ 37行目に次のデータを追加しましょう。

セル【B37】 ： 20190020
セル【C37】 ： 佐々木　緑
セル【D37】 ： 150-00XX
セル【E37】 ： 東京都渋谷区神宮前2-1-X
セル【F37】 ： 03-3401-XXXX
セル【G37】 ： プレミア
セル【H37】 ： 1968/7/10
セル【I37】 ： 7
セル【J37】 ： ○

※「○」は「まる」と入力して変換します。

⑤ セル【**C3**】の「**会員総数**」の数式が正しい範囲を参照するように、数式を修正しましょう。

⑥ セル【**C4**】の「**DM発送人数**」の数式が正しい範囲を参照するように、数式を修正しましょう。

⑦ 「**ゴールド**」が入力されているセルの書式を、次の書式に置換しましょう。

太字
フォントの色：赤

⑧ 「**会員種別**」のフォントの色が赤のレコードを表の上部に表示しましょう。

※ブックに「総合問題8完成」と名前を付けて、フォルダー「総合問題」に保存し、閉じておきましょう。

総合問題9

解答 ▶ 別冊P.16

完成図のような表を作成しましょう。

フォルダー「総合問題」のブック「総合問題9」のシート「1月」を開いておきましょう。

※アクティブシートを切り替えて、各シートの内容を確認しておきましょう。

●完成図

	A	B	C	D	E	F	G	H	I	J	K	L	M
1		家計簿											
2													
3		日付	曜日	食費	住居	医療	光熱	被服	交際	娯楽	保険	合計	累計
4		1月1日	火						4000			4000	4000
5		1月2日	水	1023								1023	
6		1月3日	木	982								982	
7		1月4日	金	592								592	
8		1月5日	土				13480			500		13980	
9		1月6日	日									0	
10		1月7日	月	1572								1572	
11		1月8日	火									0	
12		1月9日	水									0	
13		1月10日	木									0	
14		1月11日	金							1800		1800	
15		1月12日	土				15530					15530	
16		1月13日	日	2460								2460	
17		1月14日	月	583								583	
18		1月15日	火									0	
19		1月16日	水			1800			5000			6800	
20		1月17日	木									0	
21		1月18日	金									0	
22		1月19日	土									0	
23		1月20日	日	1735								1735	
24		1月21日	月									0	
25		1月22日	火									0	
26		1月23日	水					3500				3500	
27		1月24日	木			900						900	
28		1月25日	金	5610								5610	
29		1月26日	土		65000						7000	72000	
30		1月27日	日									0	
31		1月28日	月									0	
32		1月29日	火									0	
33		1月30日	水									0	
34		1月31日	木	4560								4560	
35		費目合計		19117	65000	2700	29010	3500	9000	2300	7000	137627	
36													

1月 2月 年間集計

	A	B	C	D	E	F	G	H	I	J	K	L	M
1		家計簿											
2													
3		日付	曜日	食費	住居	医療	光熱	被服	交際	娯楽	保険	合計	累計
4		2月1日	金									¥0	¥0
5		2月2日	土									¥0	¥0
6		2月3日	日									¥0	¥0
7		2月4日	月									¥0	¥0
8		2月5日	火									¥0	¥0
9		2月6日	水									¥0	¥0
10		2月7日	木									¥0	¥0
11		2月8日	金									¥0	¥0
12		2月9日	土									¥0	¥0
13		2月10日	日									¥0	¥0
14		2月11日	月									¥0	¥0
15		2月12日	火									¥0	¥0
16		2月13日	水									¥0	¥0
17		2月14日	木									¥0	¥0
18		2月15日	金									¥0	¥0
19		2月16日	土									¥0	¥0
20		2月17日	日									¥0	¥0
21		2月18日	月									¥0	¥0
22		2月19日	火									¥0	¥0
23		2月20日	水									¥0	¥0
24		2月21日	木									¥0	¥0
25		2月22日	金									¥0	¥0
26		2月23日	土									¥0	¥0
27		2月24日	日									¥0	¥0
28		2月25日	月									¥0	¥0
29		2月26日	火									¥0	¥0
30		2月27日	水									¥0	¥0
31		2月28日	木									¥0	¥0
32		費目合計		¥0	¥0	¥0	¥0	¥0	¥0	¥0	¥0	¥0	
33													
34													

1月 2月 年間集計

	A	B	C	D	E	F	G	H	I	J	K
1		家計簿									
2											
3		月	食費	住居	医療	光熱	被服	交際	娯楽	保険	合計
4		1月	¥19,117	¥65,000	¥2,700	¥29,010	¥3,500	¥9,000	¥2,300	¥7,000	¥137,627
5		2月	¥0	¥0	¥0	¥0	¥0	¥0	¥0	¥0	¥0
6		3月									¥0
7		4月									¥0
8		5月									¥0
9		6月									¥0
10		7月									¥0
11		8月									¥0
12		9月									¥0
13		10月									¥0
14		11月									¥0
15		12月									¥0
16		年間合計	¥19,117	¥65,000	¥2,700	¥29,010	¥3,500	¥9,000	¥2,300	¥7,000	¥137,627
17											

1月 | 2月 | 年間集計

① シート「**1月**」の1～3行目の見出しを固定しましょう。

② セル【**M4**】に、セル【**L4**】を参照する数式を入力しましょう。

③ セル【**M5**】に、セル【**M4**】とセル【**L5**】を加算する数式を入力しましょう。
次に、セル【**M5**】の数式をセル範囲【**M6：M34**】にコピーしましょう。

④ セル範囲【**D4：K34**】に3桁区切りカンマを付けましょう。
次に、セル範囲【**L4：M34**】とセル範囲【**D35：L35**】に通貨記号の「**¥**」と3桁区切りカンマを付けましょう。

⑤ シート「**1月**」をシート「**1月**」とシート「**年間集計**」の間にコピーしましょう。
次に、コピーしたシートの名前を「**2月**」に変更しましょう。

⑥ シート「**2月**」のセル範囲【**B4：K34**】のデータをクリアしましょう。

⑦ シート「**2月**」のセル【**B4**】に「**2月1日**」、セル【**C4**】に「**金**」と入力しましょう。
次に、オートフィルを使って、「**日付**」欄と「**曜日**」欄を完成させましょう。

⑧ シート「**2月**」の32～34行目を削除しましょう。

⑨ シート「**年間集計**」のセル【**C4**】に、シート「**1月**」のセル【**D35**】を参照する数式を入力しましょう。
次に、シート「**年間集計**」のセル【**C4**】の数式を、セル範囲【**D4：J4**】にコピーしましょう。

⑩ シート「**年間集計**」のセル【**C5**】に、シート「**2月**」のセル【**D32**】を参照する数式を入力しましょう。
次に、シート「**年間集計**」のセル【**C5**】の数式を、セル範囲【**D5：J5**】にコピーしましょう。

⑪ シート「**年間集計**」のシート見出しの色を「**オレンジ**」にしましょう。

※ブックに「総合問題9完成」と名前を付けて、フォルダー「総合問題」に保存し、閉じておきましょう。

総合問題10

解答 ► 別冊P.17

完成図のような表を作成しましょう。

フォルダー「総合問題」のブック「総合問題10」を開いておきましょう。

●完成図

人口統計　（単位：千人）

No.	都道府県名	1935年	1940年	1945年	1950年	1955年	1960年	1965年	1970年	1975年	1980年	1985年	1990年	1995年	2000年	2005年	2010年	2015年	人口増減率
1	北海道	3,068	3,229	3,518	4,296	4,773	5,039	5,172	5,184	5,338	5,576	5,679	5,644	5,692	5,683	5,628	5,506	5,382	175.4%
2	青森県	967	985	1,083	1,283	1,383	1,427	1,417	1,428	1,469	1,524	1,524	1,483	1,482	1,476	1,437	1,373	1,308	135.3%
3	岩手県	1,046	1,078	1,228	1,347	1,427	1,449	1,411	1,371	1,386	1,422	1,434	1,417	1,420	1,416	1,385	1,330	1,280	122.4%
4	宮城県	1,235	1,247	1,462	1,663	1,727	1,743	1,753	1,819	1,955	2,082	2,176	2,249	2,329	2,365	2,360	2,348	2,334	189.0%
5	秋田県	1,038	1,035	1,212	1,309	1,349	1,336	1,280	1,241	1,232	1,257	1,254	1,227	1,214	1,189	1,146	1,086	1,023	98.6%
6	山形県	1,117	1,100	1,326	1,357	1,354	1,321	1,263	1,226	1,220	1,252	1,262	1,258	1,257	1,244	1,216	1,169	1,124	100.6%
7	福島県	1,582	1,595	1,957	2,062	2,095	2,051	1,984	1,946	1,971	2,035	2,080	2,104	2,134	2,127	2,091	2,029	1,914	121.0%
8	茨城県	1,549	1,595	1,944	2,039	2,064	2,047	2,056	2,144	2,342	2,558	2,725	2,845	2,956	2,986	2,975	2,970	2,917	188.3%
9	栃木県	1,195	1,187	1,546	1,550	1,548	1,514	1,522	1,580	1,698	1,792	1,866	1,935	1,984	2,005	2,017	2,008	1,974	165.2%
10	群馬県	1,242	1,280	1,546	1,601	1,614	1,578	1,606	1,659	1,756	1,849	1,921	1,966	2,004	2,025	2,024	2,008	1,973	158.9%
11	埼玉県	1,529	1,583	2,047	2,146	2,263	2,431	3,015	3,866	4,821	5,420	5,864	6,405	6,759	6,938	7,054	7,195	7,267	475.3%
12	千葉県	1,546	1,561	1,967	2,139	2,205	2,306	2,702	3,367	4,149	4,735	5,148	5,555	5,798	5,926	6,056	6,216	6,223	402.5%
13	東京都	6,370	7,284	3,488	6,278	8,037	9,684	10,869	11,408	11,674	11,618	11,829	11,856	11,774	12,064	12,577	13,159	13,515	212.2%
14	神奈川県	1,840	2,158	1,866	2,488	2,919	3,443	4,431	5,472	6,398	6,924	7,432	7,980	8,246	8,490	8,792	9,048	9,126	496.0%
15	新潟県	1,996	2,022	2,390	2,461	2,473	2,442	2,399	2,361	2,392	2,451	2,478	2,475	2,488	2,476	2,431	2,374	2,304	115.4%
16	富山県	799	810	954	1,009	1,021	1,033	1,025	1,030	1,071	1,103	1,118	1,120	1,123	1,121	1,112	1,093	1,066	133.4%
17	石川県	768	746	888	957	966	973	980	1,002	1,070	1,119	1,152	1,165	1,180	1,181	1,174	1,170	1,154	150.3%
18	福井県	647	635	725	752	754	753	751	744	774	794	818	824	827	829	822	806	787	121.6%
19	山梨県	647	651	839	811	807	782	763	762	783	804	833	853	882	888	885	863	835	129.1%
20	長野県	1,714	1,683	2,121	2,061	2,021	1,981	1,958	1,957	2,018	2,084	2,137	2,157	2,194	2,215	2,196	2,152	2,099	122.5%
21	岐阜県	1,226	1,243	1,519	1,545	1,584	1,638	1,700	1,759	1,868	1,960	2,029	2,067	2,100	2,108	2,107	2,081	2,032	165.7%
22	静岡県	1,940	1,983	2,220	2,471	2,650	2,756	2,913	3,090	3,309	3,447	3,575	3,671	3,738	3,767	3,792	3,765	3,700	190.7%
23	愛知県	2,863	3,120	2,858	3,391	3,769	4,206	4,799	5,386	5,924	6,222	6,455	6,691	6,868	7,043	7,255	7,411	7,483	261.4%
24	三重県	1,175	1,178	1,394	1,461	1,486	1,485	1,514	1,543	1,626	1,687	1,747	1,793	1,841	1,857	1,867	1,855	1,816	154.6%
25	滋賀県	711	692	861	861	854	843	853	890	986	1,080	1,156	1,222	1,287	1,343	1,380	1,411	1,413	198.7%
26	京都府	1,703	1,705	1,604	1,833	1,935	1,993	2,103	2,250	2,425	2,527	2,587	2,602	2,630	2,644	2,648	2,636	2,610	153.3%
27	大阪府	4,297	4,737	2,801	3,857	4,618	5,505	6,657	7,620	8,279	8,473	8,668	8,735	8,797	8,805	8,817	8,865	8,839	205.7%
28	兵庫県	2,923	3,174	2,822	3,310	3,621	3,906	4,310	4,668	4,992	5,145	5,278	5,405	5,402	5,551	5,591	5,588	5,535	189.4%
29	奈良県	620	610	780	764	777	781	826	930	1,077	1,209	1,305	1,375	1,431	1,443	1,421	1,401	1,364	220.0%
30	和歌山県	864	847	936	982	1,007	1,002	1,027	1,043	1,072	1,087	1,087	1,074	1,080	1,070	1,036	1,002	964	111.6%
31	鳥取県	490	475	563	600	614	599	580	569	581	604	616	616	615	613	607	589	573	116.9%
32	島根県	747	725	860	913	929	889	822	774	769	785	795	781	771	762	742	717	694	92.9%
33	岡山県	1,333	1,308	1,565	1,661	1,690	1,670	1,645	1,707	1,814	1,871	1,917	1,926	1,951	1,951	1,957	1,945	1,922	144.2%
34	広島県	1,805	1,823	1,885	2,082	2,149	2,184	2,281	2,436	2,646	2,739	2,819	2,850	2,882	2,879	2,877	2,861	2,844	157.6%
35	山口県	1,191	1,266	1,356	1,541	1,610	1,602	1,544	1,511	1,555	1,587	1,602	1,573	1,556	1,528	1,493	1,451	1,405	118.0%
36	徳島県	729	707	836	879	878	847	815	791	805	825	835	832	832	824	810	785	756	103.7%
37	香川県	749	716	864	946	944	919	901	908	961	1,000	1,023	1,023	1,027	1,023	1,012	996	976	130.3%
38	愛媛県	1,165	1,159	1,361	1,522	1,541	1,501	1,446	1,418	1,465	1,507	1,530	1,515	1,507	1,493	1,468	1,431	1,385	118.9%
39	高知県	715	698	776	874	883	855	813	787	808	831	840	825	817	814	796	764	728	101.8%
40	福岡県	2,756	3,041	2,747	3,530	3,860	4,007	3,965	4,027	4,293	4,553	4,719	4,811	4,933	5,016	5,050	5,072	5,102	185.1%
41	佐賀県	686	686	830	945	974	943	872	838	838	866	880	878	884	877	866	850	833	121.4%
42	長崎県	1,297	1,341	1,319	1,645	1,748	1,760	1,641	1,570	1,572	1,591	1,594	1,563	1,545	1,517	1,479	1,427	1,377	106.2%
43	熊本県	1,387	1,338	1,556	1,828	1,896	1,856	1,771	1,700	1,715	1,790	1,838	1,840	1,860	1,859	1,842	1,817	1,786	128.8%
44	大分県	980	953	1,125	1,253	1,277	1,240	1,187	1,156	1,190	1,229	1,250	1,237	1,231	1,221	1,210	1,197	1,166	119.0%
45	宮崎県	824	823	914	1,091	1,139	1,135	1,081	1,051	1,085	1,152	1,176	1,169	1,176	1,170	1,153	1,135	1,104	134.0%
46	鹿児島県	1,591	1,554	1,538	1,804	2,044	1,963	1,854	1,729	1,724	1,785	1,819	1,798	1,794	1,786	1,753	1,706	1,648	103.6%
47	沖縄県	592	566	−	−	−	−	−	−	1,043	1,107	1,179	1,222	1,273	1,318	1,362	1,393	1,434	242.2%

都道府県別　上位5件

出典：人口推計「都道府県別人口」（総務省統計局）

	A
1	神奈川県
2	埼玉県
3	千葉県
4	愛知県
5	沖縄県
6	

都道府県別　上位5件

都道府県別

人口統計

No.	都道府県名	1935年	1940年	1945年	1950年	1955年	1960年	1965年	1970年	1975年	1980年	1985年
1	北海道	3,068	3,229	3,518	4,296	4,773	5,039	5,172	5,184	5,338	5,576	5,679
2	青森県	967	985	1,083	1,283	1,383	1,427	1,417	1,428	1,469	1,524	1,524
3	岩手県	1,046	1,078	1,228	1,347	1,427	1,449	1,411	1,371	1,386	1,422	1,434
4	宮城県	1,235	1,247	1,462	1,663	1,727	1,743	1,753	1,819	1,955	2,082	2,176
5	秋田県	1,038	1,035	1,212	1,309	1,349	1,336	1,280	1,241	1,232	1,257	1,254
6	山形県	1,117	1,100	1,326	1,357	1,354	1,321	1,263	1,226	1,220	1,252	1,262
7	福島県	1,582	1,595	1,957	2,062	2,095	2,051	1,984	1,946	1,971	2,035	2,080
8	茨城県	1,549	1,595	1,944	2,039	2,064	2,047	2,056	2,144	2,342	2,558	2,725
9	栃木県	1,195	1,187	1,546	1,550	1,548	1,514	1,522	1,580	1,698	1,792	1,866
10	群馬県	1,242	1,280	1,546	1,601	1,614	1,578	1,606	1,659	1,756	1,849	1,921
11	埼玉県	1,529	1,583	2,047	2,146	2,263	2,431	3,015	3,866	4,821	5,420	5,864
12	千葉県	1,546	1,561	1,967	2,139	2,205	2,306	2,702	3,367	4,149	4,735	5,148
13	東京都	6,370	7,284	3,488	6,278	8,037	9,684	10,869	11,408	11,674	11,618	11,829
14	神奈川県	1,840	2,158	1,866	2,488	2,919	3,443	4,431	5,472	6,398	6,924	7,432
15	新潟県	1,996	2,022	2,390	2,461	2,473	2,442	2,399	2,361	2,392	2,451	2,478
16	富山県	799	810	954	1,009	1,021	1,033	1,025	1,030	1,071	1,103	1,118
17	石川県	768	746	888	957	966	973	980	1,002	1,070	1,119	1,152
18	福井県	647	635	725	752	754	753	751	744	774	794	818
19	山梨県	647	651	839	811	807	782	763	762	783	804	833
20	長野県	1,714	1,683	2,121	2,061	2,021	1,981	1,958	1,957	2,018	2,084	2,137
21	岐阜県	1,226	1,243	1,519	1,545	1,584	1,638	1,700	1,759	1,868	1,960	2,029
22	静岡県	1,940	1,983	2,220	2,471	2,650	2,756	2,913	3,090	3,309	3,447	3,575
23	愛知県	2,863	3,120	2,858	3,391	3,769	4,206	4,799	5,386	5,924	6,222	6,455
24	三重県	1,175	1,178	1,394	1,461	1,486	1,485	1,514	1,543	1,626	1,687	1,747
25	滋賀県	711	692	861	861	854	843	853	890	986	1,080	1,156
26	京都府	1,703	1,705	1,604	1,833	1,935	1,993	2,103	2,250	2,425	2,527	2,587
27	大阪府	4,297	4,737	2,801	3,857	4,618	5,505	6,657	7,620	8,279	8,473	8,668
28	兵庫県	2,923	3,174	2,822	3,310	3,621	3,906	4,310	4,668	4,992	5,145	5,278
29	奈良県	620	610	780	764	777	781	826	930	1,077	1,209	1,305
30	和歌山県	864	847	936	982	1,007	1,002	1,027	1,043	1,072	1,087	1,087
31	鳥取県	490	475	563	600	614	599	580	569	581	604	616
32	島根県	747	725	860	913	929	889	822	774	769	785	795
33	岡山県	1,333	1,308	1,565	1,661	1,690	1,670	1,645	1,707	1,814	1,871	1,917
34	広島県	1,805	1,823	1,885	2,082	2,149	2,184	2,281	2,436	2,646	2,739	2,819
35	山口県	1,191	1,266	1,356	1,541	1,610	1,602	1,544	1,511	1,555	1,587	1,602
36	徳島県	729	707	836	879	878	847	815	791	805	825	835
37	香川県	749	716	864	946	944	919	901	908	961	1,000	1,023
38	愛媛県	1,165	1,159	1,361	1,522	1,541	1,501	1,446	1,418	1,465	1,507	1,530
39	高知県	715	698	776	874	883	855	813	787	808	831	840
40	福岡県	2,756	3,041	2,747	3,530	3,860	4,007	3,965	4,02			
41	佐賀県	686	686	830	945	974	943	872	83			
42	長崎県	1,297	1,341	1,319	1,645	1,748	1,760	1,641	1,57			
43	熊本県	1,387	1,338	1,556	1,828	1,896	1,856	1,771	1,70			
44	大分県	980	953	1,125	1,253	1,277	1,240	1,187	1,15			
45	宮崎県	824	823	914	1,091	1,139	1,135	1,081	1,05			
46	鹿児島県	1,591	1,554	1,538	1,804	2,044	1,963	1,854	1,72			
47	沖縄県	592	566	–	–	–	–	–	–			

都道府県別

人口統計

（単位：千人）

No.	都道府県名	1990年	1995年	2000年	2005年	2010年	2015年	人口増減率
1	北海道	5,644	5,692	5,683	5,628	5,506	5,382	175.4%
2	青森県	1,483	1,482	1,476	1,437	1,373	1,308	135.3%
3	岩手県	1,417	1,420	1,416	1,385	1,330	1,280	122.4%
4	宮城県	2,249	2,329	2,365	2,360	2,348	2,334	189.0%
5	秋田県	1,227	1,214	1,189	1,146	1,086	1,023	98.6%
6	山形県	1,258	1,257	1,244	1,216	1,169	1,124	100.6%
7	福島県	2,104	2,134	2,127	2,091	2,029	1,914	121.0%
8	茨城県	2,845	2,956	2,986	2,975	2,970	2,917	188.3%
9	栃木県	1,935	1,984	2,005	2,017	2,008	1,974	165.2%
10	群馬県	1,966	2,004	2,025	2,024	2,008	1,973	158.9%
11	埼玉県	6,405	6,759	6,938	7,054	7,195	7,267	475.3%
12	千葉県	5,555	5,798	5,926	6,056	6,216	6,223	402.5%
13	東京都	11,856	11,774	12,064	12,577	13,159	13,515	212.2%
14	神奈川県	7,980	8,246	8,490	8,792	9,048	9,126	496.0%
15	新潟県	2,475	2,488	2,476	2,431	2,374	2,304	115.4%
16	富山県	1,120	1,123	1,121	1,112	1,093	1,066	133.4%
17	石川県	1,165	1,180	1,181	1,174	1,170	1,154	150.3%
18	福井県	824	827	829	822	806	787	121.6%
19	山梨県	853	882	888	885	863	835	129.1%
20	長野県	2,157	2,194	2,215	2,196	2,152	2,099	122.5%
21	岐阜県	2,067	2,100	2,108	2,107	2,081	2,032	165.7%
22	静岡県	3,671	3,738	3,767	3,792	3,765	3,700	190.7%
23	愛知県	6,691	6,868	7,043	7,255	7,411	7,483	261.4%
24	三重県	1,793	1,841	1,857	1,867	1,855	1,816	154.6%
25	滋賀県	1,222	1,287	1,343	1,380	1,411	1,413	198.7%
26	京都府	2,602	2,630	2,644	2,648	2,636	2,610	153.3%
27	大阪府	8,735	8,797	8,805	8,817	8,865	8,839	205.7%
28	兵庫県	5,405	5,402	5,551	5,591	5,588	5,535	189.4%
29	奈良県	1,375	1,431	1,443	1,421	1,401	1,364	220.0%
30	和歌山県	1,074	1,080	1,070	1,036	1,002	964	111.6%
31	鳥取県	616	615	613	607	589	573	116.9%
32	島根県	781	771	762	742	717	694	92.9%
33	岡山県	1,926	1,951	1,951	1,957	1,945	1,922	144.2%
34	広島県	2,850	2,882	2,879	2,877	2,861	2,844	157.6%
35	山口県	1,573	1,556	1,528	1,493	1,451	1,405	118.0%
36	徳島県	832	832	824	810	785	756	103.7%
37	香川県	1,023	1,027	1,023	1,012	996	976	130.3%
38	愛媛県	1,515	1,507	1,493	1,468	1,431	1,385	118.9%
39	高知県	825	817	814	796	764	728	101.8%
40	福岡県	4,811	4,933	5,016	5,050	5,072	5,102	185.1%
41	佐賀県	878	884	877	866	850	833	121.4%
42	長崎県	1,563	1,545	1,517	1,479	1,427	1,377	106.2%
43	熊本県	1,840	1,860	1,859	1,842	1,817	1,786	128.8%
44	大分県	1,237	1,231	1,221	1,210	1,197	1,166	119.0%
45	宮崎県	1,169	1,176	1,170	1,153	1,135	1,104	134.0%
46	鹿児島県	1,798	1,794	1,786	1,753	1,706	1,648	103.6%
47	沖縄県	1,222	1,273	1,318	1,362	1,393	1,434	242.2%

2

① E～S列を非表示にしましょう。

② セル**【U4】**に**「北海道」**の1935年から2015年までの**「人口増減率」**を求めましょう。
「人口増減率」は**「2015年の人口÷1935年の人口」**で求めます。
次に、セル**【U4】**の数式をコピーし、**「人口増減率」**欄を完成させましょう。

③ 表内の**「人口増減率」**欄を小数第1位までのパーセントで表示しましょう。

④ 新しいシートを挿入し、**「上位5件」**という名前を付けましょう。
※シート名を変更後、シート「都道府県別」に切り替えておきましょう。

⑤ シート**「都道府県別」**の**「人口増減率」**が高い上位5都道府県のレコードを抽出しましょう。
次に、抽出結果のレコードを**「人口増減率」**の降順で並べ替えましょう。

⑥ ⑤の抽出結果のレコードのうち**「都道府県名」**だけを、シート**「上位5件」**のセル**【A1】**を開始位置としてコピーしましょう。
※コピー後、シート「都道府県別」に切り替えて、フィルターモードを解除しておきましょう。

⑦ シート**「都道府県別」**を**「No.」**順に並べ替えましょう。

⑧ E～S列を再表示しましょう。

⑨ ページレイアウトに切り替えて、シート**「都道府県別」**が次の設定で印刷されるようにページを設定しましょう。

用紙サイズ　：A4
用紙の向き　：縦
余白　　　　：狭い
印刷タイトル：B～C列
ヘッダー右側：シート名
フッター右側：ページ番号

⑩ 改ページプレビューに切り替えて、シート**「都道府県別」**の沖縄県（50行目）までが1ページ目に入るように設定しましょう。また、A列を印刷範囲から除きましょう。
次に、1部印刷しましょう。

⑪ シート**「都道府県別」**をPDFファイルとして、**「人口統計」**と名前を付けて、フォルダー**「総合問題」**に保存しましょう。また、保存後、PDFファイルを表示しましょう。
※PDFファイルを閉じておきましょう。

※ブックに「総合問題10完成」と名前を付けて、フォルダー「総合問題」に保存し、閉じておきましょう。

付録

Excel 2019の新機能

Step 1 新しいグラフを作成する

1 グラフ機能の強化

Excel 2019では、グラフ機能が強化され、地図を塗り分けてデータを比較する**「マップグラフ」**、過程ごとの値の割合を視覚化する**「じょうごグラフ」**の2つのグラフを新しく作成できるようになりました。

1 マップグラフ

マップグラフは、地図を塗り分けてデータを比較するグラフです。
国別や都道府県別の人口データの値や店舗の売上の値など、値の大小を色の濃淡で比較したり、分類項目ごとに色を塗り分けたりする場合に使われます。

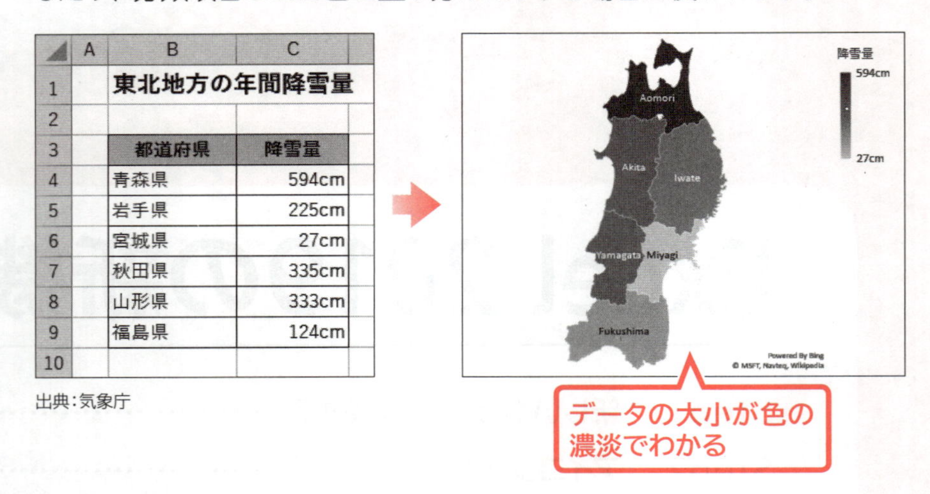

	A	B	C
1		東北地方の年間降雪量	
2			
3		都道府県	降雪量
4		青森県	594cm
5		岩手県	225cm
6		宮城県	27cm
7		秋田県	335cm
8		山形県	333cm
9		福島県	124cm
10			

出典：気象庁

2 じょうごグラフ

じょうごグラフは、物事が進行する過程で、過程ごとの値の割合を視覚化するグラフです。
販売工程が進むにつれ減少する顧客の数や、年間の予算残高など、段階を経て減少していく値を追跡する場合に使われます。

	A	B	C
1		商談フェーズと顧客数	
2			
3		商談フェーズ	顧客数
4		見込み	500
5		DM発送	412
6		問い合わせ	383
7		説明	156
8		商談交渉	108
9		契約成立	84
10			

見込み 500
DM発送 412
問い合わせ 383
説明 156
商談交渉 108
契約成立 84

どの段階がボトルネックになっているかがわかる

2 マップグラフの作成

グラフを作成する手順は、Excel 2013やExcel 2016と同じです。グラフのもとになるデータ範囲を選択して、**《挿入》**タブの**《グラフ》**グループのボタンを使って作成します。
※マップグラフを作成するには、インターネット接続が必要です。

フォルダー「付録」のブック「Excel2019の新機能-1」を開いておきましょう。

1 グラフの作成

東北地方の都道府県ごとに年間降雪量を比較するマップグラフを作成しましょう。

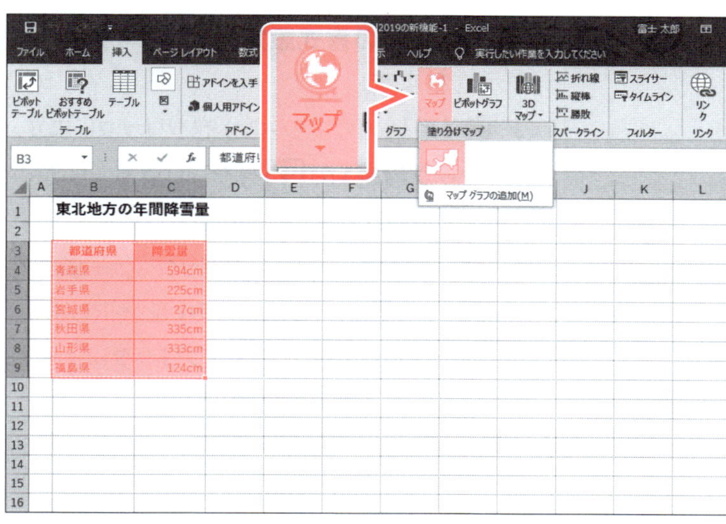

出典：気象庁

①セル範囲**【B3：C9】**を選択します。
②**《挿入》**タブを選択します。
③**《グラフ》**グループの（マップグラフの挿入）をクリックします。
④**《塗り分けマップ》**の**《塗り分けマップ》**をクリックします。

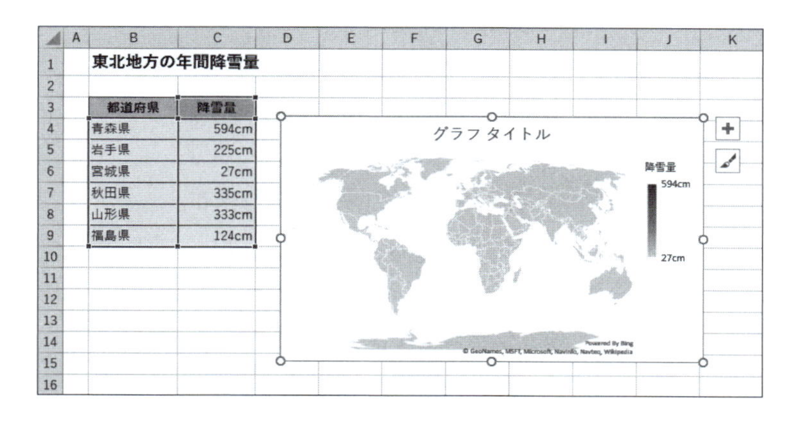

マップグラフが作成されます。
※「マップグラフを作成するために必要なデータがBingに送信されます。」が表示された場合は、《同意します》をクリックしておきましょう。
※作成直後は世界地図が表示されるので、東北地方は見えていません。

2 データ系列の書式設定

マップの投影方法や領域を設定し、東北地方の地図を表示します。
データ系列の書式を次のように設定しましょう。

マップ投影　：メルカトル
マップ領域　：データが含まれる地域のみ
マップラベル：すべて表示

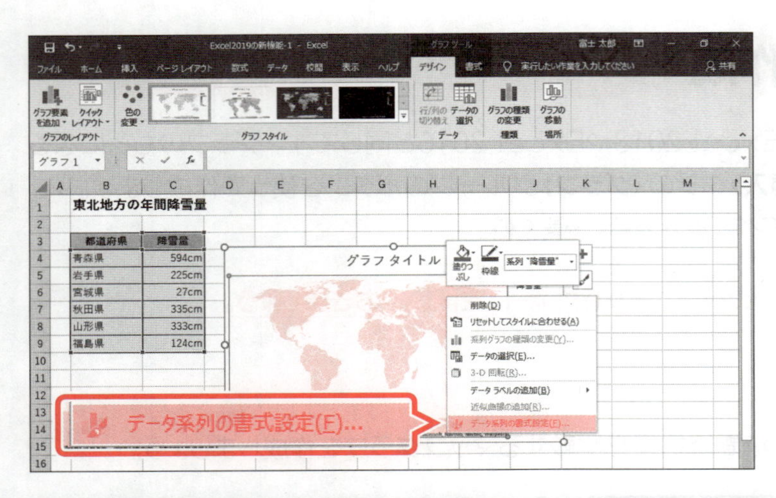

①マップグラフの大陸上を右クリックします。

※どの大陸でもかまいません。

※大陸上をポイントし、「系列・・・」と表示されることを確認してから、右クリックしましょう。

②**《データ系列の書式設定》**をクリックします。

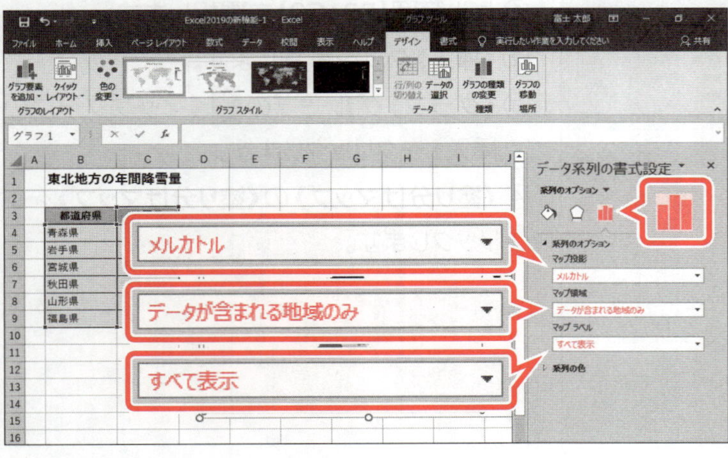

《データ系列の書式設定》作業ウィンドウが表示されます。

③ （系列のオプション）をクリックします。

④**《マップ投影》**の をクリックし、一覧から**《メルカトル》**を選択します。

⑤**《マップ領域》**の をクリックし、一覧から**《データが含まれる地域のみ》**を選択します。

⑥**《マップラベル》**の をクリックし、一覧から**《すべて表示》**を選択します。

※《データ系列の書式設定》作業ウィンドウを閉じておきましょう。

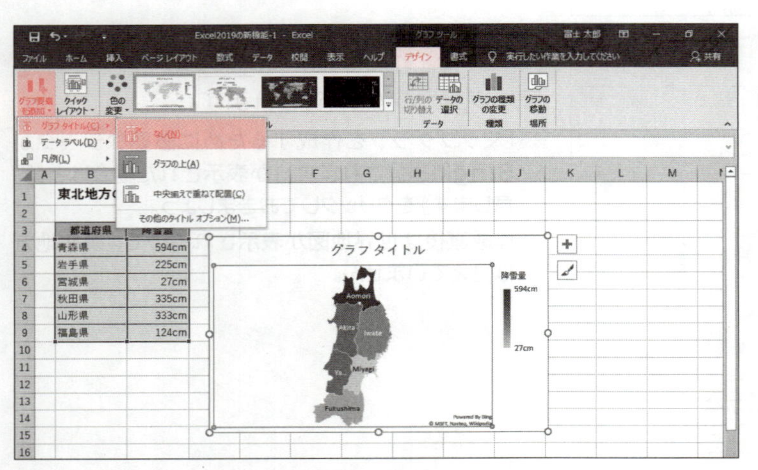

マップグラフに表示される地域が東北地方に絞り込まれます。

降雪量が多い地域は色が濃く、降雪量が少ない地域は、色が淡く表示されます。

グラフタイトルを非表示にします。

⑦**《デザイン》**タブを選択します。

⑧**《グラフのレイアウト》**グループの （グラフ要素を追加）をクリックします。

⑨**《グラフタイトル》**をポイントします。

⑩**《なし》**をクリックします。

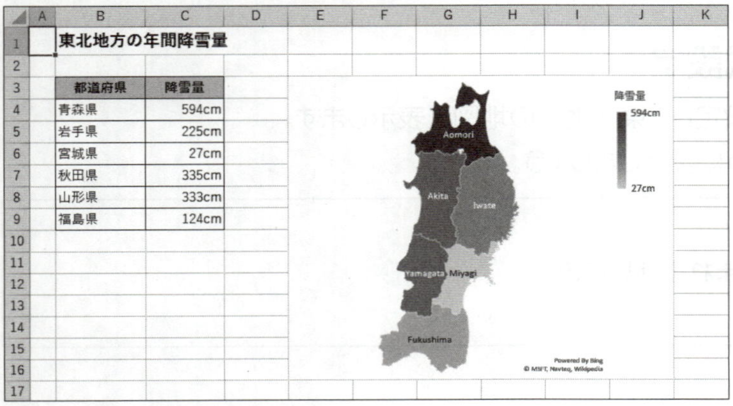

東北地方の年間降雪量

都道府県	降雪量
青森県	594cm
岩手県	225cm
宮城県	27cm
秋田県	335cm
山形県	333cm
福島県	124cm

グラフタイトルが非表示になります。

※グラフの枠線をポイントし、ドラッグしてグラフの位置を調整しておきましょう。

※ブックに「Excel2019の新機能-1完成」と名前を付けて、フォルダー「付録」に保存し、閉じておきましょう。

3 じょうごグラフの作成

販売工程ににおける商談フェーズと顧客数の割合を視覚化するじょうごグラフを作成しましょう。

File OPEN フォルダー「付録」のブック「Excel2019の新機能-2」を開いておきましょう。

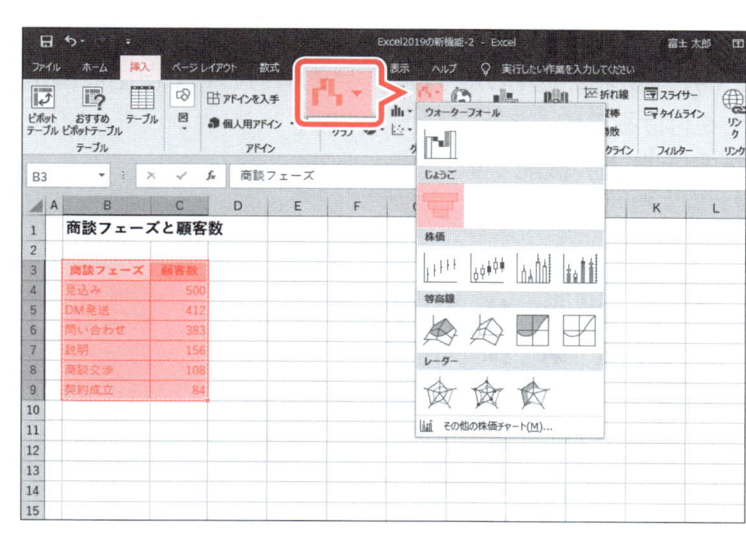

①セル範囲【B3:C9】を選択します。

②《挿入》タブを選択します。

③《グラフ》グループの（ウォーターフォール図、じょうごグラフ、株価チャート、等高線グラフ、レーダーチャートの挿入）をクリックします。

④《じょうご》の《じょうご》をクリックします。

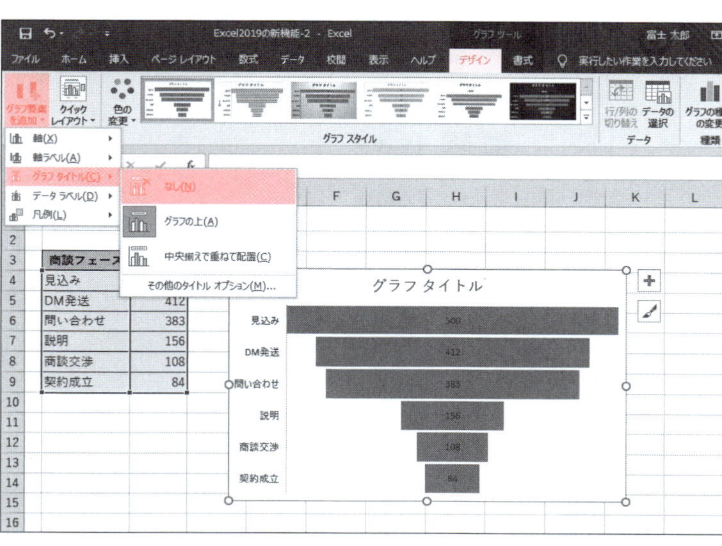

じょうごグラフが作成されます。

グラフタイトルを非表示にします。

⑤《デザイン》タブを選択します。

⑥《グラフのレイアウト》グループの（グラフ要素を追加）をクリックします。

⑦《グラフタイトル》をポイントします。

⑧《なし》をクリックします。

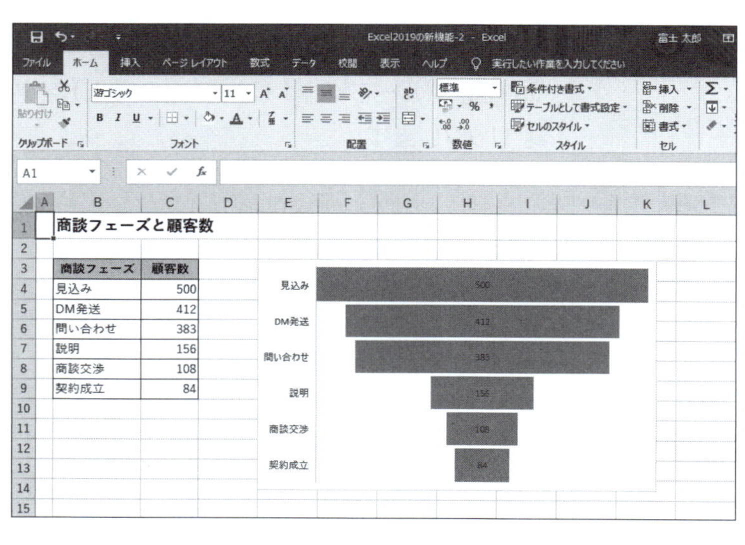

グラフタイトルが非表示になります。

※グラフの枠線をポイントし、ドラッグしてグラフの位置を調整しておきましょう。

※ブックに「Excel2019の新機能-2完成」と名前を付けて、フォルダー「付録」に保存し、閉じておきましょう。

Step2 アイコンを挿入する

1 アイコン

Excel 2019には、シートの視覚効果を高めることができる**「アイコン」**が用意されています。アイコンは、**「人物」**や**「ビジネス」**、**「顔」**、**「動物」**などの豊富な種類から選択できます。挿入したアイコンは、色を変更したり効果を適用したりして、目的に合わせて自由に編集できるので、シートにアクセントを付けることができます。
アイコンは、WordやPowerPointと共通の機能です。

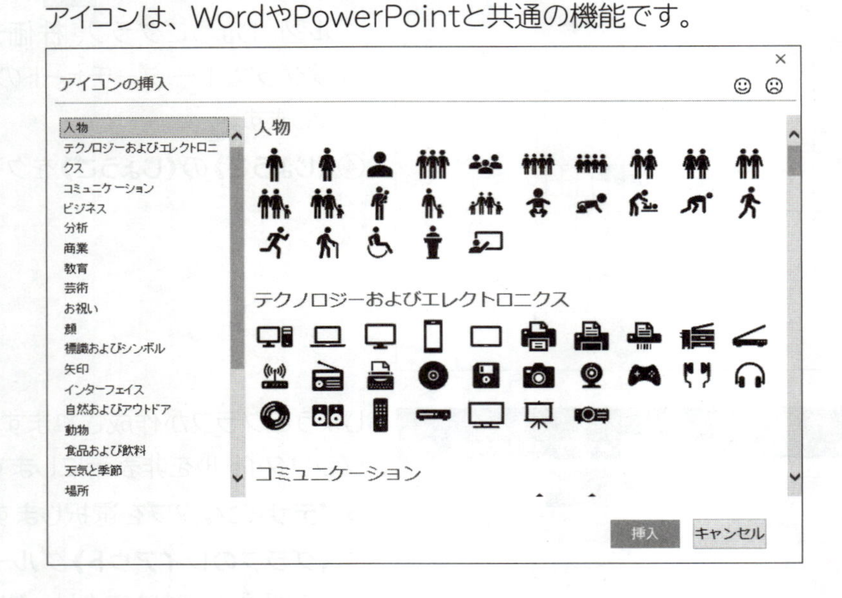

2 アイコンの挿入

シートに雲と雪のアイコンを挿入しましょう。

フォルダー「付録」のブック「Excel2019の新機能-3」を開いておきましょう。

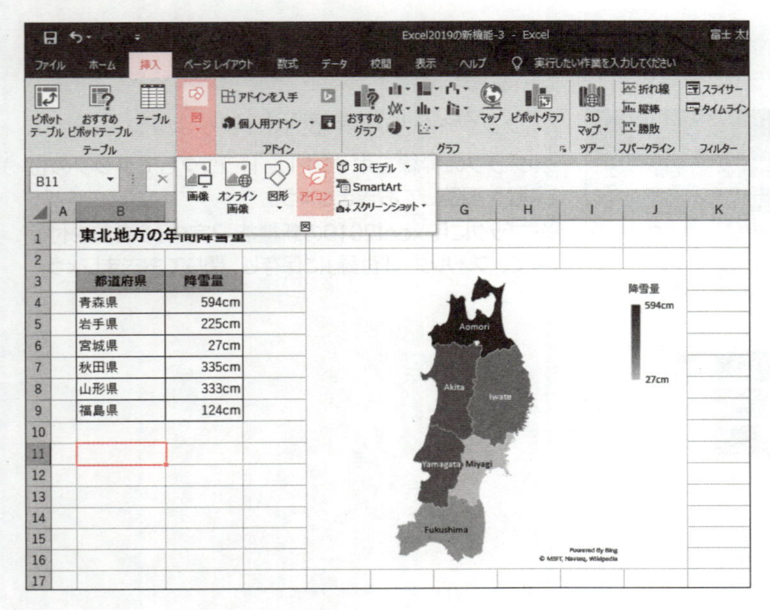

アイコンを挿入する位置を選択します。

①セル【B11】を選択します。

②《挿入》タブを選択します。

③《図》グループの（アイコンの挿入）をクリックします。

《**アイコンの挿入**》ダイアログボックスが表示されます。

④左側の一覧から《**天気と季節**》を選択します。

《**天気と季節**》のアイコンが表示されます。

⑤図のアイコンをクリックします。

アイコンをクリックすると、アイコンに✓が表示されます。

⑥《**挿入**》をクリックします。

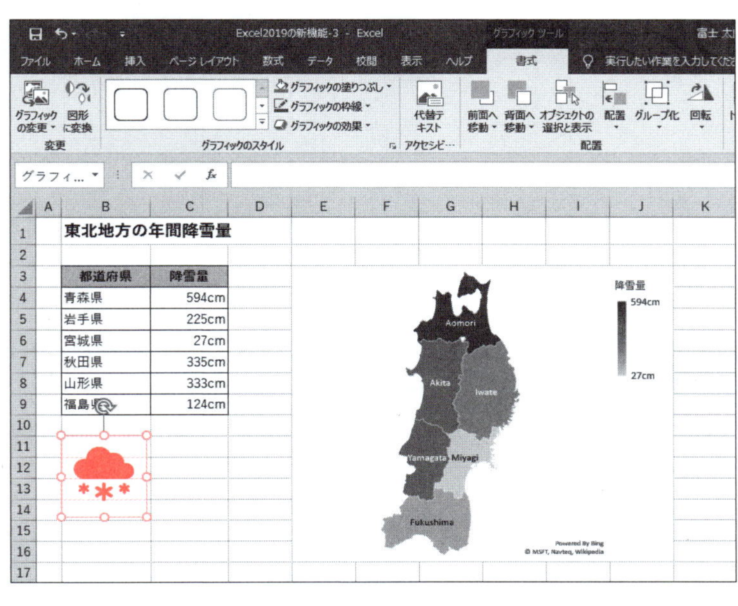

アイコンが挿入されます。

リボンに《**グラフィックツール**》の《**書式**》タブが表示されます。

⑦アイコンが選択されていることを確認します。

アイコンの選択を解除します。

⑧アイコン以外の場所をクリックします。

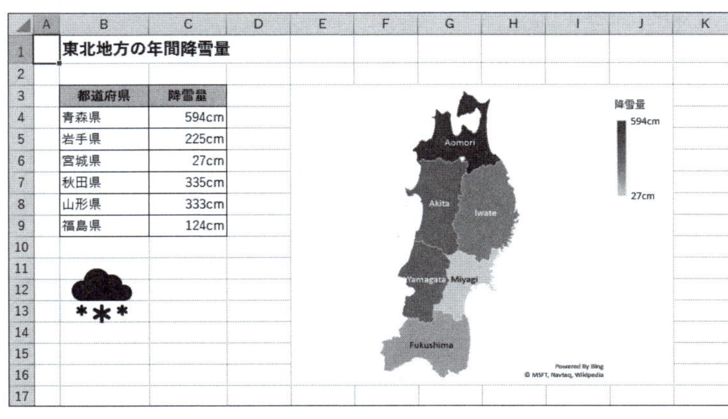

アイコンの選択が解除されます。

POINT 《グラフィックツール》の《書式》タブ

アイコンを選択すると、リボンに《グラフィックツール》の《書式》タブが表示され、アイコンの書式に関するコマンドが使用できる状態になります。

POINT アイコンの削除

アイコンを削除する方法は、次のとおりです。

◆アイコンを選択→ Delete

STEP UP 複数のアイコンの挿入

複数のアイコンを一度に挿入するには、挿入するアイコンを続けてクリックします。挿入したいアイコンすべてに✓が表示されたことを確認してから《挿入》をクリックします。

3 アイコンの書式設定

アイコンは図形と同じように、スタイルを設定したり、色を変更したりできます。
挿入したアイコンに、スタイル**「塗りつぶし-アクセント1、枠線なし」**を設定しましょう。
※設定する項目名が一覧にない場合は、任意の項目を選択してください。

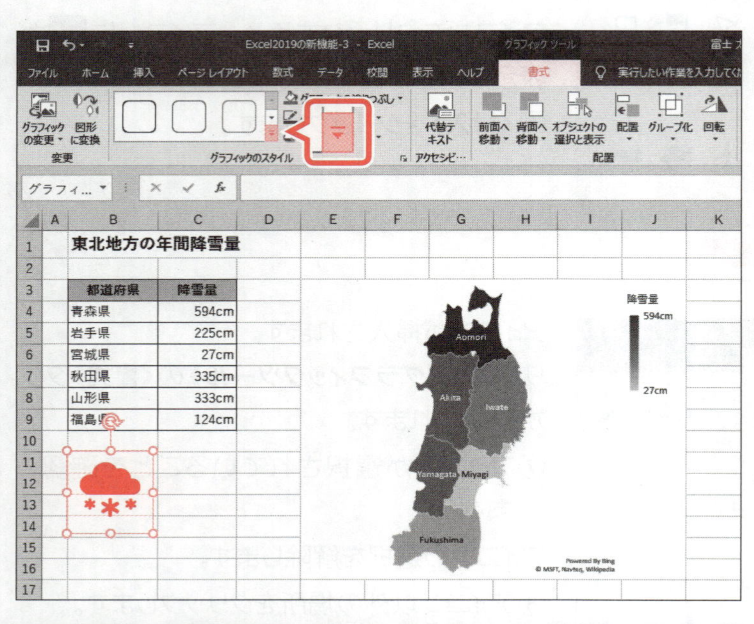

①アイコンをクリックします。

アイコンが選択されます。

※アイコンの周囲に○（ハンドル）が表示されます。

②**《書式》**タブを選択します。

③**《グラフィックのスタイル》**グループの ![] （その他）をクリックします。

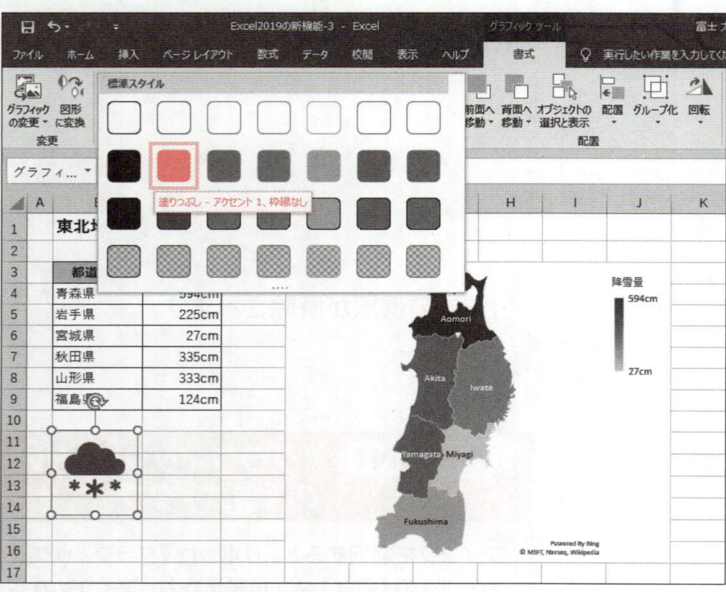

④**《標準スタイル》**の**《塗りつぶし-アクセント1、枠線なし》**をクリックします。

※一覧の選択肢をポイントすると、設定後の結果を確認できます。

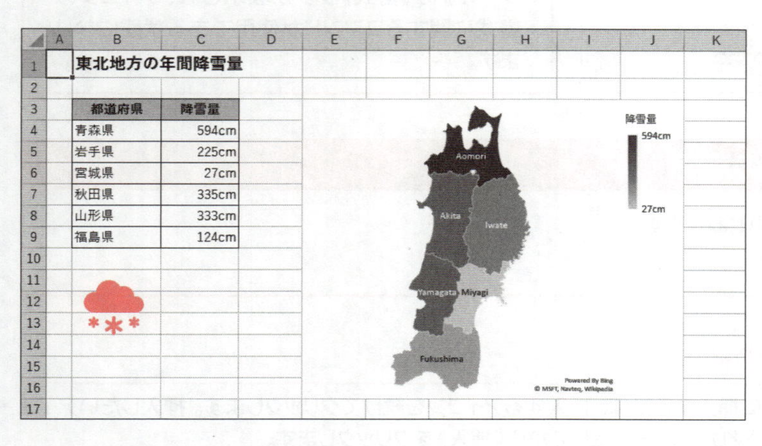

アイコンにスタイルが適用されます。

※選択を解除しておきましょう。

4 アイコンを図形に変換

アイコンはひとつの図として認識されているため、アイコンを構成している図形それぞれに異なる色や効果を設定したり、大きさや場所を変更したりすることはできません。それぞれの図形を編集するには、アイコンを図形に変換します。

1 アイコンを図形に変換

挿入したアイコンを図形に変換しましょう。

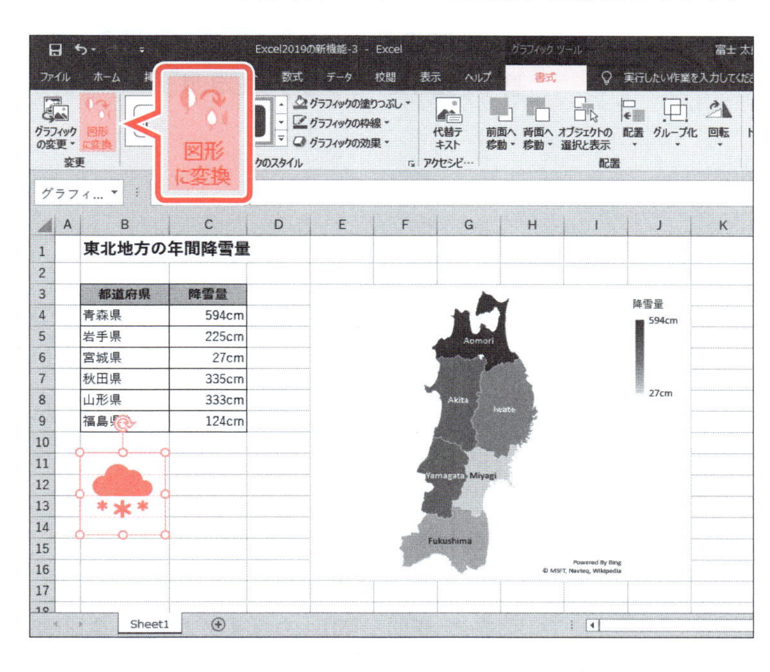

①アイコンをクリックします。

アイコンが選択されます。

※アイコンの周囲に○（ハンドル）が表示されます。

②《書式》タブを選択します。

③《変更》グループの （図形に変換）をクリックします。

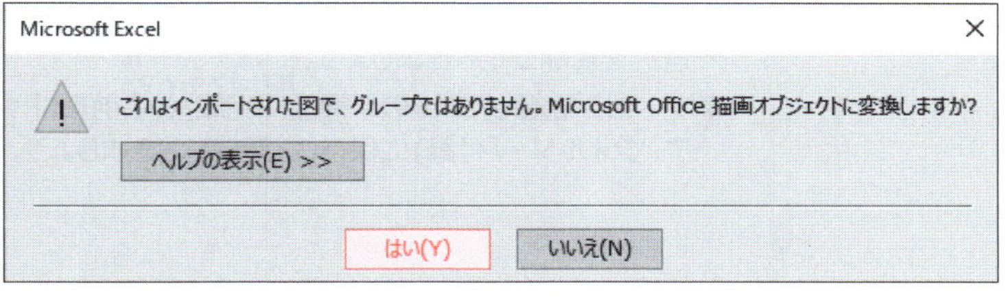

図のようなメッセージが表示されます。

④《はい》をクリックします。

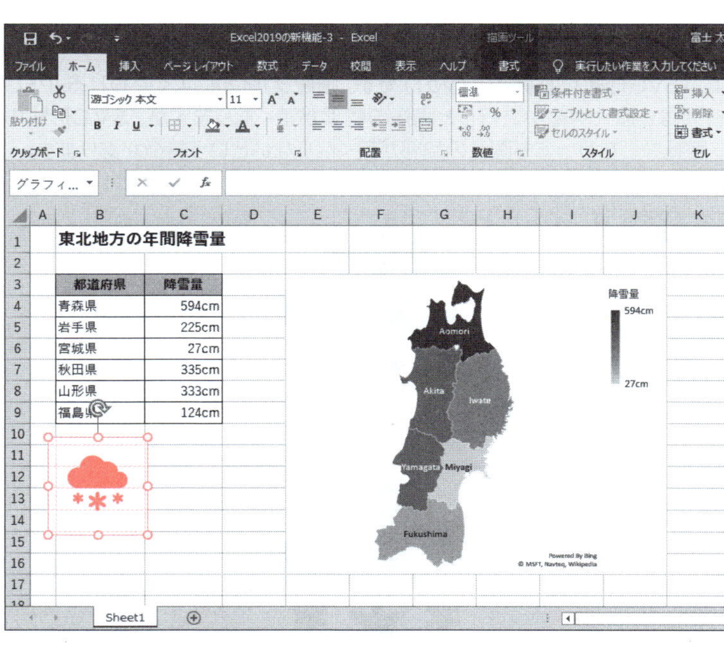

アイコンが図形に変換されます。

※アイコンを図形に変換すると、《グラフィックツール》の《書式》タブが《描画ツール》の《書式》タブに変更されます。

2 図形の色の変更

雲の図形の色を**「薄い灰色、背景2、黒+基本色25%」**に変更しましょう。

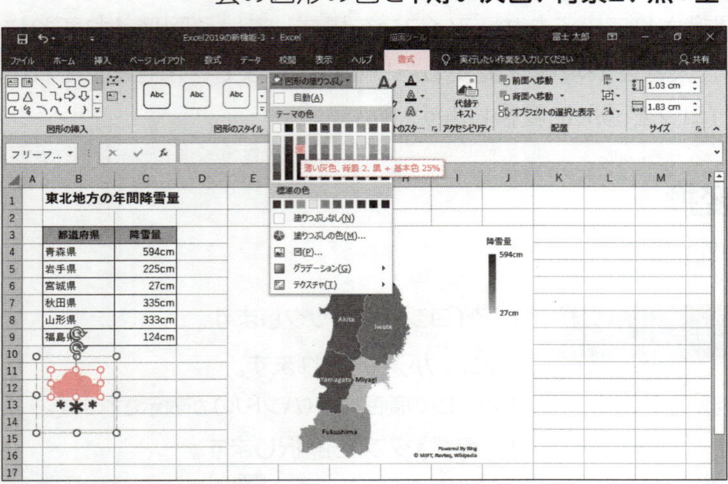

①雲の図形をクリックします。

雲の図形が選択されます。

※雲の図形の周囲に○（ハンドル）が表示されます。

②**《書式》**タブを選択します。

③**《図形のスタイル》**グループの 図形の塗りつぶし▼（図形の塗りつぶし）をクリックします。

④**《テーマの色》**の**《薄い灰色、背景2、黒+基本色25%》**をクリックします。

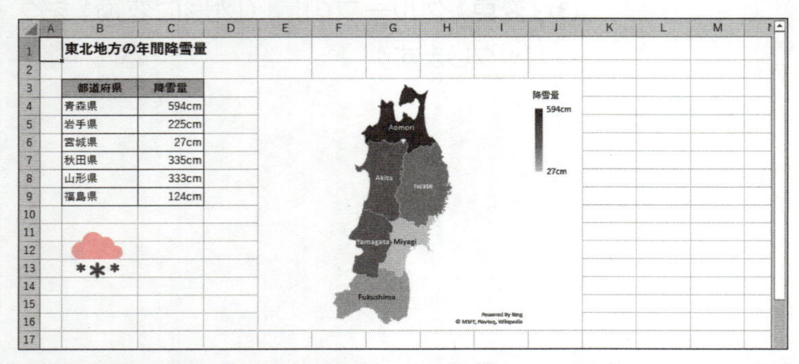

雲の図形の色が変更されます。

※選択を解除しておきましょう。

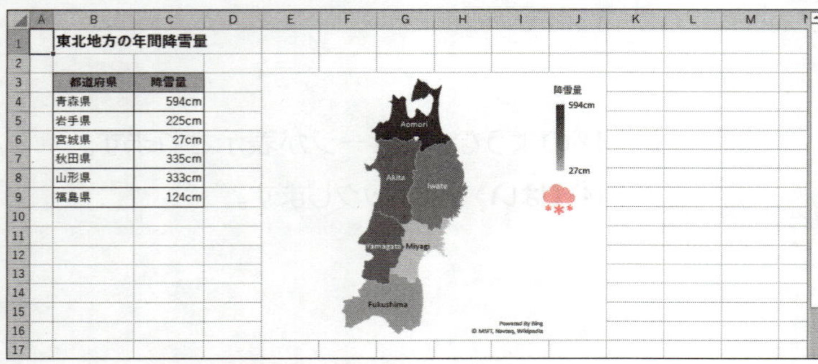

⑤図形全体を選択します。

⑥図を参考に、図形のサイズと位置を調整します。

※選択を解除しておきましょう。

※ブックに「Excel2019の新機能-3完成」と名前を付けて、フォルダー「付録」に保存し、閉じておきましょう。

STEP UP アイコンのファイル形式

アイコンのファイル形式は、「SVG形式」（拡張子「.svg」）です。画像ファイルによく使われるJPEG形式やPNG形式のファイルは、拡大や縮小を行うと画像の輪郭が荒くなりますが、SVG形式のファイルは、拡大や縮小、回転などを行っても画像の輪郭が荒くならないという特徴があります。

●JPEG形式

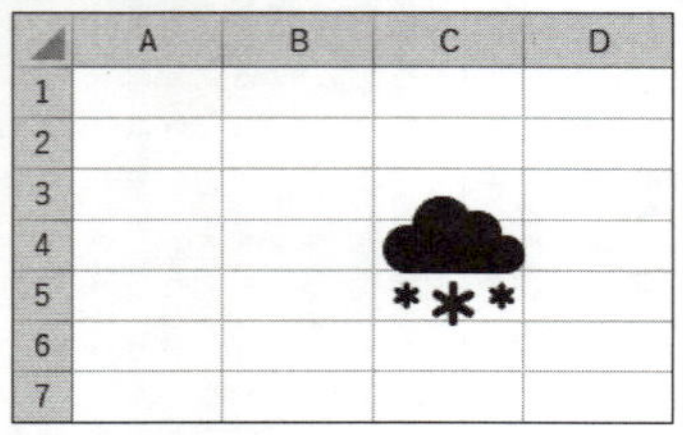

●SVG形式

Step3 3Dモデルを挿入する

1 3Dモデル

Excel 2019には、立体的な画像を360度回転させて、様々な角度から表示することができる「**3Dモデル**」を挿入する機能が用意されています。
3Dモデルを使うと、平面の画像では説明できない部分を表示させせることができるので、文字だけで説明するよりわかりやすいブックを作成できます。
3Dモデルは、WordやPowerPointと共通の機能です。

2 3Dモデルの挿入

3Dモデルは、3Dモデルを無料で公開しているオンラインカタログ「**リミックス3D**」から挿入したり、既に作成された3Dモデルを挿入したりできます。
フォルダー「**付録**」の3Dモデル「**サイコロ**」を挿入しましょう。

新しいブックを作成しておきましょう。

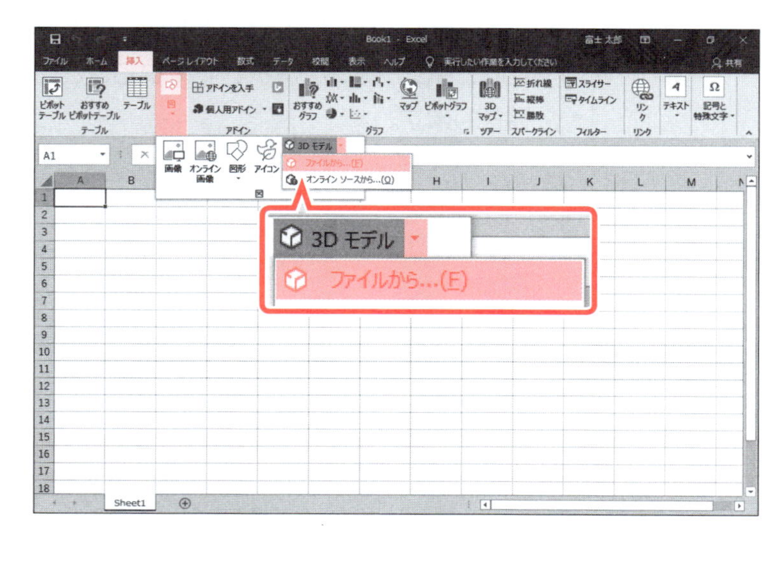

①《**挿入**》タブを選択します。
②《**図**》グループの 3D モデル（3Dモデル）の ▼ をクリックします。
③《**ファイルから**》をクリックします。

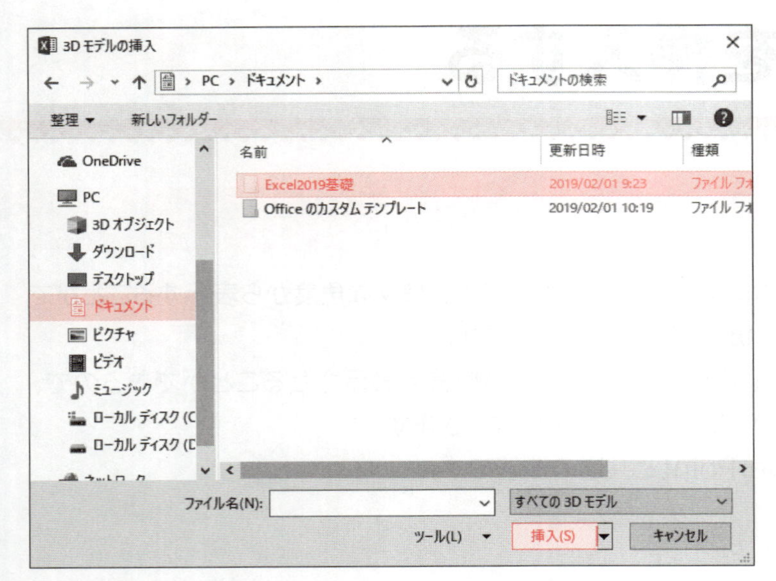

《3Dモデルの挿入》ダイアログボックスが表示されます。

3Dモデルが保存されている場所を選択します。

④左側の一覧から**《ドキュメント》**を選択します。

※《ドキュメント》が表示されていない場合は、《PC》をダブルクリックします。

⑤右側の一覧から**「Excel2019基礎」**を選択します。

⑥**《挿入》**をクリックします。

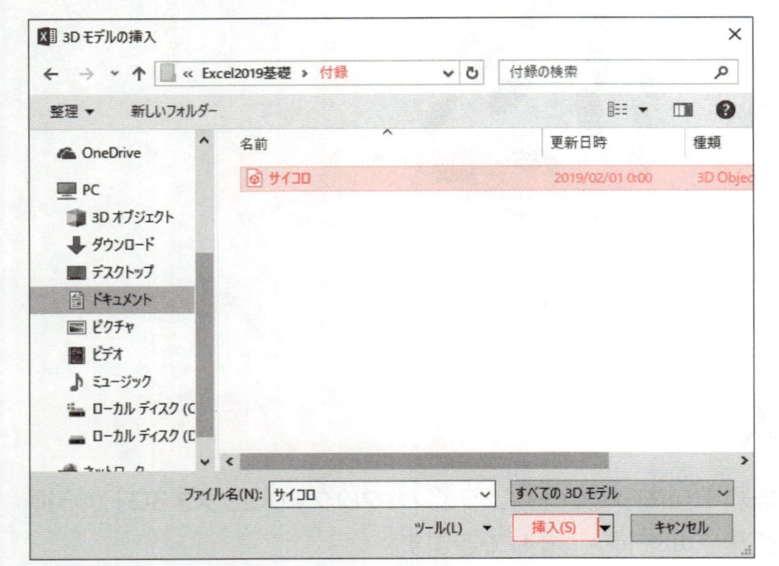

⑦一覧から**「付録」**を選択します。

⑧**《挿入》**をクリックします。

挿入する3Dモデルを選択します。

⑨一覧から**「サイコロ」**を選択します。

⑩**《挿入》**をクリックします。

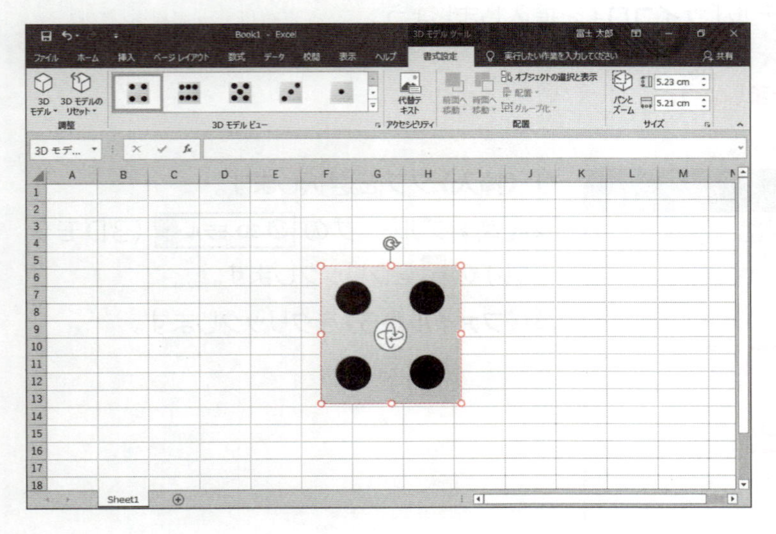

3Dモデルが挿入されます。

リボンに**《3Dモデルツール》**の**《書式設定》**タブが表示されます。

⑪3Dモデルの周囲に○（ハンドル）が表示され、3Dモデルが選択されていることを確認します。

POINT 《3Dモデルツール》の《書式設定》タブ

3Dモデルが選択されているとき、リボンに《3Dモデルツール》の《書式設定》タブが表示され、3Dモデルの書式に関するコマンドが使用できる状態になります。

POINT オンライン3Dモデルの挿入

無料で公開しているオンラインカタログ「リミックス3D」から3Dモデルを挿入するには、Microsoftアカウントでサインインしている必要があります。
オンライン3Dモデルを挿入する方法は、次のとおりです。
◆《挿入》タブ→《図》グループの 3D モデル (3Dモデル)の →《オンラインソースから》

STEP UP 3Dモデルの作成

3Dモデルは、Windows 10に標準で装備されている「ペイント3D」で作成することができます。
作成した図形をExcelやほかのアプリで使う場合は、3Dモデルで保存する必要があります。

3 3Dモデルの回転

3Dモデルは、中央に表示されている をドラッグすると、360度自由に回転させることができます。
サイコロの4と5と1の面が見えるように、3Dモデルを回転しましょう。

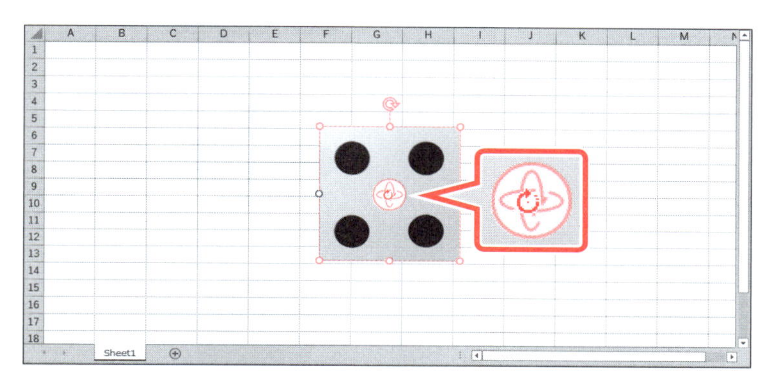

①3Dモデルをクリックします。
3Dモデルが選択されます。
※3Dモデルの周囲に○(ハンドル)が表示されます。
② をポイントします。
マウスポインターの形が に変わります。

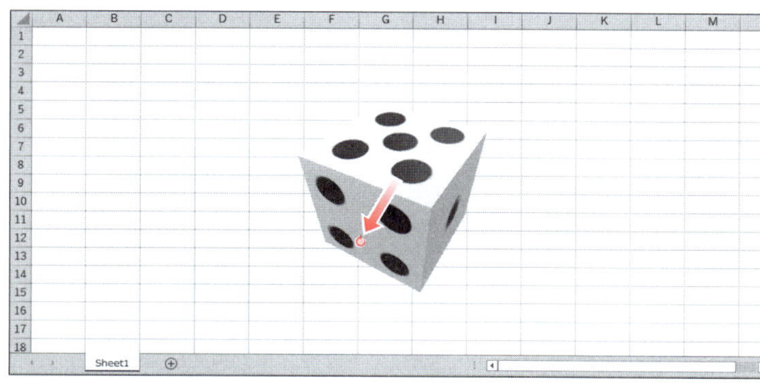

③図のように、左下にドラッグします。
ドラッグ中、3Dモデルの周囲の○(ハンドル)は非表示になります。
3Dモデルが回転されます。
※選択を解除しておきましょう。
※ブックを保存せずに閉じておきましょう。

STEP UP パンとズーム

「パンとズーム」を使うと、3Dモデルに が表示されます。 をポイントし、マウスポインターが の状態でマウスを上下にドラッグすると、3Dモデルの全体を表示したり一部分を拡大したりできます。
パンとズームを使う方法は、次のとおりです。
◆3Dモデルを選択→《書式設定》タブ→《サイズ》グループの (パンとズーム)

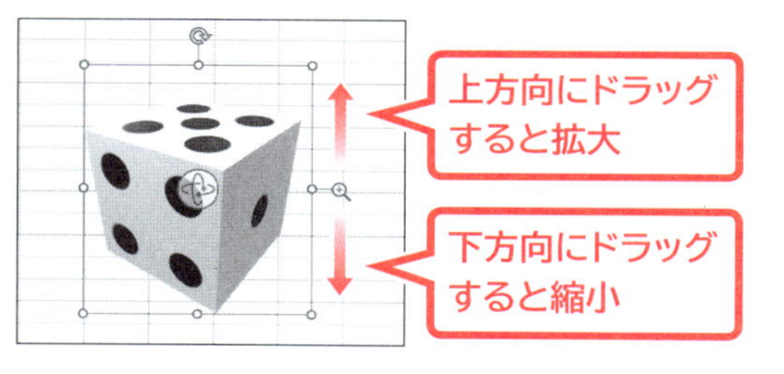
上方向にドラッグすると拡大
下方向にドラッグすると縮小

Step4 インクを図形に変換する

1 インクを図形に変換

「インク」とは、手書きで文字や図形を描画できる機能です。Excel 2019では、さらに手書きで描画した四角形や円などを図形に変換できる**「インクを図形に変換」**が用意されています。手書きですばやく描画できることに加え、図形と同様に、色や効果を設定することもできます。ペンや指で操作することが多いタブレットで利用すると効率的です。

インクを図形に変換する機能は、WordやPowerPointと共通の機能です。

描画して変換できる図形には、次のようなものがあります。

	インク描画	図形
四角形	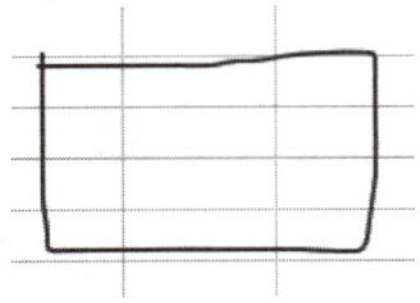	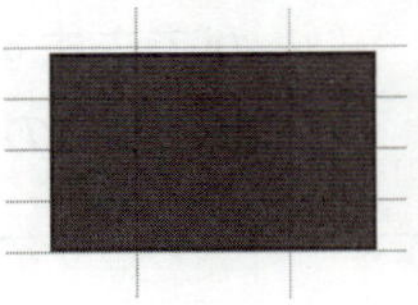
ひし形	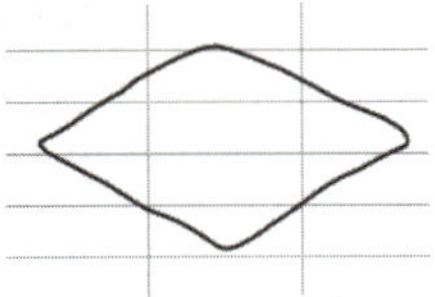	
円	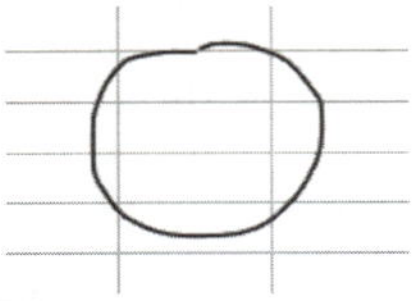	
矢印	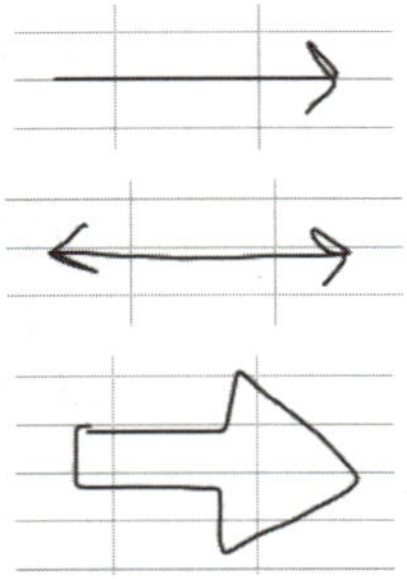	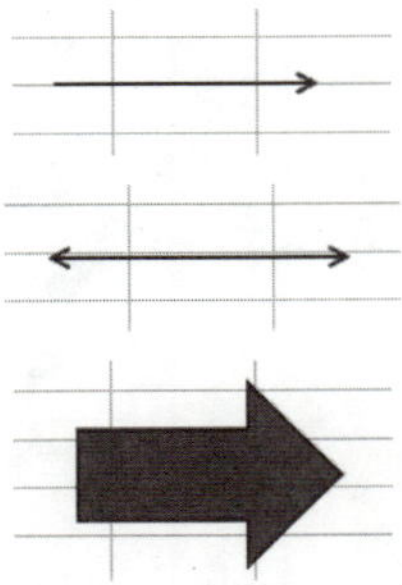

STEP UP 描画して変換できる図形

そのほかに描画して変換できる図形には、「平行四辺形」「台形」「五角形」「六角形」「楕円」「三角形」などがあります。

2 《描画》タブの表示

図形を手書きで描画するには、**《描画》**タブを使います。**《描画》**タブを表示しましょう。
※タッチ対応のパソコンの場合、初期の設定で《描画》タブが表示されています。

フォルダー「付録」のブック「Excel2019の新機能-4」を開いておきましょう。

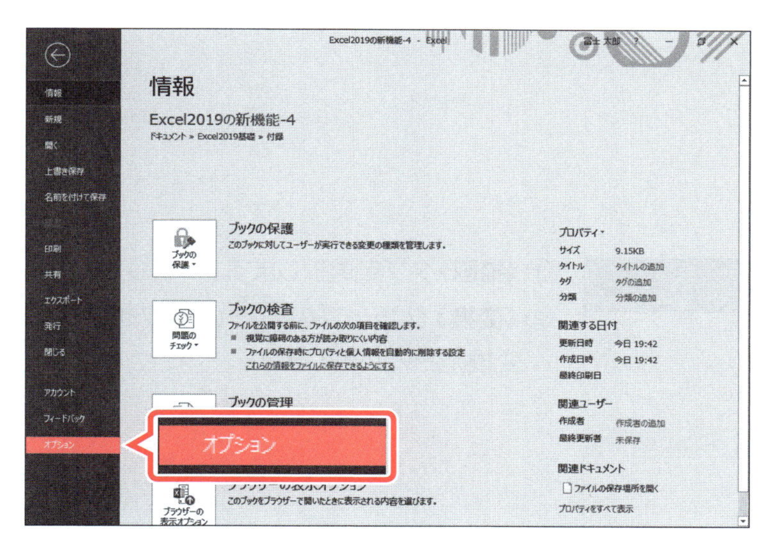

①**《ファイル》**タブを選択します。
②**《オプション》**をクリックします。

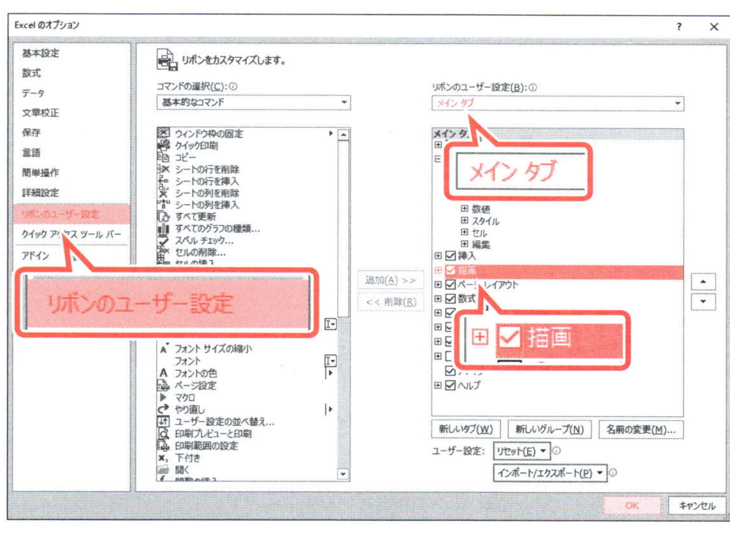

《Excelのオプション》ダイアログボックスが表示されます。
③左側の一覧から**《リボンのユーザー設定》**タブを選択します。
④右側の**《リボンのユーザー設定》**が**「メイン タブ」**になっていることを確認します。
⑤一覧の**《描画》**を☑にします。
⑥**《OK》**をクリックします。

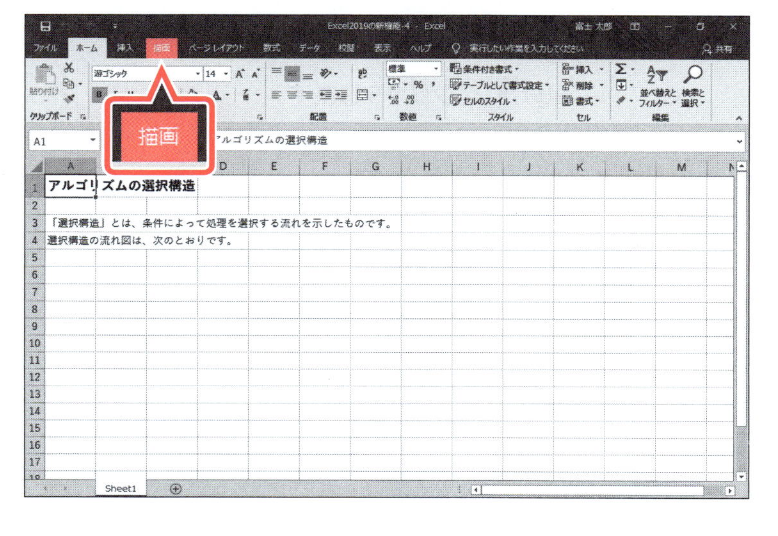

《挿入》タブと**《ページレイアウト》**タブの間に**《描画》**タブが表示されます。

3　図形の描画

「**濃い青**」のペンで次のような図形を描画しましょう。ひし形の図形に「**条件**」、四角形の図形に「**処理**」と入力し、フォントの色は「**白、背景1**」、フォントの配置は上下左右の中央とします。

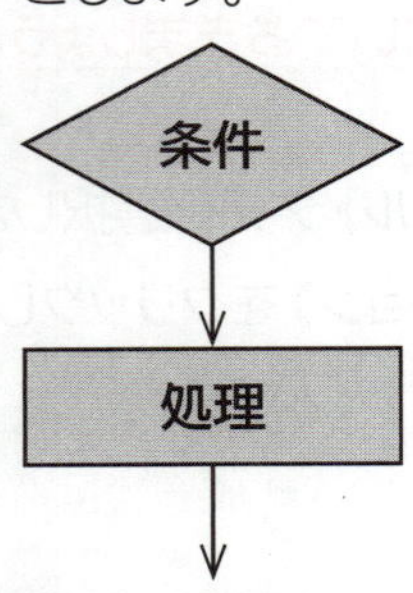

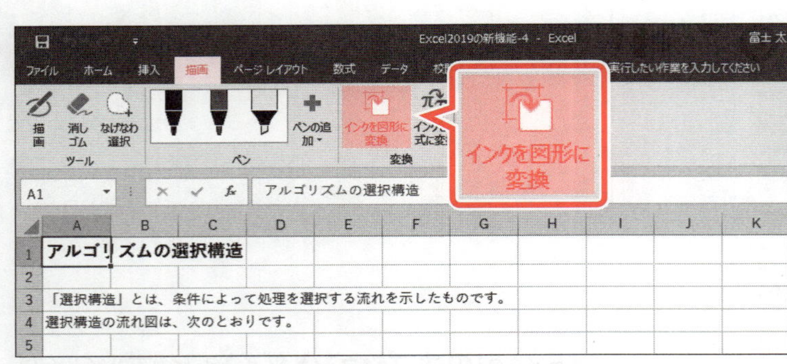

①**《描画》**タブを選択します。
②**《変換》**グループの（インクを図形に変換）をクリックします。

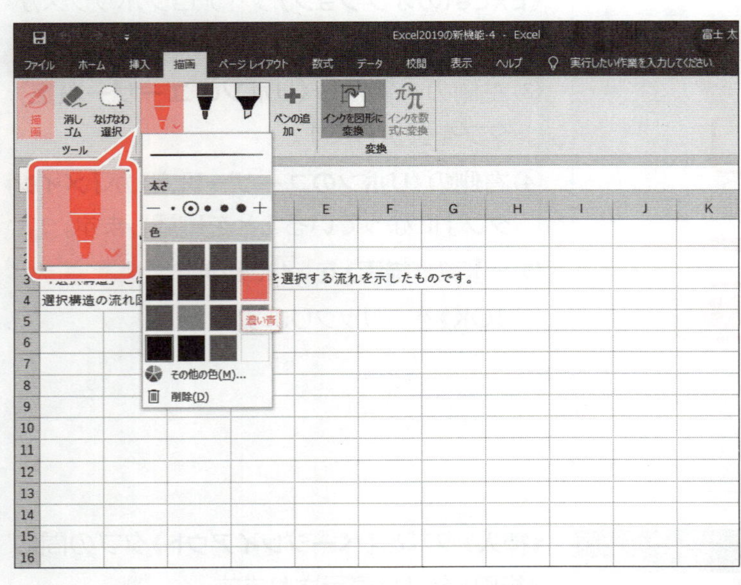

《ツール》グループの（描画）がオン（濃い灰色）になります。
※お使いの環境によっては、オンにならない場合があります。

描画するペンと色を選択します。
③**《ペン》**グループの（ペン：黒、0.5mm）をクリックします。
※お使いの環境によっては、ペンが「黒、0.5mm」でない場合があります。

メニューが表示されます。
※メニューが表示されない場合は、再度（ペン：黒、0.5mm）をクリックます。

④**《色》**の**《濃い青》**をクリックします。

ペンの色が濃い青に変更されます。
⑤をクリックします。

メニューが閉じられます。

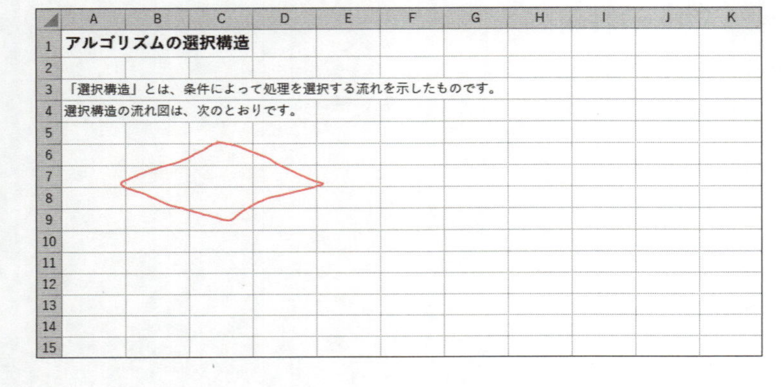

マウスポインターの形が・に変わります。
⑥図のように、ひし形の図形を描画します。
※矢印の始点から終点までマウスボタンを離さず、一筆書きで描画しましょう。

ひし形の図形に変換されます。

⑦同様に、ひし形の下に四角形を描画します。

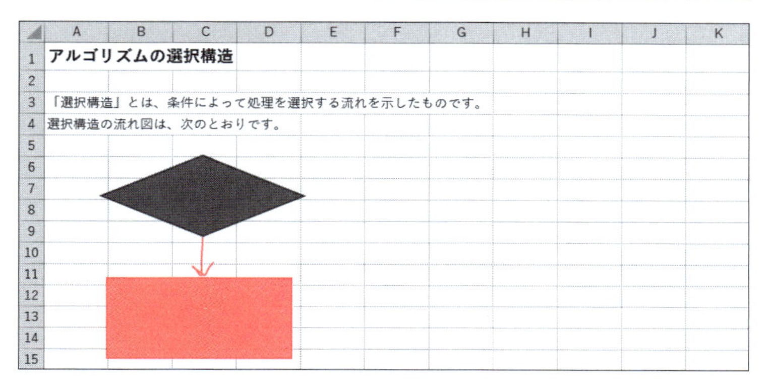

四角形の図形に変換されます。

⑧ひし形の下側から四角形に向かって矢印を描画します。

※矢印の始点から終点までマウスボタンを離さず、一筆書きで描画しましょう。

矢印の図形に変換されます。

⑨同様に、四角形の下に矢印を描画します。

インクを図形に変換を終了します。

⑩《**変換**》グループの（インクを図形に変換）をクリックします。

※自動的に、《ツール》グループの（描画）がオフ（標準の色）になります。

ひし形と四角形のフォントの色と文字の配置を設定します。

⑪ひし形を選択します。

⑫ Ctrl を押しながら、四角形を選択します。

※2つの図形が選択されます。

⑬《**ホーム**》タブを選択します。

⑭《**フォント**》グループの（フォントの色）の をクリックします。

⑮《**テーマの色**》の《**白、背景1**》を選択します。

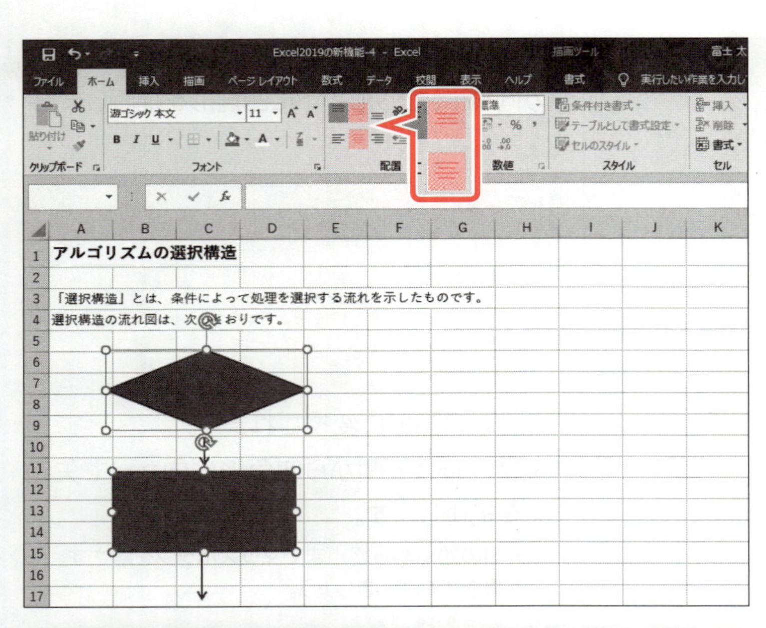

⑯《**配置**》グループの［中央揃え］（中央揃え）をクリックします。

⑰《**配置**》グループの［上下中央揃え］（上下中央揃え）をクリックします。

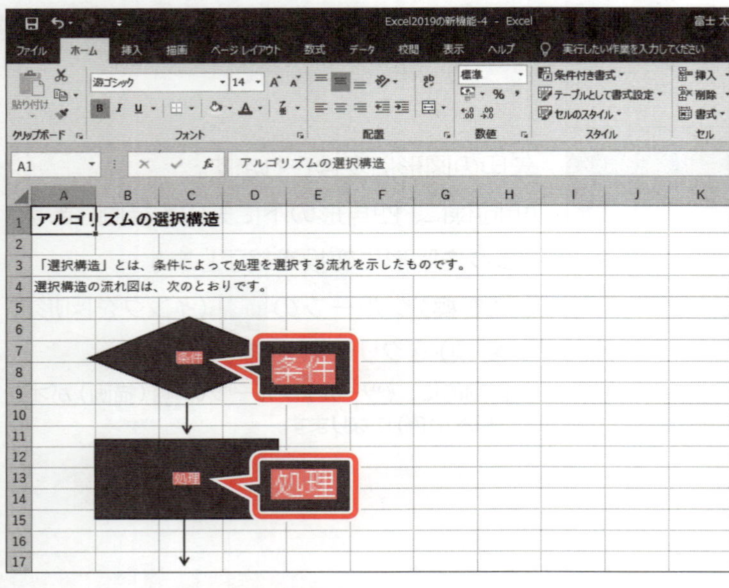

図形の選択を解除します。

⑱図形以外の場所をクリックします。

図形に文字を入力します。

⑲ひし形を選択します。

⑳「**条件**」と入力します。

㉑同様に、四角形に「**処理**」と入力します。

※選択を解除しておきましょう。

※《ファイル》タブ→《オプション》→左側の一覧から《リボンのユーザー設定》を選択→右側の《リボンのユーザー設定》が「メインタブ」になっていることを確認→《□描画》にして、《描画》タブを非表示にしておきましょう。

※ブックに「Excel2019の新機能-4完成」と名前を付けて、フォルダー「付録」に保存し、閉じておきましょう。

POINT インクの削除

間違えて描画したインクや図形に変換されなかったインクを削除する方法は、次のとおりです。

◆《描画》タブ→《ツール》グループの［消しゴム］（消しゴム（ストローク））→描画したインクをクリック

※［消しゴム］（消しゴム（ストローク））をクリックすると、マウスポインターの形が［消しゴム］に変わります。

※インクを削除したあと、再度図形を描画するには、［インクを図形に変換］（インクを図形に変換）がオン（濃い灰色）になっていることを確認し、［描画］（描画）をクリックします。

STEP UP ペンの種類

ブックに描画できるペンには、「鉛筆」「ペン」「蛍光ペン」の3種類があります。

●鉛筆

同じ場所を何度も描画すると色が濃くなります。

●ペン

サインペンで書いているように表示されます。

●蛍光ペン

文字の上から重ねてラインを引いて文字を目立たせることができます。

初期の設定では、ペンと蛍光ペンだけが表示されていますが、あとからペンの種類を追加することができます。描画するペンの種類を追加する方法は、次のとおりです。

◆《描画》タブ→《ペン》グループの［ペンの追加］（ペンの追加）

索引

Index

索引

き

く

け

こ

さ

し

す

せ

そ

た

ち

つ

て

と

な

に

ぬ

は

ひ

ふ

へ

ほ

ま

み

も

や

よ

り

る

れ

わ

よくわかる Microsoft® Excel® 2019 基礎 (FPT1813)

2019年 2 月 5 日　初版発行

著作／制作：富士通エフ・オー・エム株式会社

発行者：大森　康文

発行所：FOM出版（富士通エフ・オー・エム株式会社）
〒105-6891　東京都港区海岸１-16-１　ニューピア竹芝サウスタワー
http://www.fujitsu.com/jp/fom/

印刷／製本：アベイズム株式会社

表紙デザインシステム：株式会社アイロン・ママ

●本書に関するご質問は、ホームページまたは郵便にてお寄せください。
<ホームページ>
上記ホームページ内の「FOM出版」から「QAサポート」にアクセスし、「QAフォームのご案内」から所定のフォームを選択して、必要事項をご記入の上、送信してください。
<郵便>
次の内容を明記の上、上記発行所の「FOM出版 デジタルコンテンツ開発部」まで郵送してください。
・テキスト名　・該当ページ　・質問内容（できるだけ操作状況を詳しくお書きください）
・ご住所、お名前、電話番号
※ご住所、お名前、電話番号など、お知らせいただきました個人に関する情報は、お客様ご自身とのやり取りのみに使用させていただきます。ほかの目的のために使用することは一切ございません。
なお、次の点に関しては、あらかじめご了承ください。
・ご質問の内容によっては、回答に日数を要する場合があります。
・本書の範囲を超えるご質問にはお答えできません。　・電話やFAXによるご質問には一切応じておりません。

緑色の用紙の内側に、別冊「練習問題・総合問題 解答」が添付されています。

別冊は必要に応じて取りはずせます。取りはずす場合は、この用紙を１枚めくっていただき、別冊の根元を持って、ゆっくりと引き抜いてください。

練習問題・総合問題
解 答

Microsoft®
Excel® 2019 基礎

練習問題解答

設定する項目名が一覧にない場合は、任意の項目を選択してください。

第2章　練習問題

①

①《ファイル》タブを選択
②《新規》をクリック
③《空白のブック》をクリック

②

①セル【A1】に「江戸浮世絵展来場者数」と入力

③

①セル【D2】に「10/1」と入力
※日付は、「10/1」のように「/（スラッシュ）」で区切って入力します。

④

省略

⑤

①セル【A8】をクリック
②《ホーム》タブを選択
③《クリップボード》グループの（コピー）をクリック
④セル【D4】をクリック
⑤《クリップボード》グループの（貼り付け）をクリック

⑥

①セル【D5】に「=B5+C5」と入力
※「=」を入力後、セルをクリックすると、セル位置が自動的に入力されます。

⑦

①セル【D5】を選択し、セル右下の■（フィルハンドル）をセル【D7】までドラッグ

⑧

①セル【B8】に「=B5+B6+B7」と入力

⑨

①セル【B8】を選択し、セル右下の■（フィルハンドル）をセル【D8】までドラッグ

⑩

①《ファイル》タブを選択
②《名前を付けて保存》をクリック
③《参照》をクリック
④左側の一覧から《ドキュメント》を選択
※《ドキュメント》が表示されていない場合は、《PC》をクリックします。
⑤右側の一覧から「Excel2019基礎」を選択
⑥《開く》をクリック
⑦一覧から「第2章」を選択
⑧《開く》をクリック
⑨《ファイル名》に「来場者数集計」と入力
⑩《保存》をクリック

第3章　練習問題

①

①セル【C9】をクリック
②《ホーム》タブを選択
③《編集》グループの Σ（合計）をクリック
④数式バーに「=SUM(C4:C8)」と表示されていることを確認
⑤ Enter を押す

②

①セル【C10】をクリック
②《ホーム》タブを選択
③《編集》グループの Σ（合計）の をクリック
④《平均》をクリック
⑤数式バーに「=AVERAGE(C4:C9)」と表示されていることを確認
⑥セル範囲【C4:C8】を選択
⑦数式バーに「=AVERAGE(C4:C8)」と表示されていることを確認
⑧ Enter を押す

③

①セル範囲【C9：C10】を選択し、セル範囲右下の■（フィルハンドル）をセル【F10】までドラッグ

④

①セル範囲【B3：F10】を選択
②《ホーム》タブを選択
③《フォント》グループの（下罫線）のをクリック
④《格子》をクリック

⑤

①セル範囲【B3：F3】を選択
②《ホーム》タブを選択
③《フォント》グループの（塗りつぶしの色）のをクリック
④《テーマの色》の《オレンジ、アクセント2、白+基本色60%》（左から6番目、上から3番目）をクリック
⑤《フォント》グループの B（太字）をクリック
⑥《配置》グループの（中央揃え）をクリック

⑥

①セル範囲【B1：F1】を選択
②《ホーム》タブを選択
③《配置》グループの（セルを結合して中央揃え）をクリック

⑦

①列番号【F】を右クリック
②《挿入》をクリック

⑧

省略

⑨

①セル範囲【E9：E10】を選択し、セル範囲右下の■（フィルハンドル）をセル【F10】までドラッグ

⑩

①列番号【A】を右クリック
②《列の幅》をクリック
③《列の幅》に「2」と入力
④《OK》をクリック
⑤列番号【B】を右クリック
⑥《列の幅》をクリック
⑦《列の幅》に「12」と入力
⑧《OK》をクリック

第4章　練習問題

①

①セル【F5】に「=E5/D5」と入力
※「=」を入力後、セルをクリックすると、セル位置が自動的に入力されます。
②セル【F5】を選択し、セル右下の■（フィルハンドル）をセル【F14】までドラッグ
③（オートフィルオプション）をクリック
④《書式なしコピー（フィル）》をクリック

②

①セル【G5】に「=E5/$E$14」と入力
※「$」の入力は、F4を使うと効率的です。
②セル【G5】を選択し、セル右下の■（フィルハンドル）をセル【G14】までドラッグ
③（オートフィルオプション）をクリック
④《書式なしコピー（フィル）》をクリック

③

①セル【D15】をクリック
②《ホーム》タブを選択
③《編集》グループのΣ（合計）のをクリック
④《最大値》をクリック
⑤数式バーに「=MAX(D5：D14)」と表示されていることを確認
⑥セル範囲【D5：D13】を選択
⑦数式バーに「=MAX(D5：D13)」と表示されていることを確認
⑧Enterを押す
⑨セル【D15】を選択し、セル右下の■（フィルハンドル）をセル【E15】までドラッグ

④

①セル範囲【F15：G15】を選択
②《ホーム》タブを選択
③《フォント》グループの（フォントの設定）をクリック
④《罫線》タブを選択
⑤《スタイル》の一覧から《——》を選択
⑥《罫線》のをクリック
⑦《OK》をクリック

練習問題
総合問題

⑤

①セル範囲【D5：E15】を選択

②《ホーム》タブを選択

③《数値》グループの ， （桁区切りスタイル）をクリック

⑥

①セル範囲【F5：G14】を選択

②《ホーム》タブを選択

③《数値》グループの % （パーセントスタイル）をクリック

④《数値》グループの ←.0 .00 （小数点以下の表示桁数を増やす）をクリック

⑦

①セル【G2】をクリック

②《ホーム》タブを選択

③《数値》グループの 日付 （数値の書式）の ▾ をクリックし、一覧から《長い日付形式》を選択

第5章　練習問題

①

①シート「Sheet1」のシート見出しをダブルクリック

②「上期」と入力

③ Enter を押す

④同様に、シート「Sheet2」の名前を「下期」に変更

⑤同様に、シート「Sheet3」の名前を「年間」に変更

②

①シート「上期」のシート見出しをクリック

② Shift を押しながら、シート「年間」のシート見出しをクリック

③

①セル【B1】に「売上管理表」と入力

②セル【B1】をクリック

③《ホーム》タブを選択

④《フォント》グループの 11 （フォントサイズ）の ▾ をクリックし、一覧から《16》を選択

⑤《フォント》グループの B （太字）をクリック

⑥《フォント》グループの A （フォントの色）の ▾ をクリック

⑦《標準の色》の《濃い青》（左から9番目）をクリック

④

①シート「下期」またはシート「年間」のシート見出しをクリック

※一番手前のシート以外のシート見出しをクリックします。

⑤

①シート「年間」のセル【C4】をクリック

②「=」を入力

③シート「上期」のシート見出しをクリック

④セル【I4】をクリック

⑤数式バーに「=上期!I4」と表示されていることを確認

⑥ Enter を押す

⑦シート「年間」のセル【C4】を選択し、セル右下の■（フィルハンドル）をダブルクリック

⑥

①シート「年間」のセル【D4】をクリック

②「=」を入力

③シート「下期」のシート見出しをクリック

④セル【I4】をクリック

⑤数式バーに「=下期!I4」と表示されていることを確認

⑥ Enter を押す

⑦シート「年間」のセル【D4】を選択し、セル右下の■（フィルハンドル）をダブルクリック

⑦

①シート「年間」のシート見出しを、シート「上期」のシート見出しの左側にドラッグ

第6章　練習問題

①

①ステータスバーの［ページレイアウト］（ページレイアウト）をクリック
②ステータスバーの［-］（縮小）を3回クリック

②

①《**ページレイアウト**》タブを選択
②《**ページ設定**》グループの［サイズ］（ページサイズの選択）をクリック
③《**A4**》をクリック
④《**ページ設定**》グループの［印刷の向き］（ページの向きを変更）をクリック
⑤《**縦**》をクリック

③

①ヘッダーの左側をクリック
②「**営業推進部**」と入力
③ヘッダー以外の場所をクリック
④フッターの中央をクリック
⑤《**デザイン**》タブを選択
⑥《**ヘッダー/フッター要素**》グループの［ページ番号］（ページ番号）をクリック
⑦「**/**」を入力
⑧《**ヘッダー/フッター要素**》グループの［ページ数］（ページ数）をクリック
⑨フッター以外の場所をクリック

④

①《**ページレイアウト**》タブを選択
②《**ページ設定**》グループの［印刷タイトル］（印刷タイトル）をクリック
③《**シート**》タブを選択
④《**印刷タイトル**》の《**タイトル行**》のボックスをクリック
⑤行番号【**4**】から行番号【**6**】をドラッグ
⑥《**印刷タイトル**》の《**タイトル行**》に「**$4：$6**」と表示されていることを確認
⑦《**OK**》をクリック

⑤

①ステータスバーの［改ページプレビュー］（改ページプレビュー）をクリック

⑥

①A列の左側の青い太線を、B列の左側までドラッグ
②1行目の上側の青い太線を、4行目の上側までドラッグ

⑦

①43行目あたりにあるページ区切りの青い点線を、53行目の上側までドラッグ

⑧

①《**ファイル**》タブを選択
②《**印刷**》をクリック
③印刷イメージを確認
④《**印刷**》の《**部数**》が「**1**」になっていることを確認
⑤《**プリンター**》に印刷するプリンター名が表示されていることを確認
⑥《**印刷**》をクリック

第7章　練習問題

①

①セル範囲【B3：D12】を選択
②《**挿入**》タブを選択
③《**グラフ**》グループの（縦棒/横棒グラフの挿入）をクリック
④《**2-D横棒**》の《**100%積み上げ横棒**》（左から3番目）をクリック

②

①グラフを選択
②《**デザイン**》タブを選択
③《**場所**》グループの（グラフの移動）をクリック
④《**新しいシート**》を◉にし、「**構成比グラフ**」と入力
⑤《**OK**》をクリック

③

①グラフを選択
②《**デザイン**》タブを選択
③《**データ**》グループの（行/列の切り替え）をクリック

④

①グラフタイトルをクリック
②グラフタイトルを再度クリック
③「**グラフタイトル**」を削除し、「**主要商品分類構成比**」と入力
④グラフタイトル以外の場所をクリック

⑤

①グラフを選択
②《**デザイン**》タブを選択
③《**グラフスタイル**》グループの（その他）をクリック
④《**スタイル8**》（左から2番目、上から2番目）をクリック

⑥

①グラフを選択
②《**デザイン**》タブを選択
③《**グラフスタイル**》グループの（グラフクイックカラー）をクリック
④《**カラフル**》の《**カラフルなパレット4**》（上から4番目）をクリック

①グラフエリアをクリック
②《**ホーム**》タブを選択
③《**フォント**》グループの10（フォントサイズ）のをクリックし、一覧から《**11**》を選択
④グラフタイトルをクリック
⑤《**フォント**》グループの13.2（フォントサイズ）のをクリックし、一覧から《**18**》を選択

①グラフを選択
②ショートカットツールの（グラフフィルター）をクリック
③《**値**》をクリック
④《**系列**》の《**（すべて選択）**》を□にする
⑤《**機械類・輸送用機器**》《**鉱物性燃料**》《**雑製品**》《**工業製品**》を☑にする
⑥《**適用**》をクリック
⑦（グラフフィルター）をクリック
※Escを押してもかまいません。

第8章　練習問題

①セル【K4】に「**市営地下鉄□中川駅□徒歩5分**」と入力
※□は全角空白を表します。
※「5」は半角で入力します。

②セル【K4】をクリック
※表内のK列のセルであれば、どこでもかまいません。

③《データ》タブを選択

④《データツール》グループの（フラッシュフィル）をクリック

①セル【J3】をクリック
※表内のJ列のセルであれば、どこでもかまいません。

②《データ》タブを選択

③《並べ替えとフィルター》グループの（降順）をクリック

③

①セル【B3】をクリック
※表内のセルであれば、どこでもかまいません。

②《データ》タブを選択

③《並べ替えとフィルター》グループの（並べ替え）をクリック

④《先頭行をデータの見出しとして使用する》を✔にする

⑤《最優先されるキー》の《列》のをクリックし、一覧から「**間取り**」を選択

⑥《並べ替えのキー》が《セルの値》になっていることを確認

⑦《順序》のをクリックし、一覧から《昇順》を選択

⑧《レベルの追加》をクリック

⑨《次に優先されるキー》の《列》のをクリックし、一覧から「**毎月支払額**」を選択

⑩《並べ替えのキー》が《セルの値》になっていることを確認

⑪《順序》のをクリックし、一覧から《大きい順》を選択

⑫《OK》をクリック

①セル【B3】をクリック
※表内のB列のセルであれば、どこでもかまいません。

②《データ》タブを選択

③《並べ替えとフィルター》グループの（昇順）をクリック

⑤

①セル【B3】をクリック
※表内のセルであれば、どこでもかまいません。

②《データ》タブを選択

③《並べ替えとフィルター》グループの（フィルター）をクリック

④「**賃料**」のをクリック

⑤《数値フィルター》をポイント

⑥《トップテン》をクリック

⑦左のボックスのをクリックし、一覧から《下位》を選択

⑧中央のボックスを「**5**」に設定

⑨右のボックスが《項目》になっていることを確認

⑩《OK》をクリック
※クリア（クリア）をクリックし、条件をクリアしておきましょう。

①「**築年月**」のをクリック

②《日付フィルター》をポイント

③《指定の範囲内》をクリック

④左上のボックスに「**2015/1/1**」と入力

⑤右上のボックスが《以降》になっていることを確認

⑥《AND》が◉になっていることを確認

⑦左下のボックスに「**2018/12/31**」と入力

⑧右下のボックスが《以前》になっていることを確認

⑨《OK》をクリック
※4件のレコードが抽出されます。
※クリア（クリア）をクリックし、条件をクリアしておきましょう。

①「**賃料**」のをクリック

②《数値フィルター》をポイント

③《指定の値以下》をクリック

④左上のボックスに「**150000**」と入力

⑤右上のボックスが《以下》になっていることを確認

⑥《OK》をクリック

⑦「**間取り**」のをクリック

⑧《(すべて選択)》を□にする

⑨「**3LDK**」を✔にする

⑩「**4LDK**」を✔にする

⑪《OK》をクリック
※6件のレコードが抽出されます。
※（フィルター）をクリックし、フィルターモードを解除しておきましょう。

第9章　練習問題

①

①セル【A1】をクリック
※ブック内のセルであれば、どこでもかまいません。

②《ホーム》タブを選択

③《編集》グループの（検索と選択）をクリック

④《置換》をクリック

⑤《置換》タブを選択

⑥《検索する文字列》に「グラム」と入力

⑦《置換後の文字列》に「g」と入力
※直前に指定した書式の内容が残っている場合は、書式を削除します。

⑧《オプション》をクリック

⑨《検索場所》のをクリックし、一覧から《ブック》を選択

⑩《すべて置換》をクリック
※20件置換されます。

⑪《OK》をクリック

⑫《閉じる》をクリック
※各シートの結果を確認しておきましょう。

②

①セル【A1】をクリック
※ブック内のセルであれば、どこでもかまいません。

②《ホーム》タブを選択

③《編集》グループの（検索と選択）をクリック

④《置換》をクリック

⑤《置換》タブを選択

⑥《検索する文字列》の内容を削除

⑦《置換後の文字列》の内容を削除

⑧《検索する文字列》の《書式》をクリック
※《書式》が表示されていない場合は、《オプション》をクリックします。

⑨《フォント》タブを選択

⑩《スタイル》の一覧から《太字》を選択

⑪《OK》をクリック

⑫《置換後の文字列》の《書式》をクリック

⑬《塗りつぶし》タブを選択

⑭《背景色》の一覧から任意のオレンジを選択

⑮《OK》をクリック

⑯《検索場所》のをクリックし、一覧から《ブック》を選択

⑰《すべて置換》をクリック
※18件置換されます。

⑱《OK》をクリック

⑲《閉じる》をクリック
※各シートの結果を確認しておきましょう。

③

①シート「FAX注文書」のシート見出しをクリック

②《ファイル》タブを選択

③《エクスポート》をクリック

④《PDF/XPSドキュメントの作成》をクリック

⑤《PDF/XPSの作成》をクリック

⑥PDFファイルを保存する場所を開く
※《PC》→《ドキュメント》→「Excel2019基礎」→「第9章」を選択します。

⑦《ファイル名》に「FAX注文書」と入力

⑧《ファイルの種類》が《PDF》になっていることを確認

⑨《オプション》をクリック

⑩《発行対象》の《選択したシート》を◉にする

⑪《OK》をクリック

⑫《発行後にファイルを開く》を☑にする

⑬《発行》をクリック

総合問題解答

設定する項目名が一覧にない場合は、任意の項目を選択してください。

総合問題1

①

①セル【B1】をダブルクリック
②「**週間行動予定表**」に修正
③ Enter を押す

②

①セル範囲【C3：C4】を選択し、セル範囲右下の■（フィルハンドル）をセル【I4】までドラッグ

③

①セル範囲【H5：H14】を選択
②《**ホーム**》タブを選択
③《**フォント**》グループの（塗りつぶしの色）の をクリック
④《**テーマの色**》の《**青、アクセント1、白+基本色80%**》（左から5番目、上から2番目）をクリック
⑤セル範囲【I5：I14】を選択
⑥《**フォント**》グループの（塗りつぶしの色）の をクリック
⑦《**テーマの色**》の《**オレンジ、アクセント2、白+基本色80%**》（左から6番目、上から2番目）をクリック

④

①セル範囲【B5：B6】を選択
②《**ホーム**》タブを選択
③《**配置**》グループの（セルを結合して中央揃え）をクリック
④同様に、セル範囲【B7：B8】、セル範囲【B9：B10】、セル範囲【B11：B12】、セル範囲【B13：B14】をそれぞれ結合して中央揃えにする

※ F4 を押すと、直前のコマンドが繰り返し設定されるので効率的です。

⑤

①セル範囲【C5：I5】を選択
②《**ホーム**》タブを選択
③《**フォント**》グループの（フォントの設定）をクリック
④《**罫線**》タブを選択
⑤《**スタイル**》の一覧から《………》を選択
⑥《**罫線**》の をクリック
⑦《**OK**》をクリック
⑧同様に、セル範囲【C7：I7】、セル範囲【C9：I9】、セル範囲【C11：I11】、セル範囲【C13：I13】に罫線を引く

⑥

①セル【G1】をクリック
②《**ホーム**》タブを選択
③《**編集**》グループの（合計）の をクリック
④《**最小値**》をクリック
⑤数式バーに「**=MIN()**」と表示されていることを確認
⑥セル範囲【C3：I3】を選択
⑦数式バーに「**=MIN(C3：I3)**」と表示されていることを確認
⑧ Enter を押す

⑦

①セル【I1】をクリック
②《**ホーム**》タブを選択
③《**編集**》グループの（合計）の をクリック
④《**最大値**》をクリック
⑤数式バーに「**=MAX()**」と表示されていることを確認
⑥セル範囲【C3：I3】を選択
⑦数式バーに「**=MAX(C3：I3)**」と表示されていることを確認
⑧ Enter を押す

⑧

①セル【G1】をクリック
② Ctrl を押しながら、セル【I1】をクリック
③《**ホーム**》タブを選択

練習問題
総合問題

④《**数値**》グループの 日付 (数値の書式)の ▾ をクリックし、一覧から《**短い日付形式**》を選択

※日付がすべて表示できない場合は、「#######」で表示されます。

⑨

①列番号【**C**】から列番号【**I**】をドラッグ

②選択した列番号を右クリック

③《**列の幅**》をクリック

④《**列の幅**》に「**14**」と入力

⑤《**OK**》をクリック

⑩

①行番号【**5**】から行番号【**14**】をドラッグ

②選択した行番号を右クリック

③《**行の高さ**》をクリック

④《**行の高さ**》に「**40**」と入力

⑤《**OK**》をクリック

⑪

① Ctrl を押しながら、シート「**第1週**」のシート見出しを右側にドラッグ

②シート「**第1週**」のシート見出しの右側に▼が表示されたら、マウスから手を離す

③シート「**第1週(2)**」のシート見出しをダブルクリック

④「**第2週**」と入力

⑤ Enter を押す

⑫

①シート「**第2週**」のセル【**C3**】をダブルクリック

②「**2019/7/8**」に修正

③ Enter を押す

④セル【**C3**】を選択し、セル右下の■(フィルハンドル)をセル【**I3**】までドラッグ

総合問題2

①セル【**J5**】に「**=H5−I5**」と入力

※「=」を入力後、セルをクリックすると、セル位置が自動的に入力されます。

②セル【**J5**】を選択し、セル右下の■(フィルハンドル)をダブルクリック

②

①セル【**K5**】に「**=E5/D5**」と入力

②セル【**K5**】を選択し、セル右下の■(フィルハンドル)をダブルクリック

③

①セル範囲【**K5:K24**】を選択

②《**ホーム**》タブを選択

③《**数値**》グループの % (パーセントスタイル)をクリック

④《**数値**》グループの ←.0 .00 (小数点以下の表示桁数を増やす)をクリック

④

①セル【**L5**】に「**=E5*$K$2+F5*$L$2**」と入力

※「$」の入力は、F4 を使うと効率的です。

②セル【**L5**】を選択し、セル右下の■(フィルハンドル)をダブルクリック

⑤

①セル【**B4**】をクリック

※表内のセルであれば、どこでもかまいません。

②《**データ**》タブを選択

③《**並べ替えとフィルター**》グループの 並べ替え (並べ替え)をクリック

④《**先頭行をデータの見出しとして使用する**》を ✔ にする

⑤《**最優先されるキー**》の《**列**》の ▾ をクリックし、一覧から「**勝点**」を選択

⑥《**並べ替えのキー**》が《**セルの値**》になっていることを確認

⑦《**順序**》の ▾ をクリックし、一覧から《**大きい順**》を選択

⑧《**レベルの追加**》をクリック

⑨《**次に優先されるキー**》の《**列**》の ▾ をクリックし、一覧から「**得失点差**」を選択

⑩《**並べ替えのキー**》が《**セルの値**》になっていることを確認

⑪《**順序**》の ▾ をクリックし、一覧から《**大きい順**》を選択

⑫《**OK**》をクリック

⑥

①セル【**B5**】に「**1**」と入力

②セル【**B5**】を選択し、セル右下の■(フィルハンドル)をダブルクリック

③ （オートフィルオプション）をクリック
④**《連続データ》**をクリック

⑦

① シート「**Sheet1**」のシート見出しをダブルクリック
② 「**成績一覧**」と入力
③ Enter を押す

総合問題3

① シート「**上期売上**」の1～4行目が表示されていることを確認
※固定する見出しを画面に表示しておく必要があります。
② 行番号【**5**】をクリック
※固定する行の下の行を選択します。
③**《表示》**タブを選択
④**《ウィンドウ》**グループの ウィンドウ枠の固定 （ウィンドウ枠の固定）をクリック
⑤**《ウィンドウ枠の固定》**をクリック
⑥ シートを下方向にスクロールし、1～4行目が固定されていることを確認

②

① セル範囲【**D5：I11**】を選択
②**《ホーム》**タブを選択
③**《編集》**グループの Σ （合計）をクリック
④ 同様に、セル範囲【**D12：I18**】、セル範囲【**D19：I25**】、セル範囲【**D26：I32**】、セル範囲【**D33：I39**】を選択し、合計を求める
※あらかじめ、Ctrl を使って、セル範囲【D5：I11】、セル範囲【D12：I18】、セル範囲【D19：I25】、セル範囲【D26：I32】、セル範囲【D33：I39】を選択してから、Σ（合計）をクリックしてもかまいません。

③

① セル範囲【**D40：I40**】を選択
②**《ホーム》**タブを選択
③**《編集》**グループの Σ （合計）をクリック
※セル【D40】に「=SUM(D39,D32,D25,D18,D11)」と入力されていることを確認しておきましょう。

① セル範囲【**D5：I40**】を選択
②**《ホーム》**タブを選択
③**《数値》**グループの （桁区切りスタイル）をクリック

⑤

① シート「**上期売上**」のシート見出しを右クリック
②**《シート見出しの色》**をポイント
③**《標準の色》**の**《薄い青》**（左から7番目）をクリック
④ 同様に、シート「**車種別集計**」のシート見出しの色を**《薄い緑》**（左から5番目）に設定

① シート「**上期売上**」のセル範囲【**D11：H11**】を選択
②**《ホーム》**タブを選択
③**《クリップボード》**グループの （コピー）をクリック
④ シート「**車種別集計**」のシート見出しをクリック
⑤ セル【**C5**】をクリック
⑥**《クリップボード》**グループの （貼り付け）の 貼り付け をクリック
⑦**《その他の貼り付けオプション》**の （リンク貼り付け）をクリック
⑧ 同様に、シート「**上期売上**」のセル範囲【**D18：H18**】、セル範囲【**D25：H25**】、セル範囲【**D32：H32**】、セル範囲【**D39：H39**】を、シート「**車種別集計**」にリンク貼り付け
※あらかじめ、Ctrl を使って、シート「上期売上」のセル範囲【D11：H11】、セル範囲【D18：H18】、セル範囲【D25：H25】、セル範囲【D32：H32】、セル範囲【D39：H39】を選択し、コピーしてシート「車種別集計」のセル【C5】にリンク貼り付けしてもかまいません。

① シート「**車種別集計**」のセル【**I5**】に「**=H5/$H$10**」と入力
※「=」を入力後、セルをクリックすると、セル位置が自動的に入力されます。
※「$」の入力は、F4 を使うと効率的です。
② セル【**I5**】を選択し、セル右下の■（フィルハンドル）をセル【**I10**】までドラッグ

① セル範囲【**I5：I10**】を選択
②**《ホーム》**タブを選択
③**《数値》**グループの % （パーセントスタイル）をクリック
④**《数値》**グループの （小数点以下の表示桁数を増やす）をクリック

総合問題4

①

①［Ctrl］を押しながら、シート「**2018年度**」のシート見出しを右側にドラッグ

②シート「**2018年度**」のシート見出しの右側に▼が表示されたら、マウスから手を離す

③シート「**2018年度(2)**」のシート見出しをダブルクリック

④「**前年度比較**」と入力

⑤［Enter］を押す

②

①シート「**前年度比較**」のセル【**B1**】をダブルクリック

②「**一般会計内訳(前年度比較)**」に修正

③［Enter］を押す

④セル【**D4**】に「**増減額**」と入力

⑤セル【**D4**】をクリック

⑥《**ホーム**》タブを選択

⑦《**クリップボード**》グループの［コピー］（コピー）をクリック

⑧セル【**H4**】をクリック

⑨《**クリップボード**》グループの［貼り付け］（貼り付け）をクリック

③

①シート「**前年度比較**」のセル範囲【**D5：D17**】を選択

②［Ctrl］を押しながら、セル範囲【**H5：H17**】を選択

③［Delete］を押す

④

①シート「**前年度比較**」のセル【**D5**】をクリック

②「**=**」を入力

③シート「**2018年度**」のシート見出しをクリック

④セル【**D5**】をクリック

⑤「**-**」を入力

⑥シート「**2017年度**」のシート見出しをクリック

⑦セル【**D5**】をクリック

⑧数式バーに「**='2018年度'!D5-'2017年度'!D5**」と表示されていることを確認

⑨［Enter］を押す

⑩シート「**前年度比較**」のセル【**D5**】を選択し、セル右下の■（フィルハンドル）をダブルクリック

⑤

①シート「**前年度比較**」のセル【**H5**】をクリック

②「**=**」を入力

③シート「**2018年度**」のシート見出しをクリック

④セル【**H5**】をクリック

⑤「**-**」を入力

⑥シート「**2017年度**」のシート見出しをクリック

⑦セル【**H5**】をクリック

⑧数式バーに「**='2018年度'!H5-'2017年度'!H5**」と表示されていることを確認

⑨［Enter］を押す

⑩シート「**前年度比較**」のセル【**H5**】を選択し、セル右下の■（フィルハンドル）をダブルクリック

⑥

①シート「**2017年度**」のシート見出しをクリック

②［Shift］を押しながら、シート「**前年度比較**」のシート見出しをクリック

③タイトルバーに《**[グループ]**》と表示されていることを確認

⑦

①セル【**H2**】に「**単位：千円**」と入力

②セル【**H2**】をクリック

③《**ホーム**》タブを選択

④《**配置**》グループの［右揃え］（右揃え）をクリック

⑤セル範囲【**D5：D18**】を選択

⑥［Ctrl］を押しながら、セル範囲【**H5：H18**】を選択

⑦《**数値**》グループの［標準］（数値の書式）の［▼］をクリックし、一覧から《**会計**》を選択

⑧

①シート「**2018年度**」またはシート「**前年度比較**」のシート見出しをクリック

※一番手前のシート以外のシート見出しをクリックします。

②タイトルバーに《**[グループ]**》と表示されていないことを確認

③各シートにデータ入力や書式設定が反映されていることを確認

総合問題5

①

①セル【C3】に「1月」と入力

②セル【C3】を選択し、セル右下の■（フィルハンドル）をセル【N3】までドラッグ

②

①セル範囲【B3：N9】を選択

②《ホーム》タブを選択

③《フォント》グループの（下罫線）のをクリック

④《格子》をクリック

③

①セル範囲【B3：N9】を選択

②《ホーム》タブを選択

③《フォント》グループの（格子）のをクリック

④《太い外枠》をクリック

④

①セル範囲【B3：N3】を選択

②《ホーム》タブを選択

③《フォント》グループの11（フォントサイズ）のをクリックし、一覧から《10》を選択

④《フォント》グループのB（太字）をクリック

⑤《配置》グループの（中央揃え）をクリック

⑤

①セル範囲【B5：N5】を選択

②《ホーム》タブを選択

③《フォント》グループの（塗りつぶしの色）のをクリック

④《テーマの色》の《白、背景1、黒+基本色15%》（左から1番目、上から3番目）をクリック

⑤同様に、セル範囲【B7：N7】とセル範囲【B9：N9】に塗りつぶしを設定

※F4を押すと、直前のコマンドが繰り返し設定されるので効率的です。

⑥

①セル範囲【C4：N9】を選択

②《ホーム》タブを選択

③《数値》グループの（小数点以下の表示桁数を増やす）をクリック

※小数点以下の桁数を揃えます。

④《数値》グループの（小数点以下の表示桁数を減らす）をクリック

※③と④は逆に操作しても、同じ結果を得ることができます。

⑦

①セル範囲【B3：N9】を選択

②《挿入》タブを選択

③《グラフ》グループの（折れ線/面グラフの挿入）をクリック

④《2-D折れ線》の《折れ線》（左から1番目、上から1番目）をクリック

⑧

①グラフを選択

②《デザイン》タブを選択

③《グラフスタイル》グループの（その他）をクリック

④《スタイル12》（左から6番目、上から2番目）をクリック

⑨

①グラフを選択

②《デザイン》タブを選択

③《グラフのレイアウト》グループの（グラフ要素を追加）をクリック

④《グラフタイトル》をポイント

⑤《なし》をクリック

⑩

①グラフエリアをドラッグし、移動（目安：セル【B11】）

②グラフエリア右下の○（ハンドル）をドラッグし、サイズを変更（目安：セル【N25】）

⑪

①グラフを選択

②《書式》タブを選択

③《図形のスタイル》グループの（図形の塗りつぶし）のをクリック

④《テーマの色》の《白、背景1、黒+基本色5%》（左から1番目、上から2番目）をクリック

⑫

①「東京」のデータ系列をクリック

②《デザイン》タブを選択

③《グラフのレイアウト》グループの（グラフ要素を追加）をクリック

④《データラベル》をポイント

⑤《上》をクリック

⑬

①グラフを選択
②ショートカットツールの（グラフフィルター）をクリック
③**《値》**をクリック
④**《系列》**の**「ニューヨーク」**と**「パリ」**を□にする
⑤**《適用》**をクリック
⑥（グラフフィルター）をクリック
※［Esc］を押してもかまいません。

総合問題6

①

①セル範囲**【C5：I12】**を選択
②**《ホーム》**タブを選択
③**《編集》**グループの（合計）をクリック

②

①セル範囲**【B4：I11】**を選択
②**《データ》**タブを選択
③**《並べ替えとフィルター》**グループの（並べ替え）をクリック
④**《先頭行をデータの見出しとして使用する》**を☑にする
⑤**《最優先されるキー》**の**《列》**の▼をクリックし、一覧から**《合計》**を選択
⑥**《並べ替えのキー》**が**《セルの値》**になっていることを確認
⑦**《順序》**の▼をクリックし、一覧から**《大きい順》**を選択
⑧**《OK》**をクリック

③

①セル範囲**【B5：B11】**を選択
②［Ctrl］を押しながら、セル範囲**【I5：I11】**を選択
③**《挿入》**タブを選択
④**《グラフ》**グループの（円またはドーナツグラフの挿入）をクリック
⑤**《3-D円》**の**《3-D円》**（左から1番目）をクリック

④

①グラフを選択
②**《デザイン》**タブを選択
③**《場所》**グループの（グラフの移動）をクリック
④**《新しいシート》**を◉にし、**「調査結果グラフ」**と入力
⑤**《OK》**をクリック

⑤

①グラフタイトルをクリック
②グラフタイトルを再度クリック
③**「グラフタイトル」**を削除し、**「充実感を感じるとき（全世代）」**と入力
④グラフタイトル以外の場所をクリック

⑥

①グラフを選択
②**《デザイン》**タブを選択
③**《グラフのレイアウト》**グループの（クイックレイアウト）をクリック
④**《レイアウト1》**（左から1番目、上から1番目）をクリック

⑦

①グラフを選択
②**《デザイン》**タブを選択
③**《グラフスタイル》**グループの（グラフクイックカラー）をクリック
④**《モノクロ》**の**《モノクロパレット9》**（上から9番目）をクリック

⑧

①グラフタイトルをクリック
②**《ホーム》**タブを選択
③**《フォント》**グループの（フォントサイズ）の▼をクリックし、一覧から**《20》**を選択
④データラベルをクリック
⑤**《フォント》**グループの（フォントサイズ）の▼をクリックし、一覧から**《14》**を選択

⑨

①グラフタイトルをクリック
②**《書式》**タブを選択
③**《図形のスタイル》**グループの（図形の枠線）の▼をクリック
④**《テーマの色》**の**《オレンジ、アクセント2》**（左から6番目、上から1番目）をクリック
⑤**《図形のスタイル》**グループの（図形の枠線）の▼をクリック
⑥**《太さ》**をポイント
⑦**《1.5pt》**をクリック

①データ系列（円の部分）をクリック

②データ要素**「友人や恋人と一緒にいるとき」**（扇型の部分）をクリック

③円の外側にドラッグして、切り離し円にする

※データラベル以外の場所をドラッグします。

総合問題7

①シート**「会員名簿」**のセル**【D4】**に**「浜口」**と入力

②セル**【D4】**をクリック

※表内のD列のセルであれば、どこでもかまいません。

③**《データ》**タブを選択

④**《データツール》**グループの（フラッシュフィル）をクリック

⑤セル**【E4】**に**「ふみ」**と入力

⑥セル**【E4】**をクリック

※表内のE列のセルであれば、どこでもかまいません。

⑦**《データツール》**グループの（フラッシュフィル）をクリック

②

①セル範囲**【C4：C33】**を選択

②**《ホーム》**タブを選択

③**《フォント》**グループの（ふりがなの表示/非表示）をクリック

④セル**【C3】**をクリック

※表内のC列のセルであれば、どこでもかまいません。

⑤**《データ》**タブを選択

⑥**《並べ替えとフィルター》**グループの（昇順）をクリック

③

①セル**【B3】**をクリック

※表内のセルであれば、どこでもかまいません。

②**《データ》**タブを選択

③**《並べ替えとフィルター》**グループの（フィルター）をクリック

④**「住所」**のをクリック

⑤**《テキストフィルター》**をポイント

⑥**《指定の値を含む》**をクリック

⑦左上のボックスに**「横浜市」**と入力

⑧右上のボックスが**《を含む》**になっていることを確認

⑨**《OK》**をクリック

※12件のレコードが抽出されます。

※（クリア）をクリックし、条件をクリアしておきましょう。

④

①**「生年月日」**のをクリック

②**《日付フィルター》**をポイント

③**《指定の値より後》**をクリック

④左上のボックスに**「1980/1/1」**と入力

⑤右上のボックスのをクリックし、一覧から**《以降》**を選択

⑥**《OK》**をクリック

※13件のレコードが抽出されます。

※（クリア）をクリックし、条件をクリアしておきましょう。

⑤

①**「会員種別」**のをクリック

②**《一般》**を□にする

③**《OK》**をクリック

④抽出結果のレコード（9件分）のセル範囲を選択

⑤**《ホーム》**タブを選択

⑥**《クリップボード》**グループの（コピー）をクリック

⑦シート**「特別会員」**のシート見出しをクリック

⑧セル**【B4】**をクリック

⑨**《クリップボード》**グループの（貼り付け）をクリック

※シート「会員名簿」に切り替えて、《データ》タブの（クリア）をクリックし、条件をクリアしておきましょう。

⑥

①シート**「会員名簿」**の**「誕生月」**のをクリック

②**《（すべて選択）》**を□にする

③**《6》**を☑にする

④**《7》**を☑にする

⑤**《OK》**をクリック

※7件のレコードが抽出されます。

⑥セル**【L5】**に**「○」**と入力

⑦セル**【L5】**を選択し、セル右下の■（フィルハンドル）をダブルクリック

※（フィルター）をクリックし、フィルターモードを解除しておきましょう。

総合問題8

①

①セル【C3】をクリック

②《ホーム》タブを選択

③《編集》グループの Σ (合計)の ▾ をクリック

④《数値の個数》をクリック

⑤数式バーに「=COUNT()」と表示されていることを確認

⑥セル範囲【B7:B36】を選択

⑦数式バーに「=COUNT(B7:B36)」と表示されていることを確認

⑧ Enter を押す

※「30」と表示されます。

※数式「=COUNTA(B7:B36)」でも同じ結果を得られます。

②

①セル【C4】をクリック

※入力モードが A になっていることを確認します。

②「=COU」と入力

③一覧の「COUNTA」をダブルクリック

④セル範囲【J7:J36】を選択

⑤「)」を入力

⑥数式バーに「=COUNTA(J7:J36)」と表示されていることを確認

⑦ Enter を押す

※「7」と表示されます。

③

①行番号【36】をクリック

②《ホーム》タブを選択

③《クリップボード》グループの (書式のコピー/貼り付け)をクリック

④行番号【37】をクリック

④

①セル【B36】を選択し、セル右下の■(フィルハンドル)をセル【B37】までドラッグ

② (オートフィルオプション)をクリック

③《連続データ》をクリック

④セル【C37】に「佐々木　緑」と入力

⑤同様に、セル範囲【D37:J37】にデータを入力

※「会員種別」の入力は、オートコンプリートを使うと効率的です。

⑤

①セル【C3】をダブルクリック

※数式が編集状態になり、セル内にカーソルが表示されます。

②数式内の【B7:B36】をドラッグして選択

③セル範囲【B7:B37】を選択

④数式バーに「=COUNT(B7:B37)」と表示されていることを確認

⑤ Enter を押す

※「31」と表示されます。

①セル【C4】をダブルクリック

※数式が編集状態になり、セル内にカーソルが表示されます。

②数式内の【J7:J36】をドラッグして選択

③セル範囲【J7:J37】を選択

④数式バーに「=COUNTA(J7:J37)」と表示されていることを確認

⑤ Enter を押す

※「8」と表示されます。

①セル【A1】をクリック

※シート内のセルであれば、どこでもかまいません。

②《ホーム》タブを選択

③《編集》グループの (検索と選択)をクリック

④《置換》をクリック

⑤《置換》タブを選択

⑥《検索する文字列》に「ゴールド」と入力

⑦《オプション》をクリック

⑧《置換後の文字列》の《書式》をクリック

※直前に指定した書式の内容が残っている場合は、書式を削除します。

⑨《フォント》タブを選択

⑩《スタイル》の一覧から《太字》を選択

⑪《色》の ⌄ をクリックし、一覧から《標準の色》の《赤》(左から2番目)を選択

⑫《OK》をクリック

⑬《すべて置換》をクリック

※6件置換されます。

⑭《OK》をクリック

⑮《閉じる》をクリック

⑧

①セル【**B6**】をクリック
※表内のセルであれば、どこでもかまいません。

②《**データ**》タブを選択

③《**並べ替えとフィルター**》グループの（並べ替え）をクリック

④《**先頭行をデータの見出しとして使用する**》を☑にする

⑤《**最優先されるキー**》の《**列**》のをクリックし、一覧から「**会員種別**」を選択

⑥《**並べ替えのキー**》のをクリックし、一覧から《**フォントの色**》を選択

⑦《**順序**》のをクリックし、一覧から赤 RGB（255,0,0）を選択

⑧《**順序**》が《**上**》になっていることを確認

⑨《**OK**》をクリック

総合問題9

①

①シート「**1月**」の1～3行目が表示されていることを確認
※固定する見出しを画面に表示しておく必要があります。

②行番号【**4**】をクリック
※固定する行の下の行を選択します。

③《**表示**》タブを選択

④《**ウィンドウ**》グループの（ウィンドウ枠の固定）をクリック

⑤《**ウィンドウ枠の固定**》をクリック

⑥シートを下方向にスクロールし、1～3行目が固定されていることを確認

②

①セル【**M4**】に「**=L4**」と入力
※「=」を入力後、セルをクリックすると、セル位置が自動的に入力されます。

③

①セル【**M5**】に「**=M4+L5**」と入力

②セル【**M5**】を選択し、セル右下の■（フィルハンドル）をダブルクリック

④

①セル範囲【**D4：K34**】を選択

②《**ホーム**》タブを選択

③《**数値**》グループの（桁区切りスタイル）をクリック

④セル範囲【**L4：M34**】を選択

⑤ Ctrl を押しながら、セル範囲【**D35：L35**】を選択

⑥《**数値**》グループの（通貨表示形式）をクリック

⑤

① Ctrl を押しながら、シート「**1月**」のシート見出しをシート「**1月**」とシート「**年間集計**」のシート見出しの間にドラッグ

②シート「**1月**」のシート見出しの右側に▼が表示されたら、マウスから手を離す

③シート「**1月(2)**」のシート見出しをダブルクリック

④「**2月**」と入力

⑤ Enter を押す

⑥

①シート「**2月**」のセル範囲【**B4：K34**】を選択

②[Delete]を押す

⑦

①シート「**2月**」のセル【**B4**】に「**2019/2/1**」と入力

②セル【**C4**】に「**金**」と入力

③セル範囲【**B4：C4**】を選択し、セル範囲右下の■（フィルハンドル）をダブルクリック

⑧

①シート「**2月**」の行番号【**32**】から行番号【**34**】をドラッグ

②選択した行番号を右クリック

③《**削除**》をクリック

⑨

①シート「**年間集計**」のセル【**C4**】をクリック

②「**=**」を入力

③シート「**1月**」のシート見出しをクリック

④セル【**D35**】をクリック

⑤数式バーに「**='1月'!D35**」と表示されていることを確認

⑥[Enter]を押す

⑦シート「**年間集計**」のセル【**C4**】を選択し、セル右下の■（フィルハンドル）をセル【**J4**】までドラッグ

⑩

①シート「**年間集計**」のセル【**C5**】をクリック

②「**=**」を入力

③シート「**2月**」のシート見出しをクリック

④セル【**D32**】をクリック

⑤数式バーに「**='2月'!D32**」と表示されていることを確認

⑥[Enter]を押す

⑦シート「**年間集計**」のセル【**C5**】を選択し、セル右下の■（フィルハンドル）をセル【**J5**】までドラッグ

⑪

①シート「**年間集計**」のシート見出しを右クリック

②《**シート見出しの色**》をポイント

③《**標準の色**》の《**オレンジ**》（左から3番目）をクリック

総合問題10

①

①列番号【**E**】から列番号【**S**】をドラッグ

②選択した列番号を右クリック

③《**非表示**》をクリック

②

①セル【**U4**】に「**=T4/D4**」と入力

※「=」を入力後、セルをクリックすると、セル位置が自動的に入力されます。

②セル【**U4**】を選択し、セル右下の■（フィルハンドル）をダブルクリック

③

①セル範囲【**U4：U50**】を選択

②《**ホーム**》タブを選択

③《**数値**》グループの[%]（パーセントスタイル）をクリック

④《**数値**》グループの[←.0 .00]（小数点以下の表示桁数を増やす）をクリック

④

①[+]（新しいシート）をクリック

②シート「**Sheet1**」のシート見出しをダブルクリック

③「**上位5件**」と入力

④[Enter]を押す

⑤

①シート「**都道府県別**」のセル【**B3**】をクリック

※表内のセルであれば、どこでもかまいません。

②《**データ**》タブを選択

③《**並べ替えとフィルター**》グループの[フィルター]（フィルター）をクリック

④「**人口増減率**」の[▼]をクリック

⑤《**数値フィルター**》をポイント

⑥《**トップテン**》をクリック

⑦左のボックスが《**上位**》になっていることを確認

⑧中央のボックスを「**5**」に設定

⑨右のボックスが《**項目**》になっていることを確認

⑩《**OK**》をクリック

⑪セル【**U3**】をクリック

※表内のU列のセルであれば、どこでもかまいません。

⑫《**並べ替えとフィルター**》グループの[Z↓A]（降順）をクリック

⑥

①抽出結果のC列（5件分）のセル範囲を選択

②**《ホーム》**タブを選択

③**《クリップボード》**グループの（コピー）をクリック

④シート**「上位5件」**のシート見出しをクリック

⑤セル**【A1】**をクリック

⑥**《クリップボード》**グループの（貼り付け）をクリック

※シート「都道府県別」に切り替えて、《データ》タブの（フィルター）をクリックし、フィルターモードを解除しておきましょう。

⑦

①シート**「都道府県別」**のセル**【B3】**をクリック

※表内のB列のセルであれば、どこでもかまいません。

②**《データ》**タブを選択

③**《並べ替えとフィルター》**グループの（昇順）をクリック

⑧

①列番号**【D】**から列番号**【T】**をドラッグ

②選択した列番号を右クリック

③**《再表示》**をクリック

⑨

①シート**「都道府県別」**のシート見出しをクリック

②ステータスバーの（ページレイアウト）をクリック

③**《ページレイアウト》**タブを選択

④**《ページ設定》**グループの（ページサイズの選択）をクリック

⑤**《A4》**をクリック

⑥**《ページ設定》**グループの（ページの向きを変更）をクリック

⑦**《縦》**をクリック

⑧**《ページ設定》**グループの（余白の調整）をクリック

⑨**《狭い》**をクリック

⑩**《ページ設定》**グループの（印刷タイトル）をクリック

⑪**《シート》**タブを選択

⑫**《印刷タイトル》**の**《タイトル列》**のボックスをクリック

⑬列番号**【B】**から列番号**【C】**をドラッグ

⑭**《印刷タイトル》**の**《タイトル列》**に**「$B：$C」**と表示されていることを確認

⑮**《OK》**をクリック

⑯ヘッダーの右側をクリック

⑰**《デザイン》**タブを選択

⑱**《ヘッダー/フッター要素》**グループの（シート名）をクリック

⑲ヘッダー以外の場所をクリック

⑳フッターの右側をクリック

㉑**《デザイン》**タブを選択

㉒**《ヘッダー/フッター要素》**グループの（ページ番号）をクリック

㉓フッター以外の場所をクリック

⑩

①ステータスバーの（改ページプレビュー）をクリック

②39行目あたりにあるページ区切りの青い点線を、51行目の上側までドラッグ

③A列の左側の青い太線を、B列の左側までドラッグ

④**《ファイル》**タブを選択

⑤**《印刷》**をクリック

⑥**《印刷》**の**《部数》**が**「1」**になっていることを確認

⑦**《プリンター》**に印刷するプリンター名が表示されていることを確認

⑧**《印刷》**をクリック

⑪

①シート**「都道府県別」**のシート見出しをクリック

②**《ファイル》**タブを選択

③**《エクスポート》**をクリック

④**《PDF/XPSドキュメントの作成》**をクリック

⑤**《PDF/XPSの作成》**をクリック

⑥PDFファイルを保存する場所を開く

※《PC》→《ドキュメント》→「Excel2019基礎」→「総合問題」を選択します。

⑦**《ファイル名》**に**「人口統計」**と入力

⑧**《ファイルの種類》**が**《PDF》**になっていることを確認

⑨**《オプション》**をクリック

⑩**《発行対象》**の**《選択したシート》**を⦿にする

⑪**《OK》**をクリック

⑫**《発行後にファイルを開く》**を☑にする

⑬**《発行》**をクリック